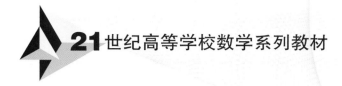

21世纪高等学校数学系列教材

（第二版）

泛 函 分 析

■ 侯友良 王茂发 编著

U0383318

WUHAN UNIVERSITY PRESS

武汉大学出版社

图书在版编目(CIP)数据

泛函分析/侯友良,王茂发编著. —2 版. —武汉:武汉大学出版社,2016.7
21 世纪高等学校数学系列教材
ISBN 978-7-307-18075-8

Ⅰ.泛… Ⅱ.①侯… ②王… Ⅲ.泛函分析—高等学校—教材
Ⅳ.O177

中国版本图书馆 CIP 数据核字(2016)第 135855 号

责任编辑:胡 艳 责任校对:汪欣怡 版式设计:马 佳

出版发行:**武汉大学出版社** (430072 武昌 珞珈山)
(电子邮件:cbs22@ whu. edu. cn 网址:www. wdp. com. cn)
印刷:湖北省荆州市今印印务有限公司
开本:787×1092 1/16 印张:13 字数:318 千字 插页:1
版次:2011 年 1 月第 1 版 2016 年 7 月第 2 版
    2016 年 7 月第 2 版第 1 次印刷
ISBN 978-7-307-18075-8 定价:28.00 元

前　　言

　　泛函分析是现代数学的一个较新的重要分支. 泛函分析综合应用分析的、代数的和几何的观点和方法, 研究无限维空间和这些空间上的线性算子. 这些空间通常是由满足某些条件的函数或数列构成, 并且在其上赋予了具有内在联系的代数和拓扑结构. 例如, 区间 $[a,b]$ 上的连续函数空间 $C[a,b]$ 和 p 次方可积函数空间 $L^p[a,b]$ 就是这样的空间. 类似这样的空间在数学的各个分支会经常遇到. 泛函分析的一部分内容是空间的一般理论, 包括空间的基本性质、空间的结构与分类等. 泛函分析的主要内容是线性算子的理论, 例如线性算子的有界性、线性算子的谱论等.

　　泛函分析的一个特点是高度的概括性. 在泛函分析中, 将一些具有共性的空间抽象为一类空间, 研究这类空间以及这类空间上的线性算子的一般性质. 例如, 在机械求积公式的收敛性和 Fourier 级数的发散性等问题中, 都牵涉到一个本质上相同的问题, 就是算子序列的一致有界性. 关于这类问题在泛函分析中有一个重要定理, 就是一致有界原理(即共鸣定理). 这个定理是在抽象 Banach 空间上关于算子族一致有界性的一般结论. 由于泛函分析的高度概括性, 使其具有另一个特点就是应用的广泛性. 在一般空间上的研究结论, 可以应用到各个具体空间的情形. 本书给出了泛函分析应用的一些例子. 但由于篇幅的限制, 在这方面不可能充分展开. 泛函分析的概念与方法已经渗透到数学的各个分支, 如微分方程、积分方程、概率论、抽象调和分析、计算数学等, 并且在物理学和许多工程技术中得到广泛应用.

　　泛函分析的理论是在无限维空间上展开的. 无限维空间与有限维空间特别是欧氏空间在有些方面是类似的, 因此泛函分析的有些概念来源于与欧氏空间相关概念的类比. 在学习泛函分析的时候, 注意与欧氏空间的情形进行比较和对照, 当然有利于对泛函分析内容的理解. 但更重要的是无限维空间与有限维空间有本质的不同, 前者远比后者更复杂多样, 因而无限维空间上的分析理论远比有限维空间上的更复杂, 更丰富. 正因为此, 使得泛函分析成为与经典分析不同的独立分支.

　　如上所述, 泛函分析的概念与方法已经渗透到数学的各个分支, 因此掌握泛函分析的基础知识, 对于数学各专业的学生而言是十分必要的. 作为本科生的教材, 本书介绍泛函分析的基础理论. 在内容结构安排和文字表述上尽力做到简洁清晰, 增强可读性. 注意引导性的论述, 以帮助读者对概念和定理的理解. 本书的末尾对部分习题给出了提示或解答要点, 供读者参考. 本书的第 5 章介绍了拓扑线性空间的基础知识, 这部分内容超出了本科生教材的要求, 仅供有需要的读者参考.

　　本书在编写过程中, 参考了国内外一部分同类教材. 在此, 对这些文献的作者表示感谢.

作　者
2016 年 4 月

目　　录

第 1 章　　距离空间与赋范空间

在数学分析和实变函数论中我们熟知的欧氏空间 $\mathbf{R}^n$ 具有丰富的结构. 一方面, 在 $\mathbf{R}^n$ 上定义了任意两点之间的距离. 由此导出 $\mathbf{R}^n$ 的拓扑结构, 可以在 $\mathbf{R}^n$ 上讨论极限与连续等. 另一方面, $\mathbf{R}^n$ 具有代数结构. $\mathbf{R}^n$ 是一个线性空间, 并且对其中的每一个向量赋予了一个范数(模). 泛函分析中研究的距离空间和赋范线性空间, 通常是由一些满足某些条件的函数或数列构成, 这些空间分别在上面提到的两个方面类似于欧氏空间 $\mathbf{R}^n$.

本章将对距离空间和赋范线性空间进行一般讨论, 介绍一些常用的空间, 并且讨论这些空间的基本性质.

1.1　　距离空间的基本概念

1.1.1　距离空间的定义与例

全书用 $\mathbf{R}$ 和 $\mathbf{C}$ 分别表示实数域和复数域. 实数域和复数域统称为标量域, 用 $\mathbf{K}$ 表示, 即符号 $\mathbf{K}$ 可能表示 $\mathbf{R}$, 也可能表示 $\mathbf{C}$.

在数学分析和实变函数课程中, 我们已经熟知, 对 $\mathbf{R}^n$ 中任意两点 $x = (x_1, x_2, \cdots, x_n)$ 和 $y = (y_1, y_2, \cdots, y_n)$, 可以定义 x 与 y 的距离:

$$d(x, y) = \Big(\sum_{i=1}^{n} |x_i - y_i|^2 \Big)^{\frac{1}{2}}. \tag{1.1.1}$$

这样定义的 $\mathbf{R}^n$ 上的距离具有以下性质:

(1) 正定性: $d(x, y) \geqslant 0$, 并且 $d(x, y) = 0$ 当且仅当 $x = y$;

(2) 对称性: $d(x, y) = d(y, x)$;

(3) 三角不等式: $d(x, y) \leqslant d(x, z) + d(z, y)$.

如果考查 $\mathbf{R}^n$ 中关于邻域、开集、闭集、极限和函数的连续性等概念, 就会发现这些概念只依赖于 $\mathbf{R}^n$ 上的距离, 一些相关结论的证明只用到了距离的上述性质(1)~(3). 这个事实启发我们, 若在一个给定的集 X 上, 以某种方式定义了满足上述性质(1)~(3) 的距离, 则可以与在 $\mathbf{R}^n$ 上一样建立类似的理论. 另一方面, 在数学的一些领域中也常常需要用到这方面的理论. 正是由于这种理论和应用上的需要, 就产生了距离空间的理论.

定义 1.1.1　　设 X 是一非空集. 若对任意 $x, y \in X$, 都对应有一个实数 $d(x, y)$, 称之为 x 与 y 的距离, 满足:

(1) 正定性: $d(x, y) \geqslant 0$, 并且 $d(x, y) = 0$ 当且仅当 $x = y$;

(2) 对称性: $d(x, y) = d(y, x)$;

(3) 三角不等式：$d(x,y) \leqslant d(x,z) + d(z,y)$，

则称函数 d 是 X 上的距离，称 X 为距离空间(或度量空间)，记为 (X,d).

在不会引起混淆的情况下，(X,d) 可以简写为 X.

例 1　欧氏空间 $\mathbf{K}^n$. 上面已提到欧氏空间 $\mathbf{R}^n$. 这里将 $\mathbf{R}^n$ 和 $\mathbf{C}^n$ 一并考虑. 设

$$\mathbf{K}^n = \{(x_1, x_2, \cdots, x_n) : x_1, x_2, \cdots, x_n \in \mathbf{K}\}.$$

对任意 $x, y \in \mathbf{K}^n$，按照式(1.1.1)定义 $d(x,y)$，则 d 满足定义 1.1.1 的条件，因而 d 是 $\mathbf{K}^n$ 上的距离，$\mathbf{K}^n$ 按照这个距离成为距离空间. 当 $\mathbf{K} = \mathbf{R}$ 或 $\mathbf{C}$ 时，相应的 $\mathbf{R}^n$ 和 $\mathbf{C}^n$ 分别称为实 n 维欧氏空间和复 n 维欧氏空间. 对任意 $x, y \in \mathbf{K}^n$，若令

$$d_1(x,y) = \sum_{i=1}^{n} |x_i - y_i|, \quad d_2(x,y) = \max_{1 \leqslant i \leqslant n} |x_i - y_i|,$$

则容易验证 d_1 和 d_2 也是 $\mathbf{K}^n$ 上的距离. 注意 $(\mathbf{K}^n, d)$，$(\mathbf{K}^n, d_1)$ 和 $(\mathbf{K}^n, d_2)$ 这三个空间上的距离是不同的，因此它们是不同的距离空间. 由式(1.1.1)定义的距离称为 $\mathbf{K}^n$ 上的欧氏距离. 今后若无特别申明，将 $\mathbf{K}^n$ 视为距离空间时，其距离总是指欧氏距离.

设 E 是 $\mathbf{K}^n$ 的非空子集，则 $\mathbf{K}^n$ 上的距离也是 E 上的距离，因此 E 按照这个距离也成为距离空间. 称之为 $\mathbf{K}^n$ 的子空间. 例如，区间 $[a,b]$，$[0, \infty)$ 都是 $\mathbf{R}^1$ 的子空间.

一般地，设 E 是距离空间 (X,d) 的非空子集，则 d 也是 E 上的距离，因此 E 按照距离 d 成为距离空间，称 (E,d) 为 (X,d) 的子空间.

例 2　连续函数空间 $C[a,b]$. 设 $C[a,b]$ 是区间 $[a,b]$ 上的(实值或复值)连续函数的全体. 对任意 $x = x(t), y = y(t) \in C[a,b]$，令

$$d(x,y) = \max_{a \leqslant t \leqslant b} |x(t) - y(t)|.$$

容易验证 d 是 $C[a,b]$ 上的距离，按照这个距离 $C[a,b]$ 成为距离空间.

例 3　数列空间 s. 设 s 是(实或复)数列 $x = (x_i)$ 的全体. 对任意 $x = (x_i)$，$y = (y_i) \in s$，令

$$d(x,y) = \sum_{i=1}^{\infty} \frac{1}{2^i} \frac{|x_i - y_i|}{1 + |x_i - y_i|}.$$

显然，d 满足距离定义 1.1.1 中的(1)和(2). 由于函数 $\varphi(t) = \dfrac{t}{1+t} (t \geqslant 0)$ 是单调增加的，因此对于任意 $a, b \in \mathbf{K}$，有

$$\frac{|a+b|}{1+|a+b|} \leqslant \frac{|a|+|b|}{1+|a|+|b|} \leqslant \frac{|a|}{1+|a|} + \frac{|b|}{1+|b|}. \tag{1.1.2}$$

对任意 $x, y, z \in s$，利用式(1.1.2)得到

$$
\begin{aligned}
d(x,y) &= \sum_{i=1}^{\infty} \frac{1}{2^i} \frac{|x_i - y_i|}{1 + |x_i - y_i|} \\
&\leqslant \sum_{i=1}^{\infty} \frac{1}{2^i} \left(\frac{|x_i - z_i|}{1 + |x_i - z_i|} + \frac{|z_i - y_i|}{1 + |z_i - y_i|} \right) \\
&= d(x,z) + d(z,y).
\end{aligned}
$$

即 d 满足三角不等式. 因此 d 是 s 上的距离, 按照这个距离 s 成为距离空间.

对于像 s 这样的空间, 每一个元 $x = (x_i)$ 都是一个数列. 与欧氏空间 $\mathbf{K}^n$ 中的元 $x = (x_1, x_2, \cdots, x_n)$ 对照, 称 x_i 为 x 的第 i 个坐标.

例 4　可测函数空间 $M(E)$. 设 E 是 $\mathbf{R}^n$ 中的可测集, $m(E) < \infty$, $M(E)$ 是 E 上(实值或复值)可测函数的全体. 将 $M(E)$ 中两个几乎处处相等的函数视为同一元. 对任意 $x = x(t)$, $y = y(t) \in M(E)$, 令

$$d(x, y) = \int_E \frac{|x(t) - y(t)|}{1 + |x(t) - y(t)|} \mathrm{d}t.$$

显然, $d(x, y) \geqslant 0$. 由积分的性质知道 $d(x, y) = 0$ 当且仅当在 E 上 $x(t) = y(t)$ a. e. 按照 $M(E)$ 中两个元相等的规定, 这表明 $d(x, y) = 0$ 当且仅当 $x = y$. 显然 d 满足对称性. 利用不等式(1.1.2)容易证明 d 满足三角不等式. 因此 d 是 $M(E)$ 上的距离, 按这个距离 $M(E)$ 成为距离空间.

例 5　离散距离空间. 设 X 是任一非空集. 对于 $x, y \in X$, 令

$$d(x, y) = \begin{cases} 0, & x = y, \\ 1, & x \neq y. \end{cases}$$

则 d 是 X 上的距离. 称 (X, d) 为离散距离空间.

例 5 表明对于任一非空集 X, 总可以在 X 上定义某种距离, 使之成为距离空间. 而例 1 表明我们还可以用不同的方式在 X 上定义距离. 但随意定义的距离不见得有什么实际意义. 在泛函分析中常用的空间一般是由满足某些条件的函数或数列构成的. 在这些空间上定义的距离常常是为了描述和研究序列的某种收敛性. 本节后面的例 6 和例 7 就是这方面的例子.

在 1.2 节中将要讨论的赋范空间也是一种距离空间, 那里我们将会看到更多的例子.

设 X 是一距离空间. 利用 X 上的距离可以定义集与集的距离. 设 A, B 是 X 的非空子集. 定义 A 与 B 的距离为

$$d(A, B) = \inf\{d(x, y) : x \in A, y \in B\}.$$

特别地, 若 $x \in X$, 则称 $d(x, A) = \inf\{d(x, y) : y \in A\}$ 为 x 与 A 的距离.

设 A 是距离空间 X 的非空子集. 若存在 $x_0 \in X$ 和 $M > 0$, 使得对任意 $x \in A$ 有 $d(x, x_0) \leqslant M$, 则称 A 是有界集.

1.1.2　序列的极限

若 $\{x_n\}$ 是距离空间 X 中的一列元, 则称 $\{x_n\}$ 是 X 中的序列(或点列). 在距离空间中, 由于定义了元与元之间的距离, 因此可以像在欧氏空间 $\mathbf{R}^n$ 上一样, 定义序列的极限.

定义 1.1.2　设 $\{x_n\}$ 是距离空间 X 中的序列, $x \in X$. 若

$$\lim_{n \to \infty} d(x_n, x) = 0,$$

则称 $\{x_n\}$(按距离)收敛于 x, 称 x 为 $\{x_n\}$ 的极限, 记为 $\lim\limits_{n \to \infty} x_n = x$, 或 $x_n \to x\ (n \to \infty)$.

例 6　$C[a, b]$ 中的序列 $\{x_n\}$ 按距离收敛于 x 等价于函数列 $\{x_n(t)\}$ 在 $[a, b]$ 上一致收

敛于函数 $x(t)$.

证明 由 $C[a,b]$ 中距离的定义，

$$d(x_n, x) = \max_{a \leqslant t \leqslant b} |x_n(t) - x(t)|.$$

因此 $d(x_n, x) \to 0$ 当且仅当 $\max_{a \leqslant t \leqslant b} |x_n(t) - x(t)| \to 0$. 这相当于 $\{x_n(t)\}$ 在 $[a,b]$ 上一致收敛于函数 $x(t)$. ■

例 7 在可测函数空间 $M(E)$ 中，序列 $\{x_n\}$ 按距离收敛于 x 等价于函数列 $\{x_n(t)\}$ 依测度收敛于函数 $x(t)$.

证明 设 $\{x_n(t)\}$ 依测度收敛于 $x(t)$，则 $\dfrac{|x_n(t) - x(t)|}{1 + |x_n(t) - x(t)|}$ 依测度收敛于 0. 利用有界收敛定理得到

$$\lim_{n \to \infty} d(x_n, x) = \lim_{n \to \infty} \int_E \frac{|x_n(t) - x(t)|}{1 + |x_n(t) - x(t)|} \mathrm{d}t = 0.$$

反过来，设 $d(x_n, x) \to 0$. 对任给的 $\varepsilon > 0$，当 $n \to \infty$ 时，

$$\begin{aligned}
\frac{\varepsilon}{1 + \varepsilon} mE(|x_n - x| \geqslant \varepsilon) &= \int_{E(|x_n - x| \geqslant \varepsilon)} \frac{\varepsilon}{1 + \varepsilon} \mathrm{d}t \\
&\leqslant \int_{E(|x_n - x| \geqslant \varepsilon)} \frac{|x_n(t) - x(t)|}{1 + |x_n(t) - x(t)|} \mathrm{d}t \\
&\leqslant d(x_n, x) \to 0.
\end{aligned}$$

因此 $x_n(t)$ 依测度收敛于 $x(t)$. ■

容易证明，在数列空间 s 中按距离收敛等价于按坐标收敛. 这就是说，如果

$$x^{(n)} = (x_1^{(n)}, x_2^{(n)}, \cdots), \quad x = (x_1, x_2, \cdots),$$

则 $d(x^{(n)}, x) \to 0$ 的充要条件是对每个 $i = 1, 2, \cdots$，有 $x_i^{(n)} \to x_i (n \to \infty)$. 这个结果的证明留作习题.

例 6 和例 7 表明，不同空间中的序列在不同意义下的收敛，通过定义适当的距离，可以归结为距离空间中序列的按距离收敛. 这样，对一般距离空间中关于序列收敛的讨论，所得结果可以应用到各个具体的距离空间. 这是泛函分析的高度概括性带来的应用的广泛性的一个例子.

定理 1.1.1 在距离空间中，有：

（1）收敛序列的极限是唯一的；

（2）收敛序列是有界的；

（3）若 $\{x_n\}$ 收敛，则 $\{x_n\}$ 的任一子列也收敛于同一极限.

证明 （1）若 $x_n \to x, x_n \to y$，则

$$0 \leqslant d(x, y) \leqslant d(x_n, x) + d(x_n, y) \to 0 (n \to \infty).$$

故 $d(x, y) = 0$，从而 $x = y$. 结论（2）和（3）的证明留给读者. ■

定理 1.1.2 距离函数 $d(x, y)$ 是两个变元的连续函数. 即当 $x_n \to x, y_n \to y$ 时，$d(x_n, y_n) \to d(x, y)$.

证明 对任意 $x, y, z \in X$，由三角不等式得到

$$d(x,y) - d(z,y) \leqslant d(x,z).$$

同样

$$d(z,y) - d(x,y) \leqslant d(z,x) = d(x,z).$$

因此 $|d(x,y) - d(z,y)| \leqslant d(x,z)$. 于是当 $n \to \infty$ 时,

$$|d(x_n,y_n) - d(x,y)| \leqslant |d(x_n,y_n) - d(x,y_n)| + |d(x,y_n) - d(x,y)|$$

$$\leqslant d(x_n,x) + d(y_n,y) \to 0.$$

从而 $d(x_n,y_n) \to d(x,y)$. ∎

本节引入了距离空间,并且定义了距离空间中序列的极限. 在本章以后各节,将结合一些经典空间的例子,继续关于距离空间的讨论.

1.2　赋范空间的基本概念

我们熟知的欧氏空间 $\mathbf{R}^n$ 不仅具有距离结构,而且具有代数结构. $\mathbf{R}^n$ 是一个线性空间,并且赋予了每个向量一个范数(即向量的模). 本节将引入赋范空间. 赋范空间是对其中每个向量赋予了范数的线性空间,而且由范数导出的拓扑结构与代数结构具有自然的联系. 与距离空间相比较,赋范空间在结构上更接近于 $\mathbf{R}^n$.

1.2.1　线性空间

先回顾一下线性代数中关于线性空间的定义及相关概念.

定义 1.2.1　设 X 是一非空集,$\mathbf{K}$ 是标量域. 若

(1) 在 X 上定义了加法运算,即对任意 $x,y \in X$,对应 X 中一个元,记为 $x+y$,称为 x 与 y 的和,满足:

① $x+y = y+x$;

② $(x+y)+z = x+(y+z)$;

③ 在 X 中存在唯一的元 0(称之为零元),使得对任意 $x \in X$,成立有 $x+0 = x$;

④ 对任意 $x \in X$,存在唯一的 $x' \in X$,使得 $x+x' = 0$. 称 x' 为 x 的负元,记为 $-x$;

(2) 在 X 上定义了数乘运算,即对任意 $x \in X$ 和 $\alpha \in \mathbf{K}$,对应 X 中一个元,记为 αx,称为 α 与 x 的数积,满足(设 $\alpha,\beta \in \mathbf{K}$,$x,y \in X$):

⑤ $1x = x$;

⑥ $\alpha(\beta x) = (\alpha\beta)x$;

⑦ $(\alpha+\beta)x = \alpha x + \beta x$;

⑧ $\alpha(x+y) = \alpha x + \alpha y$.

则称 X 为线性空间(或向量空间),X 中的元称为向量.

当标量域 $\mathbf{K} = \mathbf{R}$ 或 $\mathbf{C}$ 时,分别称 X 为实线性空间和复线性空间.

设 E 是 X 的子集. 若 E 对 X 上的加法和数乘运算封闭,即对任意 $x,y \in E$ 和 $\alpha \in \mathbf{K}$,都有 $x+y \in E$,$\alpha x \in E$,则 E 本身也是一个线性空间,称为 X 的线性子空间.

设 $x_1,x_2,\cdots,x_n$ 是 X 中的一组向量. 若存在不全为零的数 $\alpha_1,\alpha_2,\cdots,\alpha_n \in \mathbf{K}$,使得

$$\alpha_1 x_1 + \alpha_2 x_2 + \cdots + \alpha_n x_n = 0,$$

则称向量组 $x_1, x_2, \cdots, x_n$ 是线性相关的. 若向量组 $x_1, x_2, \cdots, x_n$ 不是线性相关的, 则称 $x_1, x_2, \cdots, x_n$ 是线性无关的.

若 X 中的线性无关向量组的向量的个数最多为 n, 则称 X 为 n 维的, 记为 $\dim X = n$. 若 X 中的线性无关向量组中的向量的个数可以任意大, 则称 X 为无限维的, 记为 $\dim X = \infty$.

设 X 为 n 维线性空间. 若 $e_1, e_2, \cdots, e_n$ 是 X 中的一个线性无关向量组, 则对任意 $x \in X$, x 可以唯一地表示为 $e_1, e_2, \cdots, e_n$ 的线性组合, 即

$$x = \alpha_1 e_1 + \alpha_2 e_2 + \cdots + \alpha_n e_n,$$

其中 $\alpha_1, \alpha_2, \cdots, \alpha_n \in \mathbf{K}$. 称 $e_1, e_2, \cdots, e_n$ 为 X 的一组基, 称 $(\alpha_1, \alpha_2, \cdots, \alpha_n)$ 为 x 关于基 $e_1, e_2, \cdots, e_n$ 的坐标.

例如, 在欧氏空间 $\mathbf{K}^n$ 上定义加法和数乘运算如下:

$$(x_1, x_2, \cdots, x_n) + (y_1, y_2, \cdots, y_n) = (x_1 + y_1, x_2 + y_2, \cdots, x_n + y_n),$$

$$\alpha(x_1, x_2, \cdots, x_n) = (\alpha x_1, \alpha x_2, \cdots, \alpha x_n) \quad (\alpha \in \mathbf{K}),$$

则 $\mathbf{K}^n$ 成为 n 维线性空间. 特别地, 分别称 $\mathbf{R}^n$ 和 $\mathbf{C}^n$ 为实 n 维欧氏空间和复 n 维欧氏空间. 向量组

$$e_1 = (1, 0, 0, \cdots, 0),$$
$$e_2 = (0, 1, 0, \cdots, 0),$$
$$\cdots\cdots\cdots\cdots\cdots\cdots\cdots$$
$$e_n = (0, \cdots, 0, 0, 1),$$

是 $\mathbf{K}^n$ 的一组基, 称为 $\mathbf{K}^n$ 的标准基.

设 X, Y 是线性空间, 其标量域为 $\mathbf{K}$, T 是 X 到 Y 的映射. 若对任意 $x_1, x_2 \in X$ 和 $\alpha, \beta \in \mathbf{K}$, 有

$$T(\alpha x_1 + \beta x_2) = \alpha T x_1 + \beta T x_2,$$

则称 T 为线性算子.

设 E 是线性空间 X 的非空子集. 令 $\operatorname{span}(E)$ 是 E 中的元有限线性组合的全体, 即

$$\operatorname{span}(E) = \left\{ \sum_{i=1}^{n} \lambda_i x_i : x_1, x_2, \cdots, x_n \in E, \lambda_1, \lambda_2, \cdots, \lambda_n \in \mathbf{K}, n = 1, 2, \cdots \right\}.$$

容易验证 $\operatorname{span}(E)$ 是包含 E 的最小线性子空间, 称之为由 E 张成的线性子空间.

在泛函分析中经常用到下面两种类型的线性空间.

例 1 数列空间. 设 s 是(实或复)数列的全体. 在 s 上定义加法和数乘如下:

$$(x_1, x_2, \cdots) + (y_1, y_2, \cdots) = (x_1 + y_1, x_2 + y_2, \cdots),$$
$$\alpha(x_1, x_2, \cdots) = (\alpha x_1, \alpha x_2, \cdots) \quad (\alpha \in \mathbf{K}). \tag{1.2.1}$$

容易验证按照这样定义的加法和数乘运算, s 成为一个(实或复)线性空间. 令

$$e_i = (\underbrace{0, \cdots, 0, 1}_{i}, 0, \cdots), \quad i = 1, 2, \cdots.$$

则对任意 $n \geq 1$，$e_1, e_2, \cdots, e_n$ 是一个线性无关组. 因此 s 是无限维线性空间.

例 2　函数空间. 设 $E \subset \mathbf{R}^n$ 为一非空集，X 是定义在 E 上的（实值或复值）函数的全体. 对任意 $x, y \in X$ 和 $\alpha \in \mathbf{K}$ 定义

$$(x + y)(t) = x(t) + y(t), \quad (\alpha x)(t) = \alpha x(t) \, (t \in E). \tag{1.2.2}$$

容易验证，按照这样定义的加法和数乘运算，X 成为一个（实或复）线性空间.

泛函分析中常见的线性空间都是上述两类空间的子空间. 这些空间上的线性运算分别由式（1.2.1）和式（1.2.2）定义.

设 X 是线性空间，$A, B \subset X$，$\lambda \in \mathbf{K}$. 记

$$\lambda A = \{\lambda x : x \in A\},$$

$$A + B = \{x + y : x \in A, y \in B\}.$$

特别地，若 $x_0 \in X$，记 $x_0 + A = \{x_0 + x : x \in A\}$. 称 λA 为 A 的倍集，称 $A + B$ 为 A 与 B 的（线性）和集.

1.2.2　赋范空间的定义与例

定义 1.2.2　设 X 是一线性空间，其标量域为 $\mathbf{K}$. 若对任意 $x \in X$，都对应有一个实数 $\|x\|$，称之为 x 的范数，满足：

(1) 正定性：$\|x\| \geq 0$，并且 $\|x\| = 0$ 当且仅当 $x = 0$；

(2) 绝对齐性：$\|\alpha x\| = |\alpha| \|x\| \, (x \in X, \alpha \in \mathbf{K})$；

(3) 三角不等式：$\|x + y\| \leq \|x\| + \|y\| \, (x, y \in X)$，

则称函数 $\|\cdot\|$ 为 X 上的范数，称 X 为赋范线性空间（简称为赋范空间），记为 $(X, \|\cdot\|)$.

在不会引起混淆的情况下，$(X, \|\cdot\|)$ 可以简记为 X.

关于范数还成立有不等式：

$$\big|\|x\| - \|y\|\big| \leq \|x - y\| \, (x, y \in X). \tag{1.2.3}$$

事实上，由范数的三角不等式得到

$$\|x\| = \|x - y + y\| \leq \|x - y\| + \|y\|,$$

$$\|y\| = \|y - x + x\| \leq \|y - x\| + \|x\| = \|x - y\| + \|x\|.$$

由以上两式得到

$$\|x\| - \|y\| \leq \|x - y\|, \quad \|y\| - \|x\| \leq \|x - y\|.$$

因此式（1.2.3）成立.

设 $(X, \|\cdot\|)$ 是赋范空间. 对于 $x, y \in X$，令

$$d(x, y) = \|x - y\|.$$

容易验证 d 是 X 上的距离，称为由范数导出的距离. 今后总是将赋范空间按照这个距离视为距离空间.

由于赋范空间也是距离空间，因此关于距离空间成立的结论，在赋范空间中也成立. 但赋范空间比距离空间具有更丰富的结构，因此赋范空间的理论更丰富、更细致.

设 $\{x_n\}$ 是赋范空间 X 中的序列，$x \in X$. 若当 $n \to \infty$ 时，$\|x_n - x\| \to 0$，则称 $\{x_n\}$（按范数）收敛于 x，记为 $\lim\limits_{n \to \infty} x_n = x$ 或 $x_n \to x (n \to \infty)$. 显然，按范数收敛与按由范数导出的距离收敛是一样的.

并非每个线性空间上的距离都可以由一个范数导出. 实际上容易证明，线性空间 X 上的距离 d 可以由 X 上的一个范数导出的充要条件是 d 满足：

(1) $d(\alpha x, 0) = |\alpha| d(x, 0) \ (x \in X, \alpha \in \mathbf{K})$；

(2) $d(x + z, y + z) = d(x, y) \ (x, y, z \in X)$.

例如 1.1 节例 3 中 s 上的距离不满足上述条件(1)，因此该距离不能由 s 上的范数导出.

定理 1.2.1 设 $(X, \|\cdot\|)$ 是赋范空间，则：

(1) 范数 $\|\cdot\|$ 是 X 上的连续函数. 即当 $x_n \to x$ 时，$\|x_n\| \to \|x\|$；

(2) X 上的加法和数乘运算是连续的. 即对 X 中的任意序列 $\{x_n\}$，$\{y_n\}$ 和标量序列 $\{\alpha_n\}$，若 $x_n \to x, y_n \to y, \alpha_n \to \alpha$，则

$$x_n + y_n \to x + y, \quad \alpha_n x_n \to \alpha x.$$

证明 (1) 设 $x_n \to x$，则 $\|x_n - x\| \to 0$. 由式(1.2.3)得到，当 $n \to \infty$ 时，

$$\big| \|x_n\| - \|x\| \big| \leqslant \|x_n - x\| \to 0.$$

因此 $\|x_n\| \to \|x\|$.

(2) 设 $x_n \to x, y_n \to y$. 则当 $n \to \infty$ 时，

$$\|x_n + y_n - (x + y)\| \leqslant \|x_n - x\| + \|y_n - y\| \to 0.$$

因此 $x_n + y_n \to x + y$. 设 $\alpha_n \to \alpha$，则存在 $M > 0$ 使得 $|\alpha_n| \leqslant M (n \geqslant 1)$. 于是当 $n \to \infty$ 时，

$$\begin{aligned}
\|\alpha_n x_n - \alpha x\| &\leqslant \|\alpha_n x_n - \alpha_n x\| + \|\alpha_n x - \alpha x\| \\
&= |\alpha_n| \|x_n - x\| + |\alpha_n - \alpha| \|x\| \\
&\leqslant M \|x_n - x\| + |\alpha_n - \alpha| \|x\| \to 0.
\end{aligned}$$

因此 $\alpha_n x_n \to \alpha x$. ∎

例 3 欧氏空间 $\mathbf{K}^n$. 对于 $x = (x_1, x_2, \cdots, x_n) \in \mathbf{K}^n$，定义

$$\|x\| = \left(\sum_{i=1}^{n} |x_i|^2 \right)^{\frac{1}{2}},$$

则 $\|\cdot\|$ 是 $\mathbf{K}^n$ 上的范数. 按照这个范数 $\mathbf{K}^n$ 成为赋范空间. 由这个范数导出的距离就是 $\mathbf{K}^n$ 上的欧氏距离. 此外，若令

$$\|x\|_1 = \sum_{i=1}^{n} |x_i|, \quad \|x\|_\infty = \max_{1 \leqslant i \leqslant n} |x_i|,$$

则容易验证 $\|\cdot\|_1$ 和 $\|\cdot\|_\infty$ 也是 $\mathbf{K}^n$ 上的范数. 注意 $\mathbf{K}^n$ 按照不同的范数所成的赋范空间是不同的赋范空间.

例 4 空间 $C[a, b]$. 设 $C[a, b]$ 是 1.1 节例 2 中的连续函数空间. 按照函数的加法和数乘运算，$C[a, b]$ 成为线性空间. 对于 $x = x(t) \in C[a, b]$，定义

$$\|x\| = \max_{a \leqslant t \leqslant b} |x(t)|,$$

则 $\|\cdot\|$ 是 $C[a,b]$ 上的范数. 按照这个范数 $C[a,b]$ 成为赋范空间. 由这个范数导出的距离就是 1.1 节例 2 中定义的距离.

例 5　空间 c 和 c_0. 设 c 是收敛的(实或复)数列的全体. 按照数列的加法和数乘运算, c 成为线性空间. 对于 $x = (x_1, x_2, \cdots) \in c$, 令

$$\|x\| = \sup_{i \geqslant 1} |x_i|,$$

则 $\|\cdot\|$ 是 c 上的范数. 设 c_0 是收敛于 0 的(实或复)数列的全体, 显然 $\|\cdot\|$ 也是 c_0 上的范数.

一般来说, 设 $(X, \|\cdot\|)$ 是赋范空间, E 是 X 的线性子空间. 则 E 按照范数 $\|\cdot\|$ 也是一个赋范空间. 称 E 为 X 的(线性)子空间. 以后若无特别申明, 赋范空间的子空间总是指线性子空间.

例如, 上述例 5 中的 c_0 是 c 的子空间.

例 6　可积函数空间 $L[a,b]$. 设 $L[a,b]$ 是区间 $[a,b]$ 上的 Lebesgue 可积函数的全体. 按照函数的加法和数乘运算, $L[a,b]$ 成为线性空间. 将 $L[a,b]$ 中的两个几乎处处相等的函数不加区别地视为同一元. 对每个 $f \in L[a,b]$, 令

$$\|f\|_1 = \int_a^b |f| \, \mathrm{d}x,$$

则 $\|\cdot\|_1$ 是 $L[a,b]$ 上的范数. 在 1.3 节中我们将讨论更一般的情形, p 次方可积函数空间 $L^p[a,b]$.

例 7　空间 $V[a,b]$ 和 $V_0[a,b]$. 设 f 是定义在区间 $[a,b]$ 上的(实值或复值)函数. 若存在 $M > 0$, 使得对于 $[a,b]$ 的任一分割 $\pi: a = x_0 < x_1 < \cdots < x_n = b$, 总有

$$\sum_{i=1}^n |f(x_i) - f(x_{i-1})| \leqslant M,$$

则称 f 是 $[a,b]$ 上的有界变差函数. 区间 $[a,b]$ 上的有界变差函数的全体记为 $V[a,b]$. 设 $f \in V[a,b]$, 令

$$\overset{b}{\underset{a}{V}}(f) = \sup_{\pi} \sum_{i=1}^n |f(x_i) - f(x_{i-1})|,$$

其中上确界是对 $[a,b]$ 的所有分割 π 取的. 称 $\overset{b}{\underset{a}{V}}(f)$ 为 f 在 $[a,b]$ 上的全变差. 设 $f, g \in V[a,b]$. 对于区间 $[a,b]$ 的任一分割 $\pi: a = x_0 < x_1 < \cdots < x_n = b$, 有

$$\begin{aligned}
\sum_{i=1}^n &|f(x_i) + g(x_i) - f(x_{i-1}) - g(x_{i-1})| \\
&\leqslant \sum_{i=1}^n |f(x_i) - f(x_{i-1})| + \sum_{i=1}^n |g(x_i) - g(x_{i-1})| \\
&\leqslant \overset{b}{\underset{a}{V}}(f) + \overset{b}{\underset{a}{V}}(g).
\end{aligned} \tag{1.2.4}$$

因此 $f + g \in V[a,b]$. 这说明 $V[a,b]$ 对加法运算封闭. 显然, $V[a,b]$ 对数乘运算也是封闭的. 因此 $V[a,b]$ 按函数的加法和数乘运算成为线性空间. 在 $V[a,b]$ 上定义

$$\|f\| = |f(a)| + \overset{b}{\underset{a}{V}}(f) \quad (f \in V[a,b]). \tag{1.2.5}$$

我们验证 $\|\cdot\|$ 是 $V[a,b]$ 上的范数.

(1) 显然,$\|f\| \geqslant 0$,并且当 $f=0$ 时,$\|f\|=0$. 反过来,若 $\|f\|=0$,则 $|f(a)|+\overset{b}{\underset{a}{V}}(f)$ $=0$. 因此 f 在 $[a,b]$ 上必为常数并且 $f(a)=0$. 从而 $f(x)=0(x\in[a,b])$. 因此 $f=0$.

(2) $\|\alpha f\| = |\alpha|\|f\|$ 是显然的.

(3) 设 $f,g\in V[a,b]$. 在式(1.2.4)中对所有分割 π 取上确界,得到

$$\overset{b}{\underset{a}{V}}(f+g) \leqslant \overset{b}{\underset{a}{V}}(f) + \overset{b}{\underset{a}{V}}(g).$$

由此得到 $\|f+g\| \leqslant \|f\| + \|g\|$.

因此由式(1.2.5)定义的函数 $\|\cdot\|$ 是 $V[a,b]$ 上的范数. 特别地,令

$$V_0[a,b] = \{f\in V[a,b]: f(a)=0,\ f \text{ 在 } (a,b) \text{ 上右连续}\},$$

则 $V_0[a,b]$ 是 $V[a,b]$ 的线性子空间. 空间 $V_0[a,b]$ 在 2.6 节中有重要应用.

例 8[*]　空间 $C^{(k)}(\Omega)$. 设 Ω 是 $\mathbf{R}^n$ 中的有界闭集,具有连通的内部,k 是非负整数,$C^{(k)}(\Omega)$ 是在 Ω 上具有直到 k 阶连续偏导数的 n 元函数的全体. 则 $C^{(k)}(\Omega)$ 是线性空间. 由非负整数构成的有序 n 元数组 $\alpha=(\alpha_1, \alpha_2, \cdots, \alpha_n)$ 称为 n 重指标. 对于一个 n 重指标 $\alpha=(\alpha_1, \alpha_2, \cdots, \alpha_n)$,记 $|\alpha|=\alpha_1+\alpha_2+\cdots+\alpha_n$,

$$D^\alpha f = \frac{\partial^{|\alpha|}f}{\partial x_1^{\alpha_1}\partial x_2^{\alpha_2}\cdots\partial x_n^{\alpha_n}}.$$

补充规定 $D^0 f = f$. 对于 $f(x)=f(x_1,x_2,\cdots,x_n)\in C^{(k)}(\Omega)$,令

$$\|f\| = \max_{|\alpha|\leqslant k}\ \max_{x\in\Omega}|D^\alpha f(x)|,$$

则可以验证 $\|\cdot\|$ 是 $C^{(k)}(\Omega)$ 上的范数. $C^{(k)}(\Omega)$ 按照这个范数成为赋范空间.

1.3　L^p 空间

1.3.1　空间 $L^p(1\leqslant p<\infty)$

在分析中最常用的一类赋范空间是 L^p 空间. 设 E 是 $\mathbf{R}^n$ 中的可测集,$1\leqslant p<\infty$. 若 f 是 E 上的(实值或复值)可测函数,并且 $|f|^p$ 在 E 上是可积的,则称 f 在 E 上是 p 次方可积的. E 上的 p 次方可积函数的全体记为 $L^p(E)$.

由于当 $a,b\in\mathbf{K}$ 时,

$$|a+b|^p \leqslant (2\max(|a|,\ |b|))^p \leqslant 2^p(|a|^p+|b|^p), \tag{1.3.1}$$

因此,当 $f,g\in L^p(E)$ 时,

$$|f(x)+g(x)|^p \leqslant 2^p(|f(x)|^p+|g(x)|^p)\ (x\in E).$$

从而 $f+g\in L^p(E)$. 又显然当 $\alpha\in\mathbf{K}$ 时,$\alpha f\in L^p(E)$. 因此 $L^p(E)$ 按照函数的加法和数乘运算成为线性空间. 我们规定,将 $L^p(E)$ 中的两个几乎处处相等的函数不加区别地视为同一元. 特别地,若 $f=0$ a.e. 于 E,则将 f 与 $L^p(E)$ 的零向量即恒等于零的函数视为同一向量.

对每个 $f \in L^p(E)$, 令

$$\|f\|_p = \left(\int_E |f|^p \mathrm{d}x\right)^{\frac{1}{p}}. \tag{1.3.2}$$

称 $\|f\|_p$ 为 f 的 p 范数. 下面证明 $\|\cdot\|_p$ 确实是 $L^p(E)$ 上的范数. 为此先证明两个重要的不等式.

引理 1.3.1(Hölder 不等式)　设 $1 < p, q < \infty$ 并且 $\dfrac{1}{p} + \dfrac{1}{q} = 1$. 若 $f \in L^p(E)$, $g \in L^q(E)$, 则 $fg \in L^1(E)$, 并且

$$\int_E |fg|\,\mathrm{d}x \leqslant \left(\int_E |f|^p \mathrm{d}x\right)^{\frac{1}{p}} \left(\int_E |g|^q \mathrm{d}x\right)^{\frac{1}{q}}. \tag{1.3.3}$$

用 p 范数的记号表示就是 $\|fg\|_1 \leqslant \|f\|_p \|g\|_q$.

证明　先证明对任意实数 $a, b \geqslant 0$, 有

$$ab \leqslant \frac{a^p}{p} + \frac{b^q}{q}. \tag{1.3.4}$$

只需考虑 $a, b > 0$ 的情形. 令 $\varphi(x) = \ln x \, (x > 0)$. 由于 $\varphi''(x) < 0$, 因此 $\varphi(x)$ 是 $(0, \infty)$ 上的上凸函数. 于是当 $0 < \lambda < 1$ 时, 对任意 $x, y \in (0, \infty)$, 有

$$\lambda \ln x + (1 - \lambda) \ln y \leqslant \ln(\lambda x + (1 - \lambda)y).$$

上式的左端是 $\ln x^\lambda y^{1-\lambda}$, 从而 $x^\lambda y^{1-\lambda} \leqslant \lambda x + (1 - \lambda)y$. 令 $\lambda = \dfrac{1}{p}$, 则 $1 - \lambda = \dfrac{1}{q}$. 再令 $x = a^p, y = b^q$, 即得式 (1.3.4).

现在证明式 (1.3.3).

若 $\|f\|_p = 0$ 或 $\|g\|_q = 0$, 则 $f = 0$ a.e. 或 $g = 0$ a.e., 此时式 (1.3.3) 显然成立. 现在设 $\|f\|_p > 0, \|g\|_q > 0$. 对任意 $x \in E$, 对 $a = \dfrac{|f(x)|}{\|f\|_p}$ 和 $b = \dfrac{|g(x)|}{\|g\|_q}$ 利用式 (1.3.4) 得到

$$\frac{|f(x)g(x)|}{\|f\|_p \|g\|_q} \leqslant \frac{|f(x)|^p}{p\|f\|_p^p} + \frac{|g(x)|^q}{q\|g\|_q^q} \quad (x \in E).$$

两边分别积分得到

$$\frac{1}{\|f\|_p \|g\|_q} \int_E |fg|\,\mathrm{d}x \leqslant \frac{1}{p\|f\|_p^p} \int_E |f|^p \mathrm{d}x + \frac{1}{q\|g\|_q^q} \int_E |g|^q \mathrm{d}x = \frac{1}{p} + \frac{1}{q} = 1.$$

由此得到 $\int_E |fg|\,\mathrm{d}x \leqslant \|f\|_p \|g\|_q$. 此即式 (1.3.3). ∎

当 $p = q = 2$ 时, Hölder 不等式变为 Cauchy 不等式, 即

$$\int_E |fg|\,\mathrm{d}x \leqslant \left(\int_E |f|^2 \mathrm{d}x\right)^{\frac{1}{2}} \left(\int_E |g|^2 \mathrm{d}x\right)^{\frac{1}{2}}.$$

引理 1.3.2(Minkowski 不等式)　设 $1 \leqslant p < \infty$, $f, g \in L^p(E)$. 则

$$\left(\int_E |f + g|^p \mathrm{d}x\right)^{\frac{1}{p}} \leqslant \left(\int_E |f|^p \mathrm{d}x\right)^{\frac{1}{p}} + \left(\int_E |g|^p \mathrm{d}x\right)^{\frac{1}{p}}. \tag{1.3.5}$$

用 p 范数的记号表示就是 $\|f + g\|_p \leqslant \|f\|_p + \|g\|_p$.

证明 当 $p=1$ 时，式 $(1.3.5)$ 显然成立. 现在设 $p>1$. 我们有

$$\int_E |f+g|^p \mathrm{d}x = \int_E |f+g| \, |f+g|^{p-1} \mathrm{d}x$$
$$\leqslant \int_E |f| \, |f+g|^{p-1} \mathrm{d}x + \int_E |g| \, |f+g|^{p-1} \mathrm{d}x.$$

令 $q=\dfrac{p}{p-1}$，则 $\dfrac{1}{p}+\dfrac{1}{q}=1$. 对上式右边的两个积分利用 Hölder 不等式得到

$$\int_E |f+g|^p \mathrm{d}x \leqslant \|f\|_p \left(\int_E |f+g|^{(p-1)q} \mathrm{d}x\right)^{\frac{1}{q}} + \|g\|_p \left(\int_E \cdot |f+g|^{(p-1)q} \mathrm{d}x\right)^{\frac{1}{q}}$$
$$= (\|f\|_p + \|g\|_p) \left(\int_E |f+g|^p \mathrm{d}x\right)^{\frac{1}{q}}.$$

当 $\int_E |f+g|^p \mathrm{d}x = 0$ 时，式 $(1.3.5)$ 显然成立. 当 $\int_E |f+g|^p \mathrm{d}x > 0$ 时，用 $\left(\int_E |f+g|^p \mathrm{d}x\right)^{\frac{1}{q}}$ 除上式的两边得到

$$\left(\int_E |f+g|^p \mathrm{d}x\right)^{1-\frac{1}{q}} \leqslant \|f\|_p + \|g\|_p.$$

注意到 $1-\dfrac{1}{q}=\dfrac{1}{p}$，因此上式即式 $(1.3.5)$. ∎

定理 1.3.3 当 $1 \leqslant p < \infty$ 时，由式 $(1.3.2)$ 定义的 $\|\cdot\|_p$ 是 $L^p(E)$ 上的范数，$L^p(E)$ 按照范数 $\|\cdot\|_p$ 成为赋范空间.

证明 显然对任意 $f \in L^p(E)$，$\|f\|_p \geqslant 0$. 由积分的性质，$\|f\|_p = 0$ 当且仅当 $f=0$ a.e. 于 E. 按照 $L^p(E)$ 两个元相等的规定，这表明 $\|f\|_p = 0$ 当且仅当 $f=0$. 显然 $\|\alpha f\|_p = |\alpha| \|f\|_p (\alpha \in \mathbf{K})$. 而 Minkowski 不等式表明 $\|\cdot\|_p$ 满足三角不等式. 因此 $\|\cdot\|_p$ 是 $L^p(E)$ 上的范数. ∎

$L^p(E)$ 中的序列 $\{f_n\}$ 按范数收敛于 f 也可以记为 $f_n \xrightarrow{L^p} f (n \to \infty)$.

注 若 $0 < m(E) < \infty$，$f_n \xrightarrow{L^p} f (n \to \infty)$，则

$$\frac{1}{m(E)}\int_E |f_n-f|^p \mathrm{d}x = \frac{1}{m(E)} \|f_n-f\|_p^p \to 0 \ (n \to \infty).$$

这表明 $|f_n-f|^p$ 在 E 上的平均值趋于 0. 因此 $L^p(E)$ 上的按范数收敛又称为 p 次方平均收敛. 此外，还可以给出 $f_n \xrightarrow{L^1} f$ 的几何意义. 考虑一个简单情形. 设 f_n 和 f 都是 $[a,b]$ 上的连续函数，则当 $f_n \xrightarrow{L^1} f$ 时，

$$\int_a^b |f_n-f| \mathrm{d}x = \|f_n-f\|_1 \to 0 \ (n \to \infty).$$

这相当于介于曲线 $y=f_n(x)$ 和 $y=f(x)$ 之间的图形的面积趋于 0. 如图 1.3.1 所示.

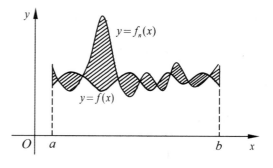

图 1.3.1

定理 1.3.4　设 $1 \leqslant p < \infty$，$f_n, f \in L^p(E)$．若 $f_n \xrightarrow{L^p} f$，则 $\{f_n\}$ 依测度收敛于 f．

证明　设 $\|f_n - f\|_p \to 0$．对任意 $\varepsilon > 0$，当 $n \to \infty$ 时，我们有

$$mE(|f_n - f| > \varepsilon) = mE(|f_n - f|^p > \varepsilon^p) \leqslant \frac{1}{\varepsilon^p} \int_E |f_n - f|^p \mathrm{d}x$$

$$= \frac{1}{\varepsilon^p} \|f_n - f\|_p^p \to 0.$$

因此 $\{f_n\}$ 依测度收敛于 f．∎

利用 Riesz 定理得到下面的推论：

推论 1.3.5　设 $1 \leqslant p < \infty$，$f_n, f \in L^p(E)$．若 $f_n \xrightarrow{L^p} f$，则存在 $\{f_n\}$ 的一个子列 $\{f_{n_k}\}$ 使得 $f_{n_k} \to f$ a.e.．

1.3.2　空间 $L^\infty(E)$

设 E 是 $\mathbf{R}^n$ 中的可测集．称 E 上的可测函数 f 是本性有界的，若存在 $M > 0$，使得 $|f| \leqslant M$ a.e. 于 E，即存在 E 的零测度子集 E_0，使得当 $x \in E \setminus E_0$ 时，$|f(x)| \leqslant M$．E 上的本性有界可测函数的全体记为 $L^\infty(E)$．显然 $L^\infty(E)$ 按函数的加法和数乘运算成为线性空间．将 $L^\infty(E)$ 中的两个几乎处处相等的函数不加区别地视为同一元．对任意 $f \in L^\infty(E)$，令

$$\|f\|_\infty = \inf\{M : |f| \leqslant M \text{ a.e.}\}. \tag{1.3.6}$$

称 $\|f\|_\infty$ 为 f 的本性最大模．下面证明 $\|\cdot\|_\infty$ 是 $L^\infty(E)$ 上的范数．

首先注意，对任意 $f \in L^\infty(E)$，有

$$|f| \leqslant \|f\|_\infty \text{ a.e.} \tag{1.3.7}$$

事实上，对任意正整数 $n \geqslant 1$，存在 E 的可测子集 E_n，使得 $m(E_n) = 0$ 并且

$$|f(x)| \leqslant \|f\|_\infty + \frac{1}{n} \quad (x \in E \setminus E_n).$$

令 $E_0 = \bigcup_{n=1}^\infty E_n$，则 $m(E_0) = 0$．由于 $E \setminus E_0 \subset E \setminus E_n (n \geqslant 1)$，因此对任意 $n \geqslant 1$，有

$$|f(x)| \leqslant \|f\|_\infty + \frac{1}{n} \quad (x \in E \setminus E_0).$$

令 $n \to \infty$ 得到 $|f(x)| \leqslant \|f\|_\infty (x \in E \setminus E_0)$．这表明式 (1.3.7) 成立．若 $f, g \in L^\infty(E)$，利用式 (1.3.6) 得到

$$|f + g| \leqslant |f| + |g| \leqslant \|f\|_\infty + \|g\|_\infty \text{ a.e.}$$

因此

$$\|f + g\|_\infty \leqslant \|f\|_\infty + \|g\|_\infty,$$

即 $\|\cdot\|_\infty$ 满足三角不等式．显然对任意 $f \in L^\infty(E)$，$\|f\|_\infty \geqslant 0$．利用式 (1.3.7) 知道 $\|f\|_\infty = 0$ 当且仅当 $f = 0$ a.e. 于 E．按照 $L^\infty(E)$ 两个元相等的规定，这表明 $\|f\|_\infty = 0$ 当且仅当 $f = 0$．又显然 $\|\alpha f\|_\infty = |\alpha| \|f\|_\infty (\alpha \in \mathbf{K})$．因此 $\|\cdot\|_\infty$ 是 $L^\infty(E)$ 上的范数，$L^\infty(E)$ 按范数 $\|\cdot\|_\infty$ 成为赋范空间．∎

式 (1.3.7) 表明在式 (1.3.6) 中的下确界是可以达到的,即 $\|f\|_\infty$ 是满足 $|f| \leqslant M$ a. e. 的常数 M 中的最小的一个. 下面的定理解释了为何将 f 的本性最大模记为 $\|f\|_\infty$.

定理 1.3.6 若 $m(E) < \infty$,则对任意 $f \in L^\infty(E)$ 成立有

$$\|f\|_\infty = \lim_{p \to \infty} \|f\|_p. \tag{1.3.8}$$

证明 记 $M = \|f\|_\infty$. 由式 (1.3.7) 知道 $|f| \leqslant M$ a. e.,因此

$$\|f\|_p = \left(\int_E |f|^p \, dx \right)^{\frac{1}{p}} \leqslant \left(\int_E M^p \, dx \right)^{\frac{1}{p}} = M(m(E))^{\frac{1}{p}}.$$

于是 $\varlimsup\limits_{p \to \infty} \|f\|_p \leqslant \lim\limits_{p \to \infty} M(m(E))^{\frac{1}{p}} = M$. 另一方面,对任意 $0 < \varepsilon < M$,令 $A = E(|f| > M - \varepsilon)$,则 $m(A) > 0$. 我们有

$$\|f\|_p = \left(\int_E |f|^p \, dx \right)^{\frac{1}{p}} \geqslant \left(\int_A (M - \varepsilon)^p \, dx \right)^{\frac{1}{p}} = (M - \varepsilon) m(A)^{\frac{1}{p}}.$$

从而

$$\varliminf_{p \to \infty} \|f\|_p \geqslant \lim_{p \to \infty} (M - \varepsilon) m(A)^{\frac{1}{p}} = M - \varepsilon.$$

令 $\varepsilon \to 0$,得到 $\varliminf\limits_{p \to \infty} \|f\|_p \geqslant M$. 这就证明了 $\lim\limits_{p \to \infty} \|f\|_p = M$. ∎

设 $1 \leqslant p, q \leqslant \infty$ 并且满足 $p^{-1} + q^{-1} = 1$,则称 p 和 q 为一对共轭指标. 其中规定,当 $p = 1$ 时 $q = \infty$,当 $p = \infty$ 时 $q = 1$. 上面我们已经在 $1 < p, q < \infty$ 并且 $p^{-1} + q^{-1} = 1$ 时证明了 Hölder 不等式. 事实上 Hölder 不等式当 $p = 1, q = \infty$ 或者 $p = \infty, q = 1$ 时仍然成立. 例如,当 $f \in L^1(E), g \in L^\infty(E)$ 时,我们有

$$\int_E |fg| \, dx \leqslant \int_E |f| \|g\|_\infty \, dx = \int_E |f| \, dx \, \|g\|_\infty = \|f\|_1 \|g\|_\infty.$$

1.3.3 空间 $l^p \, (1 \leqslant p \leqslant \infty)$

设 $x = (x_n)$ 是 (实或复) 数列. 若 $\sum\limits_{n=1}^\infty |x_n|^p < \infty \, (1 \leqslant p < \infty)$,则称 $x = (x_n)$ 是 p 次方可和的. 设 $l^p \, (1 \leqslant p < \infty)$ 是 p 次方可和的数列的全体. 利用式 (1.3.1) 容易知道 l^p 对数列的加法和数乘运算封闭,因此按照数列的加法和数乘运算,l^p 成为线性空间. 对任意 $x = (x_n) \in l^p$,令

$$\|x\|_p = \left(\sum_{n=1}^\infty |x_n|^p \right)^{\frac{1}{p}}.$$

类似于引理 1.3.1 和引理 1.3.2 的证明,只要把那里的积分改为求和,便可以证明下面关于数列求和的两个重要的不等式:

Hölder 不等式:当 $1 < p, q < \infty, \dfrac{1}{p} + \dfrac{1}{q} = 1$ 时,

$$\sum_{n=1}^\infty |x_n y_n| \leqslant \left(\sum_{n=1}^\infty |x_n|^p \right)^{\frac{1}{p}} \left(\sum_{n=1}^\infty |y_n|^q \right)^{\frac{1}{q}}.$$

Minkowski 不等式:当 $1 \leqslant p < \infty$ 时.

$$\Big(\sum_{n=1}^{\infty}|x_n+y_n|^p\Big)^{\frac{1}{p}}\leqslant\Big(\sum_{n=1}^{\infty}|x_n|^p\Big)^{\frac{1}{p}}+\Big(\sum_{n=1}^{\infty}|y_n|^p\Big)^{\frac{1}{p}}.$$

上式即 $\|x+y\|_p\leqslant\|x\|_p+\|y\|_p$. 这表明 $\|\cdot\|_p$ 满足三角不等式, $\|\cdot\|_p$ 满足正定性和绝对齐性是明显的. 因此 $\|\cdot\|_p$ 是 l^p 上的范数, $l^p(1\leqslant p\leqslant\infty)$ 成为赋范空间.

再定义空间 l^{∞}. 设 l^{∞} 是有界数列的全体. 显然按照数列的加法和数乘运算, l^{∞} 成为线性空间. 对任意 $x=(x_n)\in l^{\infty}$, 令

$$\|x\|_{\infty}=\sup_{n\geqslant1}|x_n|.$$

则 $\|\cdot\|_{\infty}$ 是 l^{∞} 上的范数, l^{∞} 成为赋范空间.

最后我们指出, 当 $0<p<1$ 时, Minkowski 不等式是不成立的, 这时 $\|\cdot\|_p$ 不是 $L^p(E)$ 和 l^p 上的范数. 例如当 $p=\dfrac{1}{2}$ 时, 在 l^p 中取 $x=(1,0,0,\cdots)$, $y=(0,1,0,\cdots)$, 则

$$\Big(\sum_{n=1}^{\infty}|x_n+y_n|^{\frac{1}{2}}\Big)^2=2^2>1+1=\Big(\sum_{n=1}^{\infty}|x_n|^{\frac{1}{2}}\Big)^2+\Big(\sum_{n=1}^{\infty}|y_n|^{\frac{1}{2}}\Big)^2.$$

在 1.2 节和 1.3 节中引入的几个赋范空间, 都是泛函分析中最常见的空间. 在后面我们将继续讨论这些空间的性质.

1.4　点集、连续映射与可分性

1.4.1　距离空间中的点集

在距离空间上, 与在欧氏空间 $\mathbf{R}^n$ 上一样, 利用距离可以定义点的邻域、开集和闭集, 以及距离空间之间的连续映射等. 在 $\mathbf{R}^n$ 上那些仅依赖于距离的定理, 大多数在一般的距离空间上同样成立.

设 (x,d) 是距离空间, $x_0\in X,\varepsilon>0$. 称集

$$U(x_0,\varepsilon)=\{x:d(x,x_0)<\varepsilon\}$$

为 x_0 的 ε-邻域.

定义 1.4.1　设 (X,d) 是距离空间, $A\subset X$.

(1) 若 $x_0\in A$, 并且存在 x_0 的一个邻域 $U(x_0,\varepsilon)\subset A$, 则称 x_0 为 A 的内点.

(2) 若 A 中的每个点都是 A 的内点, 则称 A 为开集.

(3) 由 A 的内点全体所成的集称为 A 的内部, 记为 A°.

定义 1.4.2　设 (X,d) 是距离空间, $A\subset X$.

(1) 设 $x_0\in X$. 若对任意 $\varepsilon>0$, $U(x_0,\varepsilon)$ 中包含有 A 中的无限多个点, 则称 x_0 为 A 的聚点.

(2) 由 A 的聚点的全体所成的集称为 A 的导集, 记为 A'.

(3) 若 $A'\subset A$, 则称 A 为闭集.

(4) 称 $A\cup A'$ 为 A 的闭包, 记为 $\bar{A}$.

设 $x_0 \in X$，$r > 0$. 以后总是记

$$S(x_0, r) = \{x : d(x, x_0) \leqslant r\}.$$

容易知道 $U(x_0, r)$ 和 $S(x_0, r)$ 分别是 X 中的开集和闭集. 因此分别称 $U(x_0, r)$ 和 $S(x_0, r)$ 是以 x_0 为中心，以 r 为半径的开球和闭球.

下面的一些定理，其证明与 $\mathbf{R}^n$ 中的情形完全类似，因此我们略去它们的证明.

定理 1.4.1 （开集的基本性质）开集具有如下的性质：

(1) 空集 $\varnothing$ 和全空间 X 是开集.

(2) 任意个开集的并集是开集.

(3) 有限个开集的交集是开集.

定理 1.4.2 设 X 是距离空间，$A \subset X$. 则以下陈述是等价的：

(1) $x \in A'$.

(2) 对任意 $\varepsilon > 0$，x 的去心邻域 $U(x, \varepsilon) - \{x\}$ 中包含 A 中的点.

(3) 存在 A 中的序列 $\{x_n\}$，使得每个 $x_n \neq x$ 并且 $x_n \to x$.

定理 1.4.3 设 X 是距离空间，$A \subset X$. 则以下陈述是等价的：

(1) $x \in \overline{A}$.

(2) 对任意 $\varepsilon > 0$，$U(x, \varepsilon)$ 中包含 A 中的点.

(3) 存在 A 中的序列 $\{x_n\}$ 使得 $x_n \to x$.

定理 1.4.4 设 X 是距离空间，$A \subset X$. 则以下陈述是等价的：

(1) A 是闭集.

(2) A^C 是开集，

(3) 对 A 中的任意序列 $\{x_n\}$，若 $x_n \to x$，则 $x \in A$.

定理 1.4.5 闭集具有如下性质：

(1) 空集 $\varnothing$ 和全空间 X 是闭集.

(2) 任意个闭集的交集是闭集.

(3) 有限个闭集的并集是闭集.

例 1 设 E 是区间 $[a, b]$ 的非空子集. 令

$$A = \{x \in C[a, b] : x(t) \geqslant 0, \forall t \in E\},$$

$$B = \{x \in C[a, b] : |x(t)| < c, \forall t \in E\}.$$

其中 $c > 0$. 则：

(1) A 是 $C[a, b]$ 中的闭集.

(2) 当 E 是闭集时，B 是 $C[a, b]$ 中的开集.

证明 (1) 根据定理 1.4.4，只需证明 A 中的收敛序列的极限仍是 A 中的元. 设 $\{x_n\} \subset A$ 并且 $x_n \to x$. 根据 1.1 节中例 6，$x_n(t)$ 在 $[a, b]$ 上一致收敛于 $x(t)$. 由于当 $t \in E$ 时，$x_n(t) \geqslant 0 (n \geqslant 1)$，因此当 $t \in E$ 时，$x(t) = \lim\limits_{n \to \infty} x_n(t) \geqslant 0$. 这表明 $x \in A$. 这就证明了 A 是闭集.

(2) 我们证明 B 中的点都是其内点. 设 $x \in B$. 由于 E 是闭集，$x = x(t)$ 是连续函数，令 $M = \max\limits_{t \in E} |x(t)|$，则 $M < c$. 令 $\varepsilon = c - M$，则当 $y \in U(x, \varepsilon)$ 时，对任意 $t \in E$，

$$|y(t)| \leqslant |y(t) - x(t)| + |x(t)| \leqslant \|y - x\| + M < \varepsilon + M = c.$$

因此 $y \in B$. 这表明 $U(x, \varepsilon) \subset B$, 即 x 是 B 的内点. 因此 B 是开集. ∎

定义 1.4.3 设 X 是距离空间, $A \subset X$.

(1) 设 $E \subset X$. 若 $\overline{A} \supset E$, 则称 A 在 E 中稠密. 若 A 在 E 中稠密, 并且 $A \subset E$, 也称 A 是 E 的稠密子集.

(2) 若 $(\overline{A})° = \varnothing$, 则称 A 是疏朗集 (或无处稠密集).

定理 1.4.6 设 X 是距离空间, $A, E \subset X$. 则以下陈述是等价的:

(1) A 在 E 中稠密.

(2) 对任意 $x \in E$ 和 $\varepsilon > 0$, $U(x, \varepsilon)$ 中包含 A 中的元.

(3) 对于任何 $x \in E$, 存在 A 中的序列 $\{x_n\}$, 使得 $x_n \to x$.

证明 利用定理 1.4.3 直接得到. ∎

定理 1.4.7 设 X 是距离空间, $A \subset X$. 则以下陈述是等价的:

(1) A 是疏朗集.

(2) 对任一开球 U, 存在开球 $U_1 \subset U$, 使得 $U_1 \cap A = \varnothing$.

(3) 对任一闭球 S, 存在闭球 $S_1 \subset S$, 使得 $S_1 \cap A = \varnothing$.

证明 (1) $\Leftrightarrow$ (2). A 是疏朗集等价于对任一开球 $U(x, \varepsilon)$, 包含关系 $U(x, \varepsilon) \subset \overline{A}$ 不成立. 即存在 $y \in U(x, \varepsilon)$, 使得 $y \notin \overline{A}$. 根据定理 1.4.3, 这又等价于存在开球 $U(y, \delta)$ (不妨设 $U(y, \delta) \subset U(x, \varepsilon)$), 使得 $U(y, \delta) \cap A = \varnothing$.

(2) $\Leftrightarrow$ (3). 由于任一开球包含一个闭球, 反之亦然, 因此 (2) 与 (3) 等价. ∎

1.4.2 连续映射

先回顾一下关于映射的有关定义与记号.

设 X 和 Y 是两个非空集. 若 T 是某一法则, 使得对每个 $x \in X$ 有唯一的 $y \in Y$ 与之对应 (将 y 记为 $T(x)$ 或 Tx), 则称 T 为从 X 到 Y 的映射, 记为 $T : X \to Y$. 称 X 为 T 的定义域.

设 $T : X \to Y$ 是 X 到 Y 的映射. 如果当 $x_1 \neq x_2$ 时 $Tx_1 \neq Tx_2$, 则称 T 是单射. 如果对任意 $y \in Y$, 存在 $x \in X$ 使得 $Tx = y$, 则称 T 是满射. 若 T 既是单射又是满射, 则称 T 是双射.

设 $T : X \to Y$ 是一个双射. 定义映射 $S : Y \to X$, $y \mapsto x$, 其中 $x \in X$ 并且满足 $Tx = y$. 称 S 为 T 的逆映射, 记为 T^{-1}.

设 T 是 X 到 Y 的映射, $A \subset X$, $B \subset Y$. 记

$$T(A) = \{Tx : x \in A\}, \quad T^{-1}(B) = \{x \in X : Tx \in B\}.$$

称 $T(A)$ 为 A 在映射 T 下的像, 称 $T^{-1}(B)$ 为 B 关于映射 T 的原像.

在数学分析中, n 元连续函数 $f(x_1, x_2, \cdots, x_n)$ 是 $\mathbf{R}^n$ 到 $\mathbf{R}^1$ 的连续映射. 同样, 也可以定义两个距离空间之间的连续映射.

定义 1.4.4 设 X, Y 是距离空间, T 是 X 到 Y 的映射, $x_0 \in X$. 若对任意 $\varepsilon > 0$, 存在 $\delta > 0$ 使得当 $d(x, x_0) < \delta$ 时

$$d(Tx, Tx_0) < \varepsilon,$$

则称 T 在点 x_0 处连续. 若 T 在 X 上的每一点处连续, 则称 T 在 X 上连续.

用邻域可以给连续映射一个等价描述: 若对于 Tx_0 的任一邻域 V, 存在 x_0 的邻域 U, 使得 $T(U) \subset V$, 则称 T 在 x_0 处连续.

特别地, X 到标量域空间 $\mathbf{K}$ 的连续映射称为 X 上的连续函数.

定理 1.4.8 设 X, Y 是距离空间, T 是 X 到 Y 的映射, $x_0 \in X$. 则 T 在 x_0 处连续的充要条件是对于 X 中的任意序列 $\{x_n\}$, 当 $x_n \to x_0$ 时, $Tx_n \to Tx_0$.

证明 必要性. 设 T 在 x_0 处连续, 则对任意 $\varepsilon > 0$, 存在 $\delta > 0$ 使得当 $d(x, x_0) < \delta$ 时, $d(Tx, Tx_0) < \varepsilon$. 若 $x_n \to x_0$, 则存在 $N > 0$ 使得当 $n > N$ 时, $d(x_n, x_0) < \delta$. 因此当 $n > N$ 时, $d(Tx_n, Tx_0) < \varepsilon$. 这表明 $Tx_n \to Tx_0$.

充分性. 设当 $x_n \to x_0$ 时, $Tx_n \to Tx_0$. 若 T 在 x_0 处不连续, 则存在 $\varepsilon_0 > 0$, 使得对任意 $n \geqslant 1$, 存在 $x_n \in X$, 使得 $d(x_n, x_0) < \dfrac{1}{n}$, 但 $d(Tx_n, Tx_0) \geqslant \varepsilon_0$. 这样一方面 $x_n \to x_0$. 另一方面 $Tx_n \longrightarrow\!\!\!\!\!/ \; Tx_0$. 这与假设条件矛盾. 因此 T 必在 x_0 处连续. ∎

定理 1.4.9 设 X, Y 是距离空间, T 是 X 到 Y 的映射. 则以下陈述是等价的:

(1) T 在 X 上连续.

(2) 对于 Y 中的任一开集 G, $T^{-1}(G)$ 是 X 中的开集.

(3) 对于 Y 中的任一闭集 F, $T^{-1}(F)$ 是 X 中的闭集.

证明 (1)$\Rightarrow$(2). 设 G 为 Y 中的开集. 不妨设 $T^{-1}(G) \neq \varnothing$. 对任意 $x_0 \in T^{-1}(G)$, 由于 $Tx_0 \in G$, 并且 G 是开集, 因此存在 Tx_0 的一个邻域 $V \subset G$. 由于 T 在 x_0 处连续, 因此存在 x_0 的邻域 U, 使得 $T(U) \subset V \subset G$. 于是 $U \subset T^{-1}(G)$. 因此 x_0 是 $T^{-1}(G)$ 的内点. 这表明 $T^{-1}(G)$ 为开集.

(2)$\Rightarrow$(1). 设 $x_0 \in X$, V 是 Tx_0 的一个邻域. 由于 V 是 Y 中的开集, 由假设条件, $T^{-1}(V)$ 是开集. 而 $x_0 \in T^{-1}(V)$, 故存在 x_0 的一个邻域 U 使得 $U \subset T^{-1}(V)$. 于是 $T(U) \subset V$. 这表明 T 在 x_0 处连续. 由于 x_0 是在 X 中任意选取的, 因此 T 在 X 上连续.

(2)$\Leftrightarrow$(3). 注意对任意 $A \subset Y$, 有 $T^{-1}(A^c) = (T^{-1}(A))^c$. 利用开集与闭集的对偶性即知. ∎

1.4.3 空间的可分性

在 $\mathbf{R}^1$ 存在有一个既是可列, 又是稠密的子集, 就是有理数集 $\mathbf{Q}$. 这个事实有时候是很有用的. 对于一般的距离空间, 不见得总是存在一个可数的(即有限或可列的)稠密子集. 而一个距离空间存在或不存在一个可数的稠密子集, 会在许多性质上表现出差异. 为了区别这两类不同的距离空间, 我们给出下面的定义.

定义 1.4.5 设 X 是距离空间. 若在 X 中存在一个可数的稠密子集, 则称 X 是可分的.

例如, 空间 $\mathbf{R}^n$ 是可分的. 这是因为 $\mathbf{R}^n$ 中的有理点所成的集 $\mathbf{Q}^n$ 是 $\mathbf{R}^n$ 的可列的稠密子集.

下面考查几个重要空间的可分性. 为叙述简便计, 我们只考虑实空间的情形. 此时该空间是由实数列或实值函数构成的. 在复空间的情形结论仍然成立, 其证明是类似的.

例 2　空间 $l^p (1 \leqslant p < \infty)$ 是可分的. 事实上, 令

$$A = \{(r_1, r_2, \cdots, r_n, 0, \cdots) : r_i \in \mathbf{Q}, n = 1, 2, \cdots\},$$

则 A 是 l^p 中的可列集. 我们证明 A 在 l^p 中稠密. 根据定理 1.4.6, 只需证明对任意 $x \in l^p$ 和 $\varepsilon > 0$, $U(x, \varepsilon)$ 中包含 A 中的元. 设 $x = (x_n) \in l^p$, $\varepsilon > 0$. 则存在 n_0 使得

$$\sum_{i=n_0+1}^{\infty} |x_i|^p < \frac{\varepsilon^p}{2}.$$

取有理数 $r_1, r_2, \cdots, r_{n_0}$ 使得 $\sum_{i=1}^{n_0} |x_i - r_i|^p < \frac{\varepsilon^p}{2}$. 令 $y = (r_1, r_2, \cdots, r_{n_0}, 0, \cdots)$, 则 $y \in A$, 并且

$$\|x - y\|_p^p = \sum_{i=1}^{n_0} |x_i - r_i|^p + \sum_{i=n_0+1}^{\infty} |x_i|^p < \frac{\varepsilon^p}{2} + \frac{\varepsilon^p}{2} = \varepsilon^p.$$

即 $\|x - y\|_p < \varepsilon$, 这表明 $U(x, \varepsilon)$ 包含 A 中的元. 因此 A 在 l^p 中稠密. 这就证明了 l^p 是可分的.

例 3　空间 $C[a, b]$ 是可分的. 设 $P_0[a, b]$ 是有理系数多项式的全体, 则 $P_0[a, b]$ 是可列集. 我们证明 $P_0[a, b]$ 在 $C[a, b]$ 中稠密. 设 $P[a, b]$ 是多项式的全体, 根据 Weierstrass 逼近定理 (见附录 1), 区间 $[a, b]$ 上的每个连续函数可以用多项式一致地逼近. 即对任意 $x \in C[a, b]$ 和 $\varepsilon > 0$, 存在 $p \in P[a, b]$, 使得

$$\max_{a \leqslant t \leqslant b} |x(t) - p(t)| < \frac{\varepsilon}{2}.$$

又容易知道存在 $p_0 \in P_0[a, b]$, 使得

$$\max_{a \leqslant t \leqslant b} |p(t) - p_0(t)| < \frac{\varepsilon}{2}.$$

于是

$$\begin{aligned}
\|x - p_0\| &= \max_{a \leqslant t \leqslant b} |x(t) - p_0(t)| \\
&\leqslant \max_{a \leqslant t \leqslant b} |x(t) - p(t)| + \max_{a \leqslant t \leqslant b} |p(t) - p_0(t)| \\
&< \frac{\varepsilon}{2} + \frac{\varepsilon}{2} = \varepsilon.
\end{aligned}$$

因此 $U(x, \varepsilon)$ 包含 $P_0[a, b]$ 中的元. 这表明 $P_0[a, b]$ 在 $C[a, b]$ 中稠密, 从而 $C[a, b]$ 是可分的.

定理 1.4.10　空间 $L^p[a, b] (1 \leqslant p < \infty)$ 是可分的.

证明　显然 $P_0[a, b] \subset L^p[a, b]$. 我们证明 $P_0[a, b]$ 在 $L^p[a, b]$ 中稠密. 设 $x \in L^p[a, b]$, 则存在简单函数列 $\{x_n(t)\}$ 处处收敛于 $x(t)$, 并且 $|x_n(t)| \leqslant |x(t)| (n \geqslant 1)$. 既然 $x_n(t) - x(t) \to 0$ 处处成立, 并且 $|x_n(t) - x(t)|^p \leqslant 2^p |x(t)|^p (n \geqslant 1)$, 而 $2^p |x(t)|^p$ 可积, 由控制收敛定理我们有

$$\lim_{n\to\infty}\|x_n-x\|_p^p=\lim_{n\to\infty}\int_a^b|x_n(t)-x(t)|^p\mathrm{d}t=0.$$

于是对任意 $\varepsilon>0$，存在简单函数 $g(t)$ 使得

$$\|x-g\|_p<\frac{\varepsilon}{3}. \tag{1.4.1}$$

令 $M=\max\limits_{a\leqslant t\leqslant b}|g(t)|$. 根据 Lusin 定理，存在 $\mathbf{R}^1$ 上的连续函数 $h(t)$，使得

$$mE(g\neq h)<\frac{\varepsilon^p}{3^p(2M)^p},$$

并且 $\sup\limits_{t\in\mathbf{R}^1}|h(t)|\leqslant M$. 于是

$$\begin{aligned}\|g-h\|_p&=\left(\int_{E(g\neq h)}|g(t)-h(t)|^p\mathrm{d}t\right)^{\frac{1}{p}}\\&\leqslant\left[(2M)^p mE(g\neq h)\right]^{\frac{1}{p}}\\&<\left[(2M)^p\frac{\varepsilon^p}{3^p(2M)^p}\right]^{\frac{1}{p}}=\frac{\varepsilon}{3}.\end{aligned} \tag{1.4.2}$$

根据上述例 3，存在 $p_0\in P_0[a,b]$，使得 $\max\limits_{a\leqslant t\leqslant b}|h(t)-p_0(t)|<\dfrac{\varepsilon}{3(b-a)^{\frac{1}{p}}}$. 于是

$$\|h-p_0\|_p=\left(\int_a^b|h(t)-p_0(t)|^p\mathrm{d}t\right)^{\frac{1}{p}}<\frac{\varepsilon}{3}. \tag{1.4.3}$$

利用Minkowski 不等式，并且利用式(1.4.1)～式(1.4.3) 得到

$$\|x-p_0\|_p\leqslant\|x-g\|_p+\|g-h\|_p+\|h-p_0\|_p<\varepsilon.$$

这表明 $U(x,\varepsilon)$ 包含 $P_0[a,b]$ 中的元. 因此 $P_0[a,b]$ 在 $L^p[a,b]$ 中稠密，从而 $L^p[a,b]$ 是可分的. ∎

空间 c 和 c_0 是可分的，其证明留作习题.

例 4 空间 l^∞ 不是可分的.

证明 令 $K=\{x=(x_1,x_2,\cdots):x_i=0\text{ 或者 }1\}$，则 K 是 l^∞ 中的不可数集，并且对 K 中的任意两个不同的元 x 和 y，必有 $d(x,y)=1$. 设 A 是 l^∞ 的可数子集. 我们证明 A 在 l^∞ 中不是稠密的. 若不然，则对任意 $x\in K$，开球 $U\left(x,\dfrac{1}{3}\right)$ 中至少包含 A 中的一个元. 由于开球 $U\left(x,\dfrac{1}{3}\right)(x\in K)$ 有不可数个，因此存在某个 $z\in A$ 同时属于两个不同的球. 设 $z\in U\left(x,\dfrac{1}{3}\right)\bigcap U\left(y,\dfrac{1}{3}\right)$，则有

$$d(x,y)\leqslant d(x,z)+d(z,y)<\frac{1}{3}+\frac{1}{3}=\frac{2}{3}.$$

这与 $d(x,y)=1$ 矛盾. 这说明在 l^∞ 中不存在可数的稠密子集. 所以 l^∞ 不是可分的. ∎

若距离空间 X 是可分的，则 X 中的每个元都可以用某个可数集中的元逼近. 因此在某些问题中，若空间 X 是可分的，可以选择一个适当的可数的稠密子集. 先在这个集上讨论，然后通过一个极限过程，得到全空间 X 上相应的结论. 这种方法有时是很有用的.

1.5　完　备　性

1.5.1　空间的完备性

在数学分析中有一个重要定理，就是 $\mathbf{R}^n$ 中的每个 Cauchy 点列都存在极限. 数学分析中关于极限理论的许多基本定理都依赖于这个基本事实，但并非每个距离空间都具有这个性质. 例如，令 $x_n=\left(1+\dfrac{1}{n}\right)^n(n=1,2,\cdots)$，则 $\{x_n\}$ 是有理数集 $\mathbf{Q}$ 中的 Cauchy 数列. 由于 $x_n\to\mathrm{e}\notin\mathbf{Q}$，故 $\{x_n\}$ 在 $\mathbf{Q}$ 中不收敛. 本节讨论的完备的距离空间，就是在这方面与 $\mathbf{R}^n$ 具有同样性质的空间.

设 $\{x_n\}$ 是距离空间 X 中的序列. 若对任意给定的 $\varepsilon>0$，存在 $N>0$，使得当 m，$n>N$ 时，$d(x_m,x_n)<\varepsilon$，则称 $\{x_n\}$ 是 Cauchy 序列.

与在 $\mathbf{R}^1$ 中的 Cauchy 数列一样，容易证明以下结论：

（1）收敛序列是 Cauchy 序列.

（2）Cauchy 序列是有界的.

（3）若 $\{x_n\}$ 是 Cauchy 序列，并且存在一个子列 $\{x_{n_k}\}$ 收敛于 x，则 $\{x_n\}$ 收敛于 x.

定义 1.5.1　设 X 是距离空间. 若 X 中的每个 Cauchy 序列都是收敛的，则称 X 是完备的. 完备的赋范空间称为 Banach 空间.

本节一开始提到的事实现在可以叙述为，欧氏空间 $\mathbf{R}^n$ 是完备的. 复欧氏空间 $\mathbf{C}^n$ 也是完备的. 有理数集 $\mathbf{Q}$ 不是完备的. 下面再看一个不完备空间的例子.

例 1　多项式空间 $P[a,b]$ 不是完备的.

设 $P[a,b]$ 是区间 $[a,b]$ 上的多项式的全体. $P[a,b]$ 是 $C[a,b]$ 的线性子空间，将 $C[a,b]$ 上的范数限制在 $P[a,b]$ 上，$P[a,b]$ 成为赋范空间. 令

$$p_n(t)=1+\frac{t}{1!}+\frac{t^2}{2!}+\cdots+\frac{t^n}{n!}\quad(n=1,2,\cdots),$$

则 $p_n\in P[a,b](n=1,2,\cdots)$. 记 $c=\max\{|a|,|b|\}$，则

$$\|p_n-\mathrm{e}^t\|=\max_{a\leqslant t\leqslant b}\left|\sum_{i=n+1}^{\infty}\frac{t^i}{i!}\right|\leqslant\sum_{i=n+1}^{\infty}\frac{c^i}{i!}\to0\ (n\to\infty).$$

因此在 $C[a,b]$ 中 $p_n\to\mathrm{e}^t$. 因而 $\{p_n\}$ 是 Cauchy 序列. 但 $\mathrm{e}^t\notin P[a,b]$，这表明 $\{p_n\}$ 在 $P[a,b]$ 中不收敛. 若不然，则 $\{p_n\}$ 在 $C[a,b]$ 中收敛到两个不同的极限，这是不可能的. 因此 $P[a,b]$ 不是完备的. ■

下面考查几个重要空间的完备性.

定理 1.5.1　空间 $l^p(1\leqslant p<\infty)$ 是完备的.

证明　设 $x^{(n)}=(x_1^{(n)},x_2^{(n)},\cdots)$ 是 l^p 中的 Cauchy 序列，则对任意 $\varepsilon>0$，存在 $N>0$，使得当 m，$n>N$ 时，

$$\sum_{i=1}^{\infty}\left|x_i^{(m)}-x_i^{(n)}\right|^p=\|x^{(m)}-x^{(n)}\|_p^p<\varepsilon^p.\tag{1.5.1}$$

于是对每个固定的 i，当 m，$n > N$ 时，

$$|x_i^{(m)} - x_i^{(n)}| \leqslant \|x^{(m)} - x^{(n)}\|_p < \varepsilon.$$

这表明对每个固定的 i，$\{x_i^{(n)}\}_{n \geqslant 1}$ 是 Cauchy 数列. 因此 $\{x_i^{(n)}\}$ 收敛. 设当 $n \to \infty$ 时，

$$x_i^{(n)} \to x_i \quad (i = 1, 2, \cdots),$$

令 $x = (x_1, x_2, \cdots)$. 下面证明 $x \in l^p$ 并且 $x^{(n)} \to x$. 由式 (1.5.1) 得到，对任意 $k \geqslant 1$，当 m，$n > N$ 时，

$$\sum_{i=1}^{k} |x_i^{(m)} - x_i^{(n)}|^p < \varepsilon^p.$$

在上式中固定 $n > N$，先令 $m \to \infty$，再令 $k \to \infty$，得到

$$\sum_{i=1}^{\infty} |x_i - x_i^{(n)}|^p \leqslant \varepsilon^p. \tag{1.5.2}$$

这表明 $x - x^{(n)} \in l^p$. 由于 l^p 是线性空间，故 $x = x - x^{(n)} + x^{(n)} \in l^p$. 而且式 (1.5.2) 还表明，当 $n > N$ 时

$$\|x - x^{(n)}\|_p \leqslant \varepsilon.$$

因此 $x^{(n)} \to x (n \to \infty)$. 这就证明了 $l^p (1 \leqslant p < \infty)$ 是完备的. ∎

空间 l^∞，c 和 c_0 也是完备的，其证明留作习题.

定理 1.5.2 空间 $C[a,b]$ 是完备的.

证明 设 $\{x_n\}$ 是 $C[a,b]$ 中的 Cauchy 序列. 则对任意 $\varepsilon > 0$，存在 $N > 0$，使得当 $m, n > N$ 时，$\|x_m - x_n\| < \varepsilon$. 于是对任意 $t \in [a,b]$，当 m，$n > N$ 时，

$$|x_m(t) - x_n(t)| \leqslant \max_{a \leqslant t \leqslant b} |x_m(t) - x_n(t)| = \|x_m - x_n\| < \varepsilon. \tag{1.5.3}$$

这表明对每个固定的 $t \in [a,b]$，$\{x_n(t)\}_{n \geqslant 1}$ 是 Cauchy 数列. 令

$$x(t) = \lim_{n \to \infty} x_n(t) \quad (t \in [a,b]).$$

在式 (1.5.3) 中固定 $n > N$，令 $m \to \infty$，得到

$$|x(t) - x_n(t)| \leqslant \varepsilon \quad (t \in [a,b]). \tag{1.5.4}$$

这表明 $\{x_n(t)\}$ 在 $[a,b]$ 上一致收敛于 $x(t)$. 因此 $x = x(t) \in C[a,b]$. 而且式 (1.5.4) 还表明，当 $n > N$ 时

$$\|x - x_n\| = \max_{a \leqslant t \leqslant b} |x(t) - x_n(t)| \leqslant \varepsilon.$$

因此在 $C[a,b]$ 中 $x_n \to x$. 这就证明了 $C[a,b]$ 是完备的. ∎

定理 1.5.3 空间 $L^p(E) (1 \leqslant p < \infty)$ 是完备的.

证明 设 $\{f_n\}$ 是 $L^p(E)$ 中的 Cauchy 序列. 对任意 $\varepsilon > 0$，存在 $N > 0$ 使得当 $m, n > N$ 时 $\|f_m - f_n\|_p < \varepsilon$. 于是可以依次选出自然数 $n_1 < n_2 < \cdots$，使得 $\|f_{n_{k+1}} - f_{n_k}\|_p < \dfrac{1}{2^k}$ ($k = 1, 2, \cdots$). 令

$$g(x) = |f_{n_1}(x)| + \sum_{k=1}^{\infty} |f_{n_{k+1}}(x) - f_{n_k}(x)| \quad (x \in E).$$

由单调收敛定理和 Minkowski 不等式，我们有

$$\int_E g^p \mathrm{d}x = \lim_{n\to\infty} \int_E \Big(|f_{n_1}(x)| + \sum_{k=1}^n |f_{n_{k+1}}(x) - f_{n_k}(x)| \Big)^p \mathrm{d}x$$

$$\leqslant \lim_{n\to\infty} \Big(\|f_{n_1}\|_p + \sum_{k=1}^n \|f_{n_{k+1}} - f_{n_k}\|_p \Big)^p \leqslant \big(\|f_{n_1}\|_p + 1 \big)^p < \infty.$$

故 $g \in L^p(E)$. 于是

$$g(x) = |f_{n_1}(x)| + \sum_{k=1}^{\infty} |f_{n_{k+1}}(x) - f_{n_k}(x)| < \infty \ \text{a. e.}$$

这表明对几乎所有 $x \in E$，级数 $f_{n_1}(x) + \sum\limits_{k=1}^{\infty} [f_{n_{k+1}}(x) - f_{n_k}(x)]$ 绝对收敛. 令

$$f(x) = f_{n_1}(x) + \sum_{k=1}^{\infty} [f_{n_{k+1}}(x) - f_{n_k}(x)] \ (\text{a. e.} \ x \in E).$$

由于 f_{n_k} 是上述级数的部分和，故 $f_{n_k}(x) \to f(x)$ a. e. $(k \to \infty)$. 由于 $|f| \leqslant g$ a. e.，并且 $g \in L^p(E)$，故 $f \in L^p(E)$. 对每个 $k \geqslant 1$，我们有

$$|f - f_{n_k}|^p \leqslant \big(|f| + |f_{n_k}| \big)^p \leqslant 2^p g^p \ \text{a. e.}$$

并且 $|f_{n_k} - f| \to 0$ a. e. 利用控制收敛定理得到

$$\lim_{k\to\infty} \|f_{n_k} - f\|_p^p = \lim_{k\to\infty} \int_E |f_{n_k} - f|^p \mathrm{d}x = 0.$$

因此 $f_{n_k} \to f$. 因为 $\{f_n\}$ 是 Cauchy 序列，于是也有 $f_n \to f$. 这就证明了空间 $L^p(E)$ 是完备的. ∎

空间 $L^{\infty}(E)$ 也是完备的，其证明留作习题.

L^p 空间的完备性是 L^p 空间非常重要的性质，是在 L^p 空间上建立分析学的基础. 这与实数集的完备性在数学分析中的重要性是一样的. 这里需要指出，如果我们用 Riemann 积分代替 Lebesgue 积分定义可积函数空间，则这种空间不是完备的. 正是由于 Lebesgue 可积函数空间的完备性，使得 Lebesgue 积分理论成为现代分析的基石.

1.5.2　完备空间的性质

完备的距离空间具有一些重要性质. 下面的定理 1.5.4 是直线上的区间套定理在完备的距离空间中的推广.

定理 1.5.4（闭球套定理）　设 X 是完备的距离空间，

$$S_n = \{x : d(x, x_n) \leqslant r_n\} \ (n = 1, 2, \cdots)$$

是 X 中的一列闭球，满足 $S_{n+1} \subset S_n (n \geqslant 1)$，并且 S_n 的半径 $r_n \to 0$. 则必存在唯一的点 $x \in \bigcap\limits_{n=1}^{\infty} S_n$.

证明　由于 $r_n \to 0$，因此对任意 $\varepsilon > 0$，存在 $N > 0$，使得当 $n > N$ 时 $r_n < \varepsilon$. 当 $m > n > N$ 时，由于 $x_m \in S_m \subset S_n$，故

$$d(x_m, x_n) \leqslant r_n < \varepsilon.$$

因此 $\{x_n\}$ 是 X 中的 Cauchy 序列. 由于 X 是完备的, 存在 $x \in X$ 使得 $x_n \to x$. 对任意固定的 k, 由于当 $n \geqslant k$ 时, $x_n \in S_k$, 并且 S_k 是闭集, 故 $x \in S_k$. 这表明 $x \in \bigcap\limits_{n=1}^{\infty} S_n$. 若还存在另一点 $x' \in \bigcap\limits_{n=1}^{\infty} S_n$, 则对任意 n, 由于 $x, x' \in S_n$, 故 $d(x, x') \leqslant 2r_n \to 0$. 因此 $d(x, x') = 0$, 从而 $x = x'$. ∎

定义 1.5.2 设 X 是距离空间, $A \subset X$. 若 A 可以表示为有限或可列个疏朗集的并, 则称 A 是第一纲集; 若 A 不是第一纲集, 则称 A 是第二纲集.

例如, 由于 $\mathbf{R}^n$ 中的每个单点集是疏朗集, 故 $\mathbf{R}^n$ 中的每个有限集或可列集都是第一纲集. 特别地, 有理数集 $\mathbf{Q}$ 是 $\mathbf{R}^1$ 中的第一纲集.

下面的 Baire 纲定理是完备的距离空间的一个重要性质.

定理 1.5.5(Baire) 完备的距离空间是第二纲集.

证明 用反证法. 若 X 是第一纲集, 则 X 可以表示为有限或可列个疏朗集的并. 不妨设

$$X = \bigcup_{n=1}^{\infty} A_n, \tag{1.5.5}$$

其中 $\{A_n\}$ 是一列疏朗集. 设 S 是任一闭球. 由于 A_1 是疏朗集, 根据定理 1.4.7, 存在闭球 $S_1 \subset S$, 使得 $S_1 \cap A_1 = \varnothing$, 并且 S_1 的半径 $r_1 < 1$. 由于 A_2 是疏朗集, 存在 $S_2 \subset S_1$, 使得 $S_2 \cap A_2 = \varnothing$, 并且 S_2 的半径 $r_2 < \dfrac{1}{2}$. 这样一直进行下去, 得到一列闭球 S_n, 使得

$$S_n \subset S_{n-1}, \quad S_n \cap A_n = \varnothing \quad (n = 1, 2, \cdots,)$$

并且 S_n 的半径 $r_n < \dfrac{1}{n}$. 由于 X 完备, 由闭球套定理, 存在 $x \in X$ 使得 $x \in \bigcap\limits_{n=1}^{\infty} S_n$. 由于 $S_n \cap A_n = \varnothing$, 故 $x \notin A_n (n \geqslant 1)$. 这与式 (1.5.5) 矛盾. ∎

设 $\{x_n\}$ 是赋范空间 X 中的序列. 称形式和

$$\sum_{n=1}^{\infty} x_n = x_1 + x_2 + \cdots \tag{1.5.6}$$

为 X 中的级数. 对任意正整数 n, 称 $s_n = \sum\limits_{i=1}^{n} x_i$ 为级数 (1.5.6) 的部分和. 若存在 $x \in X$ 使得 $s_n \to x$, 则称级数 (1.5.6) 收敛, 并且称 x 是级数 (1.5.6) 的和, 记为 $x = \sum\limits_{i=1}^{\infty} x_i$. 若 $\sum\limits_{n=1}^{\infty} \|x_n\| < \infty$, 则称级数 (1.5.6) 绝对收敛.

在数学分析中熟知绝对收敛的 (数项) 级数是收敛的. 这本质上是依赖于 $\mathbf{R}^1$ 的完备性. 在完备的赋范空间中成立同样的结论.

定理 1.5.6 设 X 是 Banach 空间. 则 X 中的每个绝对收敛的级数是收敛的.

证明 设级数 (1.5.6) 满足 $\sum\limits_{n=1}^{\infty} \|x_n\| < \infty$. 令 $s_n = \sum\limits_{i=1}^{n} x_i (n \geqslant 1)$, 则对任意 $m > n$,

$$\|s_m - s_n\| = \left\| \sum_{i=n+1}^{m} x_i \right\| \leqslant \sum_{i=n+1}^{m} \|x_i\| \to 0 \quad (m, n \to \infty).$$

因此 $\{s_n\}$ 是 Cauchy 序列. 由于 X 完备, 故 $\{s_n\}$ 收敛, 即级数 (1.5.6) 收敛. ∎

定理 1.5.6 的逆也是成立的: 若赋范空间 X 中的每个绝对收敛的级数是收敛的, 则 X 是完备的. 这个结论的证明留作习题.

1.5.3　压缩映射原理及其应用

设 X 为距离空间, $T:X \to X$ 是一映射. 若存在 $x \in X$, 使得 $Tx = x$, 则称 x 是 T 的一个不动点. 在理论上和应用中经常会遇到各种各样的方程, 如代数方程, 微分方程和积分方程等. 对于一个方程, 一个基本的问题是解的存在性和唯一性. 这个问题常常可以转化为某一算子的不动点的存在性和唯一性的问题. 因此, 我们需要研究在什么条件下, 一个算子存在唯一的不动点. 有关这方面的定理称为不动点定理. 在完备的距离空间上成立有一个很基本的不动点定理, 就是压缩映射原理. 先给出压缩映射的定义.

定义 1.5.3　设 X 为距离空间, $T:X \to X$ 是一映射. 若存在 $0 \leqslant \lambda < 1$, 使得
$$d(Tx,Ty) \leqslant \lambda d(x,y) \ (x,y \in X),$$
则称 T 是压缩的.

压缩映射是连续的. 事实上, 若 $x_n \to x$, 则
$$0 \leqslant d(Tx_n,Tx) \leqslant \lambda d(x_n,x) \to 0.$$
因此 $Tx_n \to Tx$. 这表明 T 在 X 上是连续的.

定理 1.5.7（压缩映射原理）　完备距离空间上的压缩映射存在唯一的不动点.

证明　设 X 是完备的距离空间, T 是 X 上的压缩映射. 任取 $x_0 \in X$. 令
$$x_1 = Tx_0, \quad x_2 = Tx_1, \cdots, \quad x_n = Tx_{n-1}, \cdots.$$
则 $\{x_n\}$ 是 X 中的 Cauchy 序列. 事实上, 对任意正整数 n, 由 T 的压缩性, 有
$$d(x_{n+1},x_n) = d(Tx_n,Tx_{n-1}) \leqslant \lambda d(x_n,x_{n-1})$$
$$\leqslant \lambda^2 d(x_{n-1},x_{n-2}) \leqslant \cdots \leqslant \lambda^n d(x_1,x_0).$$
于是对于任何正整数 n 和 p,
$$\begin{aligned}
d(x_{n+p},x_n) &\leqslant d(x_{n+p},x_{n+p-1}) + d(x_{n+p-1},x_{n+p-2}) + \cdots + d(x_{n+1},x_n) \\
&\leqslant (\lambda^{n+p-1} + \lambda^{n+p-2} + \cdots + \lambda^n) d(x_1,x_0) \\
&= \lambda^n (\lambda^{p-1} + \lambda^{p-2} + \cdots + 1) d(x_1,x_0) \\
&\leqslant \frac{\lambda^n}{1-\lambda} d(Tx_0,x_0).
\end{aligned} \tag{1.5.7}$$
由于 $0 \leqslant \lambda < 1$, 由上式知道 $\{x_n\}$ 是 Cauchy 序列. 由于 X 是完备的, 故 $\{x_n\}$ 收敛. 设 $\lim\limits_{n \to \infty} x_n = x$. 由 T 的连续性得到
$$x = \lim_{n \to \infty} x_n = \lim_{n \to \infty} Tx_{n-1} = Tx.$$
因此 x 是 T 的不动点, 不动点的存在性得证. 若另有 $y \in X$, 使得 $Ty = y$. 则
$$d(x,y) = d(Tx,Ty) \leqslant \lambda d(x,y).$$
因此必有 $d(x,y) = 0$, 从而 $x = y$. 这说明 T 的不动点是唯一的. ∎

注 1　定理 1.5.7 的证明过程实际上也提供了求不动点的一个方法 —— 迭代法. 即任取 $x_0 \in X$, 令 $x_n = T x_{n-1}$ $(n \geqslant 1)$. 则 $\{x_n\}$ 收敛于 T 的不动点. 在不等式(1.5.7)中令 $p \to \infty$ 得到

$$d(x, x_n) \leqslant \frac{\lambda^n}{1-\lambda} d(T x_0, x_0).$$

这给出了 x_0 经过 T 的 n 次迭代后得到的 x_n 与 x 的距离的估计.

在定理 1.5.7 中, 空间的完备性这个条件是不能少的. 例如在区间$(0,1]$上定义映射 $Tx = \frac{x}{2}$, 则 T 是压缩的, 但 T 在$(0,1]$中没有不动点. 这是由于空间$(0,1]$不是完备的. 此外, 若将 T 的压缩性减弱为 $d(Tx, Ty) < d(x, y)(x \neq y)$, 则不能保证 T 存在不动点 (参见习题 1 第 29 题).

例 2　考虑具有初始条件的微分方程

$$\frac{\mathrm{d}x}{\mathrm{d}t} = f(t, x), \; x(t_0) = x_0. \tag{1.5.8}$$

其中, $f(t, x)$ 是 $\mathbf{R}^2$ 上的连续函数并且满足关于 x 的 Lipschitz 条件, 即存在 $L > 0$ 使得

$$|f(t, x_1) - f(t, x_2)| \leqslant L|x_1 - x_2| \quad (x_1, x_2 \in (-\infty, \infty)).$$

则在 t_0 的某领域内, 方程(1.5.8)存在唯一的解.

证明　选取 $\delta > 0$ 使得 $\delta L < 1$. 记 $a = t_0 - \delta$, $b = t_0 + \delta$. 设 $x = x(t) \in C[a, b]$. 则 $x(t)$ 是方程(1.5.8)的解当且仅当 $x(t)$ 是下面的积分方程的解:

$$x(t) = x_0 + \int_{t_0}^{t} f(s, x(s)) \mathrm{d}s.$$

因此考虑映射 $T : C[a, b] \to C[a, b]$,

$$(Tx)(t) = x_0 + \int_{t_0}^{t} f(s, x(s)) \mathrm{d}s \; (t \in [a, b]).$$

则 $x = x(t)$ 是方程(1.5.8)的解当且仅当 x 是 T 的不动点.

对任意 $x_1, x_2 \in C[a, b]$, 利用 Lipschitz 条件, 我们有

$$\begin{aligned}
\| Tx_1 - Tx_2 \| &= \max_{t \in [a,b]} \left| \int_{t_0}^{t} [f(s, x_1(s)) - f(s, x_2(s))] \mathrm{d}s \right| \\
&\leqslant \delta \max_{s \in [a,b]} |f(s, x_1(s)) - f(s, x_2(s))| \\
&\leqslant \delta \max_{s \in [a,b]} L |x_1(s) - x_2(s)| \\
&= \delta L \| x_1 - x_2 \|.
\end{aligned}$$

因此当 $\delta L < 1$ 时 T 是压缩的. 由于 $C[a, b]$ 是完备的, 根据压缩映射原理, T 存在唯一不动点. 从而方程(1.5.8)存在唯一的解. ∎

例 3(隐函数存在定理)　设函数 $f(x, y)$ 在$[a, b] \times (-\infty, \infty)$上连续, 存在偏导数 $f_y'(x, y)$, 并且存在常数 $m < M$, 使得

$$0 < m \leqslant f_y'(x, y) \leqslant M, \; (x, y) \in [a, b] \times (-\infty, \infty).$$

则存在唯一的函数 $y = y(x) \in C[a, b]$ 满足

$$f(x, y(x)) = 0 \quad (x \in [a, b]). \tag{1.5.9}$$

证明 作映射 $T: C[a,b] \to C[a,b]$,

$$(Ty)(x) = y(x) - \frac{1}{M} f(x, y(x)) \quad (y \in C[a,b]).$$

对任意 $y_1, y_2 \in C[a,b]$,根据微分中值定理,存在 $\xi \in (-\infty, \infty)$,使得

$$f(x, y_2(x)) - f(x, y_1(x)) = f'_y(x, \xi)(y_2(x) - y_1(x)).$$

因此

$$\begin{aligned}
|(Ty_2)(x) - (Ty_1)(x)| &= \left| y_2(x) - y_1(x) - \frac{1}{M}[f(x, y_2(x)) - f(x, y_1(x))] \right| \\
&= \left| y_2(x) - y_1(x) - \frac{1}{M} f'_y(x, \xi)[y_2(x) - y_1(x)] \right| \\
&\leqslant |y_2(x) - y_1(x)| \left(1 - \frac{m}{M}\right).
\end{aligned}$$

令 $\lambda = 1 - \dfrac{m}{M}$,则 $0 < \lambda < 1$. 利用上式得到

$$\begin{aligned}
\| Ty_2 - Ty_1 \| &= \max_{a \leqslant x \leqslant b} |(Ty_2)(x) - (Ty_1)(x)| \\
&\leqslant \max_{a \leqslant x \leqslant b} |y_2(x) - y_1(x)| \left(1 - \frac{m}{M}\right) = \lambda \| y_2 - y_1 \|.
\end{aligned}$$

因此 T 是压缩映射. 由于 $C[a,b]$ 是完备的,根据压缩映射原理,存在唯一的 $y \in C[a,b]$,使得 $Ty = y$. 即

$$y(x) - \frac{1}{M} f(x, y(x)) = y(x).$$

由上式得到 $f(x, y(x)) = 0$,即 $y = y(x)$ 是方程(1.5.9)的唯一解. ■

1.5.4 空间的完备化

定义 1.5.4 设 X 和 Y 是距离空间. 若存在映射 $T: X \to Y$,使得 T 是双射,并且对任意 $x_1, x_2 \in X$,有

$$d(Tx_1, Tx_2) = d(x_1, x_2),$$

则称 X 与 Y 是等距同构的.

当 X 与 Y 等距同构时,X 和 Y 所有由距离决定的性质完全相同. 因此两个等距同构的距离空间,可以不加区别地视为同一空间.

定义 1.5.5 设 (X, d) 是距离空间. 若存在完备的距离空间 $(\widetilde{X}, \widetilde{d})$,使得 X 与 $\widetilde{X}$ 的一个稠密子空间等距同构,则称 $\widetilde{X}$ 为 X 的完备化空间.

按照定义,若 $\widetilde{X}$ 是 X 的完备化空间,则 X 与 $\widetilde{X}$ 的一个稠密子空间等距同构. 如果将两个等距同构的距离空间不加区别,则 X 可以视为是 $\widetilde{X}$ 的稠密子空间. 因此,若 Y 是另一个包含 X 的完备的距离空间,则 $\widetilde{X} = \overline{X} \subset Y$. 换言之,如果将两个等距同构的距离空间不加区别,则 X 的完备化空间 $\widetilde{X}$ 就是包含 X 的最小的完备的距离空间.

特别地,若 $\widetilde{X}$ 是一个完备的距离空间,使得 $X \subset \widetilde{X}$ 并且 X 在 $\widetilde{X}$ 中稠密,则 $\widetilde{X}$ 是 X 的完备化空间.

例如，有理数集 $\mathbf{Q}$ 作为 $\mathbf{R}^1$ 的子空间不是完备的．由于 $\mathbf{Q}$ 在 $\mathbf{R}^1$ 中稠密，并且 $\mathbf{R}^1$ 是完备的，因此 $\mathbf{R}^1$ 是 $\mathbf{Q}$ 的完备化空间．又如，根据例1，$P[a,b]$ 不是完备的．由于 $P[a,b]$ 在 $C[a,b]$ 中是稠密的（这由 1.4 节中例 3 的证明可以看出），并且 $C[a,b]$ 是完备的，因此 $C[a,b]$ 是 $P[a,b]$ 的完备化空间．

一般地，可以证明，若将两个等距同构的距离空间不加区别，则每个距离空间都存在唯一的完备化空间．这个结论的证明见附录 2．

1.5.5 有限维赋范空间上的范数等价性

定义 1.5.6　设 X 和 Y 是赋范空间．

（1）若存在映射 $T:X \to Y$，使得 T 是双射和线性的，并且存在 $a,b>0$ 使得

$$a \|x\| \leqslant \|Tx\| \leqslant b \|x\| \quad (x \in X), \tag{1.5.10}$$

则称 X 与 Y 是拓扑同构的．称 T 为 X 到 Y 的拓扑同构映射．

（2）若存在映射 $T:X \to Y$，使得 T 是双射和线性的，并且

$$\|Tx\| = \|x\| \quad (x \in X),$$

则称 X 与 Y 是等距同构的，记为 $X \cong Y$．称 T 为 X 到 Y 的等距同构映射．

显然，若 X 与 Y 是等距同构的，则 X 与 Y 也是拓扑同构的．

注 2　在 2.1 节中将会证明（见 2.1 节注 1），由于 T 是线性的，式（1.5.10）等价于 T 和 T^{-1} 都是连续的．因此两个赋范空间拓扑同构等价于将它们视为线性空间和拓扑空间时都是同构的．

若赋范空间 X 与 Y 是拓扑同构的，则 X 与 Y 具有完全相同的拓扑性质．例如，X 中的序列 $x_n \to x$ 当且仅当 Y 中的序列 $Tx_n \to Tx$；X 的子集 A 是开集（或闭集）当且仅当 $T(A)$ 是 Y 中的开集（相应的，闭集）；X 是完备的当且仅当 Y 是完备的，等等．

若两个赋范空间是等距同构的，则这两个空间除了构成空间的元素不同外，所有由空间的线性结构和范数决定的性质完全相同．因此两个等距同构的赋范空间可以不加区别地视为同一个空间．

设 X 是线性空间，$\|\cdot\|_1$ 和 $\|\cdot\|_2$ 是 X 上的两个范数．称 $\|\cdot\|_1$ 与 $\|\cdot\|_2$ 是等价的，若存在常数 $a,b>0$，使得

$$a \|x\|_1 \leqslant \|x\|_2 \leqslant b \|x\|_1 \quad (x \in X).$$

当 $\|\cdot\|_1$ 与 $\|\cdot\|_2$ 等价时，赋范空间 $(X, \|\cdot\|_1)$ 是 $(X, \|\cdot\|_2)$ 拓扑同构的．事实上，恒等映射 $I:X \to X$，$I(x) = x$ 就是 X 到 X 的拓扑同构映射．

例 4　考虑 $\mathbf{K}^n$ 上的三个范数

$$\|x\|_1 = \sum_{i=1}^n |x_i|, \quad \|x\|_2 = \left(\sum_{i=1}^n |x_i|^2 \right)^{\frac{1}{2}}, \quad \|x\|_\infty = \max_{1 \leqslant i \leqslant n} |x_i|.$$

显然对任意 $x \in \mathbf{K}^n$ 有 $\|x\|_2 \leqslant \|x\|_1$．利用 Hölder 不等式得到

$$\|x\|_1 \leqslant \sqrt{n} \left(\sum_{i=1}^n |x_i|^2 \right)^{\frac{1}{2}} = \sqrt{n} \|x\|_2.$$

因此对任意 $x \in \mathbf{K}^n$ 有

$$\|x\|_2 \leqslant \|x\|_1 \leqslant \sqrt{n}\,\|x\|_2.$$

这表明 $\|\cdot\|_1$ 与 $\|\cdot\|_2$ 是等价的. 容易知道 $\|\cdot\|_\infty$ 与 $\|\cdot\|_2$ 也是等价的. 在这个例子中，范数 $\|\cdot\|_1$ 和 $\|\cdot\|_\infty$ 都是与 $\|\cdot\|_2$ 等价的. 因此 $(\mathbf{K}^n, \|\cdot\|_1)$，$(\mathbf{K}^n, \|\cdot\|_2)$ 和 $(\mathbf{K}^n, \|\cdot\|_\infty)$ 这三个赋范空间是彼此拓扑同构的. 下面我们将看到这不是偶然的. ∎

定理 1.5.8　设 $(X, \|\cdot\|)$ 是 n 维赋范空间，$e_1, e_2, \cdots, e_n$ 是 X 的一组基. 则存在常数 $a, b > 0$，使得对于一切 $x = \sum_{i=1}^n x_i e_i \in X$，有

$$a\left(\sum_{i=1}^n |x_i|^2\right)^{\frac{1}{2}} \leqslant \|x\| \leqslant b\left(\sum_{i=1}^n |x_i|^2\right)^{\frac{1}{2}}. \tag{1.5.11}$$

证明　对任意 $x = \sum_{i=1}^n x_i e_i$，由 Hölder 不等式得到

$$\|x\| = \left\|\sum_{i=1}^n x_i e_i\right\| \leqslant \sum_{i=1}^n |x_i|\,\|e_i\| \leqslant \left(\sum_{i=1}^n |x_i|^2\right)^{\frac{1}{2}}\left(\sum_{i=1}^n \|e_i\|^2\right)^{\frac{1}{2}}.$$

令 $b = \left(\sum_{i=1}^n \|e_i\|^2\right)^{\frac{1}{2}}$，则 $b > 0$ 并且式 (1.5.11) 的第二个不等式成立. 为证式 (1.5.11) 的第一个不等式，考虑函数

$$f : \mathbf{K}^n \to \mathbf{R}^1, \quad f(x_1, x_2, \cdots, x_n) = \left\|\sum_{i=1}^n x_i e_i\right\|,$$

对任意 $(x_1, x_2, \cdots, x_n)$，$(y_1, y_2, \cdots, y_n) \in \mathbf{K}^n$，令 $x = \sum_{i=1}^n x_i e_i$，$y = \sum_{i=1}^n y_i e_i$. 由式 (1.5.11) 的第二个不等式得到

$$|f(x_1, x_2, \cdots, x_n) - f(y_1, y_2, \cdots, y_n)| = \big|\|x\| - \|y\|\big|$$
$$\leqslant \|x - y\| \leqslant b\left(\sum_{i=1}^n |x_i - y_i|^2\right)^{\frac{1}{2}}.$$

这表明 f 在 $\mathbf{K}^n$ 上连续. 因此 f 在 $\mathbf{K}^n$ 的单位球面

$$S = \left\{(x_1, x_2, \cdots, x_n) \in \mathbf{K}^n : \sum_{i=1}^n |x_i|^2 = 1\right\}$$

上取得最小值. 令 a 是 f 在 S 上的最小值. 由于当 $(x_1, x_2, \cdots, x_n) \in S$ 时，$x = \sum_{i=1}^n x_i e_i \neq 0$，因此 $f(x_1, x_2, \cdots, x_n) = \|x\| > 0$. 从而 $a > 0$. 对 X 中的任意非零向量 $x = \sum_{i=1}^n x_i e_i \in X$，令

$$y_i = \left(\sum_{i=1}^n |x_i|^2\right)^{-\frac{1}{2}} x_i \quad (i = 1, 2, \cdots, n),$$

则 $(y_1, y_2, \cdots, y_n) \in S$. 因此 $f(y_1, y_2, \cdots, y_n) \geqslant a$. 另一方面

$$f(y_1, y_2, \cdots, y_n) = \left\|\sum_{i=1}^n y_i e_i\right\| = \left(\sum_{i=1}^n |x_i|^2\right)^{-\frac{1}{2}}\left\|\sum_{i=1}^n x_i e_i\right\| = \left(\sum_{i=1}^n |x_i|^2\right)^{-\frac{1}{2}}\|x\|.$$

由此得到式(1.5.11)的第一个不等式. ∎

设 X 是 n 维线性空间，e_1，e_2，$\cdots$，e_n 是 X 的一组基. 在 X 上定义

$$\|x\|_1 = \left(\sum_{i=1}^{n} |x_i|^2 \right)^{\frac{1}{2}} \quad \left(x = \sum_{i=1}^{n} x_i e_i \in X \right). \tag{1.5.12}$$

则$\|\cdot\|_1$ 是 X 上的范数. 定理 1.5.8 表明，X 上的任何范数$\|\cdot\|$都与这个范数是等价的.

推论 1.5.9　关于有限维赋范空间成立有以下结论：

(1) 有限维赋范空间上的任意两个范数都是等价的.

(2) 任意 n 维赋范空间都与 n 维欧氏空间 $\mathbf{K}^n$ 拓扑同构.

(3) 有限维赋范空间都是完备的. 任何赋范空间的有限维子空间都是闭子空间.

证明　设$(X, \|\cdot\|)$ 是 n 维赋范空间.

(1) 由式(1.5.11)知道范数$\|\cdot\|$与由式(1.5.12)定义的范数$\|\cdot\|_1$ 等价. 范数的等价显然具有传递性，因此 X 上的任意两个范数都是等价的.

(2) 设 e_1，e_2，$\cdots$，e_n 是 X 的一组基. 作映射

$$T: X \to \mathbf{K}^n, \quad T\left(\sum_{i=1}^{n} x_i e_i \right) = (x_1, x_2, \cdots, x_n).$$

显然 T 是双射，并且是线性的. 由式(1.5.11)得到

$$\frac{1}{b}\|x\| \leqslant \|Tx\| = \left(\sum_{i=1}^{n} |x_i|^2 \right)^{\frac{1}{2}} \leqslant \frac{1}{a}\|x\|.$$

因此 X 与 $\mathbf{K}^n$ 拓扑同构.

(3) 由结论(2)知道 X 与 $\mathbf{K}^n$ 拓扑同构. 因此存在一个双射 $T: X \to \mathbf{K}^n$，使得 T 是线性的，并且常数 $a, b > 0$，使得

$$a\|x\| \leqslant \|Tx\| \leqslant b\|x\| \quad (x \in X).$$

设$\{x_n\}$是 X 中的Cauchy序列. 则对任意正整数 m, n 有

$$\|Tx_m - Tx_n\| = \|T(x_m - x_n)\| \leqslant b\|x_m - x_n\|,$$

因此$\{Tx_n\}$是 $\mathbf{K}^n$ 中的Cauchy序列. 由于 $\mathbf{K}^n$ 完备，故存在 $y \in \mathbf{K}^n$ 使得 $Tx_n \to y$. 由于 T 是满射，存在 $x \in X$ 使得 $Tx = y$. 于是

$$\|x_n - x\| \leqslant \frac{1}{a}\|T(x_n - x)\| = \frac{1}{a}\|Tx_n - y\| \to 0 \ (n \to \infty).$$

因此 $x_n \to x$. 这就证明了 X 是完备的.

容易知道赋范空间的完备子空间是闭子空间(参见习题1第22题). 若 X 是赋范空间 Y 的有限维子空间，则如上述所证，X 是完备的，因而是闭子空间. ∎

1.6　紧　　性

1.6.1　紧集与列紧集

在数学分析中我们知道，$\mathbf{R}^n$ 中的有界闭集(例如直线上的区间$[a, b]$)上的连续函数

是有界的，存在最大值和最小值，并且是一致连续的. 这依赖于数学分析中的一个重要定理，就是 Weierstrass 定理. 该定理断言，$\mathbf{R}^n$ 中有界无穷点列必存在收敛的子列. 由此推导出，若 A 是 $\mathbf{R}^n$ 中的有界闭集，则 A 中任一序列都存在收敛于 A 中点的子列（这等价于对于 A 的任一开覆盖，存在有限的子覆盖）. 本节在一般的距离空间中讨论具有这样性质的集.

设 X 是距离空间，$A \subset X$. 若 $\{G_\alpha, \alpha \in I\}$ 是 X 中的一族开集，使得 $\bigcup\limits_{\alpha \in I} G_\alpha \supset A$，则称 $\{G_\alpha\}$ 是 A 的一个开覆盖.

定义 1.6.1　设 X 是距离空间，$A \subset X$.

（1）若对于 A 的任一开覆盖 $\{G_\alpha, \alpha \in I\}$ 都存在其中的有限个开集仍覆盖 A，则称 A 是紧集.

（2）若 A 中任一序列都存在收敛的子列，则称 A 是列紧集.

（3）若对任意 $\varepsilon > 0$，总存在有限集 $E = \{x_1, x_2, \cdots, x_k\}$，使得 $\bigcup\limits_{i=1}^{k} U(x_i, \varepsilon) \supset A$，则称 A 是完全有界集. 此时称 E 为 A 的有限 ε-网.

注 1　容易证明，若 A 是完全有界的，则 A 的有限 ε-网 E 可以取为是 A 的子集.

例如，由 Weierstrass 定理知道，$\mathbf{R}^n$ 中的有界集是列紧集. 又根据有限覆盖定理，$\mathbf{R}^n$ 中的有界闭集是紧集.

下面的定理说明了完全有界集这个术语的合理性.

定理 1.6.1　完全有界集是有界集.

证明　设 A 是完全有界集. 取 $\varepsilon = 1$，则存在 $x_1, x_2, \cdots, x_k \in X$，使得 $\bigcup\limits_{i=1}^{k} U(x_i, 1) \supset A$. 对任意 $x \in A$，存在 $1 \leqslant i \leqslant k$，使得 $x \in U(x_i, 1)$. 于是

$$d(x, x_1) \leqslant d(x, x_i) + d(x_i, x_1) < 1 + \max_{1 \leqslant i \leqslant k} d(x_i, x_1).$$

因此 A 是有界集. ∎

下面用序列的语言分别给出完全有界集和紧集的等价特征.

定理 1.6.2　设 A 是距离空间 X 的子集. 则 A 是完全有界集的充要条件是 A 中的任一序列必存在 Cauchy 子列.

证明　必要性. 设 $\{x_n\}$ 是 A 中的序列. 由于 A 是完全有界集，存在有限个以 1 为半径的开球覆盖 A. 因此存在一个开球 $U(y_1, 1)$ 包含 $\{x_n\}$ 中的无限多项. 同样，存在一个开球 $U\left(y_2, \dfrac{1}{2}\right)$ 包含 $\{x_n\} \bigcap U(y_1, 1)$ 中的无限多项，即 $U(y_1, 1) \bigcap U\left(y_2, \dfrac{1}{2}\right)$ 包含 $\{x_n\}$ 中的无限多项. 这样一直进行下去，得到一列开球 $U\left(y_k, \dfrac{1}{k}\right)$，使得 $U(y_1, 1) \bigcap \cdots \bigcap U\left(y_k, \dfrac{1}{k}\right)$ 包含 $\{x_n\}$ 中的无限多项. 于是存在 $\{x_n\}$ 的子列 $\{x_{n_k}\}$ 使得

$$x_{n_k} \in U(y_1, 1) \bigcap \left(y_2, \dfrac{1}{2}\right) \bigcap \cdots \bigcap U\left(y_k, \dfrac{1}{k}\right) \quad (k = 1, 2, \cdots).$$

由于当 $k > m$ 时，$x_{n_k}, x_{n_m} \in U\left(y_m, \dfrac{1}{m}\right)$，因此

$$d(x_{n_k}, x_{n_m}) \leqslant d(x_{n_k}, y_m) + d(y_m, x_{n_m}) < \frac{2}{m}.$$

这表明 $\{x_{n_k}\}$ 是 Cauchy 序列.

充分性. 设 A 中的任一序列必存在 Cauchy 子列. 若 A 不是完全有界的, 则存在 $\varepsilon_0 > 0$, 使得 A 不能被有限个半径为 ε_0 的开球覆盖. 因此, 任取 $x_1 \in A$, 则 $A \backslash U(x_1, \varepsilon_0) \neq \varnothing$ (否则 $A \subset U(x_1, \varepsilon_0)$, 即 A 被 $U(x_1, \varepsilon_0)$ 覆盖, 矛盾). 同理, 任取 $x_2 \in A \backslash U(x_1, \varepsilon_0)$, 则 $A \backslash (U(x_1, \varepsilon_0) \bigcup U(x_2, \varepsilon_0)) \neq \varnothing$. 任取 $x_3 \in A \backslash (U(x_1, \varepsilon_0) \bigcup U(x_2, \varepsilon_0))$. 这样一直进行下去, 得到 A 中的序列 $\{x_n\}$, 使得

$$x_n \in A \backslash (U(x_1, \varepsilon_0) \bigcup U(x_2, \varepsilon_0) \bigcup \cdots \bigcup U(x_{n-1}, \varepsilon_0)) \quad (n = 2, 3, \cdots).$$

由 $\{x_n\}$ 的取法知道, 当 $n \neq m$ 时, $d(x_n, x_m) \geqslant \varepsilon_0$. 因此 $\{x_n\}$ 不存在 Cauchy 子列. 这与假设条件矛盾. 因此 A 必定是完全有界的. ∎

推论 1.6.3 (1) 列紧集是完全有界集.

(2) 若 X 是完备的, 则完全有界集是列紧集.

证明 显然. ∎

定理 1.6.4 设 A 是距离空间 X 的子集. 则 A 是紧集的充要条件是, A 中的任一序列必存在收敛于 A 中元的子列.

证明 必要性. 设 $\{x_n\}$ 是 A 中的序列. 若 $\{x_n\}$ 不存在子列收敛于 A 中的元, 则对任意 $y \in A$, 存在 $r_y > 0$ 和自然数 n_y, 使得 $U(y, r_y) \bigcap \{x_n : n > n_y\} = \varnothing$. 集族 $\{U(y, r_y) : y \in A\}$ 构成 A 的一个开覆盖. 由于 A 是紧的, 存在 $y_1, y_2, \cdots, y_k$ 使得 $\bigcup\limits_{i=1}^{k} U(y_i, r_{y_i}) \supset A$. 但是当 $N = \max\{n_{y_1}, \cdots, n_{y_k}\}$ 时

$$U(y_i, r_{y_i}) \bigcap \{x_n; n > N\} = \varnothing \quad (i = 1, 2, \cdots, k).$$

从而 $\left(\bigcup\limits_{i=1}^{k} U(y_i, r_{y_i})\right) \bigcap \{x_n; n > N\} = \varnothing$. 于是更加有 $A \bigcap \{x_n; n > N\} = \varnothing$. 这与 $\{x_n\} \subset A$ 矛盾.

充分性. 设 A 中的任一序列必存在收敛于 A 中元的子列, 根据定理 1.6.2, A 是完全有界的. 因此对每个正整数 n, 存在 A 的有限子集 E_n, 使得

$$\bigcup\limits_{y \in E_n} U\left(y, \frac{1}{n}\right) \supset A.$$

若 A 不是紧集, 则存在 A 的一个开覆盖 $\{G_\alpha, \alpha \in I\}$, 使得不能从其中选出有限个开集覆盖 A. 因而对每个正整数 $n \geqslant 1$, 也不能从 $\{G_\alpha\}$ 中选出有限个开集覆盖 $\bigcup\limits_{y \in E_n} U\left(y, \frac{1}{n}\right)$. 于是存在 $y \in E_n$, 把这个 y 记为 y_n, 使得 $U\left(y_n, \frac{1}{n}\right)$ 不能被 $\{G_\alpha\}$ 中的有限个开集覆盖. 这样得到一个序列 $\{y_n\} \subset A$. 由假设条件, 存在 $\{y_n\}$ 的子列 $\{y_{n_k}\}$ 使得 $y_{n_k} \to y \in A$. 由于 $\{G_\alpha\}$ 是 A 的开覆盖, 故存在 $\varepsilon > 0$ 和某个 G_{α_0}, 使得 $U(y, \varepsilon) \subset G_{\alpha_0}$. 取 k 足够大使得 $n_k > \frac{2}{\varepsilon}$ 并且 $d(y_{n_k}, y) < \frac{\varepsilon}{2}$. 则当 $x \in U\left(y_{n_k}, \frac{1}{n_k}\right)$ 时

$$d(x,y) \leqslant d(x,y_{n_k}) + d(y_{n_k},y) \leqslant \frac{1}{n_k} + \frac{\varepsilon}{2} < \varepsilon.$$

这表明 $U\left(y_{n_k}, \frac{1}{n_k}\right) \subset U(y,\varepsilon) \subset G_{\alpha_0}$. 这与每个 $U\left(y_n, \frac{1}{n}\right)$ 都不能被 $\{G_\alpha\}$ 中的有限个开集覆盖矛盾. 因此 A 必定是紧集. ∎

推论 1.6.5　(1) 紧集是列紧集;

(2) 紧集是有界闭集.

证明　(1) 由定理 1.6.4 即知.

(2) 设 A 是紧集. 由结论(1)知道 A 是列紧集. 根据推论 1.6.3, 列紧集是完全有界集. 因而是有界集. 再证 A 是闭集. 设 $\{x_n\}$ 是 A 中的序列, $x_n \to x$. 由于 A 是紧的, 根据定理 1.6.4, 存在 $\{x_n\}$ 的子列 $\{x_{n_k}\}$ 使得 $x_{n_k} \to y \in A$. 但已经知道 $x_n \to x$, 因此 $x = y \in A$. 这表明 A 是闭集. ∎

定理 1.6.6　设 A 是距离空间 X 的子集. 则 A 是列紧集当且仅当 $\overline{A}$ 是紧集.

证明　设 $\overline{A}$ 是紧的. 若 $\{x_n\}$ 是 A 中的序列, 则 $\{x_n\}$ 也是 $\overline{A}$ 中的序列. 既然 $\overline{A}$ 是紧的, 根据定理 1.6.4, $\{x_n\}$ 存在收敛的子列. 因此 A 是列紧的. 反过来, 设 A 是列紧的, $\{x_n\}$ 是 $\overline{A}$ 中的序列. 对任意 $n = 1, 2, \cdots$, 存在 $y_n \in A$, 使得 $d(x_n,y_n) < \frac{1}{n}$. 既然 A 是列紧的, 存在 $\{y_n\}$ 的子列 $\{y_{n_k}\}$, 使得 $y_{n_k} \to y$. 根据定理 1.4.3, $y \in \overline{A}$. 由于当 $k \to \infty$ 时,

$$d(x_{n_k},y) \leqslant d(x_{n_k},y_{n_k}) + d(y_{n_k},y) \leqslant \frac{1}{n_k} + d(y_{n_k},y) \to 0.$$

因此 $x_{n_k} \to y$. 这表明 $\overline{A}$ 是紧集. ∎

推论 1.6.7　列紧的闭集是紧集.

证明　由定理 1.6.6 直接得到. ∎

例 1　在 $l^p (1 \leqslant p < \infty)$ 中, 令

$$e_n = (\underbrace{0,\cdots,0,1}_{n}, 0, \cdots) \quad (n = 1, 2, \cdots).$$

令 $A = \{e_n : n \geqslant 1\}$. 由于对任意 $e_n \in A$, $\|e_n\|_p = 1$, 故 A 是有界集. 由于当 $n \neq m$ 时 $\|e_m - e_n\|_p = 2^{1/p}$, 因此 $A' = \varnothing$, 因而 A 是闭集. 显然 $\{e_n\}$ 不存在Cauchy 子列, 故 A 不是完全有界的. 这表明在一般距离空间中, 有界集不一定是完全有界的, 当然也不一定是列紧的. 这个例子也说明, 有界闭集不一定是紧集.

注意在例 1 中 l^p 是无限维赋范空间. 在有限维空间中有下面的定理.

定理 1.6.8　在有限维赋范空间中, 有界集是列紧集, 有界闭集是紧集.

证明　设 X 是 n 维赋范空间. 根据推论 1.5.9, X 与 $\mathbf{K}^n$ 拓扑同构. 即存在一个映射 $T: X \to \mathbf{K}^n$, 使得 T 是双射和线性的, 并且存在常数 $a, b > 0$, 使得

$$a\|x\| \leqslant \|Tx\| \leqslant b\|x\| \quad (x \in X). \tag{1.6.1}$$

设 A 是 X 中的有界集, $\|x\| \leqslant M (x \in A)$. 设 $\{x_n\} \subset A$, 由式(1.6.1)得到

$$\|Tx_n\| \leqslant b\|x_n\| \leqslant bM \quad (n \geqslant 1)$$

即 $\{Tx_n\}$ 是 $\mathbf{K}^n$ 中的有界序列. 根据 Weierstrass 定理, 存在 $\{Tx_n\}$ 的子列 $\{Tx_{n_k}\}$ 和

$y \in \mathbf{K}^n$，使得 $\|Tx_{n_k} - y\| \to 0$．设 $x \in X$，使得 $Tx = y$．由式(1.6.1)得到

$$\|x_{n_k} - x\| \leqslant \frac{1}{a}\|T(x_{n_k} - x)\| = \frac{1}{a}\|Tx_{n_k} - y\| \to 0 (n \to \infty).$$

故 $x_{n_k} \to x$．这表明 A 是列紧的．

再设 A 是有界闭集．由上面所证，A 是列紧集．再由推论 1.6.7 知道 A 是紧集． ■

以上讨论的几种集的关系如图 1.6.1 所示．

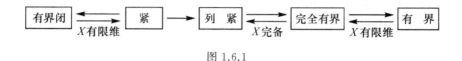

图 1.6.1

定理 1.6.9　设 A 是距离空间 X 中的紧集，f 是 A 上的连续的实值函数．则 f 在 A 上有界，并且在 A 上达到上、下确界．

证明　先证明有界性．若 f 在 A 上无上界，则对任意自然数 n，存在 $x_n \in A$，使得 $f(x_n) > n$．由于 A 是紧集，根据定理 1.6.4，存在 $\{x_n\}$ 的子列 $\{x_{n_k}\}$，使得 $x_{n_k} \to x \in A$．由于 f 在 A 上连续，应有 $f(x_{n_k}) \to f(x)$．但 $f(x_{n_k}) > n_k \to \infty$，矛盾！因此 f 在 A 上有上界．记 $a = \sup\limits_{x \in A} f(x)$．则存在 $y_n \in A$ 使得 $f(y_n) \to a$．由于 A 是紧集，存在 $\{y_n\}$ 的子列 $\{y_{n_k}\}$，使得 $y_{n_k} \to y \in A$．由 f 的连续性得到

$$f(y) = \lim_{k \to \infty} f(y_{n_k}) = a.$$

类似可以证明 f 在 A 上有下界并且达到下确界． ■

根据定理 1.6.8，在有限维赋范空间中，每个有界集是列紧集．下面我们要证明，这是有限维空间与无限维空间的一个本质的差别．为此，先证明一个引理．

引理 1.6.10(F. Riesz)　设 X 是赋范空间，E 是 X 的闭子空间，$E \neq X$．则对任意 $0 < \varepsilon < 1$，存在 $x_0 \in X$，$\|x_0\| = 1$，使得

$$d(x_0, E) \geqslant \varepsilon.$$

证明　任取 $x_1 \in X \backslash E$，令 $d = d(x_1, E)$．由于 E 闭集，故 $d > 0$(参见习题 1 第 15 题)．对任意 $0 < \varepsilon < 1$，由于 $\frac{d}{\varepsilon} > d$．存在 $x_2 \in E$ 使得 $\|x_1 - x_2\| < \frac{d}{\varepsilon}$．令 $x_0 = \frac{x_1 - x_2}{\|x_1 - x_2\|}$，则 $\|x_0\| = 1$．对于任意 $x \in E$，由于 $x_2 + \|x_1 - x_2\| x \in E$，因此 $\|x_1 - (x_2 + \|x_1 - x_2\| x)\| \geqslant d$．于是

$$\|x_0 - x\| = \left\|\frac{x_1 - x_2}{\|x_1 - x_2\|} - x\right\| = \frac{\|x_1 - (x_2 + \|x_1 - x_2\| x)\|}{\|x_1 - x_2\|} > \frac{d}{\frac{d}{\varepsilon}} = \varepsilon.$$

因此 $d(x_0, E) \geqslant \varepsilon$． ■

定理 1.6.11　设 X 是无限维赋范空间，则 X 中闭单位球不是列紧集．

证明　令 $B_X = \{x \in X; \|x\| \leqslant 1\}$ 是 X 的闭单位球，则 B_X 是有界闭集．任取 $x_1 \in X$，$\|x_1\| = 1$．令 $E_1 = \mathrm{span}\{x_1\}$，则 $\dim E_1 = 1$．由推论 1.5.9 知道 E_1 是闭子空间．由

于 X 是无限维的，故 $E_1 \neq X$. 由 Riesz 引理，存在 $x_2 \in X$, $\|x_2\| = 1$, 使得 $d(x_2, E_1) \geqslant \dfrac{1}{2}$.

令 $E_2 = \mathrm{span}\{x_1, x_2\}$. 则 E_2 是闭子空间，并且 $E_2 \neq X$. 于是存在 $x_3 \in X$, $\|x_3\| = 1$, 使

得 $d(x_3, E_2) \geqslant \dfrac{1}{2}$. 如此进行下去，得到一个序列 $\{x_n\} \subset B_X$ 和一列闭了空间 $\{E_n\}$, 使得

$d(x_n, E_{n-1}) \geqslant \dfrac{1}{2}$. 由于当 $m > n$ 时，$x_n \in E_n \subset E_{m-1}$，因此

$$\|x_m - x_n\| \geqslant d(x_m, E_{m-1}) \geqslant \frac{1}{2}.$$

这表明 $\{x_n\}$ 没有收敛的子序列. 因此 B_X 不是列紧的. ∎

推论 1.6.12　设 X 是赋范空间. 则以下陈述是等价的：

（1）X 是有限维的；

（2）X 中的每个有界集是列紧的；

（3）X 中的每个有界闭集是紧的.

证明　（1）$\Rightarrow$（2）. 这是定理 1.6.8 所述的结论.

（2）$\Rightarrow$（3）. 根据推论 1.6.7，列紧的闭集是紧集. 故（2）蕴涵（3）.

（3）$\Rightarrow$（1）. 由定理 1.6.11 即知. ∎

1.6.2　空间 $C[a, b]$ 中列紧集的等价特征

在有些空间中可以给出其子集是列紧集的充要条件，用这些条件可以较容易地判别一个集是否列紧. 这里我们只考虑 $C[a, b]$ 中的情形.

设 $A = \{x_\alpha(t), \alpha \in I\}$ 是 $[a, b]$ 上的一族连续函数. 若存在 $M > 0$，使得对每个 $x_\alpha(t) \in A$，有

$$|x_\alpha(t)| \leqslant M \ (t \in [a, b]),$$

则称 A 是一致有界的. 显然 A 是一致有界的相当于 A 是 $C[a, b]$ 中的有界集. 若对任意 $\varepsilon > 0$, 存在 $\delta > 0$ 使得当 $t, t' \in [a, b]$ 并且 $|t - t'| < \delta$ 时，对每个 $x_\alpha(t) \in A$ 有

$$|x_\alpha(t) - x_\alpha(t')| < \varepsilon,$$

则称 A 是等度连续的.

例如，若函数族 $A = \{x_\alpha(t)\}$ 满足 Lipschitz 条件，即存在常数 $L > 0$，使得对任意 $x_\alpha(t) \in A$ 有

$$|x_\alpha(t) - x_\alpha(t')| \leqslant L|t - t'| \ (t, t' \in [a, b]),$$

则 A 是等度连续的.

定理 1.6.13（Arzela-Ascoli 定理）　$C[a, b]$ 的子集 A 是列紧集的充要条件是：A 是一致有界的等度连续的函数族.

证明　必要性：设 A 是列紧集，则 A 是有界集，即 A 是一致有界的. 下面证明 A 是等度连续的. 对任意 $\varepsilon > 0$, 设 $E = \{x_1, x_2, \cdots, x_m\}$ 为 A 的 $\dfrac{\varepsilon}{3}$- 网. 由于 $x_i(t) (i = 1, 2, \cdots, m)$ 在 $[a, b]$ 上一致连续，存在 $\delta > 0$，使得当 $|t - t'| < \delta$ 时

$$|x_i(t) - x_i(t')| < \frac{\varepsilon}{3} \quad (i = 1, 2, \cdots, m).$$

对于任意 $x \in A$，存在 $x_k \in E$ 使得 $\|x - x_k\| < \frac{\varepsilon}{3}$. 于是当 $|t - t'| < \delta$ 时

$$|x(t) - x(t')| \leqslant |x(t) - x_k(t)| + |x_k(t) - x_k(t')| + |x_k(t') - x(t')|$$

$$\leqslant \|x - x_k\| + |x_k(t) - x_k(t')| + \|x_k - x\|$$

$$< \frac{\varepsilon}{3} + \frac{\varepsilon}{3} + \frac{\varepsilon}{3} = \varepsilon.$$

这就证明了 A 是等度连续的.

充分性：设 $\{x_n\}$ 是 A 中任取的序列，我们用"对角线法"证明 $\{x_n\}$ 存在收敛的子列. 设 $\{r_n\}$ 是 $[a,b]$ 中的有理数的全体. 由于 A 是一致有界的，因此 $\{x_n(r_1)\}$ 是有界数列，从而存在 $\{x_n\}$ 的一个子列，记为 $\{x_n^{(1)}\}$，使得 $\{x_n^{(1)}(r_1)\}$ 收敛. 由于 $\{x_n^{(1)}(r_2)\}$ 是有界数列，存在 $\{x_n^{(1)}\}$ 的一个子列，记为 $\{x_n^{(2)}\}$，使得 $\{x_n^{(2)}(r_2)\}$ 收敛. 如此继续下去，得到 $\{x_n\}$ 的一列子列 $\{x_n^{(k)}\}(k = 1, 2, \cdots)$，使得 $\{x_n^{(k)}\}$ 是 $\{x_n^{(k-1)}\}$ 的子列，并且 $\{x_n^{(k)}(r_k)\}$ 收敛. 令 $y_n = x_n^{(n)}(n \geqslant 1)$（若将 $\{x_n^{(k)}\}$ 排成无穷行，无穷列的矩阵，则 $\{x_n^{(n)}\}$ 就是该矩阵对角线上的元），则 $\{y_n\}$ 是 $\{x_n\}$ 的子列，并且在 $[a,b]$ 中的有理点收敛.

对任意 $\varepsilon > 0$，设 δ 是等度连续的定义中相应于 ε 的正数. 在区间 $[a,b]$ 中插入一些分点：$a = t_0 < t_1 < t_2 < \cdots < t_k = b$，使得每个小区间 $[t_{i-1}, t_i]$ 的长度小于 δ. 在每个小区间 $[t_{i-1}, t_i]$ 中任选一个有理数 s_i. 由于对每个 $i = 1, 2, \cdots, k$，$\{y_n(s_i)\}$ 收敛，存在 $N > 0$ 使得当 $m, n > N$ 时 $|y_m(s_i) - y_n(s_i)| < \varepsilon (i = 1, 2, \cdots, k)$. 于是对任意 $t \in [a,b]$，当 $t \in [t_{i-1}, t_i]$ 时，

$$|y_m(t) - y_n(t)| \leqslant |y_m(t) - y_m(s_i)| + |y_m(s_i) - y_n(s_i)| + |y_n(s_i) - y_n(t)|$$

$$< \varepsilon + \varepsilon + \varepsilon = 3\varepsilon.$$

这说明当 $m, n > N$ 时，$\|y_m - y_n\| < 3\varepsilon$，即 $\{y_n\}$ 是 Cauchy 序列. 由于 $C[a,b]$ 是完备的，因此 $\{y_n\}$ 是 $\{x_n\}$ 的收敛子列. 这就证明了 A 是列紧的. ∎

例 2 考虑 $C[0,1]$ 的子集 $A = \{e^{t-\alpha}, \alpha \geqslant 0\}$. 对任意 $x_\alpha(t) \in A$，因为

$$|x_\alpha(t)| = |e^{t-\alpha}| \leqslant e^{1-\alpha} \leqslant e \quad (t \in [0,1]),$$

故 A 是一致有界的. 根据微分中值定理，对任意 $t_1, t_2 \in [0,1]$，有

$$|x_\alpha(t_1) - x_\alpha(t_2)| = |e^{t_1-\alpha} - e^{t_2-\alpha}| = e^{\xi-\alpha}|t_1 - t_2| \leqslant e|t_1 - t_2|,$$

其中 $0 \leqslant \xi \leqslant 1$. 上式表明函数族 A 满足 Lipschitz 条件，因而是等度连续的. 根据 Arzela-Ascoli 定理，A 是 $C[0,1]$ 中的列紧集.

习 题 1

1. 设 (X, d) 是距离空间. 证明 $\rho(x, y) = \dfrac{d(x,y)}{1 + d(x,y)} (x, y \in X)$ 也是 X 上的距离.

2. 证明在空间 s 中按距离收敛等价于按坐标收敛. 这就是说，如果

$$x^{(n)} = (x_1^{(n)}, x_2^{(n)}, \cdots), \quad x = (x_1, x_2, \cdots),$$

则 $d(x^{(n)}, x) \to 0$ 的充要条件是对于每个 $i = 1, 2, \cdots$，有 $x_i^{(n)} \to x_i (n \to \infty)$.

3. 在 $\mathbf{R}^2$ 上分别定义两个范数

$$\|(x_1, x_2)\|_1 = |x_1| + |x_2|, \quad \|(x_1, x_2)\|_\infty = \max\{|x_1|, |x_2|\}.$$

试分别画出 $(\mathbf{R}^2, \|\cdot\|_1)$ 和 $(\mathbf{R}^2, \|\cdot\|_\infty)$ 中的单位球面.

4. (1) 设 $p, q, r > 1$，$\dfrac{1}{p} + \dfrac{1}{q} = \dfrac{1}{r}$，$f \in L^p(E)$，$g \in L^q(E)$. 证明

$$\|fg\|_r \leqslant \|f\|_p \|g\|_q.$$

(2) 设 $p, q, r > 1$ 并且 $\dfrac{1}{p} + \dfrac{1}{q} + \dfrac{1}{r} = 1$，$f \in L^p(E)$，$g \in L^q(E)$，$h \in L^r(E)$. 证明

$$\|fgh\|_1 \leqslant \|f\|_p \|g\|_q \|h\|_r.$$

5. 设 $1 \leqslant r, s < \infty$，$f \in L^r(E) \bigcap L^s(E)$. 若 $\dfrac{1}{p} = \dfrac{\lambda}{r} + \dfrac{1-\lambda}{s} (0 < \lambda < 1)$，证明

$$\|f\|_p \leqslant \|f\|_r^\lambda \|f\|_s^{1-\lambda}.$$

6. 设 $1 \leqslant p_1 < p_2 < \infty$. 证明：

(1) $l^{p_1} \subset l^{p_2}$.

(2) 当 $m(E) < \infty$ 时，$L^{p_2}(E) \subset L^{p_1}(E)$.

7. 设 $f \in L^\infty(E)$. 证明

$$\|f\|_\infty = \inf_{E_0 \subset E, \, m(E_0) = 0} \sup_{x \in E - E_0} |f(x)|.$$

8. 设 X 是距离空间，$A \subset X$. 证明 A° 是包含在 A 中的最大开集，$\overline{A}$ 是包含 A 的最小闭集.

9. 证明 $A = \{x = (x_i) \in l^p : x_i \geqslant 0, i = 1, 2, \cdots\}$ 是 $l^p (1 \leqslant p \leqslant \infty)$ 中的闭集.

10. 证明 $C[-1, 1]$ 中的偶函数之集是无内点的闭集（因而是疏朗集）.

11. 设 A 是 $C[a, b]$ 中的非负函数所成之集（这里设 $C[a, b]$ 是实空间）. 试求 A°.

12. 证明赋范空间的真子空间不含内点.

13. 设 E 是赋范空间 X 的线性子空间. 证明 $\overline{E}$ 也是 X 的线性子空间.

14. 证明 $C[0, 1]$ 到 $C[0, 1]$ 的映射 $(Tx)(t) = \sin x(t)$ 是连续的.

15. 设 (X, d) 是距离空间，A 是 X 的非空子集. 证明：

(1) $d(x, A) = 0$ 当且仅当 $x \in \overline{A}$.（特别地，若 A 是闭集，$x \notin A$，则 $d(x, A) > 0$.）

(2) $f(x) = d(x, A) (x \in X)$ 是 X 上的连续函数.

16. 设 F 是距离空间 X 中的闭集. 证明存在一列包含 F 的开集 $\{G_n\}$，使得 $F = \bigcap\limits_{n \geqslant 1} G_n$.

17. 设 A 和 B 是距离空间中的两个闭集，$A \bigcap B = \varnothing$. 证明存在两个开集 U 和 V 使得 $U \bigcap V = \varnothing$，并且 $A \subset U$，$B \subset V$.

18. 设 X 和 Y 是距离空间，$T : X \to Y$ 是满射的连续映射. 证明 T 将稠密子集映射为稠密子集.

19. 证明空间 c_0 和 c 是可分的.

20. 设 $\{x_n\}$ 是赋范空间 X 中的一列元. 证明 $E = \overline{\mathrm{span}\{x_n\}}$ 是可分的.

21. 赋范空间 X 中的序列 $\{e_n\}$ 称为是 X 的 Schauder 基, 若对 X 中的每个元 x 都存在唯一的标量序列 $\{a_n\}$, 使得 $x = \sum_{n=1}^{\infty} a_n e_n$. 证明:

(1) 具有 Schauder 基的赋范空间是可分的.

(2) 指出 $l^p (1 \leqslant p < \infty)$ 的一个 Schauder 基.

(3) l^∞ 是否具有 Schauder 基, 为什么?

22. 设 A 是距离空间 X 的非空子集. 称 A 是完备的, 若 A 中任意 Cauchy 序列都在 A 中收敛. 证明:

(1) 距离空间的完备子集是闭集.

(2) 完备的距离空间的闭子集是完备的.

23. 证明空间 c_0 和 c 是完备的.

24. 证明 l^∞ 和 $L^\infty(E)$ 是完备的.

25. 证明若赋范空间 X 中的每个绝对收敛的级数都是收敛的, 则 X 是完备的.

26. 设 $C_0(\mathbf{R}) = \{x = x(t): x(t) \text{ 在 } \mathbf{R} \text{ 上连续, 并且} \lim_{t \to \infty} x(t) = 0\}$. 证明 $C_0(\mathbf{R})$ 按照范数 $\|x\| = \sup_{t \in \mathbf{R}} |x(t)|$ 成为 Banach 空间.

27. 设 $AC[a,b]$ 是 $[a,b]$ 上的绝对连续函数的全体. 证明 $AC[a,b]$ 按照如下定义的范数成为 Banach 空间:

$$\|x\| = |x(a)| + \int_a^b |x'(t)| \, \mathrm{d}t.$$

28. 设在距离空间 X 中成立闭球套性质: 若 $S_n = \{x: d(x_n, x) \leqslant r_n\} (n \geqslant 1)$ 是一列闭球, 满足 $S_1 \supset S_2 \supset \cdots$, 并且 $r_n \to 0$. 则存在唯一的点 $x \in \bigcap_{n \geqslant 1} S_n$. 证明 X 是完备的.

29. 设 K 是 $\mathbf{R}^n$ 中的有界闭集, T 是 K 到自身的映射, 并且满足条件

$$d(Tx, Ty) < d(x, y) \quad (\forall x, y \in K, \ x \neq y).$$

证明 T 在 K 中存在唯一不动点. 试举例说明, 若 K 是无界的闭集, 则结论不成立 (因而在一般的完备距离空间中, 相应的结论不成立).

提示: 考虑函数 $f(x) = d(x, Tx) (x \in K)$.

30. 设 $a(t)$ 是 $[0,1]$ 上的连续函数. 证明存在 $[0,1]$ 上的连续函数 $x(t)$, 满足

$$x(t) = \frac{1}{2} \sin x(t) + a(t).$$

31. 设 $K(s,t)$ 是正方形 $[a,b] \times [a,b]$ 上的连续函数, 并且存在常数 $M > 0$, 使得 $\int_a^b |K(s,t)| \, \mathrm{d}s \leqslant M (a \leqslant t \leqslant b)$. 证明当 $|\lambda| < \frac{1}{M}$ 时, 对每个 $\varphi(t) \in C[a,b]$, 积分方程

$$x(t) = \lambda \int_a^b K(s,t) x(s) \mathrm{d}s + \varphi(t)$$

在 $C[a,b]$ 中存在唯一解.

32. 设 $K(s,t)$ 是 $[a,b] \times [a,b]$ 上的可测函数. 满足 $\int_a^b \left(\int_a^b |K(s,t)|^2 \mathrm{d}s \right) \mathrm{d}t < 1$. 证明对每

个 $a = a(t) \in L^2[a,b]$ 积分方程

$$x(t) = \int_a^b K(s,t)x(s)\mathrm{d}s + a(t)$$

在 $L^2[a,b]$ 中存在唯一解.

33. 设 $c_{00} = \{x = (x_n): (x_n)$ 只有有限项不为零$\}$. 在 c_{00} 上定义范数 $\|x\| = \sup_{n \geq 1} |x_n|$. 证明 c_{00} 不是完备的. 指出它的完备化空间, 并且证明你的结论.

34. 在 $C[0,1]$ 上重新定义范数如下:

$$\|x\|_1 = \int_0^1 |x(t)| \mathrm{d}t \quad (x \in C[0,1]).$$

证明 $(C[0,1], \|\cdot\|_1)$ 不是完备的, 其完备化空间是 $L^1[0,1]$.

35. 在 $L^2[0,1]$ 上定义两个新的范数如下:

$$\|f\|_1 = \int_0^1 |f(x)| \mathrm{d}x, \quad \|f\|_3 = \left(\int_0^1 (1+x)|f(x)|^2 \mathrm{d}x\right)^{\frac{1}{2}}.$$

讨论 $L^2[0,1]$ 上原来的范数 $\|f\|_2$ 与这两个范数的等价性.

36. 设 $C(0,1]$ 是 $(0,1]$ 上的有界连续函数的全体按照范数 $\|x\| = \sup_{0 < t \leq 1} |x(t)|$ 所成的赋范空间. 证明 l^∞ 与 $C(0,1]$ 的一个子空间等距同构.

37. 设 $\{p_n(t)\}$ 是 $[a,b]$ 上一列次数不大于 k 的多项式, 并且 $\{p_n(t)\}$ 在 $[a,b]$ 上一致收敛于函数 $x(t)$. 证明 $x(t)$ 必为多项式.

提示: 令 $E = \mathrm{span}(1, t, \cdots, t^k)$, 则 E 是 $C[a,b]$ 的闭子空间.

38. 证明 $C[a,b]$ 中的多项式的全体 $P[a,b]$ 是第一纲集.

提示: 利用第 12 题的结论.

39. 设 X 和 Y 是距离空间, $T: X \to Y$ 是连续映射. 证明 T 将紧集映射为紧集.

40. 设 K_n 是距离空间 X 中的一列非空闭集, $K_n \supset K_{n+1} (n \geq 1)$, 并且其中至少有一个是紧集. 证明 $\bigcap_{n \geq 1} K_n \neq \varnothing$.

41. 设 X 是距离空间. 证明若 X 中的每个完全有界集是列紧集, 则 X 是完备的.

42. 设 X 是赋范空间, $A, B \subset X$. 若 A 是紧集, B 是闭集, 证明 $A + B$ 是闭集. 其中

$$A + B = \{x + y: x \in A, y \in B\}.$$

43. (1) 设 X 是距离空间, A, B 是 X 的非空子集. 证明若 A 是紧集, B 是闭集, 并且 $A \cap B = \varnothing$, 则 $d(A,B) > 0$.

(2) 举例说明, 当 A 仅是闭集时, (1)的结论不成立.

44. 设 X 是赋范空间.

(1) 若 E 是 X 的有限维子空间. 证明对任意 $x \in X$, 存在 $y \in E$, 使得

$$\|x - y\| = d(x, E).$$

(2) 举例说明, 若 E 是无限维的, 则(1)的结论不成立.

45. 设 X 和 Y 是距离空间, A 是 X 中的紧集, $T: A \to Y$ 是连续映射. 证明 T 在 A 上一致连续.

46. 判别下面的集是否 $C[0,1]$ 中的列紧集, 并给出理由:

(1) $\{\sin(t + \lambda): \lambda \in \mathbf{R}\}$;

（2）$\{\sin n\pi t : n = 1, 2, \cdots\}$；

（3）$\{t^n : n = 1, 2, \cdots\}$.

47. 证明无限维的 Banach 空间不能分解为可列个紧集之并.

  提示：先证明无限维赋范空间中的紧集无内点. 再利用 Baire 纲定理.

48. 证明 $A = \left\{x = (x_i) : |x_i| \leqslant \dfrac{1}{i}, \ i = 1, 2, \cdots\right\}$ 是 l^∞ 中的紧集.

  提示：只需证明 A 是完全有界的闭集.

49. 证明：$l^p (1 \leqslant p < \infty)$ 的子集 A 是列紧集的充要条件是 A 是有界的，并且对任意 $\varepsilon > 0$，存在自然数 n，使得对任意 $x = (x_i) \in A$ 有 $\displaystyle\sum_{i=n+1}^{\infty} |x_i|^p < \varepsilon$.

第 2 章 有界线性算子

在数学的各个分支学科中，经常要遇到各种各样的线性运算，如求导运算、求不定积分和定积分运算等．这些运算在一般的线性空间上看就是线性映射．有界线性算子是赋范空间之间的连续线性映射．有界线性算子的理论是泛函分析的核心内容，在数学的各个分支学科中有广泛的应用．

在这一章里，先介绍有界线性算子的基本概念．然后介绍共鸣定理，逆算子定理和 Hahn-Banach 定理等重要定理．这些定理是泛函分析的基本定理，它们在泛函分析的理论和应用中都是非常重要的．

有界线性泛函是取值于标量域空间的有界线性算子．本章还要介绍某些重要空间上的有界线性泛函的表示定理、弱收敛与弱*收敛以及共轭算子等．

2.1 有界线性算子的基本概念

2.1.1 有界线性算子的定义与例

先回顾线性算子的定义．设 X 和 Y 是线性空间，其标量域为 $\mathbf{K}$，T 是 X 到 Y 的映射．若对任意 $x_1, x_2 \in X$ 和 $\alpha, \beta \in \mathbf{K}$ 有

$$T(\alpha x_1 + \beta x_2) = \alpha T x_1 + \beta T x_2,$$

则称 T 为线性算子．特别地，称 X 到标量域空间 $\mathbf{K}$ 的线性映射 $f : X \to \mathbf{K}$ 为 X 上的线性泛函．

若 T 是线性算子，则 $T(0) = T(0 \cdot 0) = 0 \cdot T(0) = 0$．

设 X 和 Y 是线性空间，$T : X \to Y$ 是线性算子．记

$$N(T) = \{x \in X : Tx = 0\}, \quad R(T) = \{Tx : x \in X\}.$$

分别称 $N(T)$ 和 $R(T)$ 为 T 的零空间和值域．容易验证 $N(T)$ 和 $R(T)$ 分别是 X 和 Y 的线性子空间．

例 1 设 X 是 n 维线性空间，$e_1, e_2, \cdots, e_n$ 是 X 的一组基，$A = (a_{ij})$ 是一个 $n \times n$ 阶矩阵．定义算子

$$T : X \to X, \ T\Big(\sum_{j=1}^{n} x_j e_j\Big) = \sum_{i=1}^{n} y_i e_i,$$

其中 $y_i = \sum_{j=1}^{n} a_{ij} x_j (i = 1, 2, \cdots, n)$．用矩阵表示即

$$\begin{pmatrix} y_1 \\ y_2 \\ \vdots \\ y_n \end{pmatrix} = \begin{pmatrix} a_{11} & a_{12} & \cdots & a_{1n} \\ a_{21} & a_{22} & \cdots & a_{2n} \\ \vdots & \vdots & & \vdots \\ a_{n1} & a_{n2} & \cdots & a_{nn} \end{pmatrix} \begin{pmatrix} x_1 \\ x_2 \\ \vdots \\ x_n \end{pmatrix},$$

则 T 是线性算子，称之为由矩阵 (a_{ij}) 确定的线性算子. 反过来，设 $T:X \to X$ 是线性算子. 则 Te_j 必是 $e_1, e_2, \cdots, e_n$ 的线性组合. 设

$$Te_j = \sum_{i=1}^{n} a_{ij} e_i \ (j = 1, 2, \cdots, n).$$

当 $x = \sum\limits_{j=1}^{n} x_j e_j$ 时，记 $y = Tx = \sum\limits_{i=1}^{n} y_i e_i$，则

$$y = \sum_{j=1}^{n} x_j Te_j = \sum_{j=1}^{n} x_j \sum_{i=1}^{n} a_{ij} e_i = \sum_{i=1}^{n} \Big(\sum_{j=1}^{n} a_{ij} x_j \Big) e_i.$$

因此 $y_i = \sum\limits_{j=1}^{n} a_{ij} x_j (i = 1, 2, \cdots, n)$. 这表明 T 是由矩阵 (a_{ij}) 确定的线性算子. 因此当基底取定后，X 上的线性算子与 $n \times n$ 阶矩阵一一对应.

线性泛函的情形更简单. 设 $(a_1, a_2, \cdots, a_n) \in \mathbf{K}^n$. 当 $x = \sum\limits_{i=1}^{n} x_i e_i$ 时，令

$$f(x) = \sum_{i=1}^{n} a_i x_i. \tag{2.1.1}$$

则 f 是 X 上的线性泛函. 反过来，设 f 是 X 上的线性泛函，记 $a_i = f(e_i)(i = 1, 2, \cdots, n)$. 则

$$f(x) = f\Big(\sum_{i=1}^{n} x_i e_i \Big) = \sum_{i=1}^{n} x_i f(e_i) = \sum_{i=1}^{n} a_i x_i.$$

这说明 X 上的线性泛函都可以表示为式 (2.1.1) 的形式. 因此 X 上的线性泛函与 $\mathbf{K}^n$ 中向量一一对应.

例 2 设 $K(s,t)$ 是 $[a,b] \times [a,b]$ 上的可测函数，满足

$$M = \Big(\int_a^b \Big(\int_a^b |K(s,t)|^2 \mathrm{d}t \Big) \mathrm{d}s \Big)^{\frac{1}{2}} < \infty.$$

对任意 $x \in L^2[a,b]$，令

$$(Tx)(s) = \int_a^b K(s,t) x(t) \mathrm{d}t,$$

$$f(x) = \int_a^b x(t) \mathrm{d}t.$$

则 T 和 f 分别是 $L^2[a,b]$ 上的线性算子和线性泛函. 事实上，由 Hölder 不等式，对任意 $x \in L^2[a,b]$ 有

$$\begin{aligned}
\int_a^b |(Tx)(s)|^2 \mathrm{d}s &= \int_a^b \Big| \int_a^b K(s,t) x(t) \mathrm{d}t \Big|^2 \mathrm{d}s \\
&\leqslant \int_a^b \Big(\int_a^b |K(s,t)|^2 \mathrm{d}t \int_a^b |x(t)|^2 \mathrm{d}t \Big) \mathrm{d}s \\
&= \int_a^b \Big(\int_a^b |K(s,t)|^2 \mathrm{d}t \Big) \mathrm{d}s \int_a^b |x(t)|^2 \mathrm{d}t \\
&= M^2 \|x\|_2^2.
\end{aligned} \tag{2.1.2}$$

故 $Tx \in L^2[a,b]$. 因此 T 是 $L^2[a,b]$ 到 $L^2[a,b]$ 的算子. 由积分的线性性知道 T 是线性的. 仍利用 Hölder 不等式得到

$$\int_a^b |x(t)| \,\mathrm{d}t \leqslant \left(\int_a^b 1\mathrm{d}t\right)^{\frac{1}{2}} \left(\int_a^b |x(t)|^2 \mathrm{d}t\right)^{\frac{1}{2}} = \sqrt{b-a}\,\|x\|_2. \tag{2.1.3}$$

这表明 $x(t)$ 在 $[a,b]$ 上可积. 故 f 是 $L^2[a,b]$ 上的泛函. f 的线性性是显然的.

例 2 中的算子 T 称为第二型 Fredholm 积分算子.

定义 2.1.1　设 X 和 Y 是赋范空间, $T:X \to Y$ 是线性算子. 若 T 将 X 中的每个有界集都映射为 Y 中的有界集, 则称 T 是有界的.

有界线性算子之所以重要, 是因为根据下面的定理, 线性算子的有界等价于连续.

定理 2.1.1　设 X 和 Y 是赋范空间, $T:X \to Y$ 是线性算子. 则下列陈述是等价的:

(1) T 是有界的;

(2) 存在常数 $c>0$ 使得 $\|Tx\| \leqslant c\|x\|\,(x \in X)$;

(3) T 在 X 上连续.

证明　(1)$\Rightarrow$(2). 由于 $S = \{x:\|x\| \leqslant 1\}$ 是 X 中的有界集, T 是有界的, 故 $T(S)$ 是 Y 中的有界集. 因此存在常数 $c>0$, 使得对任意 $x \in S$, $\|Tx\| \leqslant c$. 对任意 $x \in X$, $x \neq 0$, 由于 $\dfrac{x}{\|x\|} \in S$, 故

$$\frac{\|Tx\|}{\|x\|} = \left\|\frac{1}{\|x\|}Tx\right\| = \left\|T\left(\frac{x}{\|x\|}\right)\right\| \leqslant c.$$

因此 $\|Tx\| \leqslant c\|x\|\,(x \in X)$.

(2)$\Rightarrow$(3). 设 $\{x_n\} \subset X$, $x_n \to x$. 由于 T 是线性的, 因此

$$0 \leqslant \|Tx_n - Tx\| = \|T(x_n - x)\| \leqslant c\|x_n - x\| \to 0.$$

因此 $Tx_n \to Tx$. 根据定理 1.4.8, 这表明 T 在 X 上连续.

(3)$\Rightarrow$(1). 若 T 不是有界的, 则存在 X 中的有界集 A, 使得 $T(A)$ 不是有界的. 此时存在常数 $M>0$ 和 A 中的序列 $\{x_n\}$, 使得 $\|x_n\| \leqslant M\,(n \geqslant 1)$, 但是 $\|Tx_n\| > n$. 令 $x'_n = \dfrac{x_n}{\sqrt{n}}\,(n \geqslant 1)$, 则 $x'_n \to 0$. 由于 T 连续, 应有 $Tx'_n \to T(0) = 0$. 但是

$$\|Tx'_n\| = \left\|T\left(\frac{x_n}{\sqrt{n}}\right)\right\| = \frac{\|Tx_n\|}{\sqrt{n}} \geqslant \sqrt{n} \to \infty.$$

矛盾. 因此 T 必有界. ∎

注 1　回顾在 1.5 节中我们定义了两个赋范空间的拓扑同构: 设 X 和 Y 是赋范空间. 若存在映射 $T:X \to Y$, 使得 T 是双射和线性的, 并且存在常数 $a,b>0$ 使得

$$a\|x\| \leqslant \|Tx\| \leqslant b\|x\| \quad (x \in X), \tag{2.1.4}$$

则称 X 与 Y 是拓扑同构的. 根据定理 2.1.1, 式 (2.1.4) 的第二个不等式等价于 T 是连续的. 对任意 $x \in X$, 记 $Tx = y$, 则 $T^{-1}y = x$. 由式 (2.1.4) 的第一个不等式得到

$$\|T^{-1}y\| = \|x\| \leqslant \frac{1}{a}\|Tx\| = \frac{1}{a}\|y\|.$$

这等价于映射 $T^{-1}:Y \to X$ 是连续的. 因此 X 与 Y 拓扑同构的充要条件是, 存在一个映射 $T:X \to Y$, 使得 T 是双射和线性的, 并且 T 和 T^{-1} 都是连续的.

例 2（续）　设 T 和 f 如例 2 中所定义. 式（2.1.2）、式（2.1.3）两式分别表明对任意 $x \in L^2[a,b]$ 有

$$\|Tx\|_2 \leqslant M\|x\|_2, \quad |f(x)| \leqslant \sqrt{b-a}\,\|x\|_2.$$

根据定理 2.1.1, T 和 f 都是有界的.

例 3　设 $T:X \to Y$ 是线性算子. 若 X 是有限维的, 则 T 是有界的.

证明　设 $(X, \|\cdot\|)$ 是 n 维赋范空间, $e_1, e_2, \cdots, e_n$ 是 X 的一组基. 由定理 1.5.8, 存在常数 $a, b > 0$, 使得对任意 $x = \sum_{i=1}^{n} x_i e_i \in X$ 有

$$a \Big(\sum_{i=1}^{n} |x_i|^2 \Big)^{\frac{1}{2}} \leqslant \|x\| \leqslant b \Big(\sum_{i=1}^{n} |x_i|^2 \Big)^{\frac{1}{2}}.$$

由 Hölder 不等式得到

$$\|Tx\| = \Big\| \sum_{i=1}^{n} x_i Te_i \Big\| \leqslant \sum_{i=1}^{n} |x_i| \|Te_i\|$$

$$\leqslant \Big(\sum_{i=1}^{n} |x_i|^2 \Big)^{\frac{1}{2}} \Big(\sum_{i=1}^{n} \|Te_i\|^2 \Big)^{\frac{1}{2}} \leqslant \frac{1}{a} \Big(\sum_{i=1}^{n} \|Te_i\|^2 \Big)^{\frac{1}{2}} \|x\|.$$

由于 $c = \dfrac{1}{a} \Big(\sum_{i=1}^{n} \|Te_i\|^2 \Big)^{\frac{1}{2}}$ 是与 x 无关的常数. 根据定理 2.1.1, T 是有界的. ∎

下面给出一个无界的线性算子的例子.

例 4　设 $C^{(1)}[0,1]$ 是定义在区间 $[0,1]$ 上的具有连续导数的函数的全体. 作为 $C[0,1]$ 的子空间, $C^{(1)}[0,1]$ 成为一个赋范空间. 定义微分算子

$$D:C^{(1)}[0,1] \to C[0,1], \quad (Dx)(t) = x'(t).$$

显然 D 是线性的, 但 D 不是有界的. 事实上, 取 $x_n(t) = t^n (n = 1,2,\cdots)$. 则对任意 n, $x_n \in C^{(1)}[0,1]$, 并且 $\|x_n\| = 1$. 但

$$\|Dx_n\| = \max_{0 \leqslant t \leqslant 1} |nt^{n-1}| = n \quad (n = 1,2,\cdots).$$

这表明 D 不是有界的.

2.1.2　算子的范数及其计算

定义 2.1.2　设 X 和 Y 是赋范空间, $T:X \to Y$ 是有界线性算子. 令

$$\|T\| = \sup_{\|x\| \leqslant 1} \|Tx\|.$$

称 $\|T\|$ 为算子 T 的范数.

若 f 是 X 上的有界线性泛函, 则 f 的值域是标量域 $\mathbf{K}$, 此时

$$\|f\| = \sup_{\|x\| \leqslant 1} |f(x)|.$$

定理 2.1.2　设 $T:X \to Y$ 是有界线性算子. 则

$$\|T\| = \sup_{x \neq 0} \frac{\|Tx\|}{\|x\|} = \sup_{\|x\|=1} \|Tx\|. \tag{2.1.5}$$

证明 我们有

$$\sup_{\|x\|\leqslant 1} \|Tx\| \leqslant \sup_{\|x\|\leqslant 1,\ x\neq 0} \frac{\|Tx\|}{\|x\|} \leqslant \sup_{x\neq 0} \frac{\|Tx\|}{\|x\|}$$

$$= \sup_{x\neq 0} \left\| T\left(\frac{x}{\|x\|}\right)\right\| = \sup_{\|x\|=1} \|Tx\| \leqslant \sup_{\|x\|\leqslant 1} \|Tx\|.$$

因此式 (2.1.5) 成立. ∎

设 $T: X \to Y$ 是有界线性算子. 根据定理 2.1.2, $\|T\| = \sup_{x\neq 0} \dfrac{\|Tx\|}{\|x\|}$. 因此

$$\|Tx\| \leqslant \|T\|\|x\| \quad (x \in X).$$

另一方面, 若常数 $c > 0$, 使得 $\|Tx\| \leqslant c\|x\|$ $(x \in X)$, 则有 $\|T\| \leqslant c$. 这表明 $\|T\|$ 是使得不等式 $\|Tx\| \leqslant c\|x\|$ $(x \in X)$ 成立的常数 c 中的最小的一个.

显然, 若 $I(x) = x$ $(x \in X)$ 是 X 上的恒等算子, 则 I 是有界线性算子, 并且 $\|I\| = 1$. 算子 I 也称为 X 上的单位算子.

一般说来, 计算一个给定的算子范数并非易事. 下面给出两个计算算子范数的例子. 先介绍一个记号. 设 x 是实数或复数. 令

$$\operatorname{sgn} x = \begin{cases} \dfrac{\bar{x}}{|x|}, & x \neq 0, \\ 0, & x = 0, \end{cases}$$

其中 $\bar{x}$ 表示 x 的共轭复数, 称 $\operatorname{sgn} x$ 为符号函数. 函数 $\operatorname{sgn} x$ 满足 $x\operatorname{sgn} x = |x|$, $|\operatorname{sgn} x| \leqslant 1$.

例 5 设数列 $a = (a_i) \in l^1$. 在 l^∞ 上定义泛函如下:

$$f(x) = \sum_{i=1}^\infty a_i x_i \quad (x = (x_i) \in l^\infty).$$

显然 f 是线性的. 现在计算 $\|f\|$. 对任意 $x = (x_i) \in l^\infty$, 我们有

$$|f(x)| \leqslant \sum_{i=1}^\infty |a_i x_i| \leqslant \sum_{i=1}^\infty |a_i| \cdot \sup_{i\geqslant 1} |x_i| = \|a\|_1 \|x\|_\infty. \tag{2.1.6}$$

这表明 f 有界, 并且 $\|f\| \leqslant \|a\|_1$. 另一方面, 令

$$x^{(0)} = (\operatorname{sgn} a_1, \operatorname{sgn} a_2, \cdots),$$

则 $x^{(0)} \in l^\infty$, 并且 $\|x^{(0)}\|_\infty \leqslant 1$. 由于

$$|f(x^{(0)})| = \left|\sum_{i=1}^\infty a_i x_i^{(0)}\right| = \left|\sum_{i=1}^\infty a_i \operatorname{sgn} a_i\right| = \sum_{i=1}^\infty |a_i| = \|a\|_1,$$

因此 $\|f\| \geqslant \|a\|_1$. 综上所证得到 $\|f\| = \|a\|_1$.

现在将 f 视为 c_0 上的泛函, 重新计算 $\|f\|$. 仍由式 (2.1.6) 得到 $\|f\| \leqslant \|a\|_1$. 另一方面, 对任意 $\varepsilon > 0$, 存在正整数 k 使得 $\sum_{i=1}^k |a_i| > \|a\|_1 - \varepsilon$. 取

$$x^{(0)} = (\operatorname{sgn} a_1, \cdots, \operatorname{sgn} a_k, 0, \cdots),$$

则 $x^{(0)} \in c_0$，并且 $\| x^{(0)} \|_\infty \leqslant 1$. 由于

$$\left| f(x^{(0)}) \right| = \left| \sum_{i=1}^{\infty} a_i x_i^{(0)} \right| = \left| \sum_{i=1}^{k} a_i \operatorname{sgn} a_i \right| = \sum_{i=1}^{k} |a_i| > \|a\|_1 - \varepsilon.$$

故 $\|f\| > \|a\|_1 - \varepsilon$. 由 $\varepsilon > 0$ 的任意性得到 $\|f\| \geqslant \|a\|_1$. 从而 $\|f\| = \|a\|_1$. ■

例 6（第一型 Fredholm 积分算子） 设 $K(s,t)$ 是 $[a,b] \times [a,b]$ 上的连续函数. 定义算子 $T : C[a,b] \to C[a,b]$，

$$(Tx)(s) = \int_a^b K(s,t) x(t) \mathrm{d}t \quad (x \in C[a,b]).$$

显然 T 是线性的. 现在计算 $\|T\|$. 记 $c = \max\limits_{a \leqslant s \leqslant b} \int_a^b |K(s,t)| \mathrm{d}t$. 对任意 $x \in C[a,b]$，我们有

$$\|Tx\| = \max_{a \leqslant s \leqslant b} \left| \int_a^b K(s,t) x(t) \mathrm{d}t \right| \leqslant \max_{a \leqslant s \leqslant b} \int_a^b |K(s,t)| \max_{a \leqslant t \leqslant b} |x(t)| \mathrm{d}t = c \|x\|.$$

因此 $\|T\| \leqslant c$. 另一方面，由于 $\int_a^b |K(s,t)| \mathrm{d}t$ 是 s 的连续函数，因此存在 $s_0 \in [a,b]$，使得 $c = \int_a^b |K(s_0,t)| \mathrm{d}t$. 令 $x_0(t) = \operatorname{sgn} K(s_0,t)$，则 $x_0(t)$ 在 $[a,b]$ 上可测，并且 $|x_0(t)| \leqslant 1$ $(t \in [a,b])$（但 $x_0(t)$ 未必在 $[a,b]$ 上连续）. 根据 Lusin 定理，对任意 $\varepsilon > 0$，存在连续函数 $x_1(t)$，使得 $|x_1(t)| \leqslant 1 (t \in [a,b])$，并且

$$m\{t \in [a,b] : x_1(t) \neq x_0(t)\} < \varepsilon.$$

因此 $x_1 \in C[a,b]$，并且 $\|x_1\| \leqslant 1$. 令 $M = \max\limits_{a \leqslant s,\, t \leqslant b} |K(s,t)|$. 则

$$\begin{aligned}
c &= \int_a^b K(s_0,t) x_0(t) \mathrm{d}t \\
&\leqslant \left| \int_a^b K(s_0,t)(x_0(t) - x_1(t)) \mathrm{d}t \right| + \left| \int_a^b K(s_0,t) x_1(t) \mathrm{d}t \right| \\
&\leqslant \int_{\{x_1 \neq x_0\}} |K(s_0,t)| |(x_0(t) - x_1(t))| \mathrm{d}t + |(Tx_1)(s_0)| \\
&\leqslant 2M \cdot m(\{x_1 \neq x_0\}) + \max_{a \leqslant s \leqslant b} |(Tx_1)(s)| \\
&\leqslant 2M\varepsilon + \|Tx_1\|.
\end{aligned}$$

即 $\|Tx_1\| \geqslant c - 2M\varepsilon$. 因此 $\|T\| \geqslant c - 2M\varepsilon$. 由于 $\varepsilon > 0$ 的任意性得到 $\|T\| \geqslant c$. 最后得到

$$\|T\| = c = \max_{a \leqslant s \leqslant b} \int_a^b |K(s,t)| \mathrm{d}t.$$

2.1.3　有界线性算子的空间

设 X 和 Y 为赋范空间. 用 $B(X,Y)$ 表示 X 到 Y 的有界线性算子的全体. 特别地，$B(X,X)$ 简记为 $B(X)$. 对任意 $A, B \in B(X,Y)$ 和 $\alpha \in \mathbf{K}$，定义

$$(A+B)x = Ax + Bx, \quad (\alpha A)x = \alpha Ax \quad (x \in X).$$

则 $A+B$，αA 都是 X 到 Y 的线性算子. 由于对任意 $x \in X$，有

$$\| (A+B)x \| = \| Ax + Bx \| \leqslant \| Ax \| + \| Bx \| \leqslant (\| A \| + \| B \|) \| x \|, \qquad (2.1.7)$$

因此 $A+B$ 是有界的，即 $A+B \in B(X,Y)$. 类似地知道 $\alpha A \in B(X,Y)$. 容易知道 $B(X,Y)$ 按照这样定义的加法和数乘运算成为线性空间.

我们验证上面讨论的算子范数 $\| \cdot \|$ 确实是 $B(X,Y)$ 上的范数.

（1）显然 $\| A \| \geqslant 0$，并且当 $A = 0$ 时 $\| A \| = 0$. 若 $\| A \| = 0$，则对任意 $x \in X$ 必有 $Ax = 0$，从而 $A = 0$.

（2）对任意 $\alpha \in \mathbf{K}$，$\| \alpha A \| = \sup_{\| x \| \leqslant 1} \| (\alpha A)x \| = \sup_{\| x \| \leqslant 1} | \alpha | \| Ax \| = | \alpha | \| A \|$.

（3）由式（2.1.7）知道，有 $\| A+B \| \leqslant \| A \| + \| B \|$.

因此 $\| \cdot \|$ 是 $B(X,Y)$ 上的范数，$B(X,Y)$ 按照算子范数成为赋范空间.

特别地，X 上的有界线性泛函的全体所成的赋范空间 $B(X,\mathbf{K})$ 记为 X^*，称之为 X 的共轭空间.

定理 2.1.3 若 Y 是 Banach 空间，则 $B(X,Y)$ 是 Banach 空间.

证明 设 $\{ T_n \}$ 是 $B(X,Y)$ 中的 Cauchy 序列. 则对任意 $\varepsilon > 0$，存在正整数 N，使得当 $m,n > N$ 时，$\| T_m - T_n \| < \varepsilon$. 于是对每个 $x \in X$，当 $m,n > N$ 时

$$\| T_m x - T_n x \| = \| (T_m - T_n)x \| \leqslant \| T_m - T_n \| \| x \| < \varepsilon \| x \|. \qquad (2.1.8)$$

这表明 $\{ T_n x \}$ 是 Y 中的 Cauchy 序列. 由于 Y 是完备的，因此 $\{ T_n x \}$ 收敛. 对每个 $x \in X$，令 $Tx = \lim_{n \to \infty} T_n x$，则 T 是 X 到 Y 的线性算子. 在式（2.1.8）中固定 $n > N$，令 $m \to \infty$，得到

$$\| (T - T_n)x \| = \| Tx - T_n x \| \leqslant \varepsilon \| x \| \quad (x \in X). \qquad (2.1.9)$$

上式表明 $T - T_n \in B(X,Y)$. 由于 $B(X,Y)$ 是线性空间，故 $T = (T - T_n) + T_n \in B(X,Y)$. 并且式（2.1.9）表明当 $n > N$ 时，

$$\| T - T_n \| \leqslant \varepsilon.$$

因此按照 $B(X,Y)$ 中的范数 $\lim_{n \to \infty} T_n = T$. 这就证明了 $B(X,Y)$ 是完备的. ∎

由于标量域空间 $\mathbf{K}$ 是完备的，根据定理 2.1.3 知道，任一赋范空间 X 的共轭空间 X^* 是 Banach 空间.

2.2 共鸣定理及其应用

共鸣定理是泛函分析中的一个基本定理. 在共鸣定理被提出之前，在几个不同的数学领域中发现了这个定理的特殊情形. 例如关于 Fourier 级数的发散问题，求积公式的收敛性和发散级数的求和法等问题中都发现了同类定理. 在这个基础上，Banach-Steinhaus 共同提出了这个一般的定理.

设 X 和 Y 是赋范空间，$\{ T_\alpha : \alpha \in I \}$ 是一族 X 到 Y 的有界线性算子. 若对每个 $x \in X$，有 $\sup_{\alpha \in I} \| T_\alpha x \| < \infty$（换言之，$\{ T_\alpha x : \alpha \in I \}$ 是 Y 中的有界集），则称算子族 $\{ T_\alpha \}$ 是点点有界的. 若存在常数 M 使得 $\| T_\alpha \| \leqslant M (\alpha \in I)$，则称算子族 $\{ T_\alpha \}$ 是一致有界的. 显然一致有界的算子族是点点有界的. 反过来，下面的共鸣定理表明当 X 是 Banach 空间时，点点

有界的算子族是一致有界的.

定理 2.2.1（共鸣定理或一致有界原理） 设 X 是 Banach 空间，Y 是赋范空间，$\{T_\alpha : \alpha \in I\}$ 是一族 X 到 Y 的有界线性算子. 若对每个 $x \in X$，有 $\sup\limits_{\alpha \in I} \|T_\alpha x\| < \infty$，则存在常数 M，使得 $\|T_\alpha\| \leqslant M (\alpha \in I)$.

证明 对每个自然数 n，令

$$E_n = \{x \in X : \sup_{\alpha \in I} \|T_\alpha x\| \leqslant n\}.$$

则每个 E_n 是闭集. 事实上，对每个 $\alpha \in I$，由于 T_α 连续，容易知道 $\{x \in X : \|T_\alpha x\| \leqslant n\}$ 是闭集. 而 $E_n = \bigcap\limits_{\alpha \in I} \{x \in X : \|T_\alpha x\| \leqslant n\}$ 是一族闭集的交，因而是闭集.

由假设条件，对每个 $x \in X$ 有 $\sup\limits_{\alpha \in I} \|T_\alpha x\| < \infty$，因此存在自然数 n，使得 $x \in E_n$. 这表明 $X = \bigcup\limits_{n=1}^{\infty} E_n$. 由于 X 完备，根据定理 1.5.5，X 是第二纲集. 于是存在自然数 n_0 使得 E_{n_0} 不是疏朗集. 而 E_{n_0} 是闭集，因此 $(E_{n_0})^\circ = (\bar{E}_{n_0})^\circ \neq \varnothing$. 于是存在一个闭球 $S(x_0, r) \subset E_{n_0}$. 由于当 $\|x\| \leqslant 1$ 时，$x_0 + rx \in S(x_0, r) \subset E_{n_0}$，因此对每个 $\alpha \in I$ 有 $\|T_\alpha(x_0 + rx)\| \leqslant n_0$. 从而

$$\|T_\alpha x\| = \frac{1}{r} \|T_\alpha(x_0 + rx - x_0)\|$$

$$\leqslant \frac{1}{r} \|T_\alpha(x_0 + rx)\| + \frac{1}{r} \|T_\alpha x_0\|$$

$$\leqslant \frac{n_0}{r} + \frac{n_0}{r} = \frac{2n_0}{r}.$$

因此 $\|T_\alpha\| \leqslant \dfrac{2n_0}{r}$. 令 $M = \dfrac{2n_0}{r}$，则 $\|T_\alpha\| \leqslant M (\alpha \in I)$. ∎

若从反面叙述定理 2.2.1 就是，若 $\sup\limits_{\alpha \in I} \|T_\alpha\| = \infty$，则必存在 $x_0 \in X$ 使得 $\sup\limits_{\alpha \in I} \|T_\alpha x_0\| = \infty$. 这样的点 x_0 称为共鸣点. 因此定理 2.2.1 称为共鸣定理. 共鸣定理也称为一致有界原理.

推论 2.2.2 设 X 是 Banach 空间，Y 是赋范空间，$\{T_n\}$ 是一列 X 到 Y 的有界线性算子. 若对每个 $x \in X$，极限 $\lim\limits_{n \to \infty} T_n x$ 存在，则：

(1) 存在常数 M，使得 $\|T_n\| \leqslant M (n \geqslant 1)$；

(2) 令 $Tx = \lim\limits_{n \to \infty} T_n x (x \in X)$，则 T 是有界线性算子，并且 $\|T\| \leqslant \varliminf\limits_{n \to \infty} \|T_n\|$.

证明 (1) 由于对每个 $x \in X$，极限 $\lim\limits_{n \to \infty} T_n x$ 存在，故 $\sup\limits_{n \geqslant 1} \|T_n x\| < \infty$. 根据共鸣定理，存在常数 M，使得 $\|T_n\| \leqslant M (n \geqslant 1)$.

(2) 显然 $T : X \to Y$ 是线性的. 设 M 是结论(1)中的常数，我们有

$$\|Tx\| = \lim_{n \to \infty} \|T_n x\| \leqslant \varliminf_{n \to \infty} \|T_n\| \|x\| \leqslant M \|x\|, \quad x \in X.$$

这表明 T 有界，并且 $\|T\| \leqslant \varliminf\limits_{n \to \infty} \|T_n\|$. ∎

共鸣定理有很多应用. 下面举几个例子.

例 1 设 $1 < p < \infty$，$a = (a_n)$ 是一数列. 若对任意 $x = (x_n) \in l^p$，级数 $\sum\limits_{n=1}^{\infty} a_n x_n$ 都收

敛，则 $a \in l^q$，其中 $p^{-1} + q^{-1} = 1$.

证明　对每个自然数 n，令 $f_n(x) = \sum\limits_{i=1}^{n} a_i x_i (x = (x_i) \in l^p)$. 则 f_n 是 l^p 上的线性泛函.
先计算 f_n 的范数. 利用 Hölder 不等式，对任意 $x = (x_i) \in l^p$，我们有

$$|f_n(x)| = \Big| \sum_{i=1}^{n} a_i x_i \Big| \leqslant \Big(\sum_{i=1}^{n} |a_i|^q \Big)^{\frac{1}{q}} \Big(\sum_{i=1}^{n} |x_i|^p \Big)^{\frac{1}{p}} \leqslant \Big(\sum_{i=1}^{n} |a_i|^q \Big)^{\frac{1}{q}} \| x \|_p.$$

因此 f_n 有界，并且 $\| f_n \| \leqslant \Big(\sum\limits_{i=1}^{n} |a_i|^q \Big)^{\frac{1}{q}}$. 反过来不妨设 $\sum\limits_{i=1}^{n} |a_i|^q \neq 0$(否则 $f_n = 0$，从而 $\| f_n \| = 0$). 令

$$x = \Big(\sum_{i=1}^{n} |a_i|^q \Big)^{-\frac{1}{p}} \big(|a_1|^{q-1} \operatorname{sgn} a_1, |a_2|^{q-1} \operatorname{sgn} a_2, \cdots, |a_n|^{q-1} \operatorname{sgn} a_n, 0, \cdots \big).$$

则 $x \in l^p$，并且(注意到 $(q-1)p = q$)

$$\| x \|_p = \Big(\sum_{i=1}^{n} |a_i|^q \Big)^{-\frac{1}{p}} \Big(\sum_{i=1}^{n} |a_i|^{(q-1)p} \Big)^{\frac{1}{p}} = 1.$$

$$f_n(x) = \Big(\sum_{i=1}^{n} |a_i|^q \Big)^{-\frac{1}{p}} \sum_{i=1}^{n} a_i |a_i|^{q-1} \operatorname{sgn} a_i = \Big(\sum_{i=1}^{n} |a_i|^q \Big)^{1-\frac{1}{p}} = \Big(\sum_{i=1}^{n} |a_i|^q \Big)^{\frac{1}{q}}.$$

因此 $\| f_n \| = \Big(\sum\limits_{i=1}^{n} |a_i|^q \Big)^{\frac{1}{q}}$. 由假设条件，对每个 $x = (x_n) \in l^p$，级数 $\sum\limits_{n=1}^{\infty} a_n x_n$ 收敛. 这表明极限 $\lim\limits_{n \to \infty} f_n(x)$ 存在. 又因为 l^p 是完备的，根据共鸣定理(推论 2.2.2)，存在常数 $M > 0$，使得 $\| f_n \| \leqslant M (n \geqslant 1)$. 于是

$$\Big(\sum_{i=1}^{\infty} |a_i|^q \Big)^{\frac{1}{q}} = \sup_{n \geqslant 1} \Big(\sum_{i=1}^{n} |a_i|^q \Big)^{\frac{1}{q}} = \sup_{n \geqslant 1} \| f_n \| \leqslant M < \infty.$$

因此 $a = (a_n) \in l^q$. ∎

上述结论对于 $p = 1$ 也成立. 即如果对任意 $x = (x_n) \in l^1$，级数 $\sum\limits_{n=1}^{\infty} a_n x_n$ 收敛，则 $a = (a_n) \in l^\infty$.

下面讨论共鸣定理的另一应用，机械求积公式的收敛性. 在定积分的近似计算中，经常用下面这样的公式求积分的近似值：

$$\int_a^b x(t) \mathrm{d}t \approx A_0 x(t_0) + A_1 x(t_1) + \cdots + A_n x(t_n), \tag{2.2.1}$$

其中 $a = t_0 < t_1 < \cdots < t_n = b$ 是区间 $[a, b]$ 的一个分割. 例如矩形公式：

$$\int_a^b x(t) \mathrm{d}t \approx \frac{b-a}{n} [x(t_1) + x(t_2) + \cdots + x(t_n)],$$

梯形公式：

$$\int_a^b x(t) \mathrm{d}t \approx \frac{b-a}{2n} [x(t_0) + 2x(t_2) + \cdots + 2x(t_{n-1}) + x(t_n)]$$

和 Simpson 公式等，都是这样的公式. 现在考虑在什么条件下，当分割越来越细时，用式

(2.2.1) 计算的近似值越来越接近于积分 $\int_a^b x(t)\mathrm{d}t$ 的值.

给定一列分点组 $a = t_0^{(n)} < t_1^{(n)} < \cdots < t_{k_n}^{(n)} = b$ 和一列数组 A_{n0}, A_{n1}, $\cdots$, A_{nk_n} ($n = 1, 2, \cdots$). 设 $x = x(t) \in [a, b]$, 令

$$f_n(x) = A_{n0} x(t_0^{(n)}) + A_{n1} x(t_1^{(n)}) + \cdots + A_{nk_n} x(t_{k_n}^{(n)}).$$

上式称为机械求积公式. 上面提到的问题相当于在什么条件下, 有

$$\lim_{n \to \infty} f_n(x) = \int_a^b x(t)\mathrm{d}t.$$

定理 2.2.3(机械求积公式的收敛性) 机械求积公式对任意 $x \in C[a, b]$ 收敛于 $\int_a^b x(t)\mathrm{d}t$ 的充分必要条件是:

(1) 存在常数 M, 使得 $\sum_{k=0}^{k_n} |A_{nk}| \leqslant M$ ($n = 1, 2, \cdots$);

(2) 对每个多项式 $p(t)$, 有 $\lim_{n \to \infty} f_n(p) = \int_a^b p(t)\mathrm{d}t$.

证明 对每个正整数 n, $f_n(x)$ 是 $C[a, b]$ 上的线性泛函. 由于

$$|f_n(x)| \leqslant \sum_{k=0}^{k_n} |A_{nk}| \cdot \max_{a \leqslant t \leqslant b} |x(t)| = \sum_{k=0}^{k_n} |A_{nk}| \cdot \|x\|,$$

故 $\|f_n\| \leqslant \sum_{k=0}^{k_n} |A_{nk}|$. 另一方面, 取 $x_0 \in C[a, b]$, 使得 $x_0(t_k^{(n)}) = \mathrm{sgn} A_{nk}$ ($k = 0, 1, \cdots, k_n$), 并且 $\|x_0\| = 1$. 则

$$\|f_n\| \geqslant |f_n(x_0)| = \sum_{k=0}^{k_n} |A_{nk}|.$$

因此 $\|f_n\| = \sum_{k=0}^{k_n} |A_{nk}|$. 若机械求积公式收敛, 则对每个 $x \in C[a, b]$, $f_n(x)$ 收敛. 根据共鸣定理, 存在常数 M, 使得 $\|f_n\| \leqslant M$ ($n = 1, 2, \cdots$). 从而

$$\sum_{k=0}^{k_n} |A_{nk}| = \|f_n\| \leqslant M \quad (n = 1, 2, \cdots).$$

因此(1)成立. (2)是显然的.

反过来, 设条件(1)和(2)成立. 根据 Weierstrass 逼近定理, 对任意 $x \in C[a, b]$ 和 $\varepsilon > 0$, 存在多项式 $p(t)$, 使得

$$\|x - p\| = \max_{a \leqslant t \leqslant b} \|x(t) - p(t)\| < \varepsilon. \tag{2.2.2}$$

利用式(2.2.2)和条件(1)得到

$$\left| \int_a^b x(t)\mathrm{d}t - f_n(x) \right|$$

$$\leqslant \left| \int_a^b x(t)\mathrm{d}t - \int_a^b p(t)\mathrm{d}t \right| + \left| \int_a^b p(t)\mathrm{d}t - f_n(p) \right| + |f_n(p) - f_n(x)|$$

$$\leqslant (b - a)\varepsilon + \left| \int_a^b p(t)\mathrm{d}t - f_n(p) \right| + \left| \sum_{k=0}^{k_n} A_{nk} (p(t_k^{(n)}) - x(t_k^{(n)})) \right|$$

$$\leqslant (b-a)\varepsilon + \left| \int_a^b p(t)\mathrm{d}t - f_n(p) \right| + M\varepsilon.$$

由于条件(2)，存在 $N > 0$，使得当 $n > N$ 时，上式右端的中间一项小于 ε，从而

$$\lim_{n\to\infty} f_n(x) = \int_a^b x(t)\mathrm{d}t. \qquad \blacksquare$$

例 2（Fourier 级数的发散问题）　我们证明对每个 $t_0 \in [-\pi, \pi]$，存在 $[-\pi, \pi]$ 上的连续函数 $x(t)$，使得 $x(t)$ 的 Fourier 级数在 t_0 处发散. 设 $x(t)$ 的 Fourier 级数为

$$x(t) \sim \frac{a_0}{2} + \sum_{k=1}^{\infty} (a_k \cos kt + b_k \sin kt),$$

其中

$$a_k = \frac{1}{\pi} \int_{-\pi}^{\pi} x(t) \cos kt\,\mathrm{d}t, \quad k = 0, 1, 2, \cdots,$$

$$b_k = \frac{1}{\pi} \int_{-\pi}^{\pi} x(t) \sin kt\,\mathrm{d}t, \quad k = 1, 2, \cdots.$$

其前 $n+1$ 项的部分和为

$$\begin{aligned}
S_n(x)(t) &= \frac{a_0}{2} + \sum_{k=1}^{n} (a_k \cos kt + b_k \sin kt) \\
&= \frac{1}{2\pi} \int_{-\pi}^{\pi} \frac{\sin\left(n + \frac{1}{2}\right)(t-s)}{\sin\frac{1}{2}(t-s)} x(s)\,\mathrm{d}s.
\end{aligned}$$

不失一般性，我们对 $t_0 = 0$ 证明所述的结论. 对每个 $n = 1, 2, \cdots$，令

$$f_n(x) = S_n(x)(0) = \frac{1}{2\pi} \int_{-\pi}^{\pi} \frac{\sin\left(n + \frac{1}{2}\right)s}{\sin\frac{1}{2}s} x(s)\,\mathrm{d}s \quad (x \in C[-\pi, \pi]).$$

类似于 2.1 节中例 6，可以证 f_n 是 $C[-\pi, \pi]$ 上的有界线性泛函，并且

$$\|f_n\| = \frac{1}{2\pi} \int_{-\pi}^{\pi} \left| \frac{\sin\left(n + \frac{1}{2}\right)s}{\sin\frac{1}{2}s} \right| \mathrm{d}s.$$

若所述的结论不成立，则对任意 $x \in C[-\pi, \pi]$，$S_n(x)(0)$ 即 $f_n(x)$ 都收敛. 根据共鸣定理，存在常数 $M > 0$，使得 $\|f_n\| \leqslant M (n \geqslant 1)$. 但实际上当 $n \to \infty$ 时，

$$\begin{aligned}
\|f_n\| &= \frac{1}{2\pi} \int_0^{2\pi} \left| \frac{\sin\left(n + \frac{1}{2}\right)s}{\sin\frac{1}{2}s} \right| \mathrm{d}s \\
&= \frac{1}{\pi} \int_0^{\pi} \left| \frac{\sin(2n+1)t}{\sin t} \right| \mathrm{d}t \\
&\geqslant \frac{1}{\pi} \int_0^{\pi} \frac{|\sin(2n+1)t|}{t} \mathrm{d}t
\end{aligned}$$

$$= \frac{1}{\pi} \int_0^{(2n+1)\pi} \frac{|\sin u|}{u} du \to \infty.$$

这个矛盾说明存在 $x(t) \in C[-\pi, \pi]$，使得 $f_n(x)$ 发散，也就是 $x(t)$ 的 Fourier 级数在 $t_0 = 0$ 处发散.

2.3　逆算子定理与闭图像定理

逆算子定理是泛函分析中的另一基本定理. 利用逆算子定理容易得到重要的闭图像定理. 与共鸣定理一样，逆算子定理依赖于 Baire 纲定理，因而需要空间的完备性条件. 从直观上看，共鸣定理和逆算子定理的结论都不是明显的，因而它们具有不寻常的深刻性.

2.3.1　逆算子定理

设 X 和 Y 是赋范空间，$T: X \to Y$ 是线性算子. 若 T 是双射，则 T 存在逆算子 T^{-1}: $Y \to X$. 容易知道 T^{-1} 也是线性的. 一般地，当 T 有界时 T^{-1} 未必有界. 现在的问题是，在什么情况下 T^{-1} 有界. 逆算子定理表明，若 X 和 Y 都是完备的，则 T^{-1} 是有界的. 为证明逆算子定理，先证明一个引理.

引理 2.3.1　设 X 和 Y 是 Banach 空间，$T: X \to Y$ 是满射并且有界的线性算子. 则对任意 $r > 0$，存在 $\varepsilon > 0$ 使得

$$U_Y(0, \varepsilon) \subset TU_X(0, r),$$

其中 $U_X(0, r)$ 和 $U_Y(0, \varepsilon)$ 分别表示 X 和 Y 中零元的邻域(参见图 2.2.1).

证明　先证明存在 $\delta > 0$，使得对任意 $r > 0$

$$U_Y(0, r\delta) \subset \overline{TU_X(0, r)}. \tag{2.3.1}$$

由于 $X = \bigcup_{n=1}^{\infty} U_X(0, n)$，$T$ 是满射，因此 $Y = T(X) = \bigcup_{n=1}^{\infty} TU_X(0, n)$. 因为 Y 是完备的，根据定理 1.5.5，Y 是第二纲集. 所以存在 n_0 使得 $\overline{TU_X(0, n_0)}^{\circ} \neq \varnothing$. 于是存在某个开球 $U(y_0, \eta)$ $\subset \overline{TU_X(0, n_0)}$. 令 $\delta = \dfrac{\eta}{n_0}$，下面证明 $U_Y(0, \delta) \subset \overline{TU_X(0, 1)}$. 对任意 $y \in U_Y(0, \delta)$，由于

$$y_0 + n_0 y, \ y_0 - n_0 y \in U_Y(y_0, \eta) \subset \overline{TU_X(0, n_0)},$$

因此存在 $U_X(0, n_0)$ 中的序列 x_n 和 x'_n，使得 $Tx_n \to y_0 + n_0 y$，$Tx'_n \to y_0 - n_0 y$. 令 $u_n = \dfrac{x_n - x'_n}{2n_0}$，则 $u_n \in U_X(0, 1)$ 并且 $Tu_n \to y$. 故 $y \in \overline{TU_X(0, 1)}$. 这就证明了 $U_Y(0, \delta) \subset \overline{TU_X(0, 1)}$. 于是对任意 $r > 0$，

$$U_Y(0, r\delta) = rU_Y(0, \delta) \subset r\overline{TU_X(0, 1)} = \overline{rTU_X(0, 1)} = \overline{TU_X(0, r)}.$$

此即式(2.3.1).

下面证明引理的结论. 任取 $y_0 \in U_Y\left(0, \dfrac{\delta}{2}\right)$. 由式(2.3.1)知道

$$U_Y\left(0,\frac{\delta}{2}\right)\subset\overline{TU_X\left(0,\frac{1}{2}\right)}.$$

故 $y_0\in\overline{TU_X\left(0,\frac{1}{2}\right)}$. 因此存在 $x_1\in U_X\left(0,\frac{1}{2}\right)$ 使得 $\|y_0-Tx_1\|<\frac{\delta}{2^2}$. 于是

$$y_1=y_0-Tx_1\in U_Y\left(0,\frac{\delta}{2^2}\right).$$

由于式 (2.3.1), $U_Y\left(0,\frac{\delta}{2^2}\right)\subset\overline{TU_X\left(0,\frac{1}{2^2}\right)}$, 因此存在 $x_2\in U_X\left(0,\frac{1}{2^2}\right)$, 使得 $\|y_1-Tx_2\|$ $<\frac{\delta}{2^3}$. 于是

$$y_2=y_1-Tx_2=y_0-T(x_1+x_2)\in U_Y\left(0,\frac{\delta}{2^3}\right).$$

如此进行下去, 得到一个序列 $x_n\in U_X\left(0,\frac{1}{2^n}\right)(n=1,2,\cdots)$, 使得

$$y_n=y_0-T(x_1+x_2+\cdots+x_n)\in U_Y\left(0,\frac{\delta}{2^{n+1}}\right). \tag{2.3.2}$$

由于 $\sum_{n=1}^{\infty}\|x_n\|<\sum_{n=1}^{\infty}\frac{1}{2^n}=1$, 而 X 是完备的, 因此级数 $\sum_{n=1}^{\infty}x_n$ 收敛. 令 $x_0=\sum_{n=1}^{\infty}x_n$, 则 $\|x_0\|\leqslant\sum_{n=1}^{\infty}\|x_n\|<1$. 另一方面, 由式 (2.3.2) 知道 $y_n\to0$. 由 T 的连续性, 有

$$y_0=\lim_{n\to\infty}T(x_1+x_2+\cdots+x_n)=Tx_0.$$

而 $x_0\in U_X(0,1)$, 故 $y_0\in TU_X(0,1)$. 这表明 $U_Y\left(0,\frac{\delta}{2}\right)\subset TU_X(0,1)$. 于是对任意 $r>0$,

$$U_Y\left(0,\frac{r\delta}{2}\right)=rU_Y\left(0,\frac{\delta}{2}\right)\subset rTU_X(0,1)=TU_X(0,r).$$

令 $\varepsilon=\frac{\delta r}{2}$, 则 $U_Y(0,\varepsilon)\subset TU_X(0,r)$. ∎

引理 2.3.1 说明, 在引理的条件下, 对任意 $r>0$, Y 中的零元是 $TU_X(0,r)$ 的内点, 如图 2.2.1 所示.

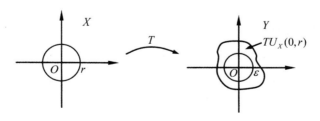

图 2.2.1

定理 2.3.2(逆算子定理)　设 X 和 Y 是 Banach 空间. 若 $T:X\to Y$ 是双射并且有界的线性算子, 则 T^{-1} 是有界的.

证明 根据引理 2.3.1，存在 $\varepsilon > 0$ 使得

$$U_Y(0, \varepsilon) \subset TU_X(0, 1).$$

于是 $T^{-1}U_Y(0, \varepsilon) \subset U_X(0, 1)$，即对任意 $y \in U_Y(0, \varepsilon)$，有 $T^{-1}y \in U_X(0, 1)$. 从而对任意 $y \in Y$，当 $y \neq 0$ 时，

$$\frac{\varepsilon}{2\|y\|}\|T^{-1}y\| = \left\| T^{-1}\left(\frac{\varepsilon y}{2\|y\|}\right) \right\| < 1.$$

即 $\|T^{-1}y\| < \dfrac{2}{\varepsilon}\|y\|$ $(y \in Y)$. 因此 T^{-1} 是有界的. ∎

下面的开映射定理是比逆算子定理略微更一般的结果. 为此先给出一个定义.

定义 2.3.1 设 X 和 Y 是赋范空间，$T: X \to Y$ 是线性算子. 若 T 将 X 中的每个开集映射为 Y 中的开集，则称 T 为开映射.

定理 2.3.3（开映射定理） 设 X 和 Y 是 Banach 空间. 若 $T: X \to Y$ 是满射并且有界的线性算子，则 T 是开映射.

证明 设 A 是 X 中的开集，$y \in T(A)$. 则存在 $x \in A$ 使得 $y = Tx$. 由于 A 是开集，存在 $r > 0$ 使得 $U(x, r) \subset A$. 根据引理 2.3.1，存在 $\varepsilon > 0$ 使得 $U_Y(0, \varepsilon) \subset TU_X(0, r)$. 显然

$$U(y, \varepsilon) = y + U_Y(0, \varepsilon), \quad U(x, r) = x + U_X(0, r).$$

而 T 是线性的，因此 $TU(x, r) = Tx + TU_X(0, r)$. 于是

$$U(y, \varepsilon) = Tx + U_Y(0, \varepsilon) \subset Tx + TU_X(0, r) = TU(x, r) \subset T(A).$$

所以 y 是 $T(A)$ 的内点. 这表明 $T(A)$ 为开集，从而 T 是开映射. ∎

由开映射定理可以推导出逆算子定理. 事实上，根据开映射定理，在逆算子定理的条件下，T 是开映射的. 于是当 G 是 X 中的开集时，$T(G)$ 是 Y 中的开集. 由于 T 是双射，$(T^{-1})^{-1}(G) = T(G)$. 这说明对于算子 T^{-1} 而言，开集的原像是开集. 再由定理 1.4.9 知道 T^{-1} 是连续的.

推论 2.3.4（等价范数定理） 设 $\|\cdot\|_1$ 和 $\|\cdot\|_2$ 是线性空间 X 上的两个范数，使得 X 关于两个范数都成为 Banach 空间. 若存在 $a > 0$ 使得 $\|x\|_2 \leqslant a\|x\|_1$ $(x \in X)$，则存在 $b > 0$ 使得

$$\|x\|_1 \leqslant b\|x\|_2 \quad (x \in X). \tag{2.3.3}$$

证明 考虑 X 上的恒等映射

$$I: (X, \|\cdot\|_1) \to (X, \|\cdot\|_2), \quad Ix = x.$$

则 I 是双射和线性的，并且 $\|Ix\|_2 = \|x\|_2 \leqslant a\|x\|_1$. 因此 I 是有界的. 根据逆算子定理，I^{-1} 有界. 从而

$$\|x\|_1 = \|I^{-1}x\|_1 \leqslant \|I^{-1}\|\|x\|_2.$$

令 $b = \|I^{-1}\|$，则 $b > 0$，并且式 (2.3.3) 成立. ∎

等价范数定理表明，如果两个范数都使 X 成为 Banach 空间，只要这两个范数是可以比较的，则它们一定是彼此等价的. 这与 1.5 节中有限维空间的情况形成对照.

2.3.2　闭图像定理

先定义距离空间和赋范空间的乘积空间. 设 X 和 Y 是两个距离空间. 令

$$X \times Y = \{(x,y) : x \in X, y \in Y\}.$$

对任意 (x_1, y_1), $(x_2, y_2) \in X \times Y$, 令

$$d((x_1, y_1), (x_2, y_2)) = \left(d(x_1, x_2)^2 + d(y_1, y_2)^2\right)^{\frac{1}{2}}.$$

容易验证 d 是 $X \times Y$ 上的距离. 称距离空间 $(X \times Y, d)$ 为 X 与 Y 的乘积空间.

现在设 X 和 Y 是两个赋范空间. 在 $X \times Y$ 上定义加法和数乘如下：

$$(x_1, y_1) + (x_2, y_2) = (x_1 + x_2, y_1 + y_2), \quad \alpha(x,y) = (\alpha x, \alpha y).$$

则 $X \times Y$ 成为线性空间. 在 $X \times Y$ 上令

$$\|(x,y)\| = \left(\|x\|^2 + \|y\|^2\right)^{\frac{1}{2}} \quad ((x,y) \in X \times Y).$$

则 $\|\cdot\|$ 是 $X \times Y$ 上的范数. 称赋范空间 $(X \times Y, \|\cdot\|)$ 为 X 与 Y 的乘积空间.

由乘积空间上的距离或范数的定义容易知道, 若 (x_n, y_n) 是 $X \times Y$ 中的序列, $(x,y) \in X \times Y$, 则 $(x_n, y_n) \to (x,y)$ 当且仅当 $x_n \to x, y_n \to y$. 又容易知道 $X \times Y$ 完备当且仅当 X 和 Y 都完备.

定义 2.3.2　设 X 和 Y 是距离空间, T 是 X 到 Y 的映射. 称 $X \times Y$ 的子集

$$G(T) = \{(x,y) : x \in X, y = Tx\}$$

为 T 的图像. 若 $G(T)$ 是乘积空间 $X \times Y$ 中的闭集, 则称 T 为闭算子.

特别地, 若 $f(x)$ 是定义在区间 $[a,b]$ 上的实值函数, 则映射 $f:[a,b] \to \mathbf{R}^1$ 的图像

$$G(f) = \{(x,y) : x \in [a,b], y = f(x)\}$$

就是平面上的曲线 $y = f(x)$.

若 X 和 Y 是赋范空间, $T:X \to Y$ 是线性算子, 则 $G(T)$ 是 $X \times Y$ 的线性子空间. 因此按照 $X \times Y$ 上的范数, $G(T)$ 也是赋范空间.

定理 2.3.5　设 X 和 Y 是距离空间, T 是 X 到 Y 的映射. 则：

(1) T 是闭算子当且仅当对 X 中任一序列 $\{x_n\}$, 若 $x_n \to x, Tx_n \to y$, 则 $y = Tx$;

(2) 连续算子是闭算子.

证明　(1) 设 T 是闭算子. 当 $x_n \to x, Tx_n \to y$ 时, $(x_n, Tx_n) \to (x,y)$. 由于 $(x_n, Tx_n) \in G(T)$, 而 $G(T)$ 是闭集, 因此 $(x,y) \in G(T)$, 从而 $y = Tx$.

反过来, 设 $(x_n, y_n) \in G(T)$, $(x_n, y_n) \to (x,y)$. 则 $x_n \to x, Tx_n = y_n \to y$. 由假设条件有 $y = Tx$. 故 $(x,y) \in G(T)$. 这表明 $G(T)$ 是闭集, 因此 T 是闭算子.

(2) 设 $T:X \to Y$ 连续. 若 $x_n \to x, Tx_n \to y$, 由 T 的连续性知道 $Tx_n \to Tx$, 从而 $y = Tx$. 由结论 (1) 知道 T 是闭算子. ∎

一般情况下, 闭算子未必是连续的.

例 1　设 $C^{(1)}[a,b]$ 是在 $[a,b]$ 上具有连续导数的函数的全体. 作为 $C[a,b]$ 的子空间, $C^{(1)}[a,b]$ 成为赋范空间. 考虑算子

$$D: C^{(1)}[a,b] \to C[a,b], \quad (Dx)(t) = x'(t).$$

在 2.1 节例 4 中已知 D 不是有界的. 但 D 是闭算子. 事实上, 设 $\{x_n\}$ 是 $C^{(1)}[a,b]$ 中的序列, $x_n \to x$, $Dx_n \to y$. 由 1.1 节例 6 知道 $x_n(t)$ 在 $[a,b]$ 上一致收敛于 $x(t)$, $(Dx_n)(t)$ 即 $x'_n(t)$ 在 $[a,b]$ 上一致收敛于 $y(t)$. 另一方面, 由数学分析中熟知的一致收敛函数列的性质, 此时有 $y(t) = x'(t)$ $(t \in [a,b])$, 即 $y = Dx$. 根据定理 2.3.5, D 是闭算子.

下面的定理表明, 当 X 和 Y 都是 Banach 空间时, 例 1 中的情况不会发生.

定理 2.3.6(闭图像定理)　设 X 和 Y 是 Banach 空间, $T: X \to Y$ 是线性算子. 若 T 是闭算子, 则 T 有界.

证明　由于 X 和 Y 是 Banach 空间, 故 $X \times Y$ 是 Banach 空间. 若 T 是闭算子, 则 $G(T)$ 是闭集, 因而 $G(T)$ 是 Banach 空间. 定义算子

$$P: G(T) \to X, \quad (x, Tx) \mapsto x.$$

则 P 是双射并且是线性的. 由于

$$\|P(x, Tx)\| = \|x\| \leqslant (\|x\|^2 + \|Tx\|^2)^{\frac{1}{2}} = \|(x, Tx)\|,$$

故 P 是有界的, 并且 $\|P\| \leqslant 1$. 根据逆算子定理, $P^{-1}: X \to G(T)$, $x \mapsto (x, Tx)$ 是有界的. 从而对任意 $x \in X$,

$$\|Tx\| \leqslant (\|x\|^2 + \|Tx\|^2)^{\frac{1}{2}} = \|(x, Tx)\| = \|P^{-1}x\| \leqslant \|P^{-1}\| \|x\|.$$

这表明 T 是有界的. ∎

闭图像定理在证明线性算子的有界性时是常常用到的. 有时要直接证明一个线性算子 T 的有界性比较困难. 若 T 的定义域空间和值空间都是 Banach 空间, 根据闭图像定理, 只要能证明 T 是闭算子, 则 T 就是有界的. 下面给出一个例子.

例 2　设 T 是 $L^2[0,1]$ 上的有界线性算子. 若 T 把连续函数映成连续函数, 则 T 限制在 $C[0,1]$ 上是有界的.

证明　由于 $C[0,1]$ 是完备的, 根据闭图像定理, 为了证明 T 有界, 只需证明 T 是 $C[0,1]$ 上的闭算子. 设 x_n, $x \in C[0,1]$, 并且在 $C[0,1]$ 中 $x_n \to x$, $Tx_n \to y$. 我们证明 $Tx = y$. 由于当 $n \to \infty$ 时,

$$\begin{aligned}
\|x_n - x\|_{L^2[0,1]} &= \left(\int_0^1 |x_n(t) - x(t)|^2 \, dt \right)^{\frac{1}{2}} \\
&\leqslant \left(\int_0^1 (\max_{t \in [0,1]} |x_n(t) - x(t)|)^2 \, dt \right)^{\frac{1}{2}} \\
&= \|x_n - x\|_{C[0,1]} \to 0,
\end{aligned}$$

因此 x_n 在 $L^2[0,1]$ 中收敛于 x. 由于 T 在 $L^2[0,1]$ 上有界, 故 Tx_n 在 $L^2[0,1]$ 中收敛于 Tx. 根据推论 1.3.6, 存在 $(Tx_n)(t)$ 的子列 $(Tx_{n_k})(t) \to (Tx)(t)$ a.e. 但在 $C[0,1]$ 中 $Tx_n \to y$, 这等价于 $(Tx_n)(t)$ 在 $[0,1]$ 上一致收敛于 $y(t)$. 故必有 $(Tx)(t) = y(t)$ a.e., 这蕴涵对任意 $t \in [0,1]$, $(Tx)(t) = y(t)$(因为 $(Tx)(t)$ 和 $y(t)$ 都是连续函数), 从而 $Tx = y$. 这就证明了 T 是 $C[0,1]$ 上的闭算子. ∎

2.4　Hahn-Banach 定理

Hahn-Banach 定理是泛函分析中的一个基本定理. 这个定理与共鸣定理、开映射定理一起称为泛函分析的三大基本定理. 从 Hahn-Banach 定理可以得到许多重要的推论. Hahn-Banach 定理实际上是一个纯代数的定理, 这个定理本质上并不依赖于空间的拓扑结构. 这与共鸣定理和开映射定理形成对照.

定义 2.4.1　设 X 是一线性空间. 若 p 是 X 上的实值函数, 满足

(1) $p(x+y) \leqslant p(x)+p(y) \, (x,y \in X)$；

(2) $p(\alpha x) = \alpha p(x) \, (x \in X, \alpha \geqslant 0)$,

则称 p 为 X 上的次可加正齐性泛函.

定义 2.4.2　设 X 为线性空间. 若 p 是 X 上的实值函数, 满足:

(1) $p(x) \geqslant 0 \, (x \in X)$；

(2) $p(\alpha x) = |\alpha| p(x) \, (x \in X, \alpha \in \mathbf{K})$；

(3) $p(x+y) \leqslant p(x)+p(y) \, (x,y \in X)$,

则称 p 为 X 上的半范数.

注 1　若 p 是半范数, 则由半范数的性质(2)得到

$$p(0) = p(0 \cdot 0) = 0 \cdot p(0) = 0.$$

但反过来, 当 $p(x)=0$ 时不必有 $x=0$. 若 p 是半范数, 并且当 $p(x)=0$ 时必有 $x=0$, 则 p 就成为范数. 类似于范数的性质, 由半范数的定义还可以推出

$$|p(x)-p(y)| \leqslant p(x-y) \, (x,y \in X).$$

此外, 半范数也是次可加正齐性泛函.

设 M 是赋范空间 X 的子空间, f 是定义在 M 上的有界线性泛函. 那么 f 是否可以延拓为全空间上的有界线性泛函, 并且保存范数不变? Hahn-Banach 定理断言这是可以做到的. 实际上我们要讨论更一般的情形, 即线性空间上的线性泛函的受控延拓. 因此下面介绍的 Hahn-Banach 定理包括几个相关的定理. 其中定理 2.4.1 的证明需要用到半序集和 Zorn 引理的知识, 在附录 3 中作了介绍.

定理 2.4.1(Hahn-Banach 定理)　设 X 是实线性空间, M 是 X 的线性子空间, p 是 X 上的次可加正齐性泛函. 若 f_0 是 M 上的线性泛函, 满足 $f_0(x) \leqslant p(x) \, (x \in M)$, 则存在 X 上的线性泛函 f 使得:

(1) $f(x) = f_0(x) \, (x \in M)$；

(2) $f(x) \leqslant p(x) \, (x \in X)$.

证明　分两个步骤:

(i) 不妨设 $M \neq X$. 任取 $x_0 \in X \backslash M$, 设 $M_1 = \mathrm{span}(x_0, M)$ 是由 M 和 x_0 张成的线性子空间. 即

$$M_1 = \{x' = x + tx_0 : x \in M, t \in \mathbf{R}\}.$$

对任意 $x' \in M_1$, x' 的分解式 $x' = x + tx_0$ 是唯一的. 事实上, 若 x' 还可以分解为

$x' = x_1 + t_1 x_0$，则 $x - x_1 = (t_1 - t)x_0$. 若 $t \neq t_1$，则 $x_0 = (t_1 - t)^{-1}(x - x_1) \in M$. 这与 $x_0 \in X \backslash M$ 矛盾. 因此必有 $t = t_1$，从而 $x = x_1$.

对于任意常数 c，令

$$f_1(x') = f_0(x) + tc \quad (x' = x + tx_0 \in M_1). \tag{2.4.1}$$

不难看出 f_1 是 M_1 上的线性泛函. 并且当 $x \in M$ 时，$f_1(x) = f_0(x)$.

下面证明，可以适当选择式 $(2.4.1)$ 中的常数 c，使得 $f_1(x') \leqslant p(x')\,(x' \in M_1)$. 对任意 $x, y \in M$，由于

$$f_0(x) + f_0(y) = f_0(x + y) \leqslant p(x + y) \leqslant p(x - x_0) + p(x_0 + y),$$

于是 $f_0(x) - p(x - x_0) \leqslant p(x_0 + y) - f_0(y)$. 因而存在常数 c 满足

$$\sup_{x \in M} [f_0(x) - p(x - x_0)] \leqslant c \leqslant \inf_{y \in M} [p(x_0 + y) - f_0(y)]. \tag{2.4.2}$$

现在取定 c 满足式 $(2.4.2)$. 设 $x' = x + tx_0 \in M_1$. 若 $t > 0$，在式 $(2.4.2)$ 的第二个不等式中用 $t^{-1}x$ 代替 y，得到 $p(x_0 + t^{-1}x) - f_0(t^{-1}x) \geqslant c$. 两边乘以 t，利用 $p(x)$ 的正齐性得到 $p(tx_0 + x) - f_0(x) \geqslant tc$. 从而

$$f_1(x') = f_0(x) + tc \leqslant p(x + tx_0) = p(x').$$

若 $t < 0$，在式 $(2.4.2)$ 的第一个不等式中用 $-t^{-1}x$ 代替 x，得到

$$f_0(-t^{-1}x) - p(-t^{-1}x - x_0) \leqslant c.$$

两边乘以 $-t$，得到 $-f_0(x) + p(x + tx_0) \geqslant tc$. 从而

$$f_1(x') = f_0(x) + tc \leqslant p(x + tx_0) = p(x').$$

当 $t = 0$ 时，$x' = x \in M$. 此时由假设条件得到

$$f_1(x') = f_0(x) \leqslant p(x) = p(x').$$

因此 f_1 是 f_0 从 M 到 M_1 上的延拓，并且满足 $f_1(x) \leqslant p(x)\,(x \in M_1)$.

(2) 设 G 是所有满足如下条件的线性泛函 g 的全体：

① g 的定义域 $D(g) \supset M$；

② g 是 f_0 在 $D(g)$ 上的延拓，并且当 $x \in D(g)$ 时，$g(x) \leqslant p(x)$.

在 G 上定义半序：当 $D(g_1) \subset D(g_2)$，并且 g_2 是 g_1 的延拓时，规定 $g_1 \prec g_2$. 容易验证这样定义的关系"$\prec$"是 G 上的半序.

设 G_0 是 G 的全序子集. 令

$$D = \bigcup_{g \in G_0} D(g),$$

则 D 是线性子空间. 在 D 上定义泛函 h 如下：若 $x \in D$，则存在 $g \in G_0$ 使得 $x \in D(g)$，此时令 $h(x) = g(x)$. 由于 G_0 是 G 的全序子集，容易验证 h 的定义是确定的，h 是 f_0 在 D 上的线性延拓，并且满足 $h(x) \leqslant p(x)\,(x \in D)$，因此 $h \in G$. 显然对任意 $g \in G_0$ 有 $g \prec h$，即 h 是 G_0 的上界. 这表明 G 的每个全序子集必有上界.

根据 Zorn 引理，G 存在极大元. 记这个极大元为 f，我们证明 $D(f) = X$. 若不然，任

取 $x_0 \in X \backslash D(f)$. 由步骤(i)所证，$f$ 可以延拓成为 $M_1 = \mathrm{span}(x_0, D(f))$ 上的线性泛函，记为 f_1，满足 $f_1(x) \leqslant p(x) (x \in M_1)$. 这样，$f_1 \in G$ 并且 $f \prec f_1$，但 $f_1 \neq f$. 这与 f 是极大元矛盾. 故 $D(f) = X$. 于是 f 就是满足定理中要求的线性泛函. ■

现在考虑复空间的情形. 设 f 是复线性空间 X 上的线性泛函. 则 f 可以表示为

$$f(x) = f_1(x) + \mathrm{i}f_2(x) \ (x \in X),$$

其中 f_1, f_2 分别是 f 的实部和虚部. 由于 f 是线性的，容易验证 f_1 和 f_2 都是实线性的. 由于一方面

$$\mathrm{i}f(x) = \mathrm{i}f_1(x) - f_2(x) = -f_2(x) + \mathrm{i}f_1(x),$$

另一方面，由于 f 是线性的，因此

$$\mathrm{i}f(x) = f(\mathrm{i}x) = f_1(\mathrm{i}x) + \mathrm{i}f_2(\mathrm{i}x).$$

比较以上两式的实部，得到 $f_2(x) = -f_1(\mathrm{i}x)$. 这表明 f 的虚部可以用其实部表示出来，并且 f 可以表示为

$$f(x) = f_1(x) - \mathrm{i}f_1(\mathrm{i}x).$$

注意，f_1 不是复线性的，因此一般说来 $f_1(\mathrm{i}x) \neq \mathrm{i}f_1(x)$.

当 X 是复空间时，X 上的线性泛函是复值的. 由于复数不能比较大小，因此相应的延拓定理要作一些修改. 下面的定理对实空间和复空间都成立.

定理 2.4.2(Hahn-Banach 定理)　设 X 是(实或复)线性空间，M 是 X 的线性子空间，p 是 X 上的半范数. 若 f_0 是 M 上的线性泛函，满足 $|f_0(x)| \leqslant p(x) (x \in M)$，则存在 X 上的线性泛函 f，使得：

(1) $f(x) = f_0(x) (x \in M)$；

(2) $|f(x)| \leqslant p(x) (x \in X)$.

证明　先设 X 是实空间. 由于

$$f_0(x) \leqslant |f_0(x)| \leqslant p(x) \ (x \in M),$$

根据定理 2.4.1，存在 X 上的线性泛函 f，使得 $f(x) = f_0(x)(x \in M)$，并且 $f(x) \leqslant p(x)(x \in X)$. 于是

$$-f(x) = f(-x) \leqslant p(-x) = p(x) \ (x \in X).$$

因而 $|f(x)| \leqslant p(x)(x \in X)$. 因此当 X 是实空间时，定理成立.

再设 X 是复空间. 此时 f_0 可以表示为 $f_0(x) = f_1(x) - \mathrm{i}f_1(\mathrm{i}x)(x \in M)$，其中 f_1 是 f_0 的实部. 将 X 和 M 都视为实空间. 由于

$$f_1(x) \leqslant |f_1(x)| \leqslant |f_0(x)| \leqslant p(x) \ (x \in M),$$

根据定理 2.4.1，存在 X 上的实线性泛函 F_1，使得 $F_1(x) = f_1(x)(x \in M)$，并且 $F_1(x) \leqslant p(x)(x \in X)$. 令

$$f(x) = F_1(x) - \mathrm{i}F_1(\mathrm{i}x) \ (x \in X).$$

则 f 是线性的. 事实上，对任意 $x, y \in X$，

$$f(x + y) = F_1(x + y) - \mathrm{i}F_1(\mathrm{i}x + \mathrm{i}y)$$

$$= F_1(x) + F_1(y) - \mathrm{i}F_1(\mathrm{i}x) - \mathrm{i}F_1(\mathrm{i}y)$$
$$= f(x) + f(y). \tag{2.4.3}$$

若 α 为实数，则

$$f(\alpha x) = F_1(\alpha x) - \mathrm{i}F_1(\mathrm{i}\alpha x) = \alpha F_1(x) - \alpha \mathrm{i}F_1(\mathrm{i}x) = \alpha f(x). \tag{2.4.4}$$

又我们有

$$f(\mathrm{i}x) = F_1(\mathrm{i}x) - \mathrm{i}F_1(\mathrm{i} \cdot \mathrm{i}x) = F_1(\mathrm{i}x) - \mathrm{i}F_1(-x)$$
$$= \mathrm{i}[F_1(x) - \mathrm{i}F_1(\mathrm{i}x)] = \mathrm{i}f(x). \tag{2.4.5}$$

于是当 $\lambda = \alpha + \mathrm{i}\beta$ 时，利用式 (2.4.3)，式 (2.4.4) 和式 (2.4.5) 得到

$$f(\lambda x) = f((\alpha + \mathrm{i}\beta)x) = f(\alpha x) + f(\mathrm{i}\beta x)$$
$$= \alpha f(x) + \mathrm{i}\beta f(x) = \lambda f(x).$$

这就证明了 f 是线性的. 当 $x \in M$ 时

$$f(x) = F_1(x) - \mathrm{i}F_1(\mathrm{i}x) = f_1(x) - \mathrm{i}f_1(\mathrm{i}x) = f_0(x).$$

故 f 是 f_0 的延拓. 对任意 $x \in X$，设 $f(x) = r\mathrm{e}^{\mathrm{i}\theta}$，则 $f(\mathrm{e}^{-\mathrm{i}\theta}x) = \mathrm{e}^{-\mathrm{i}\theta}f(x) = r$ 是实数，因此

$$|f(x)| = r = f(\mathrm{e}^{-\mathrm{i}\theta}x) = F_1(\mathrm{e}^{-\mathrm{i}\theta}x) \leqslant p(\mathrm{e}^{-\mathrm{i}\theta}x) = p(x).$$

因此 f 即为满足定理要求的线性泛函. ∎

定理 2.4.1 在 2.5 节中讨论凸集的分离性质时有重要应用. 在赋范空间中经常用到的是下面的定理 2.4.3 及其推论.

定理 2.4.3（Hahn-Banach 定理） 设 X 是赋范空间，M 是 X 的线性子空间. f_0 是 M 上的有界线性泛函. 则存在 X 上的有界线性泛函 f，使得：

(1) $f(x) = f_0(x)\,(x \in M)$；

(2) $\|f\| = \|f_0\|_M$，

其中 $\|f_0\|_M$ 是 f_0 作为 M 上的有界线性泛函的范数.

证明 令 $p(x) = \|f_0\|_M\|x\|$，则 $p(x)$ 是 X 上的半范数，并且

$$|f_0(x)| \leqslant \|f_0\|_M\|x\| = p(x)\ (x \in M).$$

由定理 2.4.2，存在 X 上的线性泛函 f，使得 $f(x) = f_0(x)(x \in M)$，并且

$$|f(x)| \leqslant p(x) = \|f_0\|_M\|x\|\ (x \in X).$$

因此 f 有界，并且 $\|f\| \leqslant \|f_0\|_M$. 另一方面

$$\|f_0\|_M = \sup_{x \in M, \|x\| \leqslant 1}|f_0(x)| = \sup_{x \in M, \|x\| \leqslant 1}|f(x)| \leqslant \sup_{\|x\| \leqslant 1}|f(x)| = \|f\|.$$

因此 $\|f\| = \|f_0\|_M$. ∎

由 Hahn-Banach 定理可以得到一系列重要推论.

推论 2.4.4 设 X 是赋范空间，$x_0 \in X$，$x_0 \neq 0$. 则存在 $f \in X^*$，使得 $\|f\| = 1$ 并且 $f(x_0) = \|x_0\|$.

证明 令 $M = \{\alpha x_0 : \alpha \in \mathbf{K}\}$，则 M 是线性子空间. 令

$$f_0(\alpha x_0) = \alpha\|x_0\|\ (x = \alpha x_0 \in M).$$

则 f_0 是 M 上的线性泛函. 由于对任意 $x = \alpha x_0 \in M$

$$|f_0(x)| = |\alpha| \|x_0\| = \|x\|,$$

因此 f_0 在 M 上有界并且 $\|f_0\| = 1$. 此外 f_0 还满足 $f_0(x_0) = \|x_0\|$. 根据定理 2.4.3，存在 $f \in X^*$ 使得 $\|f\| = \|f_0\| = 1$，并且当 $x \in M$ 时，$f(x) = f_0(x)$. 特别地，$f(x_0) = f_0(x_0) = \|x_0\|$. ■

在 2.5 节中引入了超平面的概念后，我们将给出推论 2.4.4 的几何解释.

推论 2.4.4 表明，若赋范空间 $X \neq \{0\}$，则 $X^* \neq \{0\}$，即在 X 上存在非零的有界线性泛函.

推论 2.4.5　设 X 是赋范空间，$x_1, x_2 \in X$，$x_1 \neq x_2$. 则存在 $f \in X^*$，使得 $f(x_1) \neq f(x_2)$.

证明　由于 $x_1 - x_2 \neq 0$，根据推论 2.4.4，存在 $f \in X^*$，使得

$$f(x_1) - f(x_2) = f(x_1 - x_2) = \|x_1 - x_2\| \neq 0.$$

因此 $f(x_1) \neq f(x_2)$. ■

推论 2.4.5 表明赋范空间 X 上有足够多的有界线性泛函，使得 X 上的有界线性泛函可以区分 X 中的不同的元.

推论 2.4.6　设 X 为赋范空间，$x \in X$. 则

$$\|x\| = \sup_{f \in X^*,\, \|f\| \leqslant 1} |f(x)|. \tag{2.4.6}$$

证明　只需考虑 $x \neq 0$ 的情形. 对于任何 $f \in X^*$，$\|f\| \leqslant 1$，有

$$|f(x)| \leqslant \|f\| \|x\| \leqslant \|x\| \quad (x \in X).$$

于是 $\sup\limits_{f \in X^*,\, \|f\| \leqslant 1} |f(x)| \leqslant \|x\|$. 另一方面，由推论 2.4.4，存在 $f \in X^*$ 使得 $\|f\| = 1$，$f(x) = \|x\|$. 故 $\sup\limits_{f \in X^*,\, \|f\| \leqslant 1} |f(x)| \geqslant \|x\|$. 因此式 (2.4.6) 成立. ■

推论 2.4.7　设 X 是赋范空间，E 是 X 的线性子空间，$x_0 \in X$，并且

$$d(x_0, E) = \inf_{y \in E} \|x_0 - y\| > 0.$$

则存在 $f \in X^*$ 使得 $\|f\| = 1$，当 $x \in E$ 时 $f(x) = 0$，并且 $f(x_0) = d(x_0, E)$.

证明　记 $d = d(x_0, E)$. 令 $M = \mathrm{span}(x_0, E)$. 即

$$M = \{x' = x + \alpha x_0 : x \in E, \alpha \in \mathbf{K}\}.$$

在 M 上定义

$$f_0(x + \alpha x_0) = \alpha d \quad (x \in E, \alpha \in \mathbf{K}).$$

则 f_0 是 M 上的线性泛函，$f_0(x) = 0 (x \in E)$ 并且 $f_0(x_0) = d$. 对任意 $x \in E$，当 $\alpha \neq 0$ 时，$-\dfrac{1}{\alpha} x \in E$，故

$$d = \inf_{y \in E} \|x_0 - y\| \leqslant \left\| x_0 - \left(-\frac{x}{\alpha}\right) \right\| = \left\| x_0 + \frac{x}{\alpha} \right\|.$$

于是当 $x' = x + \alpha x_0 \in M$ 时

$$|f_0(x')| = |\alpha|\,d \leqslant |\alpha|\left\|x_0 + \frac{x}{\alpha}\right\| = \|\alpha x_0 + x\| = \|x'\|.$$

因此 f_0 有界，并且 $\|f_0\| \leqslant 1$. 另一方面，对任意 $\varepsilon > 0$，取 $y \in E$ 使得 $\|x_0 - y\| < d + \varepsilon$. 则

$$d = f_0(x_0) = f_0(x_0 - y) \leqslant \|f_0\|\|x_0 - y\| \leqslant \|f_0\|(d + \varepsilon).$$

令 $\varepsilon \to 0$ 得到 $\|f_0\| \geqslant 1$，从而 $\|f_0\| = 1$. 根据 Hahn-Banach 定理，存在 $f \in X^*$，使得 $\|f\| = \|f_0\| = 1$，并且 $f(x) = f_0(x)\,(x \in M)$. 特别地，当 $x \in E$ 时，$f(x) = f_0(x) = 0$. 又 $f(x_0) = f_0(x_0) = d$. 因此 f 即为满足定理要求的线性泛函. ∎

在推论 2.4.7 中取 $E = \{0\}$，就得到推论 2.4.4 的结论. 因此推论 2.4.4 是推论 2.4.7 的特殊情形.

2.5　凸集的分离定理

本节利用 Hahn-Banach 定理推导出凸集的分离定理. 凸集的分离定理具有明显的几何意义，在涉及凸性的问题中有着广泛的应用.

2.5.1　凸集与超平面

定义 2.5.1　设 X 是线性空间，$A \subset X$. 若对任意 $x, y \in A$，当 $0 \leqslant t \leqslant 1$ 时，总有 $tx + (1-t)y \in A$，则称 A 是凸集.

换言之，若当 $0 \leqslant t \leqslant 1$ 时，总有 $tA + (1-t)A \subset A$，则称 A 是凸集.

例如，若 E 是 X 的线性子空间，则 E 和 $x_0 + E$ 都是凸集. 若 X 是赋范空间，则 X 中的开球和闭球都是凸集.

定理 2.5.1　设 X 是赋范空间. 关于 X 中的凸集有如下性质：

（1）任意个凸集的交是凸集；

（2）若 A 是凸集，则 $x_0 + A$ 和 $aA\,(a \in \mathbf{K})$ 都是凸集；

（3）若 A 和 B 是凸集，则 $A + B$ 是凸集；

（4）若 A 是凸集，则 $\overline{A}$ 和 A° 都是凸集；

（5）若 A 是凸集，$A^\circ \neq \varnothing$，则 $A \subset \overline{A^\circ}$；

（6）若 X 是实空间，A 是非空开凸集，$f \in X^*\,(f \neq 0)$，则 $f(A)$ 是直线上的开区间.

证明　（1）～（3）的证明是明显的. 我们只证明（4）～（6）.

（4）设 A 是凸集. 若 $x, y \in \overline{A}$，则存在 A 中的序列 $\{x_n\}$ 和 $\{y_n\}$ 使得 $x_n \to x, y_n \to y$. 对任意 $t \in [0, 1]$，

$$z_n = tx_n + (1-t)y_n \in A,$$

并且 $z_n \to tx + (1-t)y$. 这说明 $tx + (1-t)y \in \overline{A}$. 因此 $\overline{A}$ 是凸集.

设 $x, y \in A^\circ$，则存在 $r > 0$ 使得 $U(x, r) \subset A, U(y, r) \subset A$. 设

$$z = tx + (1-t)y\,(0 \leqslant t \leqslant 1).$$

我们证明 $U(z, r) \subset A$. 对任意 $u \in U(z, r)$，令

$$x_1 = x + (u - z), \quad y_1 = y + (u - z).$$

则 $\|x_1 - x\| = \|u - z\| < r$. 因此 $x_1 \in U(x, r)$，从而 $x_1 \in A$. 类似地，$y_1 \in A$. 于是

$$u = z + (u - z) = tx + (1 - t)y + (u - z) = tx_1 + (1 - t)y_1 \in A.$$

因此 $U(z, r) \subset A$. 从而 $z \in A^\circ$. 这就证明了 A° 是凸集. 如图 2.5.1(a) 所示.

(5) 先证明若 $x_0 \in A^\circ$，$x \in A$，则对任意 $0 \leqslant t < 1$，$y = (1 - t)x_0 + tx \in A^\circ$. 选取 $r > 0$ 使得 $U(x_0, r) \subset A$. 我们证明 $U(y, (1 - t)r) \subset A$. 任取 $z \in U(y, (1 - t)r)$，令 $x' = x_0 + (1 - t)^{-1}(z - y)$，则 $\|x' - x_0\| = (1 - t)^{-1}\|z - y\| < r$，因而 $x' \in U(x_0, r) \subset A$. 而 A 是凸集，故

$$z = y + (1 - t)(x' - x_0) = (1 - t)x' + tx \in A.$$

这表明 $U(y, (1 - t)r) \subset A$，从而 $y \in A^\circ$. 如图 2.5.1(b) 所示.

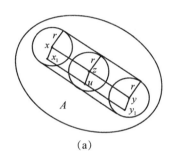 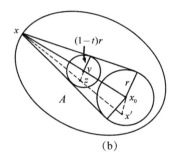

(a)   (b)

图 2.5.1

现在证明结论(5). 设 $x \in A$. 任取 $x_0 \in A^\circ$. 设 $0 \leqslant t_n < 1$，$t_n \to 1$. 令

$$x_n = (1 - t_n)x_0 + t_n x \quad (n = 1, 2, \cdots).$$

由上面所证，$x_n \in A^\circ (n = 1, 2, \cdots)$. 由于 $x_n \to x$，因此 $x \in \overline{A^\circ}$. 这就证明了 $A \subset \overline{A^\circ}$.

(6) 由于 A 是凸集，容易验证 $f(A)$ 是凸集. 而直线上的凸集必定是区间. 设 a 和 b 分别是 $f(A)$ 的左、右端点. 若 $b \in f(A)$，则存在 $x \in A$，使得 $f(x) = b$. 由于 $f \neq 0$，故存在 $x_0 \in X$ 使得 $f(x_0) > 0$. 因为 A 是开集，存在 $\varepsilon_0 > 0$，使得 $x + \varepsilon x_0 \in A$. 于是

$$f(x + \varepsilon_0 x_0) = f(x) + \varepsilon_0 f(x_0) = b + \varepsilon_0 f(x_0) > b.$$

这与 b 是 $f(A)$ 的右端点矛盾，因此 $b \notin f(A)$. 类似可以证明 $a \notin f(A)$. 因此 $f(A) = (a, b)$ 是开区间. ∎

若 A 和 B 是平面上的两个凸集，并且 $A \cap B = \varnothing$，则存在平面上的直线分离 A 和 B. 下面我们将这个结果推广到一般的赋范空间上. 为此必须先明确在赋范空间中所谓直线和平面是什么样的子集.

定义 2.5.2　设 X 是线性空间，$E \subset X$.

(1) 称 E 是 X 的极大真子空间，若 E 是 X 的真线性子空间，并且对于 X 的任一线性

子空间 M, 当 $E \subset M$ 并且 $E \neq M$ 时, 必有 $M = X$.

(2) 称 E 为 X 中的超平面, 若 $E = x_0 + M$, 其中 $x_0 \in X$, M 是 X 的极大真子空间.

例如, 在三维欧氏空间 $\mathbf{R}^3$ 中, 过原点的平面是极大真子空间, 任何平面都是超平面. 在平面 $\mathbf{R}^2$ 中超平面就是直线.

设 X 是线性空间. 将 X 上的线性泛函的全体记为 X', 称为 X 的代数共轭.

定理 2.5.2 设 X 是线性空间, $E \subset X$. 则:

(1) E 是 X 的极大真子空间的充要条件是存在 $f \in X'(f \neq 0)$, 使得

$$E = \{x : f(x) = 0\};$$

(2) E 是 X 中的超平面的充要条件是存在 $f \in X'(f \neq 0)$, 使得 $E = \{x : f(x) = c\}$, 其中 c 是常数.

证明 (1) 必要性. 设 E 是极大真子空间. 任取 $x_0 \in X \backslash E$, 则 $E \subset \mathrm{span}(x_0, E)$, 并且 $E \neq \mathrm{span}(x_0, E)$. 由于 E 是极大真子空间, 故 $\mathrm{span}(x_0, E) = X$. 于是对任意 $x \in X$, x 可以唯一地分解为 $x = x_1 + ax_0$, 其中 $x_1 \in E$, $a \in \mathbf{K}$. 在 X 上定义泛函

$$f(x) = a \quad (x = x_1 + ax_0 \in X).$$

则 f 是 X 上的线性泛函, 并且 $E = \{x : f(x) = 0\}$. 由于 $f(x_0) = 1$, 故 $f \neq 0$.

充分性. 设存在 $f \in X'(f \neq 0)$, 使得 $E = \{x : f(x) = 0\}$. 则 E 是 X 的线性子空间. 由于 $f \neq 0$, 故 $E \neq X$. 设 M 是 X 的线性子空间, 使得 $E \subset M$ 并且 $E \neq M$. 任取 $x_0 \in M \backslash E$, 则 $f(x_0) \neq 0$. 对任意 $x \in X$, 令 $y = x - \dfrac{f(x)}{f(x_0)} x_0$. 则

$$f(y) = f(x) - \frac{f(x)}{f(x_0)} f(x_0) = 0.$$

因此 $y \in E$. 从而 $x = y + \dfrac{f(x)}{f(x_0)} x_0 \in M$. 这表明 $M = X$. 因此 E 是极大真子空间.

(2) 必要性. 设 E 是超平面, $E = x_0 + M$, 其中 M 是极大真子空间. 由结论(1), 存在 $f \in X'(f \neq 0)$, 使得 $M = \{x : f(x) = 0\}$. 记 $f(x_0) = c$. 若 $x \in E$, 则存在 $x' \in M$, 使得 $x = x_0 + x'$. 于是

$$f(x) = f(x_0) + f(x') = c.$$

反过来, 设 $f(x) = c$. 令 $x' = x - x_0$, 则

$$f(x') = f(x) - f(x_0) = 0.$$

故 $x' \in M$, 从而 $x = x_0 + x' \in x_0 + M = E$. 因此 $E = \{x : f(x) = c\}$.

充分性. 设存在 $f \in X'(f \neq 0)$, 使得 $E = \{x : f(x) = c\}$. 令 $M = \{x : f(x) = 0\}$, 由结论(1), M 是极大真子空间. 任取 $x_0 \in E$. 则 $f(x_0) = c$. 我们有

$$x \in E \Leftrightarrow f(x - x_0) = f(x) - f(x_0) = 0$$

$$\Leftrightarrow x - x_0 \in M \Leftrightarrow \text{存在 } x' \in M, \text{使得 } x = x_0 + x'.$$

因此 $E = x_0 + M$. 故 E 是超平面. ∎

例如，设 f 是 $\mathbf{R}^3$ 上的线性泛函. 则 f 可以表示为

$$f(x) = a_1 x_1 + a_2 x_2 + a_3 x_3, \ x = (x_1, x_2, x_3) \in \mathbf{R}^3.$$

所以 $\mathbf{R}^3$ 中的超平面也就是平面，可以表示为

$$\{x : f(x) = c\} = \{x : a_1 x_1 + a_2 x_2 + a_3 x_3 = c\}.$$

其中 c 是任意实数. 当 $c = 0$ 时，得到过原点的平面也就是 $\mathbf{R}^3$ 的极大真子空间.

例 1　在 $l^p (1 \leqslant p \leqslant \infty)$ 上定义泛函

$$f(x) = x_1 \quad (x = (x_i) \in l^p).$$

显然 f 是线性的. 因此对任意实数 c

$$\{x \in l^p : f(x) = c\} = \{x \in l^p : x = (c, x_2, x_3, \cdots)\},$$

$$\{x \in l^p : f(x) = 0\} = \{x \in l^p : x = (0, x_2, x_3, \cdots)\},$$

分别是 l^p 中的超平面和极大真子空间.

现在我们可以给出推论 2.4.4 在 $\mathbf{R}^n$ 中的几何解释. 设 $S(0, r) = \{x : \|x\| \leqslant r\}$ 是 $\mathbf{R}^n$ 中的闭球，x_0 是球的边界 $\{x : \|x\| = r\}$ 上的任意一点. 根据推论 2.4.4，存在 $\mathbf{R}^n$ 上的线性泛函 f，使得 $\|f\| = 1$，并且 $f(x_0) = \|x_0\|$. 考虑超平面

$$L = \{x : f(x) = r\}.$$

对任意 $x \in S(0, r)$，由于 $f(x) \leqslant \|f\| \|x\| = \|x\| \leqslant r$，因此球 $S(0, r)$ 全部位于超平面 L 的一侧. 同时由于 $f(x_0) = \|x_0\| = r$，因此 x_0 在超平面 L 上. 称这样的超平面为 x_0 的支撑超平面. 因此推论 2.4.4 表明，对球 $S(0, r)$ 的边界上的任意一点 x_0，存在其支撑超平面，如图 2.5.2 所示.

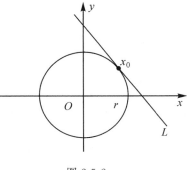

图 2.5.2

2.5.2　凸集的分离定理

设 X 是实线性空间，$E = \{x : f(x) = c\}$ 是 X 中的超平面. 称 $\{x : f(x) \leqslant c\}$ 和 $\{x : f(x) \geqslant c\}$ 为 X 中的半空间. 设 $A, B \subset X$. 若 $A \subset \{x : f(x) \leqslant c\}$ 或 $A \subset \{x : f(x) \geqslant c\}$，则称 A 位于超平面 E 的一侧. 若 A 和 B 位于 E 的不同两侧，例如

$$A \subset \{x : f(x) \leqslant c\}, B \subset \{x : f(x) \geqslant c\},$$

则称 A 和 B 被超平面 E 分离. 若

$$A \subset \{x : f(x) < c\}, B \subset \{x : f(x) > c\},$$

则称 A 和 B 被超平面 E 严格分离. 显然，在平面上两个不相交的凸集可以用直线分离，如图 2.5.3 所示. 下面我们要证明在赋范空间中也有类似的结论. 为此先做一些准备.

设 A 是线性空间 X 的非空子集. 令

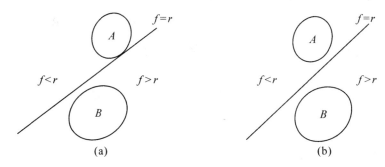

图 2.5.3

$$\mu_A(x) = \inf\{t > 0 : x \in tA\} \quad (x \in X)$$

（规定 $\inf \varnothing = +\infty$）. 称 $\mu_A(x)$ 为 A 的 Minkowski 泛函. 显然 $0 \leqslant \mu_A(x) \leqslant +\infty\ (x \in X)$.

定理 2.5.3 设 X 是赋范空间，A 是 X 的凸子集，并且 $0 \in A^\circ$. 则：

（1）$\mu_A(x)$ 是 X 上的次可加正齐性泛函；

（2）$A \subset \{x : \mu_A(x) \leqslant 1\}$. 若 A 是开集，则

$$A = \{x : \mu_A(x) < 1\}.$$

证明 （1）由于 $0 \in A^\circ$，存在 $\varepsilon > 0$，使得 $U(0, \varepsilon) \subset A$. 对任意 $x \in X$，当 t 充分大时，$t^{-1}x \in U(0, \varepsilon) \subset A$，从而 $x \in tA$. 于是 $\{t > 0 : x \in tA\} \neq \varnothing$，因而 $\mu_A(x) < \infty$. 这表明 $\mu_A(x)$ 是在 X 上取非负实值的泛函.

由 $0 \in A$ 容易知道 $\mu_A(0) = 0$. 于是当 $\lambda = 0$ 时，$\mu_A(\lambda x) = \lambda \mu_A(x)$. 当 $\lambda > 0$ 时，对任意 $x \in X$，由于 $x \in tA$ 当且仅当 $\lambda x \in \lambda tA$，因此

$$\begin{aligned}
\mu_A(\lambda x) &= \inf\{s > 0 : \lambda x \in sA\} \quad (\text{令 } s = \lambda t)\\
&= \inf\{\lambda t > 0 : \lambda x \in \lambda tA\}\\
&= \inf\{\lambda t > 0 : x \in tA\}\\
&= \lambda \inf\{t > 0 : x \in tA\} = \lambda \mu_A(x).
\end{aligned}$$

因此 $\mu_A(x)$ 是正齐性的. 设 $x, y \in X$. 对任意 $\varepsilon > 0$，存在 r, s 使得

$$0 < r < \mu_A(x) + \varepsilon,\ 0 < s < \mu_A(y) + \varepsilon,$$

并且 $x \in rA$，$y \in sA$. 此即 $\dfrac{x}{r} \in A$，$\dfrac{y}{s} \in A$. 由于 A 是凸集，因此

$$\frac{x+y}{r+s} = \frac{r}{r+s} \cdot \frac{x}{r} + \frac{s}{r+s} \cdot \frac{y}{s} \in A.$$

即 $x + y \in (r + s)A$. 因而

$$\mu_A(x + y) \leqslant r + s < \mu_A(x) + \mu_A(y) + 2\varepsilon.$$

由 $\varepsilon > 0$ 的任意性得到 $\mu_A(x + y) \leqslant \mu_A(x) + \mu_A(y)$.

（2）包含关系 $A \subset \{x : \mu_A(x) \leqslant 1\}$ 是显然的. 现在设 A 是开集. 若 $\mu_A(x) < 1$，则

存在 $0 < t < 1$，使得 $x \in tA$. 由于 A 是凸集并且 $0 \in A$，因此

$$x = (1-t) \cdot 0 + t \cdot \frac{x}{t} \in A.$$

这表明 $\{x : \mu_A(x) < 1\} \subset A$. 反过来，设 $x \in A$. 由于 x 是 A 的内点，显然存在 $\varepsilon > 0$，使得 $(1+\varepsilon)x \in A$，即 $x \in (1+\varepsilon)^{-1}A$. 于是 $\mu_A(x) \leqslant (1+\varepsilon)^{-1} < 1$. 因此 $A \subset \{x : \mu_A(x) < 1\}$. 这就证明了 $A = \{x : \mu_A(x) < 1\}$. ■

定理 2.5.4（凸集的分离定理）　设 X 是实赋范空间，A 和 B 是 X 中的非空凸集.

(1) 若 $A^\circ \neq \varnothing$，$A^\circ \cap B = \varnothing$. 则存在 $f \in X^*$ 和实数 r 使得

$$f(x) < r \leqslant f(y) \quad (x \in A^\circ,\ y \in B);\tag{2.5.1}$$

$$f(x) \leqslant r \leqslant f(y) \quad (x \in A,\ y \in B).\tag{2.5.2}$$

(2) 若 A 是紧集，B 是闭集，并且 $A \cap B = \varnothing$，则存在 $f \in X^*$ 和实数 r 使得

$$f(x) < r < f(y) \quad (x \in A,\ y \in B).\tag{2.5.3}$$

证明　(1) 我们可以设 $0 \in A^\circ$. 若不然，任取 $x_0 \in A^\circ$，令 $A_1 = A - x_0$，$B_1 = B - x_0$. 则 $0 \in A_1^\circ$，A_1 和 B_1 仍是凸集，并且 $A_1^\circ \cap B_1 = \varnothing$. 若存在 $f \in X^*$ 和实数 r_1 使得

$$f(x) < r_1 \leqslant f(y) \quad (x \in A_1^\circ,\ y \in B_1).$$

令 $r = f(x_0) + r_1$，则式 (2.5.1) 成立.

现在任取 $x_0 \in B$，令 $C = A^\circ + x_0 - B$. 由定理 2.5.1 知道 C 是凸集. 由于开集经过平移后仍是开集，因此

$$C = \bigcup_{x \in x_0 - B} (A^\circ + x)$$

是一族开集的并，因而 C 是开集. 由于 $0 \in A^\circ$，故 $0 = 0 + x_0 - x_0 \in C$. 此外 $x_0 \notin C$，否则存在 $x_1 \in A^\circ \cap B$. 这与假设条件 $A^\circ \cap B = \varnothing$ 矛盾.

设 $\mu(x)$ 是 C 的 Minkowski 泛函. 由定理 2.5.3，$\mu(x)$ 是 X 上的次可加正齐性泛函，并且 $C = \{x : \mu(x) < 1\}$. 由于 $x_0 \notin C$，故 $\mu(x_0) \geqslant 1$.

令 $M = \{tx_0 : t \in \mathbf{R}^1\}$，则 M 是 X 的线性子空间. 令

$$f_0(tx_0) = t \quad (x = tx_0 \in M).$$

则 f_0 是 M 上的线性泛函. 当 $t \geqslant 0$ 时

$$f_0(tx_0) = t \leqslant t\mu(x_0) = \mu(tx_0).$$

当 $t < 0$ 时，由于 $\mu(tx_0) \geqslant 0$，故 $f_0(tx_0) = t \leqslant \mu(tx_0)$. 因此 $f(x) \leqslant \mu(x)\,(x \in M)$. 根据 Hahn-Banach 定理（定理 2.4.1），存在 X 上线性泛函 f，使得 $f(x) = f_0(x)\,(x \in M)$，并且 $f(x) \leqslant \mu(x)\,(x \in X)$.

现在证明 f 是有界的. 由于 $C = \{x : \mu(x) < 1\}$，因此，当 $x \in C \cap (-C)$ 时有

$$f(x) \leqslant \mu(x) < 1,$$

$$-f(x) = f(-x) \leqslant \mu(-x) < 1.$$

所以当 $x \in C \cap (-C)$ 时，$|f(x)| < 1$. 由于 $0 \in C \cap (-C)$，而 $C \cap (-C)$ 是开集，故存在 $r > 0$，使得 $U(0, r) \subset C \cap (-C)$. 对任意 $x \in X$，$\|x\| \leqslant 1$，当 $k > 0$ 充分大时，$\dfrac{x}{k} \in U(0, r)$ $\subset C \cap (-C)$. 此时 $\left| f\left(\dfrac{x}{k}\right) \right| < 1$，从而 $|f(x)| < k$. 这表明 f 是有界的.

对任意 $x \in A^\circ$，$y \in B$，由于 $x + x_0 - y \in C$，因此

$$f(x + x_0 - y) \leqslant \mu(x + x_0 - y) < 1.$$

注意到 $f(x_0) = f_0(x_0) = 1$，由上式得到 $f(x) < f(y)$ $(x \in A^\circ，y \in B)$. 根据定理 2.5.1(6)，$f(A^\circ)$ 是开区间. 因此若令 $r = \inf\limits_{y \in B} f(y)$，则

$$f(x) < r \leqslant f(y) \quad (x \in A^\circ，y \in B).$$

即式(2.5.1)成立. 由于 A 是凸集，根据定理 2.5.1(5)，$A \subset \overline{A^\circ}$. 又由于 f 有界，$\{x : f(x) \leqslant r\}$ 是闭集. 因此 $A \subset \overline{A^\circ} \subset \{x : f(x) \leqslant r\}$. 这说明式(2.5.2)成立.

(2) 由于 A 是紧集，B 是闭集，并且 $A \cap B = \varnothing$，由习题 1 中第 43 题的结果，$a = d(A, B) > 0$. 由定理 2.5.1(3) 知道 $A + U\left(0, \dfrac{a}{2}\right)$ 是凸集. 又由于

$$A + U\left(0, \dfrac{a}{2}\right) = \bigcup_{x \in A} \left(x + U\left(0, \dfrac{a}{2}\right)\right)$$

是一族开集的并，因而是开集. 显然 $\left(A + U\left(0, \dfrac{a}{2}\right)\right) \cap B = \varnothing$. 根据(1)的结论，存在 $f \in X^*$ 和实数 r_2 使得

$$f(x) < r_2 \leqslant f(y), \quad x \in A + U\left(0, \dfrac{a}{2}\right), \quad y \in B. \tag{2.5.4}$$

由于 A 是紧集，f 连续，故 f 在 A 上存在最大值. 令 $r_1 = \max\limits_{x \in A} f(x)$，由式(2.5.4)知道 $r_1 < r_2$. 取 r 使得 $r_1 < r < r_2$，则式(2.5.3)成立. ■

式(2.5.2)和式(2.5.3)可以分别写为

$$A \subset \{x : f(x) \leqslant r\}, \quad B \subset \{x : f(x) \geqslant r\}. \tag{2.5.2$'$}$$

$$A \subset \{x : f(x) < r\}, \quad B \subset \{x : f(x) > r\}. \tag{2.5.3$'$}$$

式(2.5.2$'$)说明 A 和 B 被超平面 $E = \{x : f(x) = r\}$ 分离. 式(2.5.3$'$)说明 A 和 B 被超平面 $E = \{x : f(x) = r\}$ 严格分离.

2.6 共轭空间的表示定理

在 2.1 节中我们已经知道，若 X 是 n 维赋范空间，$e_1, e_2, \cdots, e_n$ 是 X 的一组基，则 X 上的线性泛函的一般表达式为

$$f(x) = \sum_{i=1}^{n} a_i x_i \quad \left(x = \sum_{i=1}^{n} x_i e_i \in X^n\right),$$

其中$(a_1, a_2, \cdots, a_n) \in \mathbf{K}^n$. 这样我们就知道了 X 上的全部线性泛函. 同样, 对于其他一些赋范空间, 我们也当然希望能给出这些空间上的有界线性泛函的一般表达式.

对于一个给定的赋范空间 X, 其共轭空间 X^* 是比较抽象的空间. 若 Y 是某个具体的赋范空间, 使得 $X^* \cong Y$, 则称 Y 是 X^* 的表示. 本节将给出空间 l^p, $L^p[a, b]$ 和 $C[a, b]$ 上的有界线性泛函的一般表达式. 并且利用这些一般表达式, 给出这些空间的共轭空间的表示. 这方面的定理称为共轭空间的表示定理.

2.6.1 $l^p (1 \leqslant p < \infty)$ 的共轭空间

先介绍 $l^p (1 \leqslant p < \infty)$ 的标准基. 记

$$e_i = (\underbrace{0, \cdots, 0, 1}_{i}, 0, \cdots) \quad (i = 1, 2, \cdots).$$

则 $e_i \in l^p$ 并且 $\|e_i\|_p = 1$. 对任意 $x = (x_i) \in l^p$, 由于当 $n \to \infty$ 时

$$\left\| x - \sum_{i=1}^{n} x_i e_i \right\|_p = \|(0, \cdots, 0, x_{n+1}, x_{n+2}, \cdots)\|_p = \left(\sum_{i=n+1}^{\infty} |x_i|^p \right)^{\frac{1}{p}} \to 0,$$

因此

$$x = \lim_{n \to \infty} \sum_{i=1}^{n} x_i e_i = \sum_{i=1}^{\infty} x_i e_i.$$

由于这个原因, 我们称 $\{e_i\}_{i \geqslant 1}$ 为 $l^p (1 \leqslant p < \infty)$ 的标准基. 这样的基称为 Schauder 基(参见习题 1 中第 21 题).

注意, 当 $x = (x_i) \in l^\infty$ 时, 由于

$$\left\| x - \sum_{i=1}^{n} x_i e_i \right\|_\infty = \sup_{i \geqslant n+1} |x_i|$$

不一定趋于零. 因此在 l^∞ 中一般不成立 $x = \sum_{i=1}^{\infty} x_i e_i$. 但是当 $x = (x_i) \in c_0$ 时, 仍成立有 $x = \sum_{i=1}^{\infty} x_i e_i$, 因此 $\{e_i\}_{i \geqslant 1}$ 也是 c_0 的标准基.

下面会常用到一个简单事实: 设 X 和 Y 是赋范空间. 若存在一个 X 到 Y 的线性算子 T, 使得 T 是满射, 并且 $\|Tx\| = \|x\| (x \in X)$, 则 X 与 Y 是等距同构的. 这是因为若 $x_1 \neq x_2$, 则 $\|Tx_1 - Tx_2\| = \|T(x_1 - x_2)\| = \|x_1 - x_2\| > 0$, 因此 T 也是单射.

定理 2.6.1 $(l^1)^* \cong l^\infty$, 并且对任意 $f \in (l^1)^*$, f 可以唯一地表示为

$$f(x) = \sum_{i=1}^{\infty} a_i x_i \quad (x = (x_i) \in l^1),$$

其中 $a = (a_i) \in l^\infty$ 并且 $\|a\|_\infty = \|f\|$.

证明 分三个步骤证明.

(1) 设 $\{e_i\}_{i \geqslant 1}$ 为 l^1 的标准基. 对任意 $f \in (l^1)^*$, 令 $a_i = f(e_i) (i = 1, 2, \cdots)$. 对任意 $x = (x_i) \in l^1$, 由于 f 是连续线性泛函, 我们有

$$f(x) = \lim_{n \to \infty} f\left(\sum_{i=1}^{n} x_i e_i \right) = \lim_{n \to \infty} \sum_{i=1}^{n} x_i f(e_i) = \sum_{i=1}^{\infty} a_i x_i. \tag{2.6.1}$$

这表明对任意 $f \in (l^1)^*$，f 的一般表达式是式 (2.6.1). 令 $a = (a_i)$. 由于对每个 $i = 1, 2, \cdots,$

$$|a_i| = |f(e_i)| \leqslant \|f\| \|e_i\|_1 = \|f\|,$$

因此 $a \in l^\infty$ 并且

$$\|a\|_\infty \leqslant \|f\|. \tag{2.6.2}$$

（2）反过来，对任意 $a = (a_i) \in l^\infty$，令

$$f(x) = \sum_{i=1}^\infty a_i x_i \quad (x = (x_i) \in l^1).$$

则 f 是 l^1 上的线性泛函，并且 $a_i = f(e_i) (i = 1, 2, \cdots)$. 由于对任意 $x \in l^1$，

$$|f(x)| \leqslant \sum_{i=1}^\infty |a_i x_i| \leqslant \sup_{i \geqslant 1} |a_i| \sum_{i=1}^\infty |x_i| = \|a\|_\infty \|x\|_1.$$

故 f 是有界的. 因此 $f \in (l^1)^*$，并且

$$\|f\| \leqslant \|a\|_\infty. \tag{2.6.3}$$

（3）作映射

$$T : (l^1)^* \to l^\infty,$$
$$f \mapsto a = (a_i), \text{ 其中 } a_i = f(e_i) (i = 1, 2, \cdots).$$

显然 T 是线性的. 步骤（2）表明 T 是满射. 式 (2.6.2) 和式 (2.6.3) 表明

$$\|Tf\|_\infty = \|a\|_\infty = \|f\| \quad (f \in (l^1)^*).$$

因此 T 是 $(l^1)^*$ 到 l^∞ 的等距同构映射. 这就证明了 $(l^1)^* \cong l^\infty$. ∎

定理 2.6.2 $(l^p)^* \cong l^q$，其中 $1 < p < \infty$，$p^{-1} + q^{-1} = 1$. 并且对任意 $f \in (l^p)^*$，f 可以唯一地表示为

$$f(x) = \sum_{i=1}^\infty a_i x_i \quad (x = (x_i) \in l^p),$$

其中 $a = (a_i) \in l^q$，并且 $\|a\|_q = \|f\|$.

证明 （1）设 $\{e_i\}_{i \geqslant 1}$ 为 l^p 的标准基. 对任意 $f \in (l^p)^*$，令 $a_i = f(e_i) (i = 1, 2, \cdots)$. 与式 (2.6.1) 一样，$f$ 可以表示为

$$f(x) = \sum_{i=1}^\infty a_i x_i \quad (x = (x_i) \in l^p). \tag{2.6.4}$$

令 $a = (a_i)$. 下面证明 $a \in l^q$. 不妨设 $a \neq 0$. 对每个自然数 $n \geqslant 1$，令

$$x^{(n)} = (|a_1|^{q-1} \operatorname{sgn} a_1, \cdots, |a_n|^{q-1} \operatorname{sgn} a_n, 0, \cdots).$$

则 $x^{(n)} \in l^p (n \geqslant 1)$，并且

$$\|x^{(n)}\|_p = \left(\sum_{i=1}^n |a_i|^{(q-1)p} \right)^{\frac{1}{p}} = \left(\sum_{i=1}^n |a_i|^q \right)^{\frac{1}{p}}.$$

利用式 (2.6.4) 得到

$$\sum_{i=1}^n |a_i|^q = \left| \sum_{i=1}^n a_i x_i^{(n)} \right| = |f(x^{(n)})| \leqslant \|f\| \|x^{(n)}\|_p = \|f\| \left(\sum_{i=1}^n |a_i|^q \right)^{\frac{1}{p}}.$$

两边除以 $\left(\sum\limits_{i=1}^{n}|a_i|^q\right)^{\frac{1}{p}}$，注意到 $1-\dfrac{1}{p}=\dfrac{1}{q}$，得到

$$\left(\sum_{i=1}^{n}|a_i|^q\right)^{\frac{1}{q}}\leqslant \|f\|\quad(n\geqslant 1).$$

令 $n\to\infty$，得到 $\left(\sum\limits_{i=1}^{\infty}|a_i|^q\right)^{\frac{1}{q}}\leqslant \|f\|$. 这表明 $a=(a_i)\in l^q$，并且

$$\|a\|_q\leqslant \|f\|.\tag{2.6.5}$$

（2）反过来，对任意 $a=(a_i)\in l^q$，令

$$f(x)=\sum_{i=1}^{\infty}a_ix_i\quad(x=(x_i)\in l^p).$$

则 f 是 l^p 上的线性泛函，并且 $f(e_i)=a_i(i=1,2,\cdots)$. 由于对任意 $x\in l^p$，

$$|f(x)|\leqslant\sum_{i=1}^{\infty}|a_ix_i|\leqslant\left(\sum_{i=1}^{\infty}|a_i|^q\right)^{\frac{1}{q}}\left(\sum_{i=1}^{\infty}|x_i|^p\right)^{\frac{1}{p}}=\|a\|_q\|x\|_p,$$

这表明 f 是有界的，即 $f\in(l^p)^*$，并且

$$\|f\|\leqslant\|a\|_q.\tag{2.6.6}$$

（3）作映射

$$T:(l^p)^*\to l^q,$$
$$f\mapsto a=(a_n),\text{ 其中 }a_i=f(e_i)(i=1,2,\cdots).$$

显然 T 是线性的. 步骤（2）表明 T 是映上的. 式（2.6.5）和式（2.6.6）表明

$$\|Tf\|_q=\|a\|_q=\|f\|\quad(f\in(l^p)^*).$$

因此 T 是 $(l^p)^*$ 到 l^q 的等距同构映射. 这就证明了 $(l^p)^*\cong l^q$. ∎

容易证明 $(\mathbf{K}^n)^*\cong\mathbf{K}^n$，$c_0^*\cong l^1$，其证明留作习题. 在 2.7 节中我们将指出 $(l^\infty)^*\not\cong l^1$.

2.6.2　$L^p[a,b](1\leqslant p<\infty)$ 的共轭空间

在 $L^p[a,b]$ 空间的情形，要找到这些空间上的有界线性泛函的一般表示，比在 l^p 空间的情形要困难得多. 先证明一个引理.

引理 2.6.3　设 $1\leqslant p<\infty$，$p^{-1}+q^{-1}=1$. 若 $y(t)\in L^1[a,b]$，并且存在常数 $C>0$，使得对 $[a,b]$ 上的每个阶梯函数 $x=x(t)$ 有

$$\left|\int_a^b x(t)y(t)\mathrm{d}t\right|\leqslant C\|x\|_p,\tag{2.6.7}$$

则 $y(t)\in L^q[a,b]$，并且 $\|y\|_q\leqslant C$.

证明　先说明式（2.6.7）对有界可测函数也成立. 设 $x=x(t)$ 是有界可测函数，$|x(t)|\leqslant M(t\in[a,b])$，则存在一列阶梯函数 $x_n=x_n(t)$，使得对每个自然数 n，$|x_n(t)|\leqslant M(t\in[a,b])$，并且 $x_n(t)\to x(t)$ a.e.，由有界收敛定理得到

$$\lim_{n\to\infty}\|x_n-x\|_p=\lim_{n\to\infty}\left(\int_a^b|x_n(t)-x(t)|^p\mathrm{d}t\right)^{\frac{1}{p}}=0.$$

因此 $x_n \to x$. 由于 $y(t) \in L^1[a,b]$ 并且 $|x_n(t)y(t)| \leqslant M|y(t)|$ $(t \in [a,b])$，由控制收敛定理得到

$$\lim_{n \to \infty} \int_a^b x_n(t)y(t)\mathrm{d}t = \int_a^b x(t)y(t)\mathrm{d}t. \tag{2.6.8}$$

利用式(2.6.7)、式(2.6.8)两式得到

$$\left|\int_a^b x(t)y(t)\mathrm{d}t\right| = \lim_{n \to \infty}\left|\int_a^b x_n(t)y(t)\mathrm{d}t\right| \leqslant \lim C\|x_n\|_p = C\|x\|_p. \tag{2.6.9}$$

下面证明引理的结论. 先考虑 $1 < p < \infty$ 的情形. 对任意自然数 n，令

$$z_n(t) = \begin{cases} |y(t)|^{q-1}\mathrm{sgn}\,y(t), & |y(t)| \leqslant n, \\ 0, & |y(t)| > n. \end{cases}$$

则 $z_n(t)$ 是有界可测函数. 令 $E_n = \{t \in [a,b] : |y(t)| \leqslant n\}$. 利用式(2.6.9)得到

$$\int_{E_n}|y(t)|^q\mathrm{d}t = \int_a^b z_n(t)y(t)\mathrm{d}t \leqslant C\|z_n\|_p$$

$$= C\left(\int_{E_n}|y(t)|^{(q-1)p}\mathrm{d}t\right)^{\frac{1}{p}} = C\left(\int_{E_n}|y(t)|^q\mathrm{d}t\right)^{\frac{1}{p}}.$$

两边同除以 $\left(\int_{E_n}|y(t)|^q\mathrm{d}t\right)^{\frac{1}{p}}$ 得到 $\left(\int_{E_n}|y(t)|^q\mathrm{d}t\right)^{\frac{1}{q}} \leqslant C$ $(n \geqslant 1)$. 令 $n \to \infty$ 得到 $\left(\int_a^b|y(t)|^q\mathrm{d}t\right)^{\frac{1}{q}} \leqslant C$. 因此 $y \in L^q[a,b]$，并且 $\|y\|_q \leqslant C$.

再考虑 $p = 1$ 的情形. 我们证明 $y \in L^\infty[a,b]$ 并且 $\|y\|_\infty \leqslant C$. 若不然，令

$$A = \{t \in [a,b] : |y(t)| > C\},$$

则 $m(A) > 0$. 令 $x(t) = \chi_A(t)\mathrm{sgn}\,y(t)$，则 $x(t)$ 是有界可测函数，并且 $\|x\|_1 = m(A)$. 但是

$$\left|\int_a^b x(t)y(t)\mathrm{d}t\right| = \left|\int_a^b \chi_A(t)y(t)\mathrm{sgn}\,y(t)\mathrm{d}t\right| = \int_A |y(t)|\,\mathrm{d}t > Cm(A) = C\|x\|_1.$$

这与式(2.6.9)矛盾! 因此必有 $y \in L^\infty[a,b]$，并且 $\|y\|_\infty \leqslant C$. ■

定理 2.6.4 $L^p[a,b]^* \cong L^q[a,b]$ $(1 < p < \infty$，$p^{-1} + q^{-1} = 1)$. 并且对任意 $f \in L^p[a,b]^*$，f 可以唯一地表示为

$$f(x) = \int_a^b x(t)y(t)\mathrm{d}t \quad (x \in L^p[a,b]), \tag{2.6.10}$$

其中 $y \in L^q[a,b]$，并且 $\|y\|_q = \|f\|$.

证明 (1) 对任意 $y = y(t) \in L^q[a,b]$，令

$$f(x) = \int_a^b x(t)y(t)\mathrm{d}t \quad (x \in L^p[a,b]).$$

则 f 是 $L^p[a,b]$ 上的线性泛函. 由 Hölder 不等式，我们有

$$|f(x)| = \left|\int_a^b x(t)y(t)\mathrm{d}t\right| \leqslant \left(\int_a^b |x(t)|^p\mathrm{d}t\right)^{\frac{1}{p}}\left(\int_a^b |y(t)|^q\mathrm{d}t\right)^{\frac{1}{q}} = \|x\|_p\|y\|_q.$$

这表明 $f \in L^p[a,b]^*$，并且

$$\|f\| \leqslant \|y\|_q. \tag{2.6.11}$$

(2) 反过来，设 $f \in L^p[a,b]^*$. 对任意 $t \in [a,b]$，设 $\chi_{[a,t]}$ 是区间 $[a,t]$ 的特征函数，即

$$\chi_{[a,t]}(s) = \begin{cases} 1, & a \leqslant s \leqslant t, \\ 0, & a < s \leqslant b. \end{cases}$$

再令 $g(t) = f(\chi_{[a,t]})(t \in [a,b])$. 下面证明 $g(t)$ 在 $[a,b]$ 上是绝对连续的. 设 $\{(a_i, b_i)\}_{i=1}^n$ 是 $[a,b]$ 中的一组互不相交的开区间，令

$$\varepsilon_i = \mathrm{sgn}\,(g(b_i) - g(a_i))\ (i = 1,2,\cdots,n).$$

则

$$\begin{aligned} \sum_{i=1}^n |g(b_i) - g(a_i)| &= \sum_{i=1}^n \varepsilon_i\,(g(b_i) - g(a_i)) \\ &= \sum_{i=1}^n \varepsilon_i\,[f(\chi_{[a,b_i]}) - f(\chi_{[a,a_i]})] \\ &= f\Big(\sum_{i=1}^n \varepsilon_i \chi_{(a_i,b_i]}\Big) \leqslant \|f\| \Big\|\sum_{i=1}^n \varepsilon_i \chi_{(a_i,b_i]}\Big\|_p \\ &= \|f\| \Big(\sum_{i=1}^n (b_i - a_i)\Big)^{\frac{1}{p}}. \end{aligned}$$

由上式知 $g(t)$ 在 $[a,b]$ 上是绝对连续的. 从而 $g(t)$ 在 $[a,b]$ 上几乎处处可微. 令 $y(t) = g'(t)$ a.e.，则 $y(t) \in L^1[a,b]$. 下面证明 $y \in L^q[a,b]$，并且式 (2.6.10) 成立. 注意到 $\chi_{[a,a]} = 0$ a.e.，故 $g(a) = f(\chi_{[a,a]}) = 0$. 根据 Newton-Leibniz 公式，

$$g(t) = g(a) + \int_a^t y(s)\mathrm{d}s = \int_a^t y(s)\mathrm{d}s\ (t \in [a,b]). \tag{2.6.12}$$

若 $x(t) = \sum_{i=1}^n a_i \chi_{(t_{i-1},t_i]}(t)$ 是 $[a,b]$ 上的阶梯函数，其中 $a = t_0 < t_1 < \cdots < t_n = b$. 利用式 (2.6.12) 得到

$$\begin{aligned} f(x) &= \sum_{i=1}^n a_i\,[f(\chi_{[a,t_i]}) - f(\chi_{[a,t_{i-1}]})] \\ &= \sum_{i=1}^n a_i\,[g(t_i) - g(t_{i-1})] \\ &= \sum_{i=1}^n a_i \int_{t_{i-1}}^{t_i} y(t)\mathrm{d}t \\ &= \int_a^b x(t)y(t)\mathrm{d}t. \tag{2.6.13} \end{aligned}$$

于是对 $[a,b]$ 上的每个阶梯函数 $x(t)$，有

$$\left|\int_a^b x(t)y(t)\mathrm{d}t\right| = |f(x)| \leqslant \|f\| \|x\|_p.$$

根据引理 2.6.3，$y \in L^q[a,b]$ 并且

$$\|y\|_q \leqslant \|f\|. \tag{2.6.14}$$

对任意 $x = x(t) \in L^p[a,b]$，由可积函数的逼近性质，存在一列阶梯函数 $x = x_n(t)$，使得 $\|x_n - x\|_p \to 0 (n \to \infty)$. 利用 Hölder 不等式，当 $n \to \infty$ 时

$$\left| \int_a^b x_n(t)y(t)\mathrm{d}t - \int_a^b x(t)y(t)\mathrm{d}t \right| \leqslant \|x_n - x\|_p \|y\|_q \to 0. \tag{2.6.15}$$

利用 f 的连续性和式(2.6.13)、式(2.6.15) 两式得到

$$f(x) = \lim_{n \to \infty} f(x_n) = \lim_{n \to \infty} \int_a^b x_n(t)y(t)\mathrm{d}t = \int_a^b x(t)y(t)\mathrm{d}t.$$

这就证明了对任意 $f \in L^p[a,b]^*$，存在 $y \in L^q[a,b]$，使得 f 可以表示为式(2.6.10) 的形式. 并且由式(2.6.11)、式(2.6.14) 两式知道 $\|y\|_q = \|f\|$. 若还存在 $\tilde{y} \in L^q[a,b]$，使得相应于式(2.6.10) 的等式成立，则

$$\int_a^b x(t)(y(t) - \tilde{y}(t))\mathrm{d}t = 0 \quad (x \in L^p[a,b]).$$

令 $x(t) = \operatorname{sgn}(y(t) - \tilde{y}(t))$，则 $x \in L^p[a,b]$. 代入上式得到 $\int_a^b |y(t) - \tilde{y}(t)|\mathrm{d}t = 0$. 这表明 $y(t) = \tilde{y}(t)$ a.e.，从而 $y = \tilde{y}$. 因此 f 的形如式(2.6.10) 的表达式是唯一的.

(3) 作映射

$$T: L^p[a,b]^* \to L^q[a,b]$$
$$f \mapsto y = y(t)，当 f 具有表达式(2.6.10) 时.$$

则显然 T 是线性的. 步骤(1) 表明 T 是满射，并且

$$\|Tf\|_q = \|y\|_q = \|f\| \quad (f \in L^p[a,b]^*).$$

因此 T 是 $L^p[a,b]^*$ 到 $L^q[a,b]$ 的等距同构映射. 这就证明了 $L^p[a,b]^* \cong L^q[a,b]$. ■

利用引理 2.6.3，将定理 2.6.4 的证明稍作修改即可证明如下定理.

定理 2.6.5 $L^1[a,b]^* \cong L^\infty[a,b]$，并且对任意 $f \in L^1[a,b]^*$，f 可以唯一地表示为

$$f(x) = \int_a^b x(t)y(t)\mathrm{d}t \quad (x \in L^1[a,b]),$$

其中 $y \in L^\infty[a,b]$，并且 $\|y\|_\infty = \|f\|$.

2.6.3 $C[a,b]$ 的共轭空间

为了给出 $C[a,b]$ 上有界线性泛函的一般表达式，先介绍 Riemann-Stieltjes 积分.

设 $\alpha = \alpha(t)$ 是区间 $[a,b]$ 上的实值函数，$x(t)$ 是 $[a,b]$ 上的有界实值函数. 设 $a = t_0 < t_1 < \cdots < t_n = b$ 是区间 $[a,b]$ 的任一分割. 对每个 $i = 1,2,\cdots,n$，任取 $\xi_i \in [t_{i-1}, t_i]$，作和式

$$\sum_{i=1}^n x(\xi_i)(\alpha(t_i) - \alpha(t_{i-1})).$$

若当 $\lambda = \max_{1 \leqslant i \leqslant n}(t_i - t_{i-1}) \to 0$ 时，上述和式存在极限，并且该极限值不依赖于区间的分割

法和 $\xi_i \in [t_{i-1}, t_i]$ 的取法，则称这个极限值为 $x(t)$ 在 $[a,b]$ 上关于 $\alpha(t)$ 的 Riemann-Stieltjes 积分（简称为 R-S 积分），记为 $\int_a^b x(t)\mathrm{d}\alpha(t)$. 即

$$\int_a^b x(t)\mathrm{d}\alpha(t) = \lim_{\lambda \to 0} \sum_{i=1}^n x(\xi_i)(\alpha(t_i) - \alpha(t_{i-1})).$$

显然，Riemann 积分是当 $\alpha(t) = t$ 时的特殊情形.

下面的引理是 R-S 积分的两个性质，其证明从略.

引理 2.6.6　（1）（可积的充分条件）若 $x(t)$ 是 $[a,b]$ 上的连续函数，$\alpha(t)$ 是 $[a,b]$ 上的有界变差函数，则 $x(t)$ 在 $[a,b]$ 上关于 $\alpha(t)$ 是 R-S 可积的. 并且

$$\left| \int_a^b x(t)\mathrm{d}\alpha(t) \right| \leqslant \max_{a \leqslant t \leqslant b} |x(t)| \overset{b}{\underset{a}{V}}(\alpha). \tag{2.6.16}$$

（2）（积分的线性性）若 $x(t)$，$y(t)$ 在 $[a,b]$ 上关于 $\alpha(t)$ 是可积的，λ，μ 是常数，则 $\lambda x + \mu y$ 在 $[a,b]$ 上关于 $\alpha(t)$ 是可积的，并且

$$\int_a^b (\lambda x + \mu y)\mathrm{d}\alpha(t) = \lambda \int_a^b x\,\mathrm{d}\alpha(t) + \mu \int_a^b y\,\mathrm{d}\alpha(t). \tag{2.6.17}$$

下面为叙述简单，我们只考虑实空间的情形. 但下面的结果对复空间也是成立的. 回顾我们在 1.2 节例 7 中已经给出了空间 $V[a,b]$ 和 $V_0[a,b]$ 的定义.

引理 2.6.7　设 $g \in V[a,b]$. 则存在唯一的 $\alpha \in V_0[a,b]$ 使得

$$\int_a^b x(t)\mathrm{d}g(t) = \int_a^b x(t)\mathrm{d}\alpha(t) \quad (x \in C[a,b]). \tag{2.6.18}$$

并且 $\overset{b}{\underset{a}{V}}(\alpha) \leqslant \overset{b}{\underset{a}{V}}(g)$.

证明　先证存在性. 令 $\widetilde{g}(t)$ 是 $g(t)$ 的右连续修正，即

$$\widetilde{g}(t) = \begin{cases} g(t), & t = a, \text{ 或 } t = b, \\ g(t+), & a < t < b. \end{cases}$$

则 $\widetilde{g}(t)$ 在 (a,b) 上右连续. 我们证明 $\overset{b}{\underset{a}{V}}(\widetilde{g}) \leqslant \overset{b}{\underset{a}{V}}(g)$. 设 $a = t_0 < t_1 < \cdots < t_n = b$ 是 $[a,b]$ 的任一分割. 对每个 $i = 1, 2, \cdots, n-1$，取数列 $t_i < s_i^{(k)} < t_{i+1}$ 使得 $s_i^{(k)} \to t_i$. 并且令 $s_0^{(k)} = a$，$s_n^{(k)} = b(k \geqslant 1)$. 则对每个 $k \geqslant 1$，有

$$\sum_{i=1}^n |g(s_i^{(k)}) - g(s_{i-1}^{(k)})| \leqslant \overset{b}{\underset{a}{V}}(g).$$

在上式中令 $k \to \infty$，得到

$$\sum_{i=1}^n |\widetilde{g}(t_i) - \widetilde{g}(t_{i-1})| = \sum_{i=1}^n |g(t_i+) - g(t_{i-1}+)| \leqslant \overset{b}{\underset{a}{V}}(g).$$

因此 $\overset{b}{\underset{a}{V}}(\widetilde{g}) \leqslant \overset{b}{\underset{a}{V}}(g)$. 再令 $\alpha(t) = \widetilde{g}(t) - g(a)$，则 $\alpha = \alpha(t) \in V_0[a,b]$，并且

$$\overset{b}{\underset{a}{V}}(\alpha) = \overset{b}{\underset{a}{V}}(\widetilde{g}) \leqslant \overset{b}{\underset{a}{V}}(g).$$

由于 $g(t)$ 的不连续点是可列的，因此可以作出 $[a,b]$ 的一列分割

$$P_n : a = t_0^{(n)} < t_1^{(n)} < \cdots < t_{k_n}^{(n)} = b,$$

使得 $\lambda_n = \max\limits_{1 \leqslant i \leqslant k_n} |t_i^{(n)} - t_{i-1}^{(n)}| \to 0$，并且 $t_i^{(n)} (i = 1, 2, \cdots, n-1)$ 都是 $g(t)$ 的连续点. 则对任意 $x \in C[a, b]$

$$\int_a^b x(t) \mathrm{d}\alpha(t) = \lim_{n \to \infty} \sum_{i=1}^{k_n} x(t_i^{(n)}) [\alpha(t_i^{(n)}) - \alpha(t_{i-1}^{(n)})]$$

$$= \lim_{n \to \infty} \sum_{i=1}^{k_n} x(t_i^{(n)}) [g(t_i^{(n)}) - g(t_{i-1}^{(n)})]$$

$$= \int_a^b x(t) \mathrm{d}g(t).$$

再证唯一性. 只需证明，若 $\beta \in V_0[a, b]$，使得

$$\int_a^b x(t) \mathrm{d}\beta(t) = 0 \quad (x \in C[a, b]), \tag{2.6.18}$$

则 $\beta \equiv 0$. 令 $x(t) = \int_t^b \beta(s) \mathrm{d}s (a \leqslant t \leqslant b)$，则 $\mathrm{d}x(t) = -\beta(t) \mathrm{d}t$. 注意到 $\beta(a) = 0$，$x(b) = 0$，将 $x(t)$ 代入式 $(2.6.18)$ 得到

$$0 = \int_a^b x(t) \mathrm{d}\beta(t) = x(t)\beta(t) \big|_a^b - \int_a^b \beta(t) \mathrm{d}x(t) = \int_a^b |\beta(t)|^2 \mathrm{d}t.$$

这说明 $\beta(t) = 0$ a. e. 由于 $\beta(t)$ 是右连续的，这蕴含 $\beta(t) \equiv 0$. 唯一性得证. ∎

定理 2.6.8(F. Riesz 定理)　$C[a, b]^* \cong V_0[a, b]$，并且对任意 $f \in C[a, b]^*$，f 可以唯一地表示为

$$f(x) = \int_a^b x(t) \mathrm{d}\alpha(t) \quad (x \in C[a, b]). \tag{2.6.19}$$

其中 $\alpha \in V_0[a, b]$，并且 $\|\alpha\| = \|f\|$.

证明　(1) 对任意 $\alpha = \alpha(t) \in V_0[a, b]$，令

$$f(x) = \int_a^b x(t) \mathrm{d}\alpha(t) \quad (x = x(t) \in C[a, b]).$$

由引理 2.6.6，上式右端的积分存在，f 是线性的，并且

$$|f(x)| = \left| \int_a^b x(t) \mathrm{d}\alpha(t) \right| \leqslant \max_{a \leqslant t \leqslant b} |x(t)| \overset{b}{\underset{a}{V}}(\alpha) = \|\alpha\| \|x\|.$$

因此 f 是有界的，并且

$$\|f\| \leqslant \|\alpha\|. \tag{2.6.20}$$

(2) 设 $f \in C[a, b]^*$. 因为 $C[a, b]$ 是 $L^\infty[a, b]$ 的子空间，根据 Hahn-Banach 延拓定理，存在 $L^\infty[a, b]$ 上的有界线性泛函 F，使得 $F|_{C[a, b]} = f$，并且 $\|F\| = \|f\|$.

设 $g(t) = F(\chi_{[a, t]}) (t \in [a, b])$. 下面证明 g 是有界变差的. 对区间 $[a, b]$ 的任一分割：$a = t_0 < t_1 < \cdots < t_n = b$，令

$$\varepsilon_i = \mathrm{sgn}\,(g(t_i) - g(t_{i-1})) \quad (i = 1, 2, \cdots, n).$$

我们有

$$\sum_{i=1}^{n} \big| g(t_i) - g(t_{i-1}) \big| = \sum_{i=1}^{n} \varepsilon_i \big(g(t_i) - g(t_{i-1}) \big).$$

$$= \sum_{i=1}^{n} \varepsilon_i \big(F(\chi_{[a,t_i]}) - F(\chi_{[a,t_{i-1}]}) \big)$$

$$= F \Big(\sum_{i=1}^{n} \varepsilon_i (\chi_{[a,t_i]} - \chi_{[a,t_{i-1}]}) \Big)$$

$$\leqslant \|F\| \Big\| \sum_{i=1}^{n} \varepsilon_i (\chi_{[a,t_i]} - \chi_{[a,t_{i-1}]}) \Big\|_{L^{\infty}[a,b]}$$

$$= \|F\| = \|f\|.$$

因此 g 是有界变差的, 并且 $\overset{b}{\underset{a}{V}}(g) \leqslant \|f\|$.

设 $x \in C[a,b]$. 对任意 $\varepsilon > 0$, 由于 Riemann-Stieltjes 积分的定义以及 $x(t)$ 在 $[a,b]$ 上的一致连续性, 存在区间 $[a,b]$ 的一个分割 $a = t_0 < t_1 < \cdots < t_n = b$, 使得

$$\Big| \int_a^b x(t)\mathrm{d}g(t) - \sum_{i=1}^{n} x(t_i)[g(t_i) - g(t_{i-1})] \Big| < \frac{\varepsilon}{2}, \tag{2.6.21}$$

并且 $\sup\limits_{t_{i-1} \leqslant t \leqslant t_i} |x(t) - x(t_i)| < \dfrac{\varepsilon}{2\|F\|}$. 令 $\widetilde{x}(t) = \sum\limits_{i=1}^{k} x(t_i)\chi_{(t_{i-1},t_i]}(t)$. 则 $\widetilde{x} \in L^{\infty}[a,b]$, 并且

$$\|x - \widetilde{x}\|_{\infty} = \sup_{a \leqslant t \leqslant b} |x(t) - \widetilde{x}(t)| \leqslant \max_{1 \leqslant i \leqslant k} \sup_{t_{i-1} \leqslant t \leqslant t_i} |x(t) - x(t_i)| < \frac{\varepsilon}{2\|F\|}. \tag{2.6.22}$$

由于

$$F(\widetilde{x}) = \sum_{i=1}^{k} x(t_i)[F(\chi_{[a,t_i]}) - F(\chi_{[a,t_{i-1}]})] = \sum_{i=1}^{k} x(t_i)[g(t_i) - g(t_{i-1})],$$

利用式 (2.6.21) 和 (2.6.22), 我们有

$$\Big| F(x) - \int_a^b x(t)\mathrm{d}g(t) \Big| \leqslant \big| F(x) - F(\widetilde{x}) \big| + \Big| F(\widetilde{x}) - \int_a^b x(t)\mathrm{d}g(t) \Big|$$

$$\leqslant \|F\| \|x - \widetilde{x}\|_{\infty} + \Big| \sum_{i=1}^{k} x(t_i)[g(t_i) - g(t_{i-1})] - \int_a^b x(t)\mathrm{d}g(t) \Big|$$

$$< \frac{\varepsilon}{2} + \frac{\varepsilon}{2} = \varepsilon.$$

由于 $\varepsilon > 0$ 的任意性得到 $F(x) = \int_a^b x(t)\mathrm{d}g(t)$. 由于当 $x \in C[a,b]$ 时, $F(x) = f(x)$, 因此由上式得到

$$f(x) = \int_a^b x(t)\mathrm{d}g(t) \quad (x \in C[a,b]).$$

根据引理 2.6.7, 存在唯一的 $\alpha \in V_0[a,b]$, 使得

$$f(x) = \int_a^b x(t)\mathrm{d}\alpha(t) \quad (x \in C[a,b]).$$

即式 (2.6.19) 得证, 并且

$$\|\alpha\| = \overset{b}{\underset{a}{V}}(\alpha) \leqslant \overset{b}{\underset{a}{V}}(g) \leqslant \|f\|. \tag{2.6.23}$$

（3）作映射
$$T:C[a,b]^* \to V_0[a,b],$$
$$f \mapsto \alpha = \alpha(t) \text{（当 } f \text{ 具有表达式（2.6.19）时）}.$$
则显然 T 是线性的. 步骤（1）表明 T 是满射. 式（2.6.20）和式（2.6.23）表明
$$\|Tf\| = \|\alpha\| = \|f\| \quad (f \in C[a,b]^*).$$
因此 T 是 $C[a,b]^*$ 到 $V_0[a,b]$ 的等距同构映射. 从而
$$C[a,b]^* \cong V_0[a,b]. \qquad \blacksquare$$

注 1 设 X 和 Y 为赋范空间，$X^* \cong Y$. 若将 X^* 与 Y 不加区别，则可以将 X^* 中的元 f 与 Y 中对应的元 y 等同起来. 在这种等同意义下，可以将 y 视为 X 上的有界线性泛函. 例如，既然当 $1 \leqslant p < \infty$ 时，$(l^p)^* \cong l^q (p^{-1} + q^{-1} = 1)$，因此对任意 $a = (a_i) \in l^q$，我们将 a 与其对应的 l^p 上的有界线性泛函
$$f(x) = \sum_{i=1}^{\infty} a_i x_i \quad (x = (x_i) \in l^p)$$
等同起来. 这样，a 可以视为 l^p 上的有界线性泛函，并且
$$a(x) = \sum_{i=1}^{\infty} a_i x_i \quad (x = (x_i) \in l^p).$$

2.7 弱收敛与弱* 收敛

本节利用共轭空间和二次共轭空间，引入弱收敛与弱* 收敛的概念，讨论不同收敛性之间的关系，并且给出几个空间上弱收敛的判别条件.

2.7.1 二次共轭空间

设 X 为赋范空间，X^* 是 X 的共轭空间. 称 X^* 的共轭空间 $(X^*)^*$ 为 X 的二次共轭空间，记为 X^{**}.

定理 2.7.1 对每个 $x \in X$，在 X^* 上定义泛函 x^{**} 如下：
$$x^{**}(f) = f(x) \quad (f \in X^*). \tag{2.7.1}$$
则 x^{**} 是 X^* 上的有界线性泛函. 并且 $\|x^{**}\| = \|x\|$.

证明 对任意 $f, g \in X^*$ 和常数 α, β，
$$x^{**}(\alpha f + \beta g) = (\alpha f + \beta g)(x) = \alpha f(x) + \beta g(x) = \alpha x^{**}(f) + \beta x^{**}(g).$$
因此 x^{**} 是线性的. 又由于对任意 $f \in X^*$ 有
$$|x^{**}(f)| = |f(x)| \leqslant \|x\| \|f\|,$$
所以 x^{**} 是有界的，并且 $\|x^{**}\| \leqslant \|x\|$. 另一方面，若 $x = 0$，则 $x^{**} = 0$，此时有 $\|x^{**}\| = \|x\|$. 若 $x \neq 0$，由 Hahn-Banach 定理的推论，存在 $f \in X^*$，$\|f\| = 1$，使得 $f(x) = \|x\|$. 于是

$$\|x^{**}\| \geqslant |x^{**}(f)| = |f(x)| = \|x\|.$$

因此 $\|x^{**}\| = \|x\|$. ∎

定义 2.7.1　设 X 为赋范空间. 定义算子

$$J : X \to X^{**}, \ x \mapsto x^{**},$$

其中 x^{**} 由式(2.7.1)所定义. 称 J 为 X 到 X^{**} 的标准嵌入算子.

定理 2.7.2　标准嵌入算子 J 是 X 到 $J(X) \subset X^{**}$ 的等距同构映射.

证明　首先证明 J 是线性的. 设 $x, y \in X$. 则对任意 $f \in X^*$,

$$(x + y)^{**}(f) = f(x + y) = f(x) + f(y)$$
$$= x^{**}(f) + y^{**}(f) = (x^{**} + y^{**})(f).$$

因此 $(x + y)^{**} = x^{**} + y^{**}$, 即 $J(x + y) = Jx + Jy$. 类似可证 $J(\alpha x) = \alpha J(x)$. 这就证明了 J 是线性的. 于是 $J(X) = \{Jx : x \in X\}$ 是 X^{**} 的线性子空间. $J(X)$ 按照 X^{**} 的范数成为赋范空间. 将 J 视为 X 到 $J(X)$ 的映射, 则 J 是满射. 由定理 2.7.1, 对任意 $x \in X$ 有 $\|Jx\| = \|x^{**}\| = \|x\|$. 这就证明了 J 是 X 到 $J(X) \subset X^{**}$ 的等距同构映射. ∎

注　利用标准嵌入映射, 可以用下面的方法将一个不完备的赋范空间完备化. 设 X 是一个不完备的赋范空间. 由于 X^{**} 是完备的, $\overline{J(X)}$ 是 X^{**} 的闭子空间, 故 $\overline{J(X)}$ 也是完备的. 根据定理 2.7.2, 有 $X \cong J(X) \subset \overline{J(X)}$, 并且 $J(X)$ 在 $\overline{J(X)}$ 中稠密, 因此 $\overline{J(X)}$ 是 X 的完备化空间.

根据定理 2.7.2, X 与 X^{**} 的子空间 $J(X)$ 等距同构. 若将彼此等距同构的空间不加区别, 则可以将 X 视为 X^{**} 的子空间. 即 $X \cong J(X) \subset X^{**}$. 一般情况下, $J(X) \neq X^{**}$. 但对有些空间确实有 $J(X) = X^{**}$.

定义 2.7.2　设 X 为赋范空间, J 为 X 到 X^{**} 的标准嵌入算子. 若 $J(X) = X^{**}$, 则称 X 是自反的.

若 X 是自反的, 则标准嵌入 J 是 X 到 X^{**} 的等距同构映射, 因此 $X \cong X^{**}$. 但反过来, 有例子表明, 即使 X 与 X^{**} 是等距同构的, 标准嵌入 J 也可能不是等距同构. 此时 X 不一定是自反的.

例 1　$L^p[a,b] (1 < p < \infty)$ 是自反的.

证明　我们要证明对任意 $g \in L^p[a,b]^{**}$, 存在 $x \in L^p[a,b]$, 使得 $Jx = g$. 根据定理 2.6.4, $L^p[a,b]^* \cong L^q[a,b] (p^{-1} + q^{-1} = 1)$, 并且对任意 $f \in L^p[a,b]^*$, 存在唯一的 $y \in L^q[a,b]$ 使得

$$f(x) = \int_a^b x(t) y(t) \mathrm{d}t \quad (x \in L^p[a,b]). \tag{2.7.2}$$

将 $L^q[a,b]$ 与 $L^p[a,b]^*$ 等同起来, 相应地将 f 与 y 等同起来, 则可以将 g 视为 $L^q[a,b]$ 上的有界线性泛函. 而 $L^q[a,b]^* \cong L^p[a,b]$, 并且存在 $x \in L^p[a,b]$, 使得

$$g(f) = g(y) = \int_a^b x(t) y(t) \mathrm{d}t \quad (y \in L^q[a,b]). \tag{2.7.3}$$

设 $J : L^p[a,b] \to L^p[a,b]^{**}$ 是标准嵌入. 利用式(2.7.2)、式(2.7.3)两式得到

$$(Jx)(f) = f(x) = \int_a^b x(t)y(t)\mathrm{d}t = g(f).$$

这里 $f \in L^p[a,b]^*$ 是任意的, 因此 $Jx = g$. ∎

类似地, $l^p(1 < p < \infty)$ 是自反的. 为了说明 l^1 不是自反的, 我们需要证明一个定理.

定理 2.7.3 设 X 是赋范空间. 若 X^* 是可分的, 则 X 也是可分的.

证明 设 X^* 是可分的, $A = \{g_1, g_2, \cdots\}$ 是 X^* 中可列的稠密子集. 不妨设 $g_n \neq 0$ $(n \geqslant 1)$. 对每个 n, 令 $f_n = \|g_n\|^{-1} g_n$. 不难验证 $B = \{f_1, f_2, \cdots\}$ 在 X^* 的单位球面 $S_{X^*} = \{f \in X^* : \|f\| = 1\}$ 中稠密. 对每个 n, 由于 $\|f_n\| = 1$, 存在 $x_n \in X$, $\|x_n\| = 1$, 使得 $|f_n(x_n)| > \dfrac{1}{2}$. 令 $E = \overline{\operatorname{span}\{x_n\}}$. 由习题 1 中第 20 题的结论, E 是可分的. 下面只需证明 $E = X$. 若 $E \neq X$, 则由推论 2.4.7, 存在 $f \in X^*$, $\|f\| = 1$, 使得 $f|_E = 0$. 于是, 一方面 $f \in S_{X^*}$, 另一方面

$$\|f_n - f\| \geqslant |f_n(x_n) - f(x_n)| = |f_n(x_n)| > \frac{1}{2} \quad (n \geqslant 1).$$

这与 $\{f_n\}$ 在 S_{X^*} 中稠密矛盾. 因此 $E = X$. ∎

定理 2.7.3 的逆不成立. 例如, l^1 是可分的, 但是 $(l^1)^* \cong l^\infty$ 不是可分的.

例 2 利用定理 2.7.3 容易推出 $(l^\infty)^* \ncong l^1$. 事实上, 若 $(l^\infty)^* \cong l^1$, 根据定理 2.7.3, l^∞ 应该是可分的 (因为 l^1 是可分的). 但在 1.3 节例 3 中已经知道 l^∞ 不是可分的. 因此 $(l^\infty)^* \ncong l^1$. 由此又知道 l^1 不是自反的. 这是因为 $(l^1)^* \cong l^\infty$, 于是 $(l^1)^{**} \cong (l^\infty)^* \ncong l^1$. 这说明 $(l^1)^{**}$ 与 l^1 甚至不是等距同构的, 因此 l^1 不是自反的.

设 X 为赋范空间, X^* 是 X 的共轭空间, $A \subset X$. 若对任意 $f \in X^*$, 数集 $\{f(x) : x \in A\}$ 是有界的, 则称 A 是弱有界的.

定理 2.7.4 设 A 是赋范空间 X 的子集. 则 A 是弱有界的当且仅当 A 是 (按范数) 有界的.

证明 设 A 有界, 则存在 $M > 0$, 使得 $\|x\| \leqslant M (x \in A)$. 对任意 $f \in X^*$,

$$|f(x)| \leqslant \|f\| \|x\| \leqslant M \|f\| \quad (x \in A).$$

因此 A 是弱有界的. 反过来, 设 A 是弱有界的. 则对任意 $f \in X^*$, 存在 $M_f > 0$, 使得 $|f(x)| \leqslant M_f (x \in A)$. 对任意 $x \in X$, 设 x^{**} 是由式 (2.7.1) 定义的 X^* 上的泛函. 则

$$\sup_{x \in A} |x^{**}(f)| = \sup_{x \in A} |f(x)| \leqslant M_f.$$

即泛函族 $\{x^{**} : x \in A\}$ 在 X^* 上点点有界. 由共鸣定理 (注意 X^* 是 Banach 空间), 存在 $M > 0$, 使得 $\|x^{**}\| \leqslant M (x \in A)$. 由定理 2.7.1, $\|x^{**}\| = \|x\|$, 因此 $\|x\| \leqslant M (x \in A)$, 即 A 是有界的. ∎

2.7.2 弱收敛与弱*收敛

定义 2.7.3 设 $\{x_n\}$ 是赋范空间 X 中的序列, $x \in X$. 若对任意 $f \in X^*$, 均有 $f(x_n) \to f(x) (n \to \infty)$, 则称 $\{x_n\}$ 弱收敛于 x, 记为 $x_n \xrightarrow{\ \mathrm{w}\ } x$.

本节为清晰地区分两种不同的收敛，按范数收敛有时称为强收敛，记为 $x_n \xrightarrow{\text{s}} x$，或者 $x_n \xrightarrow{\|\cdot\|} x$.

定理 2.7.5　（1）若 $x_n \xrightarrow{\text{s}} x$，则 $x_n \xrightarrow{\text{w}} x$.

（2）弱收敛序列的极限是唯一的.

（3）弱收敛序列是（按范数）有界的.

证明　（1）设 $x_n \xrightarrow{\text{s}} x$. 则对任意 $f \in X^*$，
$$|f(x_n) - f(x)| \leqslant \|f\| \|x_n - x\| \to 0 \quad (n \to \infty).$$

因此 $f(x_n) \to f(x)$，从而 $x_n \xrightarrow{\text{w}} x$.

（2）设 $\{x_n\} \subset X$，$x_n \xrightarrow{\text{w}} x$，$x_n \xrightarrow{\text{w}} y$. 则对任意 $f \in X^*$，
$$f(x) = \lim_{n \to \infty} f(x_n) = f(y).$$

由 Hahn-Banach 定理的推论知道 $x = y$.

（3）设 $\{x_n\}$ 是弱收敛序列，则对每个 $f \in X^*$，数列 $\{f(x_n)\}$ 是收敛的，因而是有界的. 这说明 $\{x_n\}$ 是弱有界的. 根据定理 2.7.4，$\{x_n\}$ 是（按范数）有界的. ∎

例 3　定理 2.7.5(1) 的逆不成立. 设 $1 < p < \infty$，$\{e_n\}_{n \geqslant 1}$ 是 l^p 的标准基. 根据定理 2.6.2，对任意 $f \in (l^p)^*$，存在 $a = (a_i) \in l^q (p^{-1} + q^{-1} = 1)$，使得
$$f(x) = \sum_{i=1}^{\infty} a_i x_i \quad (x = (x_i) \in l^p).$$

于是 $f(e_n) = a_n \to 0 = f(0) (n \to \infty)$. 因此 $e_n \xrightarrow{\text{w}} 0$. 但是 $\|e_n\| = 1 \nrightarrow 0$. 因此 $\{e_n\}$ 不强收敛于 0.

定理 2.7.6　在有限维空间中，强收敛和弱收敛是一致的.

证明　只需证明在有限维空间中弱收敛蕴涵强收敛. 设 X 是 n 维赋范空间，$e_1, e_2, \cdots, e_n$ 是 X 的一组基. 对每个 $i = 1, 2, \cdots, n$，令
$$f_i(x) = x_i \quad \Big(x = \sum_{i=1}^{n} x_i e_i \in X \Big).$$

称 f_i 为第 i 个坐标泛函. 利用式 (1.5.10) 得到 $|f_i(x)| = |x_i| \leqslant \dfrac{1}{a} \|x\|$，因此 $f_i \in X^*$ $(i = 1, 2, \cdots, n)$. 设 $x^{(k)} \xrightarrow{\text{w}} x (k \to \infty)$. 记 $x^{(k)} = \sum_{i=1}^{n} x_i^{(k)} e_i$，$x = \sum_{i=1}^{n} x_i e_i$. 则对每个 $i = 1, 2, \cdots, n$，当 $k \to \infty$ 时有
$$x_i^{(k)} = f_i(x^{(k)}) \to f_i(x) = x_i,$$

即 $\{x^{(k)}\}$ 按坐标收敛于 x. 再次利用式 (1.5.10) 得到
$$\|x^{(k)} - x\| \leqslant b \Big(\sum_{i=1}^{n} |x_i^{(k)} - x_i|^2 \Big)^{\frac{1}{2}} \to 0 \quad (k \to \infty),$$

即 $\{x^{(k)}\}$ 强收敛于 x. ∎

定义 2.7.4　设 X 为赋范空间，X^* 是 X 的共轭空间. $\{f_n\} \subset X^*$，$f \in X^*$. 若对任意 $x \in X$，总有 $f_n(x) \to f(x) (n \to \infty)$，则称 $\{f_n\}$ 弱*收敛于 f，记为 $f_n \xrightarrow{\text{w*}} f$.

弱*收敛的极限是唯一的. 事实上, 设 $f_n \xrightarrow{\text{w}^*} f$, $f_n \xrightarrow{\text{w}^*} g$. 则对任意 $x \in X$, $f(x) = \lim\limits_{n \to \infty} f_n(x) = g(x)$. 因此 $f = g$.

设 $\{f_n\}$ 是 X^* 中的序列, $f \in X^*$. 则 $\{f_n\}$ 可以在三种不同意义下收敛于 f:

(1) 按 X^* 上的范数收敛或强收敛, 即 $\|f_n - f\| \to 0$. 记为 $f_n \xrightarrow{\|\cdot\|} f$ 或 $f_n \xrightarrow{\text{s}} f$.

(2) 弱收敛, 即对任意 $f \in (X^*)^* = X^{**}$, $F(f_n) \to F(f)$.

(3) 弱*收敛, 即对任意 $x \in X$, $f_n(x) \to f(x)$.

由定理 2.7.5, 若 $f_n \xrightarrow{\text{s}} f$, 则 $f_n \xrightarrow{\text{w}} f$. 关于弱收敛和弱*收敛有如下定理.

定理 2.7.7 设 $\{f_n\} \subset X^*$, $f \in X^*$. 若 $f_n \xrightarrow{\text{w}} f$, 则 $f_n \xrightarrow{\text{w}^*} f$.

证明 设 $f_n \xrightarrow{\text{w}} f$, 则对于任意 $F \in X^{**}$, $F(f_n) \to F(f)$. 对于任意 $x \in X$, 设 x^{**} 是由式(2.7.1)定义的 X^* 上的泛函. 则当 $n \to \infty$ 时,

$$f_n(x) = x^{**}(f_n) \to x^{**}(f) = f(x).$$

因此 $f_n \xrightarrow{\text{w}^*} f$. ∎

例 4 定理 2.7.7 的逆不成立. 例如, 考虑空间 c_0. 由习题 2 中第 39 题的结论, $c_0^* \cong l^1$. 设 $\{e_n\}_{n \geqslant 1}$ 是 l^1 的标准基. 将 e_n 与其所对应的 c_0 上的线性泛函等同起来(见 2.6 节中注 1), 即

$$e_n(x) = x_n \quad (x = (x_i) \in c_0).$$

则 $\{e_n\} \subset c_0^*$. 对任意 $x = (x_i) \in c_0$, 有 $e_n(x) = x_n \to 0$. 因此 $e_n \xrightarrow{\text{w}^*} 0$. 另一方面, 令

$$F(x) = \sum_{i=1}^{\infty} x_i \quad (x = (x_i) \in l^1).$$

则 $F \in l_1^*$, 因而 $F \in c_0^{**}$. 但当 $n \to \infty$ 时, $F(e_n) = 1 \nrightarrow 0$. 这表明 $\{e_n\}$ 不弱收敛于 0.

若 X 是无限维的赋范空间, 则其共轭空间 X^* 也是无限维的(参见习题 2 中第 26 题). 根据推论 1.6.12, X^* 中的有界集不是列紧的. 但是下面的定理 2.7.8 表明, 若 X 是可分的, 则 X^* 中的有界集是弱*列紧的.

定理 2.7.8 设 X 是可分的赋范空间, 则 X^* 中的有界序列必存在弱*收敛的子列.

证明 设 $\{x_n\}$ 是 X 中的稠密子集, $\{f_n\}$ 是 X^* 中的有界序列, $\|f_n\| \leqslant M (n \geqslant 1)$. 我们用"对角线法"选出 $\{f_n\}$ 的弱*收敛的子列. 由于 $\{f_n(x_1)\}$ 是有界数列, 因此存在 $\{f_n\}$ 的子列, 将其记为 $\{f_{n,1}\}$, 使得 $\{f_{n,1}(x_1)\}$ 是收敛的. 同样 $\{f_{n,1}(x_2)\}$ 是有界数列, 故存在 $\{f_{n,1}\}$ 的子列 $\{f_{n,2}\}$, 使得 $\{f_{n,2}(x_2)\}$ 是收敛的. 这样一直进行下去, 对每个正整数 k, 存在 $\{f_{n,k-1}\}$ 的子列 $\{f_{n,k}\}$, 使得 $\{f_{n,k}(x_k)\}$ 是收敛的. 令 $g_n = f_{n,n} (n \geqslant 1)$, 则 $\{g_n\}$ 是 $\{f_n\}$ 的子列, 并且对每个 $k = 1, 2, \cdots, \{g_n(x_k)\}$ 是收敛的. 对任意 $x \in X$ 和 $\varepsilon > 0$, 选取 x_k 使得 $\|x_k - x\| < \varepsilon$. 再取 $N > 0$, 使得当 $m, n > N$ 时, $|g_m(x_k) - g_n(x_k)| < \varepsilon$. 于是当 $m, n > N$ 时,

$$|g_m(x) - g_n(x)| \leqslant |g_m(x) - g_m(x_k)| + |g_m(x_k) - g_n(x_k)| + |g_n(x_k) - g_n(x)|$$
$$\leqslant \|g_m\| \|x - x_k\| + \varepsilon + \|g_n\| \|x_k - x\| < (2M+1)\varepsilon.$$

这说明 $\{g_n(x)\}$ 是 Cauchy 数列. 令 $g(x) = \lim\limits_{n \to \infty} g_n(x) (x \in X)$. 则 g 是 X 上的线性泛函. 由于 $|g(x)| \leqslant \varliminf\limits_{n \to \infty} \|g_n\| \|x\| \leqslant M \|x\|$, 因此 $g \in X^*$. 由 g 的定义, $g_n \xrightarrow{\text{w}^*} g$. ∎

2.7.3　某些空间上的弱收敛的判别条件

对于某些赋范空间，可以给出该空间上的序列弱收敛的容易使用的判别条件. 先给出一个判别弱收敛的一般准则.

定理 2.7.9　设 $\{x_n\}$ 是赋范空间 X 中的序列，$x \in X$. 则 $x_n \xrightarrow{\text{w}} x$ 的充分必要条件是：

(1) $\{x_n\}$ 有界；

(2) 存在 $E \subset X^*$ 使得 $\text{span}(E)$ 在 X^* 中稠密，并且对每个 $f \in E$，$f(x_n) \to f(x)$.

证明　必要性. 设 $x_n \xrightarrow{\text{w}} x$. 由定理 2.7.5 知道 $\{x_n\}$ 有界. 结论 (2) 是显然的.

充分性. 设条件 (1) 和 (2) 满足. 既然 $\{x_n\}$ 有界，不妨设 $\|x_n\| \leqslant M (n \geqslant 1)$ 并且 $\|x\| \leqslant M$. 显然对每个 $f \in \text{span}(E)$ 仍有 $f(x_n) \to f(x)$. 由于 $\text{span}(E)$ 在 X^* 中稠密，对任意 $f \in X^*$ 和 $\varepsilon > 0$，存在 $f_0 \in \text{span}(E)$ 使得 $\|f - f_0\| < \dfrac{\varepsilon}{3M}$. 由于 $f_0(x_n) \to f_0(x)$，存在 $N > 0$，使得当 $n > N$ 时，$|f_0(x_n) - f_0(x)| < \dfrac{\varepsilon}{3}$. 于是当 $n > N$ 时，我们有

$$|f(x_n) - f(x)| \leqslant |f(x_n) - f_0(x_n)| + |f_0(x_n) - f_0(x)| + |f_0(x) - f(x)|$$

$$< \|f - f_0\| \|x_n\| + \frac{\varepsilon}{3} + \|f_0 - f\| \|x\|$$

$$< \frac{\varepsilon}{3M} \cdot M + \frac{\varepsilon}{3} + \frac{\varepsilon}{3M} \cdot M = \varepsilon.$$

因此 $f(x_n) \to f(x)$. 这就证明了 $x_n \xrightarrow{\text{w}} x$. 充分性得证. ∎

例 5　$l^p (1 < p < \infty)$ 中的序列 $x^{(n)} = (x_i^{(n)})$ 弱收敛于 $x = (x_i)$ 的充要条件是 $\{x^{(n)}\}$ 有界，并且 $\{x^{(n)}\}$ 按坐标收敛于 x.

证明　必要性. 设 $x^{(n)} \xrightarrow{\text{w}} x$. 由定理 2.7.5 知道 $\{x_n\}$ 有界. 对每个 $i = 1, 2, \cdots$，设 f_i 是 l^p 上的第 i 个坐标泛函，即

$$f_i(x) = x_i \quad (x = (x_i) \in l^p).$$

则每个 $f_i \in (l^p)^*$. 由于 $x^{(n)} \xrightarrow{\text{w}} x$，因此对每个 $i = 1, 2, \cdots$，有

$$x_i^{(n)} = f_i(x^{(n)}) \to f_i(x) = x_i \quad (n \to \infty).$$

充分性. 令 $E = \{f_i, i = 1, 2, \cdots\}$，其中 f_i 是 l^p 上的第 i 个坐标泛函. 对每个 $f \in (l^p)^*$，存在 $a = (a_i) \in l^q (p^{-1} + q^{-1} = 1)$，使得

$$f(x) = \sum_{i=1}^{\infty} a_i x_i = \sum_{i=1}^{\infty} a_i f_i(x) \quad (x = (x_n) \in l^p).$$

令 $g_n = \sum_{i=1}^{n} a_i f_i$，则 $g_n \in \text{span}(E) (n \geqslant 1)$. 并且当 $n \to \infty$ 时

$$\|f - g_n\| = \|(0, \cdots, 0, a_{n+1}, a_{n+2}, \cdots)\|_q = \Big(\sum_{i=n+1}^{\infty} |a_i|^q\Big)^{\frac{1}{q}} \to 0.$$

这表明 $\text{span}(E)$ 在 $(l^p)^*$ 中稠密. 对每个 $f_i \in E$，当 $n \to \infty$ 时有

$$f_i(x^{(n)}) = x_i^{(n)} \to x_i = f_i(x).$$

由定理 2.7.9 知道 $x_n \xrightarrow{\text{w}} x$. ■

注 2　例 5 的结论当 $p = 1$ 时不成立. 例如设

$$x^{(n)} = (\underbrace{0,\cdots,0,1}_{n},0,\cdots) \quad (n = 1,2,\cdots,)$$

则 $\{x^{(n)}\}$ 是有界序列, 并且 $\{x^{(n)}\}$ 按坐标收敛于 0. 若令 $f(x) = \sum\limits_{i=1}^{\infty} x_i (x = (x_i) \in l^1)$, 则 $f \in (l^1)^*$. 但是 $f(x^{(n)}) = 1 \nrightarrow 0 (n \to \infty)$. 因此 $\{x^{(n)}\}$ 在 l^1 中不弱收敛于 0.

例 6　$L^p[a,b](1 < p < \infty)$ 中的序列 $\{x_n\}$ 弱收敛于 x 的充要条件是 $\{x^{(n)}\}$ 有界, 并且对每个 $t \in [a,b]$ 有

$$\lim_{n \to \infty} \int_a^t x_n(s)\mathrm{d}s = \int_a^t x(s)\mathrm{d}s. \tag{2.7.4}$$

证明　必要性. 设 $x_n \xrightarrow{\text{w}} x$. 则 $\{x^{(n)}\}$ 有界. 对每个 $t \in [a,b]$, 令 $y_t(s) = \chi_{[a,t]}(s)$, 则 $y_t \in L^q[a,b](p^{-1} + q^{-1} = 1)$. 令

$$f_t(x) = \int_a^b x(s)y_t(s)\mathrm{d}s \quad (x \in L^p[a,b]).$$

则 $f_t \in L^p[a,b]^*$. 由于 $x_n \xrightarrow{\text{w}} x$, 因此

$$\lim_{n \to \infty} \int_a^t x_n(s)\mathrm{d}s = \lim_{n \to \infty} f_t(x_n) = f_t(x) = \int_a^t x(s)\mathrm{d}s.$$

充分性.　令 $A = \{y_t(s): t \in [a,b]\}$, $E = \{f_t: t \in [a,b]\}$. 由于 span(A) 是 $[a,b]$ 上的阶梯函数的全体, 由积分的逼近性质知道 span(A) 在 $L^q[a,b]$ 中稠密, 亦即在 $L^p[a,b]^*$ 中稠密. 利用式(2.7.4), 对每个 $f_t \in E$

$$\lim_{n \to \infty} f_t(x_n) = \lim_{n \to \infty} \int_a^t x_n(s)\mathrm{d}s = \int_a^t x(s)\mathrm{d}s = f_t(x).$$

根据定理 2.7.9 即知 $x_n \xrightarrow{\text{w}} x(n \to \infty)$. ■

例 7　$C[a,b]$ 中的序列 $\{x_n\}$ 弱收敛于 x 的充要条件是 $\{x^{(n)}\}$ 有界, 并且 $\{x_n(t)\}$ 在 $[a,b]$ 上处处收敛于 $x(t)$.

证明　必要性: 设 $x_n \xrightarrow{\text{w}} x$, 则 $\{x^{(n)}\}$ 有界. 对每个 $t \in [a,b]$, 令 $f_t(x) = x(t)$ $(x \in C[a,b])$, 则 $f_t \in C[a,b]^*$. 因此

$$\lim_{n \to \infty} x_n(t) = \lim_{n \to \infty} f_t(x_n) = f_t(x) = x(t).$$

充分性: 根据定理 2.6.8, 对任意 $f \in C[a,b]^*$, f 可以表示为

$$f(x) = \int_a^b x(t)\mathrm{d}\alpha(t) \quad (x \in C[a,b]).$$

其中 $\alpha \in V_0[a,b]$. 由于 $|x_n(t)| \leqslant \|x_n\| \leqslant M(n \geqslant 1)$, 并且对每个 $t \in [a,b]$, $x_n(t) \to x(t)$. 利用关于 L-S 积分的有界收敛定理得到

$$\lim_{n \to \infty} f(x_n) = \lim_{n \to \infty} \int_a^b x_n(t)\mathrm{d}\alpha(t) = \int_a^b x(t)\mathrm{d}\alpha(t) = f(x).$$

因此 $x_n \xrightarrow{\text{w}} x(n \to \infty)$. ■

2.8 共轭算子

设 X 和 Y 为赋范空间，X^* 和 Y^* 分别是 X 和 Y 的共轭空间. 又设 $T:X \to Y$ 是有界线性算子. 对任意给定的 $g \in Y^*$，令

$$f(x) = g(Tx) \quad (x \in X). \tag{2.8.1}$$

则 f 是 X 上的线性泛函. 由于

$$|f(x)| = |g(Tx)| \leqslant \|g\| \|Tx\| \leqslant \|g\| \|T\| \|x\|.$$

因此 $f \in X^*$ 并且

$$\|f\| \leqslant \|g\| \|T\|. \tag{2.8.2}$$

这样就得到一个映射 $S:Y^* \to X^*$，$g \mapsto f$. 算子 S 是由 T 确定的，由此我们有如下定义：

定义 2.8.1 设 X 和 Y 为赋范空间，X^* 和 Y^* 分别是 X 和 Y 的共轭空间，又设 $T:X \to Y$ 是有界线性算子. 定义算子

$$T^* : Y^* \to X^*$$

$$g \mapsto f，其中 f 是由式(2.8.1)定义的，$$

称 T^* 为 T 的共轭算子.

按照共轭算子的定义，T 与 T^* 之间满足关系式：

$$(T^*g)(x) = g(Tx) \quad (x \in X, g \in Y^*). \tag{2.8.3}$$

一般地，若 f 是线性空间 X 上的线性泛函，有时为了将 x 与 f 平等地看待，将 $f(x)$ 记为 (x,f). 用这个记号，式(2.8.2)可以写成

$$(x, T^*g) = (Tx, g) \quad (x \in X, g \in Y^*).$$

下面的例 1 说明，共轭算子是转置矩阵的概念在无限维空间的推广. 先作一个记号的说明. 设 $\mathbf{K}^n$ 为 n 维欧氏空间. 对任意 $a = (a_1, a_2, \cdots, a_n) \in \mathbf{K}^n$，令

$$f(x) = \sum_{i=1}^{n} a_i x_i \quad (x = (x_1, x_2, \cdots, x_n) \in \mathbf{K}^n).$$

则 f 是 $\mathbf{K}^n$ 上的线性泛函. 下面将 a 与 f 不加区别，即将 a 视为由上式确定的泛函. 则

$$a(x) = \sum_{i=1}^{n} a_i x_i \quad (x = (x_1, x_2, \cdots, x_n) \in \mathbf{K}^n.) \tag{2.8.4}$$

（见 2.6 节中注 1）.

例 1 设 $T:\mathbf{K}^n \to \mathbf{K}^m$ 是由矩阵 $(a_{ij})_{m \times n}$ 确定的线性算子. 由于 $(\mathbf{K}^n)^* \cong \mathbf{K}^n$，因此可以将 T^* 视为 $\mathbf{K}^m$ 到 $\mathbf{K}^n$ 的算子. 设 T^* 相应的矩阵是 $(b_{ij})_{n \times m}$，$e_1, e_2, \cdots, e_n$ 是 $\mathbf{R}^n$ 的标准基. 由于对任意 $x = (x_1, \cdots, x_n) \in \mathbf{K}^n$，

$$Tx = \Big(\sum_{j=1}^{n} a_{1j} x_j, \sum_{j=1}^{n} a_{2j} x_j, \cdots, \sum_{j=1}^{n} a_{mj} x_j \Big),$$

因此 $Te_j = (a_{1j}, a_{2j}, \cdots, a_{mj})$. 利用式(2.8.4)得到 $(Te_j, e_i) = a_{ij}$. 类似地有 $(e_j, T^*e_i) = b_{ji}$. 于

是

$$a_{ij} = (Te_j, e_i) = (e_j, T^* e_i) = b_{ji}.$$

即 (b_{ij}) 是 (a_{ij}) 的转置矩阵. 因此 T^* 是由 (a_{ij}) 的转置矩阵确定的算子.

定理 2.8.1 设 X 和 Y 为赋范空间, $T, S \in B(X, Y)$. 则:

(1) $T^* \in B(Y^*, X^*)$, 并且 $\|T^*\| = \|T\|$;

(2) $(T + S)^* = T^* + S^*$, $(\alpha T)^* = \alpha T^* \ (\alpha \in \mathbf{K})$.

证明 (1) 设 $g_1, g_2 \in Y^*$, 则对任意 $x \in X$,

$$(x, T^*(g_1 + g_2)) = (Tx, g_1 + g_2) = (Tx, g_1) + (Tx, g_2)$$
$$= (x, T^* g_1) + (x, T^* g_2) = (x, T^* g_1 + T^* g_2).$$

由 $x \in X$ 的任意性得到 $T^*(g_1 + g_2) = T^* g_1 + T^* g_2$. 类似可证 $T^*(\alpha g) = \alpha T^* g$. 这表明 T^* 是线性的. 利用式 (2.8.2) 得到

$$\|T^* g\| = \|f\| \leqslant \|T\| \|g\| \ (g \in Y^*).$$

因此 T^* 是有界的, 并且 $\|T^*\| \leqslant \|T\|$. 另一方面, 对任意 $x \in X$, 若 $Tx \neq 0$, 由 Hahn-Banach 定理的推论, 存在 $g_0 \in Y^*$, 使得 $\|g_0\| = 1$, $(Tx, g_0) = \|Tx\|$. 于是

$$\|Tx\| = (Tx, g_0) = (x, T^* g_0) \leqslant \|T^* g_0\| \|x\|$$
$$\leqslant \|T^*\| \|g_0\| \|x\| = \|T^*\| \|x\|.$$

当 $Tx = 0$ 时, 上式显然成立. 这表明 $\|T\| \leqslant \|T^*\|$. 因此 $\|T^*\| = \|T\|$.

(2) 设 $T, S \in B(X, Y)$, 则对任意 $x \in X$, $g \in Y^*$,

$$(x, (T + S)^* g) = ((T + S)x, g) = (Tx, g) + (Sx, g)$$
$$= (x, T^* g) + (x, S^* g) = (x, T^* g + S^* g)$$
$$= (x, (T^* + S^*) g).$$

由上式得到 $(T + S)^* g = (T^* + S^*) g (g \in Y^*)$. 从而 $(T + S)^* = T^* + S^*$. 类似可证 $(\alpha T)^* = \alpha T^*$. ■

定理 2.8.2 设 X, Y, Z 为赋范空间.

(1) 若 $A \in B(Y, Z)$, $B \in B(X, Y)$, 则 $(AB)^* = B^* A^*$.

(2) 若 I_X 和 I_{X^*} 分别是 X 和 X^* 上的单位算子, 则 $I_X^* = I_{X^*}$.

证明 (1) 对任意 $x \in X$, $h \in Z^*$, 我们有

$$(x, (AB)^* h) = (ABx, h) = (A(Bx), h) = (Bx, A^* h) = (x, B^* A^* h).$$

上式表明 $(AB)^* h = B^* A^* h (h \in Z^*)$, 从而 $(AB)^* = B^* A^*$.

(2) 对任意 $x \in X$, $f \in X^*$, 我们有

$$(x, I_X^* f) = (I_X x, f) = (x, f) = (x, I_{X^*} f).$$

上式表明 $I_X^* f = I_{X^*} f \ (f \in X^*)$, 从而 $I_X^* = I_{X^*}$. ■

例 2 设 $T: l^p \to l^p (1 \leqslant p < \infty)$ 是右移算子, 即

$$T(x_1, x_2, \cdots) = (0, x_1, x_2, \cdots) \ (x = (x_1, x_2, \cdots) \in l^p).$$

显然 T 是有界的线性算子. 下面我们求 T^* 的表达式. 由于 $(l^p)^* \cong l^q (p^{-1} + q^{-1} = 1)$, 可以将

T^* 视为 l^q 到 l^q 的算子. 设

$$T^*(y_1, y_2, \cdots) = (z_1, z_2, \cdots) \quad (y = (y_1, y_2, \cdots) \in l^q).$$

由共轭算子的定义, 有

$$(x, T^*y) = (Tx, y) \quad (x \in l^p).$$

因此对任意 $x = (x_1, x_2, \cdots) \in l^p$, 有

$$\sum_{i=1}^{\infty} z_i x_i = \sum_{i=2}^{\infty} y_i x_{i-1} = \sum_{i=1}^{\infty} y_{i+1} x_i.$$

分别令 $x = e_i (i = 1, 2, \cdots)$, 其中 $\{e_i\}$ 是 l^p 的标准基, 得到 $z_i = y_{i+1} (i = 1, 2, \cdots)$. 因此

$$T^*(y_1, y_2, \cdots) = (y_2, y_3, \cdots) \quad (y = (y_1, y_2, \cdots) \in l^q).$$

即 T^* 是 l^q 上的左移算子.

例 3　设 $K(s,t)$ 是矩形 $[a,b] \times [a,b]$ 上的平方可积函数. 在 $L^2[a,b]$ 上定义算子如下:

$$(Tx)(s) = \int_a^b K(s,t) x(t) \mathrm{d}t \quad (x \in L^2[a,b]).$$

由 2.1 节中的例 2 和例 4 知道 T 是 $L^2[a,b]$ 上的有界线性算子. 现在求 T^* 的表达式. 由于 $L^2[a,b]^* \cong L^2[a,b]$, 因此可以将 T^* 视为 $L^2[a,b]$ 上的算子. 设

$$(T^*y)(s) = z(s) \quad (y = y(s) \in L^2[a,b]).$$

由共轭算子的定义, 对任意 $x \in L^2[a,b]$ 有 $(x, T^*y) = (Tx, y)$, 因此

$$\int_a^b x(s) z(s) \mathrm{d}s = \int_a^b \left(\int_a^b K(s,t) x(t) \mathrm{d}t \right) y(s) \mathrm{d}s$$

利用 Fubini 定理得到

$$\begin{aligned}
\int_a^b x(s) z(s) \mathrm{d}s &= \int_a^b \left(\int_a^b K(s,t) x(t) y(s) \mathrm{d}s \right) \mathrm{d}t \\
&= \int_a^b x(t) \left(\int_a^b K(s,t) y(s) \mathrm{d}s \right) \mathrm{d}t \\
&= \int_a^b x(s) \left(\int_a^b K(t,s) y(t) \mathrm{d}t \right) \mathrm{d}s.
\end{aligned}$$

比较上式的两端得到 $z(s) = \int_a^b K(t,s) y(t) \mathrm{d}t$. 于是得到 T^* 的表达式:

$$(T^*y)(s) = \int_a^b K(t,s) y(t) \mathrm{d}t \quad (y \in L^2[a,b]).$$

设 X 和 Y 是赋范空间, $T \in B(X, Y)$. 根据定理 2.8.1, $T^* \in B(Y^*, X^*)$. 对于 T^* 同样定义其共轭算子. 记 $T^{**} = (T^*)^*$, 则 $T^{**} \in B(X^{**}, Y^{**})$, 称之为 T 的二次共轭算子.

定理 2.8.3　设 X, Y 是赋范空间, $T \in B(X, Y)$. 则对任意 $x \in X$, 成立有

$$(Tx)^{**} = T^{**} x^{**},$$

其中 $x \mapsto x^{**}$ 和 $Tx \mapsto (Tx)^{**}$ 分别是 X 到 X^{**} 和 Y 到 Y^{**} 的标准嵌入.

证明　设 $x \in X$. 对任意 $g \in Y^*$, 有

$$(g, T^{**} x^{**}) = (T^* g, x^{**}) = (x, T^* g) = (Tx, g) = (g, (Tx)^{**}).$$

因此 $(Tx)^{**} = T^{**} x^{**}$. ∎

若在标准嵌入的意义下,将 X 和 Y 分别视为 X^{**} 和 Y^{**} 的子空间,即将 x 与 x^{**} 不加区别,将 Tx 与 $(Tx)^{**}$ 不加区别,则定理 2.8.3 的结果可以叙述为:对任意 $x \in X$,成立有 $T^{**} x = Tx$. 在这种意义下,T^{**} 是 T 的线性延拓. 又由于 $\|T^{**}\| = \|T^*\| = \|T\|$,因此 T^{**} 是 T 的保持范数不变的线性延拓.

2.9　紧　算　子

紧算子是一种特殊的有界线性算子. 紧算子在算子谱论中具有重要地位. 这里只介绍紧算子的初步知识.

定义 2.9.1　设 X 和 Y 为赋范空间,$T: X \to Y$ 是线性算子.

(1) 称 T 是紧算子,若 T 将 X 中的每个有界集映射为 Y 中的列紧集;

(2) 称 T 是有限秩算子,若 $T(X)$ 是有限维的.

由定义知道,T 是紧算子当且仅当对 X 中的每个有界序列 $\{x_n\}$,$\{Tx_n\}$ 存在收敛的子列. 此外,若 T 将 X 的闭单位球映射为 Y 中的列紧集,则 T 是紧算子(这个结论的证明留作习题).

定理 2.9.1　(1) 紧算子是有界算子;

(2) 有界的有限秩算子是紧算子;

(3) 设 X, Y, Z 为赋范空间,$A \in B(Y, Z)$,$B \in B(X, Y)$. 若 A 或 B 是紧算子,则 AB 是紧算子.

证明　(1) 由于列紧集是有界集,故(1)成立.

(2) 若 T 是有界的有限秩算子,则对 X 中的任意有界集 E,$T(E)$ 是有限维空间 $T(X)$ 中的有界集,因而是列紧集. 因此 T 是紧算子.

(3) 设 A 是紧算子. 对 X 中的任意有界集 E,由于 $B(E)$ 是 Y 中的有界集,因此 $AB(E)$ 是 Z 中的列紧集,从而 AB 是紧算子. 若 B 是紧算子,则对 X 中的每个有界序列 $\{x_n\}$,$\{Bx_n\}$ 存在收敛的子列 $\{Bx_{n_k}\}$,于是 $\{ABx_{n_k}\}$ 是 $\{ABx_n\}$ 的收敛子列. 这表明 AB 是紧算子. ∎

将 X 到 Y 的紧算子的全体记为 $C(X, Y)$.

定理 2.9.2　(1) 若 $A, B \in C(X, Y)$,则 $A + B \in C(X, Y)$,$\alpha A \in C(X, Y)$ $(\alpha \in \mathbf{K})$.

(2) 若 Y 是完备的,$A_n \in C(X, Y)$,$A \in B(X, Y)$,并且 $\|A_n - A\| \to 0$,则 $A \in C(X, Y)$.

证明　(1) 设 $\{x_n\}$ 是 X 中的有界序列. 由于 A 是紧算子,所以 $\{Ax_n\}$ 存在一个收敛的子列 $\{Ax_{n_k}\}$. 又由于 B 是紧算子,所以 $\{Bx_{n_k}\}$ 存在收敛的子列 $\{Bx_{n_{k'}}\}$. 于是 $\{(A + B)x_{n_{k'}}\}$ 是 $\{(A + B)x_n\}$ 的收敛子列,因此 $A + B$ 是紧算子. 类似可证 αA 是紧算子.

(2) 设 $\{x_n\}$ 是 X 中的有界序列,$\|x_n\| \leqslant M (n \geqslant 1)$. 对任意 $\varepsilon > 0$,取 n_0 足够大使得 $\|A_{n_0} - A\| < \dfrac{\varepsilon}{3M}$. 由于 A_{n_0} 是紧算子,故 $\{A_{n_0} x_n\}$ 存在收敛的子列 $\{A_{n_0} x_{n_k}\}$,于是存在 K

> 0 使得当 $k, l > K$ 时，$\| A_{n_0} x_{n_k} - A_{n_0} x_{n_l} \| < \dfrac{\varepsilon}{3}$. 于是当 $k, l > K$ 时，

$$\| A x_{n_k} - A x_{n_l} \| \leqslant \| A x_{n_k} - A_{n_0} x_{n_k} \| + \| A_{n_0} x_{n_k} - A_{n_0} x_{n_l} \| + \| A_{n_0} x_{n_l} - A x_{n_l} \|$$

$$< \| A - A_{n_0} \| \| x_{n_k} \| + \frac{\varepsilon}{3} + \| A - A_{n_0} \| \| x_{n_l} \|$$

$$< \frac{\varepsilon}{3} + \frac{\varepsilon}{3} + \frac{\varepsilon}{3} = \varepsilon.$$

这说明 $\{ A x_{n_k} \}$ 是 Y 中的 Cauchy 序列. 由于 Y 是完备的，因而 $\{ A x_{n_k} \}$ 收敛. 这就证明了 A 是紧算子. ∎

例 1 设 $\{ a_{ij} \}$ 是无穷矩阵，满足 $\displaystyle\sum_{i=1}^{\infty} \sum_{j=1}^{\infty} | a_{ij} |^2 < \infty$. 定义算子 $T : l^2 \to l^2$ 使得

$$T(x_1, x_2, \cdots) = (y_1, y_2, \cdots) \quad (x = (x_i) \in l^2),$$

其中 $y_i = \displaystyle\sum_{j=1}^{\infty} a_{ij} x_j \, (i = 1, 2, \cdots)$. 容易验证 T 是有界线性算子. 对每个 $n = 1, 2, \cdots$，令

$$T_n (x_1, x_2, \cdots) = (y_1, y_2, \cdots, y_n, 0, \cdots) \quad (x = (x_i) \in l^2).$$

则每个 T_n 是有界的有限秩算子，因而是紧算子. 对任意 $x = (x_i) \in l^2$，我们有

$$\| (T - T_n) x \|_2^2 = \sum_{i=n+1}^{\infty} | y_i |^2 = \sum_{i=n+1}^{\infty} \left| \sum_{j=1}^{\infty} a_{ij} x_j \right|^2$$

$$\leqslant \sum_{i=n+1}^{\infty} \sum_{j=1}^{\infty} | a_{ij} |^2 \sum_{j=1}^{\infty} | x_j |^2 = \sum_{i=n+1}^{\infty} \sum_{j=1}^{\infty} | a_{ij} |^2 \| x \|_2^2.$$

因此

$$\| T - T_n \| \leqslant \left(\sum_{i=n+1}^{\infty} \sum_{j=1}^{\infty} | a_{ij} |^2 \right)^{\frac{1}{2}} \to 0 \quad (n \to \infty).$$

根据定理 2.9.2，T 是紧算子.

例 2 设 $K(s, t)$ 是 $[a, b] \times [a, b]$ 上的连续函数. 定义算子 $T : C[a, b] \to C[a, b]$，

$$(Tx)(s) = \int_a^b K(s, t) x(t) \mathrm{d}t \quad (x \in C[a, b]).$$

在 2.1 节例 6 中我们已经知道 T 是有界的. 现在证明 T 是紧算子. 设 E 是 $C[a, b]$ 中的有界集，$\| x \| \leqslant M (x \in E)$. 由于 T 有界，故 $T(E)$ 是 $C[a, b]$ 中的有界集，换言之，函数族 $\{ Tx : x \in E \}$ 是一致有界的. 由于 $K(s, t)$ 是 $[a, b] \times [a, b]$ 上的连续函数. 因此对任意 $\varepsilon > 0$，存在 $\delta > 0$，使得当 $s_1, s_2 \in [a, b]$ 并且 $| s_1 - s_2 | < \delta$ 时

$$| K(s_1, t) - K(s_2, t) | < \frac{\varepsilon}{M(b-a)} \quad (t \in [a, b]).$$

于是对任意 $x \in E$，我们有

$$| (Tx)(s_1) - (Tx)(s_2) | = \left| \int_a^b (K(s_1, t) - K(s_2, t)) x(t) \mathrm{d}t \right|$$

$$\leqslant \int_a^b | K(s_1, t) - K(s_2, t) | \, | x(t) | \, \mathrm{d}t$$

$$\leqslant M(b-a) \cdot \frac{\varepsilon}{M(b-a)} = \varepsilon.$$

这表明 $T(E)$ 是等度连续的函数族. 根据 Arzela-Ascoli 定理, $T(E)$ 是 $C[a,b]$ 中的列紧集. 从而 T 是紧算子.

定理 2.9.3 设 X 和 Y 是赋范空间. 若 $T:X \rightarrow Y$ 是紧算子, 则 T^* 也是紧算子.

证明 设 S_X 是 X 的闭单位球, S_{Y^*} 是 Y^* 的闭单位球, 我们要证明 $T^*(S_{Y^*})$ 是 X^* 中的列紧集. 由于 X^* 是完备的, 只需要证明 $T^*(S_{Y^*})$ 是完全有界集.

由于 T 是紧算子, 故 $T(S_X)$ 是列紧的, 从而是完全有界的. 对任意 $\varepsilon > 0$, 设 $E = \{y_1, y_2, \cdots, y_n\}$ 是 $T(S_X)$ 的 $\frac{\varepsilon}{4}$- 网. 即对任意 $x \in S_X$, 存在 $y_i \in E$, 使得

$$\|Tx - y_i\| < \frac{\varepsilon}{4}. \tag{2.9.1}$$

作映射 $A: Y^* \rightarrow \mathbf{K}^n$, $Ag = (g(y_1), g(y_2), \cdots, g(y_n))$. 则对任意 $g \in Y^*$,

$$\|Ag\| = \Big(\sum_{i=1}^n |g(y_i)|^2\Big)^{\frac{1}{2}} \leqslant \Big(\sum_{i=1}^n \|g\|^2 \|y_i\|^2\Big)^{\frac{1}{2}} = \Big(\sum_{i=1}^n \|y_i\|^2\Big)^{\frac{1}{2}} \|g\|,$$

所以 A 是有界的有限秩算子, 从而是紧算子. 于是 $A(S_{Y^*})$ 是完全有界集. 因此存在 g_1, $g_2, \cdots, g_m \in S_{Y^*}$, 使得 $\{Ag_1, Ag_2, \cdots, Ag_m\}$ 是 $A(S_{Y^*})$ 的 $\frac{\varepsilon}{4}$- 网. 即对任意 $g \in S(Y^*)$ 存在 $g_k(1 \leqslant k \leqslant m)$, 使得

$$\Big(\sum_{i=1}^n |g(y_i) - g_k(y_i)|^2\Big)^{\frac{1}{2}} = \|Ag - Ag_k\| < \frac{\varepsilon}{4}.$$

从而

$$|g(y_i) - g_k(y_i)| < \frac{\varepsilon}{4} \quad (i = 1, 2, \cdots, n). \tag{2.9.2}$$

于是当 $g \in S_{Y^*}$, $x \in S_X$ 时, 由式(2.9.1)、式(2.9.2) 两式得到

$$|g(Tx) - g_k(Tx)| \leqslant |g(Tx) - g(y_i)| + |g(y_i) - g_k(y_i)| + |g_k(y_i) - g_k(Tx)|$$

$$\leqslant \|g\| \|Tx - y_i\| + \frac{\varepsilon}{4} + \|g_k\| \|y_i - Tx\|$$

$$< \|Tx - y_i\| + \frac{\varepsilon}{4} + \|Tx - y_i\| < \frac{3\varepsilon}{4}. \tag{2.9.3}$$

利用式(2.9.3) 得到

$$\|T^*g - T^*g_k\| = \sup_{\|x\| \leqslant 1} |(T^*g - T^*g_k)(x)|$$

$$= \sup_{\|x\| \leqslant 1} |g(Tx) - g_k(Tx)| \leqslant \frac{3\varepsilon}{4} < \varepsilon.$$

这表明 $T^*g_1, T^*g_2, \cdots, T^*g_m$ 是 $T^*(S_{Y^*})$ 的 ε-网. 因此 $T^*(S_{Y^*})$ 是完全有界集, 从而 T^* 是紧算子. ∎

习　题　2

1. 设 X 和 Y 是赋范空间，$T:X \to Y$ 是线性算子. 证明若 T 在 X 上的某一点处连续，则 T 在 X 上连续.

2. 设 X 和 Y 是赋范空间，$T:X \to Y$ 是线性算子. 证明 T 有界的充要条件是 T 将 X 中的每个完全有界集映射为 Y 中的完全有界集.

3. 设 f 是赋范空间 X 上的线性泛函. 证明 f 有界的充要条件是 f 的零空间 $N(f)$ 是闭集.

4. 设 $1 \leqslant p < \infty$. 定义算子 $T:l^p \to l^p$，$T(x_1,x_2,\cdots)=(a_1 x_1,a_2 x_2,\cdots)$，其中 $\{a_i\}$ 是一有界数列. 计算 $\|T\|$.

5. 在 $C[0,1]$ 上定义泛函

$$f(x)=\int_0^{\frac{1}{2}} x(t)\mathrm{d}t - \int_{\frac{1}{2}}^1 x(t)\mathrm{d}t \quad (x \in C[0,1]).$$

(1) 计算 $\|f\|$. (2) 证明不存在 $x \in C[0,1]$，使得 $\|x\| \leqslant 1$，并且 $f(x)=\|f\|$.

6. 定义 $(Tx)(t)=tx(t)$. 分别将 T 视为 $L^2[0,1]$ 到 $L^1[0,1]$ 的算子和 $L^2[0,1]$ 到 $L^2[0,1]$ 的算子，计算 $\|T\|$.

7. 设 $1 \leqslant p < \infty$. 定义 $T:L^p[a,b] \to L^p[a,b]$，$(Tx)(t)=\alpha(t)x(t)$，其中 $\alpha=\alpha(t) \in L^\infty[a,b]$. 证明 $\|T\|=\|\alpha\|_\infty$.

8. $C[a,b]$ 上的线性泛函 f 称为是正泛函，如果当 $x(t) \geqslant 0(t \in [a,b])$ 时，有 $f(x) \geqslant 0$. 证明 $C[a,b]$ 上的正泛函是有界的，并且 $\|f\|=f(1)$.

提示：令 $x_0(t) \equiv 1$. 若 $x \in C[a,b]$，$\|x\| \leqslant 1$，则 $x_0(t) \pm x(t) \geqslant 0$.

9. 设 X 和 Y 为赋范空间，$1 < p < \infty$. 在 $X \times Y$ 上定义范数

$$\|(x,y)\|_p = (\|x\|^p + \|y\|^p)^{\frac{1}{p}}, \quad (x,y) \in X \times Y.$$

若 $f_1 \in X^*$，$f_2 \in Y^*$，令 $f(x,y)=f_1(x)+f_2(y)((x,y) \in X \times Y)$. 证明 $f \in (X \times Y)^*$，并且 $\|f\| \leqslant (\|f_1\|^q + \|f_2\|^q)^{1/q}$，这里 $p^{-1}+q^{-1}=1$.

10. 设 $a=(a_n)$ 是一数列，使得对每个 $x=(x_n) \in c_0$，级数 $\sum_{i=1}^\infty a_i x_i$ 收敛. 证明 $a \in l^1$.

11. 证明算子 $T:c_{00} \to c_{00}$，$T(x_1,x_2,x_3,\cdots)=\left(x_1,\dfrac{1}{2}x_2,\dfrac{1}{3}x_3,\cdots\right)$ 是双射并且有界的线性算子，但 T^{-1} 不是有界的. 试问这与逆算子定理是否矛盾？为什么？

12. 设 X 是 Banach 空间，$f_n \in X^*(n \geqslant 1)$，使得对每个 $x \in X$ 有 $\sum_{n=1}^\infty |f_n(x)| < \infty$. 证明存在常数 M，使得对于每个 $x \in X$ 有 $\sum_{n=1}^\infty |f_n(x)| \leqslant M\|x\|$.

提示：考虑算子序列 $T_n:X \to l^1$，$T_n(x)=(f_1(x),f_2(x),\cdots,f_n(x),0,\cdots)$. 利用共鸣定理.

13. 设 X,Y,Z 是 Banach 空间，$T:X \times Y \to Z$. 对每个固定的 $x \in X$ 或 $y \in Y$，$T(x,y)$

关于另一个变量是有界的、线性的. 证明 $T(x,y)$ 关于 (x,y) 是连续的(即当 $x_n \to x$, $y_n \to y$ 时, $T(x_n, y_n) \to T(x,y)$),并且存在常数 $c > 0$,使得

$$\|T(x,y)\| \leqslant c\|x\|\|y\| \quad (x \in X, \ y \in Y).$$

提示:设 $x_n \to x, y_n \to y$. 令 $A_n(y) = T(x_n, y)$. 对算子序列 $\{A_n\}$ 利用共鸣定理.

14. 设 X 是 Banach 空间. 证明若 $f \in X^*$, $f \neq 0$,则 f 是开映射.

15. 举例说明开映射未必将闭集映射为闭集.

16. 设 X 是 Banach 空间,E_1, E_2 是 X 的闭线性子空间,使得 $X = E_1 \oplus E_2$. 证明存在 $c > 0$,使得对任意 $x = x_1 + x_2 (x_1 \in E_1, x_2 \in E_2)$,有

$$\|x_1\| \leqslant c\|x\|, \|x_2\| \leqslant c\|x\|.$$

提示:考虑算子 $P_1(x) = x_1$, $P_2(x) = x_2 (x = x_1 + x_2 \in X)$. 利用闭图像定理.

17. 设 X 和 Y 是赋范空间,$T : X \to Y$ 是闭线性算子. 证明:

(1) T 将 X 中的紧集映射成 Y 中的闭集;

(2) $N(T)$ 是 X 的闭子空间.

18. (1) 设 X 和 Y 是距离空间. 证明若 $T : X \to Y$ 是双射并且是闭算子,则 T^{-1} 是闭算子.

(2) 用闭图像定理证明逆算子定理.

19. 设 $\|\cdot\|_1$ 和 $\|\cdot\|_2$ 是线性空间 X 上的两个范数,使得 X 关于两个范数都成为 Banach 空间. 若对任意 $\{x_n\} \subset X$, $\|x_n\|_1 \to 0$ 蕴涵 $\|x_n\|_2 \to 0$,证明当 $\|x_n\|_2 \to 0$ 时,必有 $\|x_n\|_1 \to 0$.

20. 在 $C[0,1]$ 上定义新范数:$\|x\|_1 = \int_0^1 |x(t)| \, \mathrm{d}t$. 证明 $\|\cdot\|_1$ 与 $C[0,1]$ 上原来的范数不是等价的. 结合推论 2.3.4,可以推出什么结论(参见习题 1 中第 34 题).

21. 设 $\|\cdot\|_1$ 是 $C[a,b]$ 上的另一范数,使得 $(C[a,b], \|\cdot\|_1)$ 成为 Banach 空间,并且当 $\|x_n - x\|_1 \to 0$ 时必有 $x_n(t) \to x(t) (t \in [a,b])$. 证明 $\|\cdot\|_1$ 与 $C[a,b]$ 上的原来的范数 $\|\cdot\|$ 等价.

提示:考虑 $C[a,b]$ 上的恒等算子,利用闭图像定理.

22. 设 X 和 Y 是 Banach 空间,$T : X \to Y$ 是单射并且有界的线性算子. 将 T 视为 X 到 $R(T)$ 的算子,则 T 存在逆算子 T^{-1}. 证明 $T^{-1} : R(T) \to X$ 有界当且仅当 $R(T)$ 是 Y 中的闭集.

23. 证明在实空间 l^∞ 上存在线性泛函 f,满足:

(1) $\varliminf_{n \to \infty} x_n \leqslant f(x) \leqslant \varlimsup_{n \to \infty} x_n$;

(2) 当 $x = (x_n) \in c$ 时, $f(x) = \lim_{n \to \infty} x_n$.

(由于 f 具有性质 (2) 中,我们称 $f(x)$ 为 $x = (x_n)$ 的 Banach 极限.)

提示:令 $p(x) = \varlimsup_{n \to \infty} x_n (x \in l^\infty)$. 利用 Hahn-Banach 定理(定理 2.4.1).

24. 设 $x_1, x_2, \cdots, x_n$ 是赋范空间 X 中的 n 个线性无关的向量,$a_1, a_2, \cdots, a_n \in \mathbf{K}$(标量域). 证明存在 $f \in X^*$ 使得:

(1) $f(x_i) = a_i (i = 1, 2, \cdots, n)$;

（2）$\|f\| \leqslant M$ 的充要条件是对任意 $\lambda_1, \lambda_2, \cdots, \lambda_n \in \mathbf{K}$，有

$$\Big| \sum_{i=1}^{n} \lambda_i a_i \Big| \leqslant M \Big\| \sum_{i=1}^{n} \lambda_i x_i \Big\|.$$

25．设 X 是赋范空间，$x_1, x_2, \cdots, x_n$ 是 X 中的 n 个线性无关的向量．证明存在 f_1，$f_2, \cdots, f_n \in X^*$，使得 $f_i(x_j) = \delta_{ij}(\delta_{ii} = 1, \delta_{ij} = 0 \ (i \neq j))$．

26．证明无限维赋范空间的共轭空间也是无限维的．

提示：利用上一题的结论．

27．设 X 是可分的赋范空间．证明存在 $\{f_n\} \subset X^*$，使得对任意 $x \in X$，有

$$\|x\| = \sup_{n \geqslant 1} |f_n(x)|.$$

28．用闭图像定理证明：设 X 和 Y 是 Banach 空间，$T: X \to Y$ 是线性算子．若对每个 $f \in Y^*$ 必有 $f \circ T \in X^*$，则 T 有界．

29．设 X 和 Y 是赋范空间，$X \neq \{0\}$．证明若 $B(X, Y)$ 是完备的，则 Y 是完备的．

提示：适当选取 $f \in X^*$．设 $\{y_n\}$ 是 Y 中的 Cauchy 序列．对每个自然数 n，令 $T_n(x) = f(x)y_n \ (x \in X)$．则 $\{T_n\}$ 是 $B(X, Y)$ 中的 Cauchy 序列．

30．设 E 是赋范空间 X 的闭子空间，$x_0 \in X \backslash E$，证明 $E_1 = \mathrm{span}(E, x_0)$ 也是 X 的闭子空间．

提示：利用 Hahn-Banach 定理的推论（推论 2.4.7）．

31．设 E 是赋范空间 X 的线性子空间，$x_0 \in X$．则 $x_0 \in \bar{E}$ 当且仅当对任意 $f \in X^*$，若当 $x \in E$ 时 $f(x) = 0$，则 $f(x_0) = 0$．

32．设 E 是赋范空间 X 的线性子空间，$x_0 \in X$．证明

$$d(x_0, E) = \sup\{ |f(x_0)| : f \in X^*, \|f\| \leqslant 1, f(x) = 0 \ (x \in E) \}.$$

提示：利用 Hahn-Banach 定理的推论（推论 2.4.7）．

33．设 E 是赋范空间 X 的线性子空间，$f_n \in E^* (n = 1, 2, \cdots)$，并且 $\sup\limits_{n \geqslant 1} \|f_n\| < \infty$．令 $T(x) = (f_1(x), f_2(x), \cdots), x \in E$．证明：

（1）$T \in B(E, l^\infty)$，并且 $\|T\| = \sup\limits_{n \geqslant 1} \|f_n\|$；

（2）存在 $\widetilde{T} \in B(X, l^\infty)$，使得 $\widetilde{T}|_E = T$，并且 $\|\widetilde{T}\| = \|T\|$．

34．（算子延拓定理）设 X 是赋范空间，E 是 X 的稠密的线性子空间，Y 是 Banach 空间，$T \in B(E, Y)$．则存在唯一的 $\widetilde{T} \in B(X, Y)$，使得 $\widetilde{T}|_E = T$，并且 $\|\widetilde{T}\| = \|T\|$．

提示：对每个 $x \in X$，存在 $\{x_n\} \subset E$ 使得 $x_n \to x$．令 $\widetilde{T}x = \lim\limits_{n \to \infty} Tx_n$．

35．设 X 是实赋范空间，A 是 X 中的闭凸集，并且 $0 \notin A$．证明存在 $f \in X^*$ 和 $r > 0$，使得 $f(x) > r \ (x \in A)$．

36．设 A 是实赋范空间 X 中的闭凸集，$A \neq X$．证明 A 是 X 中的一族半空间的交．

37．设 A 是实赋范空间 X 中的非空开凸集，E 是 X 的线性子空间，$A \cap E = \varnothing$．证明存在 $f \in X^*$，使得 $f(x) = 0 \ (x \in E)$，并且 $f(x) > 0 \ (x \in A)$．

38．证明 $(\mathbf{R}^n, \|\cdot\|_1)^* \cong (\mathbf{R}^n, \|\cdot\|_\infty)$．其中

$$\|x\|_1 = \sum_{i=1}^{n} |x_i|, \ \|x\|_\infty = \max_{1 \leqslant i \leqslant n} |x_i| \ (x \in \mathbf{R}^n).$$

39. 证明 $c_0^* \cong l^1$.

40. 证明 $c^* \cong l^1$. 并且对任意 $f \in c^*$，存在 $a = (a_0, a_1, a_2, \cdots) \in l^1$，使得

$$f(x) = a_0 \lim_{n \to \infty} x_n + \sum_{n=1}^{\infty} a_n x_n \ (x = (x_n) \in c).$$

并且 $\|f\| = \|a\|_1$.

提示：令 $e_0 = (1,1,\cdots)$, $e_1, e_2, \cdots$ 是 c_0 的标准基. 对任意 $x = (x_i) \in c$, 设 $\lim_{n \to \infty} x_n = s$, 则 x 可以表示为 $x = se_0 + \sum_{i=1}^{\infty} (x_i - s)e_i$.

41. 设 $f(x) = \int_0^1 x(t^2) \mathrm{d}t$, $x \in L^3[0,1]$. 证明 $f \in L^3[0,1]^*$, 并且利用共轭空间的表示定理计算 $\|f\|$.

42. 设 $\alpha = \alpha(t)$ 是 $[a,b]$ 上的可测函数, $1 \leqslant p < \infty$, $p^{-1} + q^{-1} = 1$. 若对任意 $x \in L^p[a,b]$, $\alpha(t)x(t)$ 在 $[a,b]$ 上可积, 证明 $\alpha \in L^q[a,b]$.

提示：对每个 $n = 1,2,\cdots$, 令

$$f_n(x) = \int_a^b x(t)\alpha_n(t) \mathrm{d}t \ (x \in L^p[a,b]),$$

其中 $\alpha_n(t) = \alpha(t)\chi_{\{|\alpha(t)| \leqslant n\}}(t)$. 利用共鸣定理.

43. 设 $1 \leqslant p < \infty$, $p^{-1} + q^{-1} = 1$. 证明对任意 $x \in L^p[a,b]$, 有

$$\|x\|_p = \sup \left\{ \left| \int_a^b x(t)y(t)\mathrm{d}t \right|, \ y \in L^q[a,b], \ \|y\|_q \leqslant 1 \right\}.$$

44. 设 $x_n(t) = n^{1/p}\chi_{[0,1/n]}(t) \ (n \geqslant 1)$. 证明在 $L^p[0,1] (1 < p < \infty)$ 中 $x_n \xrightarrow{w} 0$. 当 $p = 1$ 时结论是否成立?

45. 设 X 是赋范空间, $x_n, x \in X$, $f_n, f \in X^*$. 证明若 $x_n \xrightarrow{w} x$, $f_n \xrightarrow{\|\cdot\|} f$, 则

$$f_n(x_n) \to f(x) \ (n \to \infty).$$

46. 设 X 是 Banach 空间, $x_n, x \in X$, $f_n, f \in X^*$. 证明若 $x_n \xrightarrow{\|\cdot\|} x$, $f_n \xrightarrow{w^*} f$, 则 $f_n(x_n) \to f(x) \ (n \to \infty)$.

47. 证明若 $x_n \xrightarrow{w} x$, 则 $\varliminf_{n \to \infty} \|x_n\| \geqslant \|x\|$.

48. 设 X, Y 是 Banach 空间, $T: X \to Y$ 是线性算子. 证明 T 有界的充要条件是当 $x_n \xrightarrow{w} x$ 时, $Tx_n \xrightarrow{w} Tx$.

提示：充分性. 利用闭图像定理.

49. 设 E 是赋范空间 X 的闭子空间. 证明若 $\{x_n\} \subset E$, $x_n \xrightarrow{w} x_0$. 则 $x_0 \in E$.

50. 设 A 是实赋范空间 X 中的闭凸集. 证明若 $\{x_n\} \subset A$, $x_n \xrightarrow{w} x_0$. 则 $x_0 \in A$.

提示：利用凸集的分离定理.

51. 设 X 是自反的空间, $\{x_n\} \subset X$. 证明若对任意 $f \in X^*$, $f(x_n)$ 收敛, 则 $\{x_n\}$ 弱收敛.

提示：题设条件蕴含 $\{x_n\}$ 是有界的. 考虑泛函 $\varphi(f) = \lim_{n\to\infty} f(x_n)\,(x \in X)$.

52. 设 X 是赋范空间，$f_n, f \in X^*, \sup_{n\geqslant 1}\|f_n\| < \infty$. 证明若对 X 的某个稠密子集 A 中的元 x，有 $f_n(x) \to f(x)$，则 $f_n \xrightarrow{\mathrm{w}^*} f$.

53. 设 $\{a_n\}$ 是有界数列，$1 \leqslant p < \infty$. 试求 T^* 的表达式. 这里

$$T: l^p \to l^p,\ T(x_1, x_2, \cdots) = (\alpha_1 x_1, \alpha_2 x_2, \cdots).$$

54. 设 $0 < \alpha \leqslant 1$. 试求 T^* 的表达式. 这里

$$T: L^2[0,1] \to L^2[0,1],\ (Tx)(t) = x(t^\alpha).$$

55. 设 X, Y 为赋范空间，$T \in B(X,Y)$. 证明 $N(T^*) = \{0\}$ 的充要条件是 $\overline{R(T)} = Y$.
提示：必要性：利用推论 2.4.7.

56. 设 X, Y 为赋范空间，$T: X \to Y$ 是线性算子. 证明若 T 将 X 的闭单位球 $S(0,1)$ 映射为 Y 中的列紧集，则 T 是紧算子.

57. 设 $1 \leqslant p \leqslant \infty$. 证明 $T: l^p \to l^p,\ T(x_1, x_2, x_3, \cdots) = \left(x_1, \dfrac{1}{2}x_2, \dfrac{1}{3}x_3, \cdots\right)$ 是紧算子.

58. 证明 $T: C[0,1] \to C[0,1],\ (Tx)(t) = \displaystyle\int_0^t x(s)\,\mathrm{d}s$ 是紧算子.

59. 证明 $T: C[0,1] \to C[0,1],\ (Tx)(t) = tx(t)$ 不是紧算子.

60. 设 $C^{(1)}[a,b]$ 是在 $[a,b]$ 上具有连续导数的函数的全体. 在 $C^{(1)}[a,b]$ 上定义范数

$$\|x\|_1 = \max_{0\leqslant t\leqslant 1}|x(t)| + \max_{0\leqslant t\leqslant 1}|x'(t)|,\ x \in C^{(1)}[a,b].$$

证明嵌入算子 $J: C^{(1)}[a,b] \to C[a,b],\ Jx = x$ 是紧算子.

61. 设 X, Y 为赋范空间，$T: X \to Y$ 是紧算子. 证明当 $x_n \xrightarrow{\mathrm{w}} x$ 时，$Tx_n \to Tx$.

62. 设 X 是无限维的赋范空间，$T \in B(X)$. 证明若 T 存在有界逆算子 T^{-1}，则 T 不是紧算子.
提示：注意无限维空间上的单位算子不是紧算子.

63. 设 X, Y 是 Banach 空间，$\dim Y = \infty$. 证明若 $T: X \to Y$ 是紧算子，则 $T(X) \neq Y$.
提示：若 $T(X) = Y$，则 T 是开映射. 于是 $TU_X(0,1)$ 是 Y 中的开集. 这蕴含存在 $r > 0$，使得 $U_Y(0,r)$ 是列紧集.

64. 设 X 是赋范空间，Y 是 Banach 空间，$T \in B(X,Y)$. 证明若 T^* 是紧算子，则 T 也是紧算子.
提示：利用定理 2.9.3 和定理 2.8.3.

第 3 章　Hilbert 空间

在第 1 章介绍的距离空间和赋范空间，都不同程度地具有类似于欧氏空间 $\mathbf{R}^n$ 的空间结构. 注意在 $\mathbf{R}^n$ 上还具有向量的内积，利用内积可以定义向量的模和向量的正交. 但在一般的赋范空间中，由于没有定义内积，因此不能定义向量的正交. 内积空间是定义了内积的线性空间. 在内积空间上不仅可以利用内积导出一个范数，还可以利用内积定义向量的正交，从而可以讨论诸如正交投影、正交系等与正交有关的性质. Hilbert 空间是完备的内积空间. 与一般的 Banach 空间相比较，Hilbert 空间上的理论更加丰富、更加细致.

3.1　内积空间的基本概念

本节介绍内积空间的基本概念，以及在内积空间中的几个重要的等式和不等式.

定义 3.1.1　设 H 为线性空间，其标量域为 $\mathbf{K}$. 若对任意 $x,y \in H$ 都对应有一个数 $(x,y) \in \mathbf{K}$，称之为 x 与 y 的内积，满足：

(1) 正定性：$(x,x) \geqslant 0$，并且 $(x,x) = 0$ 当且仅当 $x = 0$；

(2) 共轭对称性：$(y,x) = \overline{(x,y)}$；

(3) 对第一个变元的线性性：

$$(\alpha x + \beta y, z) = \alpha(x,z) + \beta(y,z) \ (\alpha,\beta \in \mathbf{K}),$$

则称函数 $(\cdot,\cdot)$ 为 H 上的内积，称 H 为内积空间.

利用内积的共轭对称性和对第一个变元的线性性得到，对任意 $x,y,z \in H$ 和 $\alpha \in \mathbf{K}$ 有：

(1) $(0,x) = (x,0) = 0$；

(2) $(x,\alpha y) = \bar{\alpha}(x,y)$；

(3) $(x,y+z) = (x,y) + (x,z)$.

由于内积满足 (2) 和 (3)，称内积关于第二个变量是共轭线性的. 若 H 是实线性空间，则内积是对称的，并且对两个变量都是线性的.

定理 3.1.1　设 H 是内积空间.

(1) 对任意 $x,y \in H$ 有

$$|(x,y)|^2 \leqslant (x,x)(y,y) \ (\text{Schwarz 不等式}). \tag{3.1.1}$$

(2) 令 $\|x\| = \sqrt{(x,x)} \ (x \in H)$，则 $\|\cdot\|$ 是 H 上的范数，称之为由内积导出的范数.

证明　(1) 当 $y = 0$ 时，式(3.1.1)显然成立. 现在设 $y \neq 0$. 对于任意的 $\lambda \in \mathbf{K}$，

$$0 \leqslant (x + \lambda y, x + \lambda y) = (x, x) + (x, \lambda y) + (\lambda y, x) + (\lambda y, \lambda y)$$
$$= (x, x) + 2\mathrm{Re}\,\bar{\lambda}(x, y) + |\lambda|^2 (y, y).$$

取 $\lambda = -\dfrac{(x, y)}{(y, y)}$，代入得 $\dfrac{1}{(y, y)} ((x, x)(y, y) - |(x, y)|^2) \geqslant 0$. 从而得到式(3.1.1).

(2) 显然 $\|x\| = 0$ 当且仅当 $x = 0$，并且 $\|\alpha x\| = |\alpha|\,\|x\|$. 利用 Schwarz 不等式得到

$$\|x + y\|^2 = (x + y, x + y)$$
$$= (x, x) + 2\mathrm{Re}(x, y) + (y, y)$$
$$\leqslant (x, x) + 2|(x, y)| + (y, y)$$
$$\leqslant \|x\|^2 + 2\sqrt{(x, x)}\,\sqrt{(y, y)} + \|y\|^2$$
$$= (\|x\| + \|y\|)^2.$$

因此 $\|x + y\| \leqslant \|x\| + \|y\|$. 这就证明了 $\|\cdot\|$ 是 H 上的范数. ∎

设 H 是一内积空间. 根据定理 3.1.1，H 按照由内积导出的范数成为赋范空间. 以后总是将内积空间按这个范数视为赋范空间. 完备的内积空间称为 Hilbert 空间.

由 H 上的范数的定义，Schwarz 不等式现在可以写为

$$|(x, y)| \leqslant \|x\|\,\|y\| \quad (x, y \in H).$$

例 1　对任意 $x = (x_1, x_2, \cdots, x_n)$，$y = (y_1, y_2, \cdots, y_n) \in \mathbf{K}^n$，定义

$$(x, y) = \sum_{i=1}^n x_i \bar{y}_i.$$

则 $(\cdot, \cdot)$ 是 $\mathbf{K}^n$ 上的内积. 由这个内积导出的范数就是 $\mathbf{K}^n$ 上通常的范数. 由于 $\mathbf{K}^n$ 是完备的，因此 $\mathbf{K}^n$ 是 Hilbert 空间.

例 2　对任意 $x = (x_i)$，$y = (y_i) \in l^2$，定义

$$(x, y) = \sum_{i=1}^\infty x_i \bar{y}_i.$$

由 Hölder 不等式得到

$$\sum_{i=1}^\infty |x_i \bar{y}_i| \leqslant \Big(\sum_{i=1}^\infty |x_i|^2 \Big)^{\frac{1}{2}} \Big(\sum_{i=1}^\infty |\bar{y}_i|^2 \Big)^{\frac{1}{2}} < \infty.$$

因此级数 $\displaystyle\sum_{i=1}^\infty x_i \bar{y}_i$ 绝对收敛. 这表明 (x, y) 的定义是有意义的. 容易验证 $(\cdot, \cdot)$ 是 l^2 上的内积. 由这个内积导出的范数就是 1.3 节中在 l^2 上定义的范数. 由于 l^2 是完备的，因此 l^2 按照这个内积成为 Hilbert 空间.

类似地，在 $L^2(E)$（E 是 $\mathbf{R}^n$ 中的可测集）上定义

$$(x, y) = \int_E x(t) \overline{y(t)} \mathrm{d}t \quad (x, y \in L^2(E)).$$

则 $(\cdot, \cdot)$ 是 $L^2(E)$ 上的内积. $L^2(E)$ 按照这个内积成为 Hilbert 空间.

定理 3.1.2　设 H 是内积空间，则内积 (x, y) 关于两变元是连续的. 即如果 $x_n \to x$，$y_n \to y$，则 $(x_n, y_n) \to (x, y)$.

证明　由于 $\{x_n\}$ 收敛，故 $\{x_n\}$ 有界．由 Schwarz 不等式得到

$$
\begin{aligned}
|(x_n,y_n)-(x,y)| &= |(x_n,y_n)-(x_n,y)+(x_n,y)-(x,y)| \\
&= |(x_n,y_n-y)+(x_n-x,y)| \\
&\leqslant \|x_n\|\,\|y_n-y\|+\|x_n-x\|\,\|y\| \to 0.
\end{aligned}
$$

因此 $(x_n,y_n)\to(x,y)$．∎

定理 3.1.3　设 H 是内积空间，$\|\cdot\|$ 是由内积导出的范数．则有

（1）平行四边形公式：对任意 $x,y\in H$，有

$$
\|x+y\|^2+\|x-y\|^2=2(\|x\|^2+\|y\|^2). \tag{3.1.2}
$$

（2）极化恒等式：对任意 $x,y\in H$，当 H 是实空间时，有

$$
(x,y)=\frac{1}{4}(\|x+y\|^2-\|x-y\|^2). \tag{3.1.3}
$$

当 H 是复空间时，有

$$
(x,y)=\frac{1}{4}(\|x+y\|^2-\|x-y\|^2+\mathrm{i}\|x+\mathrm{i}y\|^2-\mathrm{i}\|x-\mathrm{i}y\|^2). \tag{3.1.4}
$$

证明　对任意 $x,y\in H$，我们有

$$
(x+y,x+y)=(x,x)+(x,y)+(y,x)+(y,y),
$$
$$
(x-y,x-y)=(x,x)-(x,y)-(y,x)+(y,y).
$$

两式相加即得式（3.1.2）．两式相减得到

$$
(x+y,x+y)-(x-y,x-y)=2[(x,y)+(y,x)]. \tag{3.1.5}
$$

当 H 是实空间时，$(x,y)=(y,x)$，由式（3.1.5）得到式（3.1.3）．当 H 是复空间时，在式（3.1.5）中将 y 换为 $\mathrm{i}y$，并且两边乘以 i，得到

$$
\mathrm{i}(x+\mathrm{i}y,x+\mathrm{i}y)-\mathrm{i}(x-\mathrm{i}y,x-\mathrm{i}y)=2[(x,y)-(y,x)]. \tag{3.1.6}
$$

将式（3.1.5）、式（3.1.6）两式相加即得式（3.1.4）．∎

　　Schwarz 不等式，平行四边形公式和极化恒等式非常重要，在内积空间的理论中经常用到．其中平行四边形公式在 $\mathbf{R}^2$ 中就是熟知的几何定理：平行四边形的两条对角线长度的平方和等于四边长度的平方和，如图 3.1.1 所示.

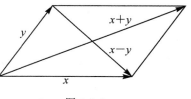

图 3.1.1

　　注 1　由定理 3.1.3 知道，若 X 是一赋范空间，则其范数可以由 X 上的一个内积导出的必要条件是，X 上的范数满足平行四边形公式．反过来可以证明，若 X 上的范数满足平行四边形公式，则可以在 X 上定义一个内积，使得由这个内积导出的范数就是 X 上原来的范数（参阅参考文献[1]）．

　　关于内积的极化恒等式可以推广到一般的双线性泛函.

　　定义 3.1.2　设 H 是内积空间，$\varphi:H\times H\to\mathbf{K}$ 是定义在 $H\times H$ 上的泛函．若对任意 $x,y\in H$ 和 $\alpha,\beta\in\mathbf{K}$ 有

$$\varphi(\alpha x + \beta y, z) = \alpha \varphi(x, z) + \beta \varphi(y, z),$$

$$\varphi(x, \alpha y + \beta z) = \bar{\alpha} \varphi(x, y) + \bar{\beta} \varphi(x, z),$$

则称 φ 是 H 上的双线性泛函.

注意，当 H 是复空间时，双线性泛函 $\varphi(x, y)$ 关于第二个变量 y 并不是线性的，而是共轭线性的.

例如，设 $A: H \to H$ 是线性算子，则 $\varphi(x, y) = (Ax, y)$ 是 H 上的双线性泛函.

定理 3.1.4　设 H 是复内积空间，$\varphi(x, y)$ 是 H 上的双线性泛函. 则对任意 $x, y \in H$ 有

$$\varphi(x, y) = \frac{1}{4} \big[\varphi(x+y, x+y) - \varphi(x-y, x-y) + \tag{3.1.7}$$
$$i\varphi(x+iy, x+iy) - i\varphi(x-iy, x-iy) \big].$$

证明　在式（3.1.4）的证明中，将内积 (x, y) 换为 $\varphi(x, y)$ 即得到式（3.1.7）的证明. ∎

推论 3.1.5　设 H 是复内积空间，$A: H \to H$ 是线性算子. 则对任意 $x, y \in H$ 有

$$(Ax, y) = \frac{1}{4} \big[(A(x+y), x+y) - (A(x-y), x-y) + $$
$$i(A(x+iy), x+iy) - i(A(x-iy), x-iy) \big]. \tag{3.1.8}$$

证明　对 $\varphi(x, y) = (Ax, y)$ 应用式（3.1.7）即得. ∎

上述的式（3.1.7）、式（3.1.8）两式也称为极化恒等式.

推论 3.1.6　设 H 是内积空间，A 和 B 是 H 上的线性算子.

(1) 若对任意 $x, y \in H$ 有 $(Ax, y) = (Bx, y)$，则 $A = B$.

(2) 若 H 是复空间，并且对任意 $x \in H$ 有 $(Ax, x) = (Bx, x)$，则 $A = B$.

证明　(1) 由假设条件推出对任意 $x, y \in H$，有 $((A-B)x, y) = 0$. 令 $y = (A-B)x$，代入得到

$$((A-B)x, (A-B)x) = 0 \quad (x \in H).$$

因此 $(A-B)x = 0$. 从而 $Ax = Bx \,(x \in H)$，即 $A = B$.

(2) 由式（3.1.8）知道 (Ax, y) 完全由形如 (Az, z) 的内积确定. 因此由假设条件推出，对任意 $x, y \in H$ 有 $(Ax, y) = (Bx, y)$. 由结论(1)即知结论(2)成立. ∎

3.2　正 交 投 影

3.2.1　正交性

在欧氏空间 $\mathbf{R}^n$ 中我们已经熟悉两个向量正交的概念. 设 $x, y \in \mathbf{R}^n$. 若 $(x, y) = 0$，则称 x 与 y 正交. 类似地，在内积空间中也可以定义向量的正交，从而可以讨论向量的正交分解和向量在子空间上的正交投影.

定义 3.2.1　设 H 是内积空间.

(1) 设 $x, y \in H$. 若 $(x, y) = 0$, 则称 x 与 y 正交, 记为 $x \perp y$.

(2) 设 $M, N \subset H$. 若对任意 $x \in M$ 和 $y \in N$, 都有 $x \perp y$, 则称 M 与 N 正交, 记为 $M \perp N$. 特别地, 设 $x \in H$, 若 x 与 N 中的任意向量正交, 则称 x 与 N 正交, 记为 $x \perp N$.

关于向量的正交有以下简单事实:

(1) 设 $x, y, z \in H$. 若 $x \perp z, y \perp z$, 则 $(\alpha x + \beta y) \perp z (\alpha, \beta \in \mathbf{K})$. 这由内积关于第一个变量的线性性即知.

(2) $x \perp x$ 当且仅当 $x = 0$. 事实上, $x \perp x \Leftrightarrow (x, x) = 0 \Leftrightarrow x = 0$.

定理 3.2.1(勾股公式) 设 $x_1, x_2, \cdots, x_n$ 是 H 中的 n 个两两正交的向量, 则有

$$\| x_1 + x_2 + \cdots + x_n \|^2 = \| x_1 \|^2 + \| x_2 \|^2 + \cdots + \| x_n \|^2.$$

若进一步每个 $x_i \neq 0$, 则 $x_1, x_2, \cdots, x_n$ 是线性无关的.

证明 由于 $x_1, x_2, \cdots, x_n$ 是两两正交的, 当 $i \neq j$ 时, $(x_i, x_j) = 0$, 因此

$$\| x_1 + x_2 + \cdots + x_n \|^2 = \Big(\sum_{i=1}^{n} x_i, \sum_{j=1}^{n} x_j \Big) = \sum_{i,j=1}^{n} (x_i, x_j)$$

$$= \| x_1 \|^2 + \| x_2 \|^2 + \cdots + \| x_n \|^2.$$

现在进一步设每个 $x_i \neq 0$. 若 $\alpha_1 x_1 + \alpha_2 x_2 + \cdots + \alpha_n x_n = 0$, 则对每个 $i = 1, 2, \cdots, n$,

$$\alpha_i (x_i, x_i) = (\alpha_1 x_1 + \alpha_2 x_2 + \cdots + \alpha_n x_n, x_i) = 0.$$

由于 $(x_i, x_i) > 0$, 故 $\alpha_i = 0 (i = 1, 2, \cdots, n)$. 这表明 $x_1, x_2, \cdots, x_n$ 是线性无关的. ■

设 M 是内积空间 H 的非空子集. 称 H 的子集

$$\{x \in H : x \perp M\}$$

为 M 的正交补, 记为 $M^{\perp}$. 称 $M^{\perp \perp} = (M^{\perp})^{\perp}$ 为 M 的二次正交补.

关于正交补有以下性质:

(1) $M \perp M^{\perp}$, 并且 $M \cap M^{\perp} \subset \{0\}$.

(2) 若 $M \subset N$, 则 $N^{\perp} \subset M^{\perp}$.

(3) $M^{\perp}$ 是 H 的闭线性子空间.

(4) $M^{\perp} = (\overline{M})^{\perp} = \overline{\operatorname{span}(M)}^{\perp}$.

以上结论的证明留作习题.

设 E_1 和 E_2 是内积空间 H 的线性子空间. 若对任意 $x \in H$, x 可以唯一地分解为 $x = x_1 + x_2$, 其中 $x_1 \in E_1, x_2 \in E_2$, 则称 H 可以分解为 E_1 和 E_2 的直和, 记为 $H = E_1 \oplus E_2$. 当 $E_1 \perp E_2$ 时, 称这种分解为正交分解. 我们将要证明一个重要的正交分解定理. 为此先证明最佳逼近元的存在性定理.

定理 3.2.2 设 H 为 Hilbert 空间, E 是 H 中的闭凸集. 则对任意 $x \in H$, 必存在唯一的 $x_0 \in E$, 使得

$$\| x - x_0 \| = \inf_{y \in E} \| x - y \|.$$

这样的 x_0 称为 x 在 E 中的最佳逼近元.

证明 存在性: 记 $d = \inf_{y \in E} \| x - y \|$, 则存在 $\{x_n\} \subset E$ 使得 $\lim_{n \to \infty} \| x - x_n \| = d$. 由平行四边形公式有

$$\|x_m + x_n - 2x\|^2 + \|x_m - x_n\|^2 = 2(\|x_n - x\|^2 + \|x_m - x\|^2).$$

因此

$$\|x_m - x_n\|^2 = 2(\|x_n - x\|^2 + \|x_m - x\|^2) - 4\left\|\frac{x_m + x_n}{2} - x\right\|^2. \qquad (3.2.1)$$

由于 E 是凸集，故 $\dfrac{x_m + x_n}{2} \in E$，从而 $\left\|x - \dfrac{x_m + x_n}{2}\right\| \geqslant d$. 由式 (3.2.1) 得到

$$\|x_m - x_n\|^2 \leqslant 2(\|x_n - x\|^2 + \|x_m - x\|^2) - 4d^2 \to 0 \quad (m, n \to \infty). \qquad (3.2.2)$$

这表明 $\{x_n\}$ 是 Cauchy 序列. 由于 H 是完备的，并且 E 是闭的，因此存在 $x_0 \in E$ 使得 $x_n \to x_0$. 于是

$$\|x - x_0\| = \lim_{n \to \infty} \|x - x_n\| = d.$$

唯一性：设 $x_0, y_0 \in E$，使得 $\|x - x_0\| = \|x - y_0\| = d$. 在式 (3.2.2) 中将 x_m 和 x_n 分别换为 x_0 和 y_0，该不等式仍然成立. 因此

$$\|x_0 - y_0\|^2 \leqslant 2(\|x_0 - x\|^2 + \|y_0 - x\|^2) - 4d^2 = 4d^2 - 4d^2 = 0.$$

这表明 $x_0 = y_0$. ∎

引理 3.2.3　设 E 是内积空间 H 的线性子空间，$x \in H$，$x_0 \in E$. 若 x_0 是 x 在 E 中的最佳逼近元，则 $(x - x_0) \perp E$.

证明　记 $d = \inf\limits_{y \in E} \|x - y\|$. 设 x_0 是 x 在 E 中的最佳逼近元，即 $\|x - x_0\| = d$. 任取 $z \in E$，不妨设 $z \neq 0$. 对任意 $\lambda \in \mathbf{K}$，由于 $x_0 + \lambda z \in E$，因此

$$d^2 \leqslant \|x - x_0 - \lambda z\|^2 = \|x - x_0\|^2 - 2\operatorname{Re}\bar{\lambda}(x - x_0, z) + |\lambda|^2 \|z\|^2.$$

令 $\lambda = \dfrac{(x - x_0, z)}{\|z\|^2}$，代入上式得到

$$d^2 \leqslant \|x - x_0\|^2 - \frac{2|(x - x_0, z)|^2}{\|z\|^2} + \frac{|(x - x_0, z)|^2}{\|z\|^2} = d^2 - \frac{|(x - x_0, z)|^2}{\|z\|^2}.$$

这说明 $(x - x_0, z) = 0$，即 $(x - x_0) \perp z$. 这就证明了 $(x - x_0) \perp E$. ∎

下面的正交分解定理是 Hilbert 空间理论中的一个基本定理.

定理 3.2.4（正交分解定理）　设 H 为 Hilbert 空间，E 是 H 的闭子空间. 则对任意 $x \in H$，x 可以唯一地分解为 $x = x_0 + x_1$，其中 $x_0 \in E$，$x_1 \in E^{\perp}$. 换言之，H 可以分解为

$$H = E \oplus E^{\perp}.$$

证明　因为 H 是 Hilbert 空间，E 是 H 的闭子空间，所以 E 是闭凸集. 根据定理 3.2.2，对任意 $x \in H$，存在 $x_0 \in E$，使得 $\|x - x_0\| = \inf\limits_{y \in E} \|x - y\|$. 根据引理 3.2.3，$x - x_0 \in E^{\perp}$. 令 $x_1 = x - x_0$，则 $x = x_0 + x_1$ 就是所要的正交分解.

再证明分解的唯一性. 设 x 可以分解为 $x = x_0 + x_1 = x'_0 + x'_1$，其中 $x_0, x'_0 \in E$，$x_1, x'_1 \in E^{\perp}$. 则一方面 $x_0 - x'_0 \in E$，另一方面 $x_0 - x'_0 = x'_1 - x_1 \in E^{\perp}$. 因此 $(x_0 - x'_0) \perp (x_0 - x'_0)$. 这说明 $x_0 = x'_0$，从而 $x_1 = x'_1$. ∎

例 1（最小二乘法）　在函数逼近论中常遇到如下问题：对于一个给定的函数 $f \in L^2[a, b]$，要求用 $L^2[a, b]$ 中给定的 n 个函数 $\varphi_1, \varphi_2, \cdots, \varphi_n$ 的线性组合来逼近 f，使得误

差的平方平均值最小. 即要求一组数 $\alpha_1,\alpha_2,\cdots,\alpha_n$，使得

$$\int_a^b \left| f(x) - \sum_{i=1}^n \alpha_i\varphi_i(x) \right|^2 \mathrm{d}x = \min_{\lambda_1,\lambda_2,\cdots,\lambda_n} \int_a^b \left| f(x) - \sum_{i=1}^n \lambda_i\varphi_i(x) \right|^2 \mathrm{d}x.$$

例如若取 $\varphi_i(x) = x^{i-1}(i=1,2,\cdots,n)$，则上述问题就是试求一个 $n-1$ 次多项式 $p(x) = \sum_{i=1}^n \alpha_i x^{i-1}$，使得用 p 来逼近 f 时，误差的平方平均值最小. 在实际问题中还会遇到类似的这种最佳逼近问题. 这类问题可以抽象成如下问题：设 H 是内积空间，$x,x_1,\cdots,x_n \in H$. 试求 n 个数 $\alpha_1,\alpha_2,\cdots,\alpha_n$，使得

$$\left\| x - \sum_{i=1}^n \alpha_i x_i \right\| = \min_{\lambda_1,\lambda_2,\cdots,\lambda_n} \left\| x - \sum_{i=1}^n \lambda_i x_i \right\|.$$

不妨设 $x_1,x_2,\cdots,x_n$ 是线性无关的. 令 $E = \mathrm{span}(x_1,x_2,\cdots,x_n)$. 则 E 是 H 的闭子空间. 根据定理 3.2.2，必存在唯一的 $x_0 = \sum_{i=1}^n \alpha_i x_i \in E$，使得 $\| x - x_0 \|$ 取得最小值. 由引理 3.2.3 知道此时 $(x - x_0) \perp E$. 这等价于 $(x - x_0, x_j) = 0 \ (j=1,2,\cdots,n)$，即 $(x_0,x_j) = (x,x_j)$ $(j=1,2,\cdots,n)$. 这说明 $\alpha_1,\alpha_2,\cdots,\alpha_n$ 应满足下面的代数方程组：

$$\sum_{i=1}^n \alpha_i(x_i,x_j) = (x,x_j) \quad (j=1,2,\cdots,n).$$

由于使得 $\| x - x_0 \|$ 取得最小值的 x_0 是唯一的，上述方程组的解是唯一的，因此方程组的系数行列式不为零. 因而

$$\alpha_i = \frac{\begin{vmatrix} (x_1,x_1) & \cdots & (x,x_1) & \cdots & (x_n,x_1) \\ (x_1,x_2) & \cdots & (x,x_2) & \cdots & (x_n,x_2) \\ \vdots & & \vdots & & \vdots \\ (x_1,x_n) & \cdots & (x,x_n) & \cdots & (x_n,x_n) \end{vmatrix}}{\begin{vmatrix} (x_1,x_1) & \cdots & (x_i,x_1) & \cdots & (x_n,x_1) \\ (x_1,x_2) & \cdots & (x_i,x_2) & \cdots & (x_n,x_2) \\ \vdots & & \vdots & & \vdots \\ (x_1,x_n) & \cdots & (x_i,x_n) & \cdots & (x_n,x_n) \end{vmatrix}} \quad (i=1,2,\cdots,n).$$

定理 3.2.5 设 H 为 Hilbert 空间，E 是 H 的线性子空间，则：

(1) $E^{\perp\perp} = \overline{E}$. 特别地，若 E 是闭的，则 $E^{\perp\perp} = E$.

(2) E 在 H 中稠密当且仅当 $E^\perp = \{0\}$.

证明 (1) 由于 $E^\perp = (\overline{E})^\perp$，故 $E^{\perp\perp} = \overline{E}^{\perp\perp}$. 因此只需证明当 E 是闭子空间时，$E^{\perp\perp} = E$. 由于 $E \perp E^\perp$，故 $E \subset E^{\perp\perp}$. 反过来，设 $x \in E^{\perp\perp}$. 根据正交分解定理，x 可以分解为 $x = x_0 + x_1$. 其中 $x_0 \in E$，$x_1 \in E^\perp$. 由于 $x \in E^{\perp\perp}$，因此 $x \perp x_1$. 于是

$$(x_1,x_1) = (x - x_0, x_1) = (x,x_1) - (x_0,x_1) = 0.$$

因此 $x_1 = 0$，从而 $x = x_0 \in E$. 这表明 $E^{\perp\perp} \subset E$. 因而 $E^{\perp\perp} = E$.

(2) 设 E 在 H 中稠密，则 $\overline{E} = H$. 于是 $E^\perp = (\overline{E})^\perp = H^\perp = \{0\}$. 反过来，设 $E^\perp = \{0\}$，则 $(\overline{E})^\perp = E^\perp = \{0\}$. 根据正交分解定理，$H$ 可以分解为 $H = \overline{E} \oplus \overline{E}^\perp$. 既然

$(\overline{E})^{\perp} = \{0\}$，因此 $\overline{E} = H$，即 E 在 H 中稠密. ∎

3.2.2　投影算子

设 H 为 Hilbert 空间，E 是 H 的闭子空间. 根据正交分解定理，对任意 $x \in H$，x 可以唯一地分解为 $x = x_0 + x_1$，其中 $x_0 \in E$，$x_1 \in E^{\perp}$. 称 x_0 为 x 在 E 上的（正交）投影，记为 $P_E x$.（图 3.2.1 是 $\mathbf{R}^3$ 中的情形）.

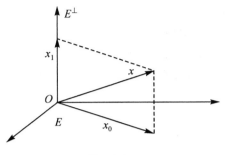

图 3.2.1

由投影的定义知道当且仅当 $x \in E$ 时，$P_E x = x$. 又当且仅当 $x \in E^{\perp}$ 时，$P_E x = 0$.

例 2　设 H 为 Hilbert 空间，$e_1, e_2, \cdots, e_n$ 是一组两两正交的向量并且 $\|e_i\| = 1$ $(i = 1, 2, \cdots, n)$. 令 $E = \mathrm{span}(e_1, e_2, \cdots, e_n)$. 由于 E 是有限维的，故 E 是闭子空间. 现在求 $P_E x$ 的表达式. 对任意 $x \in H$，记 $x_0 = \sum_{i=1}^{n} (x, e_i) e_i$，则 $x_0 \in E$. 由于 $(e_i, e_j) = \delta_{ij} (\delta_{ii} = 1, \delta_{ij} = 0 (i \neq j))$，对每个 $j = 1, 2, \cdots, n$，有

$$(x_0, e_j) = \Big(\sum_{i=1}^{n} (x, e_i) e_i, e_j \Big) = \sum_{i=1}^{n} (x, e_i)(e_i, e_j) = (x, e_j).$$

因此

$$(x - x_0, e_j) = 0 \quad (j = 1, 2, \cdots, n). \tag{3.2.3}$$

由于 E 中的元都可以表示为 $e_1, e_2, \cdots, e_n$ 的线性组合，因此式（3.2.3）蕴含对任意 $y \in E$ 有 $(x - x_0, y) = 0$，即 $(x - x_0) \perp E$. 令 $x_1 = x - x_0$，则 $x = x_0 + x_1$ 就是 x 关于 E 的正交分解. 因此 $P_E x = x_0 = \sum_{i=1}^{n} (x, e_i) e_i$.

定义 3.2.2　设 H 为 Hilbert 空间，E 是 H 的闭子空间. 称映射

$$P_E : H \to E,$$
$$x \mapsto P_E x$$

为 H 到 E 的投影算子，称 E 为投影算子 P_E 的投影子空间.

定理 3.2.6　设 H 为 Hilbert 空间，E 是 H 的闭子空间，$P = P_E$ 是 H 到 E 的投影算子. 则：

（1）P 是有界线性算子；

（2）$\|P\| = 0$ 或者 1. 若 $E \neq \{0\}$，则 $\|P\| = 1$.

证明　（1）设 $x, y \in H$，则有 $x = x_0 + x_1$，$y = y_0 + y_1$，其中 $x_0, y_0 \in E$，$x_1, y_1 \in E^{\perp}$. 于是 $x + y = x_0 + y_0 + x_1 + y_1$，其中 $x_0 + y_0 \in E$，$x_1 + y_1 \in E^{\perp}$. 故

$$P(x + y) = x_0 + y_0 = Px + Py.$$

类似可证 $P(\alpha x) = \alpha Px$. 因此 P 是线性的. 由于 $x_0 \perp x_1$，故 $\|x\|^2 = \|x_0\|^2 + \|x_1\|^2$. 于是 $\|Px\| = \|x_0\| \leqslant \|x\|$. 因此 P 是有界的，并且 $\|P\| \leqslant 1$.

(2) 若 $E = \{0\}$，则 $P = 0$. 此时 $\|P\| = 0$. 若 $E \neq \{0\}$，则存在 $x \in E$，使得 $\|x\| = 1$. 则 $\|P\| \geqslant \|Px\| = \|x\| = 1$. 又已证 $\|P\| \leqslant 1$，因此 $\|P\| = 1$. ∎

定义 3.2.3 设 T 是 Hilbert 空间 H 上的线性算子. 若 $T^2 = T$，则称 T 是幂等的. 若对任意 $x, y \in H$，有 $(Tx, y) = (x, Ty)$，则称 T 是自伴的.

定理 3.2.7 设 P 是 Hilbert 空间 H 上的线性算子. 则 P 是投影算子当且仅当 P 是幂等的和自伴的.

证明 必要性. 设 P 是 H 到 E 的投影算子. 对任意 $x \in H$，由于 $Px \in E$，故 $P^2 x = P(Px) = Px$. 因此 P 是幂等的. 对任意 $x, y \in H$，它们可以分解为 $x = x_0 + x_1$，$y = y_0 + y_1$，其中 $x_0, y_0 \in E$，$x_1, y_1 \in E^\perp$. 于是

$$(Px, y) = (x_0, y_0 + y_1) = (x_0, y_0) = (x_0 + x_1, y_0) = (x, Py).$$

因此 P 是自伴的.

充分性. 对任意 $x \in H$，由于 P 是幂等的和自伴的，因此

$$\|Px\|^2 = (Px, Px) = (P^2 x, x) = (Px, x) \leqslant \|Px\| \|x\|. \tag{3.2.4}$$

故 $\|Px\| \leqslant \|x\|$. 因此 P 是有界的并且 $\|P\| \leqslant 1$. 令 $E = N(I - P)$，其中 I 是 H 上的恒等算子，则 E 是闭子空间. 对任意 $x \in H$，x 可以分解为 $x = Px + (x - Px)$. 由于

$$(I - P)Px = Px - P^2 x = Px - Px = 0,$$

故 $Px \in N(I - P) = E$. 由于 P 是自伴的，容易知道 $I - P$ 也是自伴的. 由于 E 是 $I - P$ 的零空间，对任意 $y \in E$，有 $(I - P)y = 0$. 于是

$$(x - Px, y) = ((I - P)x, y) = (x, (I - P)y) = 0.$$

由于 $y \in E$ 是任意取的，上式表明 $(x - Px) \perp E$. 这就证明了 Px 是 x 在 E 上的投影. 因此 P 是投影算子. ∎

在给出下面的定义之前，先注意一个事实. 设 T 是 H 上的自伴算子，则对任意 $x \in H$，(Tx, x) 是实数. 这由下面的等式知道，

$$(Tx, x) = (x, Tx) = \overline{(Tx, x)}.$$

设 A 和 B 是 H 上的自伴算子. 若对任意 $x \in H$，都有 $(Ax, x) \leqslant (Bx, x)$，则称 A 小于或等于 B，记为 $A \leqslant B$.

定理 3.2.8 设 P_E 和 P_M 是两个投影算子. 则以下几项是等价的：

(1) $P_E \leqslant P_M$；

(2) $\|P_E x\| \leqslant \|P_M x\|$ $(x \in H)$；

(3) $E \subset M$；

(4) $P_M P_E = P_E$；

(5) $P_E P_M = P_E$.

证明 $(1) \Rightarrow (2)$. 若 P 是一投影算子，则对任意 $x \in H$ 有

$$\|Px\|^2 = (Px, Px) = (P^2 x, x) = (Px, x).$$

若 $P_E \leqslant P_M$，则对任意 $x \in H$，有

$$\|P_E x\|^2 = (P_E x, x) \leqslant (P_M x, x) = \|P_M x\|^2.$$

(2)⇒(3). 若 $x \in E$，则 $P_E x = x$. 于是由勾股公式有

$$\|P_M x\|^2 + \|x - P_M x\|^2 = \|x\|^2 = \|P_E x\|^2 \leqslant \|P_M x\|^2.$$

故 $x - P_M x = 0$，从而 $P_M x = x$. 因此 $x \in M$. 这表明 $E \subset M$.

(3)⇒(4). 设 $E \subset M$. 则对任意 $x \in H$，$P_E x \in E \subset M$，故 $P_M P_E x = P_E x$. 因此 $P_M P_E = P_E$.

(4)⇒(5). 设 $P_M P_E = P_E$. 则对任意 $x, y \in H$，有

$$(P_E P_M x, y) = (P_M x, P_E y) = (x, P_M P_E y) = (x, P_E y) = (P_E x, y).$$

由推论 3.1.6，这蕴含 $P_E P_M = P_E$.

(5)⇒(1). 设 $P_E P_M = P_E$. 则对任意 $x \in H$，有

$$(P_E x, x) = \|P_E x\|^2 = \|P_E P_M x\|^2 \leqslant \|P_M x\|^2 = (P_M x, x).$$

此即 $P_E \leqslant P_M$. ∎

设 P_E 和 P_M 是两个投影算子，若 $E \perp M$，则称 P_E 与 P_M 正交，记为 $P_E \perp P_M$.

定理 3.2.9　设 P_E 和 P_M 是两个投影算子. 则以下几项是等价的：

(1) $P_E \perp P_M$；

(2) $P_E P_M = 0$；

(3) $P_E + P_M$ 是投影算子.

证明　(1)⇔(2). 设 $P_E \perp P_M$. 对任意 $x \in H$，$P_M x \in M$，因此 $P_M x \perp E$. 于是 $P_E P_M x = P_E(P_M x) = 0$，此即 $P_E P_M = 0$.

反过来，设 $P_E P_M = 0$. 则对任意 $x \in M$，$P_E x = P_E(P_M x) = 0$. 这表明 $x \perp E$. 因此 $E \perp M$. 从而 $P_E \perp P_M$.

(2)⇔(3). 设 $P_E P_M = 0$. 则对任意 $x, y \in H$，有

$$(P_M P_E x, y) = (P_E x, P_M y) = (x, P_E P_M y) = 0.$$

由推论 3.1.6，这蕴含 $P_M P_E = 0$. 于是 $(P_E + P_M)^2 = P_E^2 + P_M^2 = P_E + P_M$. 这表明 $P_E + P_M$ 是幂等的. 显然 $P_E + P_M$ 是自伴的，因此 $P_E + P_M$ 是投影算子.

反过来，设 $P_E + P_M$ 是投影算子. 则 $P_E + P_M$ 是幂等的，故

$$\begin{aligned} P_E + P_M &= (P_E + P_M)^2 = P_E^2 + P_E P_M + P_M P_E + P_M^2 \\ &= P_E + P_E P_M + P_M P_E + P_M. \end{aligned}$$

于是

$$P_E P_M + P_M P_E = 0. \tag{3.2.5}$$

上式左乘和右乘 P_E 得到

$$P_E P_M + P_E P_M P_E = 0, \quad P_E P_M P_E + P_M P_E = 0.$$

这说明 $P_E P_M = P_M P_E$. 再由式(3.2.5)即得 $P_E P_M = 0$. ∎

定理 3.2.9 对有限个投影算子也是成立的. 即有限个两两正交的投影算子之和是投

影算子. 下面的定理表明对一列投影算子的情形也是成立的.

定理 3.2.10　设 $\{P_n\}$ 是 Hilbert 空间 H 上的一列两两正交的投影算子, 则对任意 $x \in H$, 级数 $\sum\limits_{i=1}^{\infty} P_i x$ 收敛, 并且 $Px = \sum\limits_{i=1}^{\infty} P_i x$ 是投影算子.

证明　记 $Q_n = \sum\limits_{i=1}^{n} P_i$. 由于 $\{P_i\}$ 两两正交, 根据定理 3.2.9, 每个 Q_n 是投影算子. 还是由于 $\{P_i\}$ 的正交性, 对任意 $x \in H$, $\{P_i x\}$ 是一列两两正交的向量. 由勾股公式得到

$$\sum_{i=1}^{n} \|P_i x\|^2 = \left\| \sum_{i=1}^{n} P_i x \right\|^2 = \|Q_n x\|^2 \leqslant \|x\|^2 < \infty \ (n \geqslant 1). \tag{3.2.6}$$

令 $n \to \infty$ 得到 $\sum\limits_{i=1}^{\infty} \|P_i x\|^2 < \infty$. 于是

$$\|Q_m x - Q_n x\|^2 = \left\| \sum_{i=n+1}^{m} P_i x \right\|^2 = \sum_{i=n+1}^{m} \|P_i x\|^2 \to 0 (n, m \to \infty).$$

因此 $\{Q_n x\}$ 是 Cauchy 序列. 由于 H 是完备的, $\{Q_n x\}$ 收敛. 令 $Px = \lim\limits_{n \to \infty} Q_n x (x \in H)$. 由共鸣定理的推论知道, P 是有界线性算子. 对任意 $x, y \in H$, 有

$$(Px, y) = \lim_{n \to \infty} (Q_n x, y) = \lim_{n \to \infty} (x, Q_n y) = (x, Py),$$

故 P 是自伴的. 由于 $\{P_i\}$ 是两两正交的, 当 $m \geqslant n$ 时, $Q_m Q_n = Q_n$, 于是

$$(P^2 x, y) = (Px, Py) = \lim_{m, n \to \infty} (Q_n x, Q_m x)$$
$$= \lim_{m, n \to \infty} (Q_m Q_n x, x) = \lim_{n \to \infty} (Q_n x, x) = (Px, y),$$

因此 $P^2 = P$. 这就证明了 P 是投影算子. ■

3.3　正　交　系

3.3.1　规范正交系

设 H 是 n 维内积空间(例如 $\mathbf{R}^n$ 或 $\mathbf{C}^n$), $e_1, e_2, \cdots, e_n$ 是 H 中的一组两两正交的单位向量, 则 $e_1, e_2, \cdots, e_n$ 是线性无关的. 因此对任意 $x \in H$, x 可以唯一地表示为

$$x = x_1 e_1 + x_2 e_2 + \cdots + x_n e_n.$$

容易算出 $x_i = (x, e_i)(i = 1, 2, \cdots, n)$. 因此上式可以写成

$$x = \sum_{i=1}^{n} (x, e_i) e_i. \tag{3.3.1}$$

这启发我们思考, 在一般的内积空间是否有类似的结果. 显然, 当 H 是无限维空间时, 我们必须用一族两两正交的单位向量代替上述的 $e_1, e_2, \cdots, e_n$.

定义 3.3.1　设 $\{e_\alpha, \alpha \in I\}$ 是内积空间 H 中的一族向量. 若当 $\alpha \neq \beta$ 时, e_α 与 e_β 正交, 则称 $\{e_\alpha, \alpha \in I\}$ 为正交系. 若进一步对每个 $\alpha \in I$, 都有 $\|e_\alpha\| = 1$, 则称 $\{e_\alpha, \alpha \in I\}$ 为规范正交系.

例 1　$\mathbf{R}^n$ 的标准基 $e_1,e_2,\cdots,e_n$ 是一个规范正交系. 又如, $\{e_n:n\in\mathbf{N}\}$ 是 l^2 中的一个规范正交系. 这里

$$e_n = (\underbrace{0,\cdots,0,1}_{n},0,\cdots)\ (n=1,2,\cdots).$$

例 2　考虑实空间 $L^2[0,2\pi]$. 容易验证函数系

$$\left\{\frac{1}{\sqrt{2\pi}},\frac{\cos x}{\sqrt{\pi}},\frac{\sin x}{\sqrt{\pi}},\cdots,\frac{\cos nx}{\sqrt{\pi}},\frac{\sin nx}{\sqrt{\pi}},\cdots\right\} \tag{3.3.2}$$

是 $L^2[0,2\pi]$ 中的规范正交系.

又如, 在复空间 $L^2[0,2\pi]$ 中, 令 $e_n=\dfrac{1}{\sqrt{2\pi}}\mathrm{e}^{\mathrm{i}nx}\ (n=0,\pm1,\pm2,\cdots)$. 则

$$(e_m,e_n)=\frac{1}{2\pi}\int_0^{2\pi}\mathrm{e}^{\mathrm{i}nx}\,\overline{\mathrm{e}^{\mathrm{i}nx}}\,\mathrm{d}x=\frac{1}{2\pi}\int_0^{2\pi}\mathrm{e}^{\mathrm{i}(m-n)x}\,\mathrm{d}x=\begin{cases}0,&m\neq n,\\1,&m=n.\end{cases}$$

因此 $\left\{\dfrac{1}{\sqrt{2\pi}}\mathrm{e}^{\mathrm{i}nx}:n=0,\pm1,\pm2,\cdots\right\}$ 是一个规范正交系.

本节以下主要讨论 H 是无限维空间的情形, 并且只考虑由可列个向量 $\{e_n:n\in\mathbf{N}\}$ 构成的规范正交系, 此时把 $\{e_n:n\in\mathbf{N}\}$ 简记为 $\{e_n\}$.

设 $\{e_n\}$ 是 H 中的规范正交系, $x\in H$. 设对某个标量序列 $\{c_n\}$ 有 $x=\displaystyle\sum_{n=1}^{\infty}c_ne_n$. 记

$$s_n=\sum_{i=1}^{n}c_ie_i\ \ (n=1,2,\cdots).$$

则 $x=\lim\limits_{n\to\infty}s_n$. 注意到 $(e_i,e_j)=\delta_{ij}$, 对每个 $j=1,2,\cdots$, 由内积的连续性得到

$$(x,e_j)=\lim_{n\to\infty}(s_n,e_j)=\lim_{n\to\infty}\Big(\sum_{i=1}^{n}c_ie_i,e_j\Big)=\lim_{n\to\infty}\sum_{i=1}^{n}c_i(e_i,e_j)=c_j. \tag{3.3.3}$$

因此我们给出如下定义:

定义 3.3.2　设 $\{e_n\}$ 是 H 中的规范正交系, $x\in H$. 称

$$(x,e_n)\ \ (n=1,2,\cdots)$$

为 x 关于 $\{e_n\}$ 的 Fourier 系数. 称级数 $\displaystyle\sum_{n=1}^{\infty}(x,e_n)e_n$ 为 x 关于 $\{e_n\}$ 的 Fourier 级数.

一般情形下, x 关于 $\{e_n\}$ 的 Fourier 级数 $\displaystyle\sum_{n=1}^{\infty}(x,e_n)e_n$ 不一定收敛, 而且当级数收敛时, 也未必收敛于 x. 因此下面我们要讨论, 在什么情况下级数 $\displaystyle\sum_{n=1}^{\infty}(x,e_n)e_n$ 收敛. 当级数收敛时, 是否收敛到 x?

定理 3.3.1　设 $\{e_n\}$ 是 H 中的规范正交系, 则对任意 $x\in H$, 有

(1) Bessel 不等式: $\displaystyle\sum_{n=1}^{\infty}|(x,e_n)|^2\leqslant\|x\|^2$;

(2) $\lim\limits_{n\to\infty}(x,e_n)=0$.

证明　（1）对任意 $n \geqslant 1$，令 $s_n = \sum_{i=1}^{n}(x,e_i)e_i$. 我们有

$$(x - s_n,\ s_n) = \Big(x - \sum_{i=1}^{n}(x,e_i)e_i,\ \sum_{j=1}^{n}(x,e_j)e_j\Big)$$

$$= \sum_{j=1}^{n}\overline{(x,e_j)}(x,e_j) - \sum_{i=1}^{n}(x,e_i)\overline{(x,e_i)} = 0.$$

因此 $(x - s_n)\perp s_n$. 利用勾股公式得到

$$\|x\|^2 = \|x - s_n\|^2 + \|s_n\|^2 = \|x - s_n\|^2 + \sum_{i=1}^{n}|(x,e_i)|^2. \tag{3.3.4}$$

因此

$$\sum_{i=1}^{n}|(x,e_i)|^2 = \|x\|^2 - \|x - s_n\|^2 \leqslant \|x\|^2.$$

令 $n \to \infty$，即得(1). 由于收敛级数的通项收敛于零，由结论(1)即知结论(2)成立. ■

若 $\{e_n\}$ 是例 2 中实空间 $L^2[0,2\pi]$ 的规范正交系，则由定理 3.3.1(2)得到，对任意 $f \in L^2[0,2\pi]$ 有

$$\lim_{n\to\infty}\int_0^{2\pi}f(x)\cos nx\,\mathrm{d}x = 0,\quad \lim_{n\to\infty}\int_0^{2\pi}f(x)\sin nx\,\mathrm{d}x = 0.$$

以上两个等式称为 Riemann-Lebesgue 引理.

在后面我们将得到 Bessel 不等式成为等式的充要条件.

根据 Bessel 不等式，若 $c_n = (x,e_n)\ (n \geqslant 1)$ 是 x 关于规范正交系 $\{e_n\}$ 的 Fourier 系数，则有

$$\sum_{n=1}^{\infty}|c_n|^2 = \sum_{n=1}^{\infty}|(x,e_n)|^2 \leqslant \|x\|^2 < \infty.$$

反过来，下面的定理表明，若 H 是完备的，$\{c_n\}$ 是一数列，并且满足 $\sum_{n=1}^{\infty}|c_n|^2 < \infty$，则 $\{c_n\}$ 是 H 中的某个向量 x 关于 $\{e_n\}$ 的 Fourier 系数.

定理 3.3.2（Riesz-Fischer 定理）　设 $\{e_n\}$ 是 Hilbert 空间 H 中的规范正交系. 若 $\{c_n\}$ 是一数列并且满足

$$\sum_{n=1}^{\infty}|c_n|^2 < \infty, \tag{3.3.5}$$

则存在 $x \in H$，使得 $\{c_n\}$ 是 x 关于 $\{e_n\}$ 的 Fourier 系数，并且 $x = \sum_{n=1}^{\infty}c_n e_n$.

证明　对任意自然数 n，令 $s_n = \sum_{i=1}^{n}c_i e_i$. 由勾股公式和式(3.3.5)，对任意 $m > n$，我们有

$$\|s_m - s_n\|^2 = \Big\|\sum_{i=n+1}^{m}c_i e_i\Big\|^2 = \sum_{i=n+1}^{m}|c_i|^2 \to 0 \quad (m,n\to\infty).$$

故 $\{s_n\}$ 是 H 中的 Cauchy 序列. 由于 H 是完备的，故 $\{s_n\}$ 收敛. 这表明级数 $\sum_{n=1}^{\infty}c_n e_n$ 收敛.

令 $x = \sum\limits_{n=1}^{\infty} c_n e_n$，由式（3.3.3）知道 $c_n = (x, e_n)(n \geqslant 1)$. ∎

推论 3.3.3　设 $\{e_n\}$ 是 Hilbert 空间 H 中的规范正交系. 则对任意 $x \in H$，x 关于 $\{e_n\}$ 的 Fourier 级数 $\sum\limits_{n=1}^{\infty} (x, e_n) e_n$ 收敛.

证明　由 Bessel 不等式，$\sum\limits_{n=1}^{\infty} |(x, e_n)|^2 \leqslant \|x\|^2 < \infty$. 由根据定理 3.3.2 的证明过程知道级数 $\sum\limits_{n=1}^{\infty} (x, e_n) e_n$ 是收敛的. ∎

由推论 3.3.3 知道，若 H 是完备的，则对任意 $x \in H$，级数 $\sum\limits_{n=1}^{\infty} (x, e_n) e_n$ 是收敛的. 但是 $\sum\limits_{n=1}^{\infty} (x, e_n) e_n$ 未必一定收敛于 x. 为保证 $\sum\limits_{n=1}^{\infty} (x, e_n) e_n$ 收敛于 x，$\{e_n\}$ 必须满足下面要讨论的进一步条件.

3.3.2　正交系的完全性

定义 3.3.3　设 $\{e_n\}$ 是 H 中的规范正交系.

（1）若对任意 $x \in H$，有

$$x = \sum_{n=1}^{\infty} (x, e_n) e_n,$$

则称 $\{e_n\}$ 为 H 的规范正交基. 此时称上式右端的级数为 x 关 $\{e_n\}$ 的 Fourier 展开式.

（2）若 H 中不存在非零元 x 与所有 e_n 都正交，则称 $\{e_n\}$ 是完全的.

下面的定理给出了 $\{e_n\}$ 是规范正交基的几个不同的充要条件. 该定理是 Hilbert 空间理论的基本定理之一.

定理 3.3.4　设 $\{e_n\}$ 是 Hilbert 空间 H 中的规范正交系. 则以下几项是等价的：

（1）$\{e_n\}$ 是规范正交基，即对任意 $x \in H$，有

$$x = \sum_{n=1}^{\infty} (x, e_n) e_n;$$

（2）对任意 $x \in H$，成立以下的 Parseval 等式：

$$\|x\|^2 = \sum_{n=1}^{\infty} |(x, e_n)|^2;$$

（3）$\overline{\operatorname{span}\{e_n\}} = H$；

（4）$\{e_n\}$ 是完全的.

证明　（1）⇒（2）. 设 $x \in H$. 对每个正整数 n，令 $s_n = \sum\limits_{i=1}^{n} (x, e_i) e_i$. 由假设条件，有 $x = \lim\limits_{n \to \infty} s_n$. 利用范数的连续性和勾股公式得到

$$\|x\|^2 = \lim_{n \to \infty} \|s_n\|^2 = \lim_{n \to \infty} \sum_{i=1}^{n} |(x, e_i)|^2 = \sum_{i=1}^{\infty} |(x, e_i)|^2.$$

（2）⇒（3）. 设 $x \in H$. 对每个正整数 n，令 $s_n = \sum\limits_{i=1}^{n} (x, e_i) e_i$. 则 $s_n \in \operatorname{span}\{e_n\}$. 利用

式(3.3.4)和假设条件，得到

$$\|x - s_n\|^2 = \|x\|^2 - \sum_{i=1}^{n} |(x,e_i)|^2 \to 0 \quad (n \to \infty).$$

这表明 $x \in \overline{\text{span}\{e_n\}}$. 因此 $\overline{\text{span}\{e_n\}} = H$.

(3)$\Rightarrow$(4). 设 $x \in H$ 并且 $(x,e_n) = 0 (n \geqslant 1)$. 由假设条件，存在 $\{x_n\} \subset \text{span}\{e_n\}$，使得 $x_n \to x(n \to \infty)$. 由于 x_n 是 $\{e_n\}$ 的有限线性组合，因此 $(x,x_n) = 0(n \geqslant 1)$ 利用内积的连续性得到

$$\|x\|^2 = (x,x) = \lim_{n \to \infty}(x,x_n) = 0.$$

从而 $x = 0$. 这表明 $\{e_n\}$ 是完全的.

(4)$\Rightarrow$(1). 设 $x \in H$. 由推论 3.3.5，级数 $\sum_{n=1}^{\infty}(x,e_n)e_n$ 是收敛的. 记 $y = \sum_{n=1}^{\infty}(x,e_n)e_n$. 由内积的连续性，对每个 $j = 1,2,\cdots$，有

$$(y,e_j) = \lim_{n \to \infty}\Big(\sum_{i=1}^{n}(x,e_i)e_i,e_j\Big) = \lim_{n \to \infty}\sum_{i=1}^{n}(x,e_i)(e_i,e_j) = (x,e_j).$$

因此 $(y-x,e_j) = 0(j = 1,2,\cdots)$. 由于 $\{e_n\}$ 是完全的，因此 $x = y$. ∎

例 3 设 $\{e_n\}$ 是例 2 中的实空间 $L^2[0,2\pi]$ 中的规范正交系. 可以证明 $\{e_n\}$ 是完全的（这里略去其证明）. 根据定理 3.3.4，对任意 $f \in L^2[0,2\pi]$，有

$$f(x) = \Big(f,\frac{1}{\sqrt{2\pi}}\Big)\frac{1}{\sqrt{2\pi}} + \sum_{n=1}^{\infty}\Big[\Big(f,\frac{\cos nx}{\sqrt{\pi}}\Big)\frac{\cos nx}{\sqrt{\pi}} + \Big(f,\frac{\sin nx}{\sqrt{\pi}}\Big)\frac{\sin nx}{\sqrt{\pi}}\Big]$$

$$= \frac{1}{2\pi}(f,1) + \frac{1}{\pi}\sum_{n=1}^{\infty}[(f,\cos nx)\cos nx + (f,\sin nx)\sin nx] \quad (3.3.6)$$

$$= \frac{a_0}{2} + \sum_{n=1}^{\infty}(a_n\cos nx + b_n\sin nx).$$

其中

$$a_n = \frac{1}{\pi}(f,\cos nx) = \frac{1}{\pi}\int_0^{2\pi}f(x)\cos nx\,\mathrm{d}x \quad (n = 0,1,\cdots),$$

$$b_n = \frac{1}{\pi}(f,\sin nx) = \frac{1}{\pi}\int_0^{2\pi}f(x)\sin nx\,\mathrm{d}x \quad (n = 1,2,\cdots).$$

Parseval 等式变为

$$\int_0^{2\pi}|f(x)|^2\mathrm{d}x = \Big|\Big(f,\frac{1}{\sqrt{2\pi}}\Big)\Big|^2 + \sum_{n=1}^{\infty}\Big(\Big|\Big(f,\frac{\cos nx}{\sqrt{\pi}}\Big)\Big|^2 + \Big|\Big(f,\frac{\sin nx}{\sqrt{\pi}}\Big)\Big|^2\Big)$$

$$= \frac{\pi a_0^2}{2} + \pi\sum_{n=1}^{\infty}(a_n^2 + b_n^2).$$

式(3.3.6)右边的级数正是数学分析中所说的 f 的 Fourier 级数，但要注意式(3.3.6)中的级数是按照 $L^2[0,2\pi]$ 上的范数收敛的. 这就是说，若将式(3.3.6)右端的级数的部分和记为 $S_n(x)$，则式(3.3.6)表示

$$\lim_{n\to\infty}\int_0^{2\pi}|f(x)-S_n(x)|^2\mathrm{d}x=0.$$

这与数学分析中的 Fourier 级数的逐点收敛是不同的.

3.3.3　Gram-Schmidt 正交化方法

前面的讨论都是在给定规范正交系的前提下讨论的. 下面我们考虑规范正交系的存在性和构造方法. 一个规范正交系必须是线性无关的, 但是一列线性无关的向量未必是规范正交系. 通过下面介绍的 Gram-Schmidt 正交化方法, 可以从一列线性无关的向量构造出一个规范正交系.

定理 3.3.5(Gram-Schmidt)　设 $\{x_n,n\geqslant 1\}$ 是内积空间 H 中的一列线性无关的向量. 则存在规范正交系 $\{e_n,n\geqslant 1\}$, 使得

$$\mathrm{span}\{e_1,e_2,\cdots,e_n\}=\mathrm{span}\{x_1,x_2,\cdots,x_n\}\ (n=1,2,\cdots).$$

$$\mathrm{span}\{e_1,e_2,\cdots\}=\mathrm{span}\{x_1,x_2,\cdots\}.$$

证明　我们用归纳的方法作出 $\{e_n\}$. 由于 $\{x_n\}$ 线性无关, 故 $x_n\neq 0(n\geqslant 1)$. 令 $y_1=x_1,e_1=\dfrac{y_1}{\|y_1\|}$, 则 $\mathrm{span}\{e_1\}=\mathrm{span}\{x_1\}$. 假设 $e_1,e_2,\cdots,e_{n-1}$ 已经选定, 使得 $e_1,e_2,\cdots,e_{n-1}$ 是两两正交的单位向量, 并且

$$\mathrm{span}\{e_1,e_2,\cdots,e_{n-1}\}=\mathrm{span}\{x_1,x_2,\cdots,x_{n-1}\}.$$

令 $y_n=x_n-\sum\limits_{i=1}^{n-1}(x_n,e_i)e_i$, 则 $y_n\neq 0$. 否则 $x_n\in\mathrm{span}\{e_1,e_2,\cdots,e_{n-1}\}$, 从而 $x_n\in\mathrm{span}\{x_1,x_2,\cdots,x_{n-1}\}$. 这与 $x_1,x_2,\cdots,x_n$ 线性无关矛盾. 当 $1\leqslant j\leqslant n-1$ 时,

$$(y_n,e_j)=(x_n,e_j)-\sum_{i=1}^{n-1}(x_n,e_i)(e_i,e_j)=(x_n,e_j)-(x_n,e_j)=0.$$

令 $e_n=\dfrac{y_n}{\|y_n\|}$, 则 $\|e_n\|=1,(e_n,e_j)=0(1\leqslant j\leqslant n-1)$. 故 $\{e_1,e_2,\cdots,e_n\}$ 是规范正交系. 并且

$$\mathrm{span}\{e_1,e_2,\cdots,e_n\}=\mathrm{span}\{e_1,e_2,\cdots,e_{n-1},x_n\}=\mathrm{span}\{x_1,x_2,\cdots,x_n\}.$$

由此得到 $\mathrm{span}\{e_1,e_2,\cdots\}=\mathrm{span}\{x_1,x_2,\cdots\}$. 因此 $\{e_n,n\geqslant 1\}$ 满足定理的要求. ■

推论 3.3.6　可分的 Hilbert 空间必存在完全的规范正交系.

证明　设 H 是可分的 Hilbert 空间, 则 H 存在一个可列的稠密子集 $\{x_n\}$. 设 x_{n_1} 是 $\{x_n\}$ 中的第一个非零向量. 设 $x_{n_1},x_{n_2},\cdots,x_{n_k}$ 已经选定, 使得它们线性无关. 令 $x_{n_{k+1}}$ 是 $\{x_n,n>n_k\}$ 中的第一个与 $x_{n_1},x_{n_2},\cdots,x_{n_k}$ 线性无关的向量. 如此进行, 得到了 $\{x_n\}$ 的一个线性无关的子集 $\{x_{n_k}\}$. 再用 Gram-Schmidt 方法经过正交化, 得到规范正交系 $\{e_n\}$. 由定理 3.3.5 和 $\{x_n\}$ 的稠密性, 我们有

$$\overline{\mathrm{span}\{e_n\}}=\overline{\mathrm{span}\{x_{n_k}\}}=\overline{\mathrm{span}\{x_n\}}=H.$$

根据定理 3.3.4, $\{e_n\}$ 是完全的. ■

定义 3.3.4　设 H_1 和 H_2 是两个内积空间. 若存在一个映射 $T:H_1\to H_2$, 使得 T 是双

射和线性的，并且

$$(Tx,Ty) = (x,y) \quad (x,y \in H_1),$$

则称 H_1 与 H_2 是同构的.

显然两个内积空间之间的同构是等距同构. 在 3.1 节例 1 和例 2 中的 $\mathbf{K}^n$ 和 l^2 是有限维和无限维的可分的 Hilbert 空间最简单的例子. 下面的定理表明，$\mathbf{K}^n$ 和 l^2 是可分的 Hilbert 空间的基本模型.

定理 3.3.7 可分的 Hilbert 空间必与 $\mathbf{K}^n$ 或 l^2 同构.

证明 设 H 是可分的无限维 Hilbert 空间. 根据推论 3.3.6，在 H 中存在完全的规范正交系 $\{e_n : n = 1,2,\cdots\}$. 根据定理 3.3.4，对任意 $x \in H$，x 可以表示为

$$x = \sum_{n=1}^{\infty} (x,e_n)e_n. \tag{3.3.7}$$

作映射

$$T : H \to l^2, \quad x \mapsto ((x,e_1),(x,e_2),\cdots).$$

显然 T 是线性的. 对任意 $x,y \in H$，利用式 (3.3.7)，我们有

$$\begin{aligned}
(Tx,Ty) &= \sum_{i=1}^{\infty} (x,e_i)\overline{(y,e_i)} \\
&= \lim_{n \to \infty} \sum_{i=1}^{n} (x,e_i)\overline{(y,e_i)} \\
&= \lim_{n \to \infty} \Big(\sum_{i=1}^{n} (x,e_i)e_i, \sum_{j=1}^{n} (y,e_j)e_j \Big) \\
&= \Big(\sum_{i=1}^{\infty} (x,e_i)e_i, \sum_{j=1}^{\infty} (y,e_j)e_j \Big) = (x,y).
\end{aligned}$$

即 T 保持内积不变，因而也保持范数不变，从而是单射. 由 Riesz-Fischer 定理知道 T 是满射. 因此 H 与 l^2 是同构的. 当 H 是有限维时，$\{e_n\}$ 是有限集. 此时只要将式 (3.3.7) 中的级数和改为有限项求和，即可证明 H 与 $\mathbf{K}^n$ 同构. ∎

3.4 Riesz 表示定理 伴随算子

本节先证明 Hilbert 空间中的一个基本定理 ——Riesz 表示定理. 这个定理给出了 Hilbert 空间上有界线性泛函的一般形式. 然后定义伴随算子并且讨论自伴算子.

3.4.1 Riesz 表示定理

引理 3.4.1 设 H 为内积空间. 对任意 $y \in H$，令

$$f(x) = (x,y) \quad (x \in H). \tag{3.4.1}$$

则 f 是 H 上的有界线性泛函，并且 $\|f\| = \|y\|$.

证明 由内积关于第一个变元的线性性知道 f 是线性的. 由于

$$|f(x)| = |(x,y)| \leqslant \|x\|\|y\| \quad (x \in H),$$

因此 f 是有界的, 并且 $\|f\| \leqslant \|y\|$. 若 $y = 0$, 则 $f = 0$. 此时 $\|f\| = \|y\| = 0$. 若 $y \neq 0$, 令 $x_0 = \dfrac{y}{\|y\|}$, 则 $\|x_0\| = 1$, 并且

$$|f(x_0)| = \frac{1}{\|y\|}(y, y) = \|y\|.$$

因此 $\|f\| \geqslant |f(x_0)| = \|y\|$. 所以 $\|f\| = \|y\|$. ∎

当 H 是 Hilbert 空间时, 引理 3.4.1 的逆命题也是成立的. 即 H 上的有界线性泛函都具有式 (3.4.1) 的形式. 这就是下面的 Riesz 表示定理.

定理 3.4.2(F. Riesz)　设 f 是 Hilbert 空间 H 上的有界线性泛函. 则存在唯一的 $y \in H$ 使得

$$f(x) = (x, y) \quad (x \in H).$$

并且 $\|f\| = \|y\|$.

证明　若 $f = 0$, 只需取 $y = 0$ 即可. 设 $f \neq 0$. 令 $E = N(f)$. 则 E 是 H 的闭子空间. 由正交分解定理, $H = E \oplus E^\perp$. 由于 $f \neq 0$, 故 $E \neq H$, 从而 $E^\perp \neq \{0\}$. 于是存在 $z \in E^\perp$, 使得 $z \neq 0$. 不妨设 $\|z\| = 1$. 由于 $E \cap E^\perp = \{0\}$, 故 $z \notin E$, 即 $f(z) \neq 0$. 令 $y = \overline{f(z)}z$, 则 $y \in E^\perp$. 对任意 $x \in H$, 由于 $f\left(\dfrac{f(x)}{f(z)}z - x\right) = 0$, 因此 $\dfrac{f(x)}{f(z)}z - x \in E$, 从而 $\left(\dfrac{f(x)}{f(z)}z - x, y\right) = 0$. 于是我们有

$$f(x) = f(x)(z, z) = \left(\frac{f(x)}{f(z)}z, \overline{f(z)}z\right)$$
$$= \left(\frac{f(x)}{f(z)}z - x, y\right) + (x, y) = (x, y).$$

由引理 3.4.1 知道 $\|f\| = \|y\|$. 若还存在 $y_1 \in H$ 使得

$$f(x) = (x, y_1) \quad (x \in H),$$

则对任意 $x \in H$ 有 $(x, y) = (x, y_1)$, 即 $(x, y - y_1) = 0$. 这表明 $y = y_1$. ∎

设 H 是 Hilbert 空间, H^* 是 H 的共轭空间. 对任意 $y \in H$, 令

$$f_y(x) = (x, y) \quad (x \in H).$$

由引理 3.4.1, $f_y \in H^*$. 作 H 到 H^* 的映射 $T : y \mapsto f_y$. 由 Riesz 表示定理知道 T 是满射, 并且

$$\|Ty\| = \|f_y\| = \|y\| \quad (y \in H).$$

即 T 是保持范数不变的. 设 $y_1, y_2 \in H$ 和 $\alpha, \beta \in \mathbf{K}$. 对任意 $x \in H$, 我们有

$$f_{\alpha y_1 + \beta y_2}(x) = (x, \alpha y_1 + \beta y_2) = \bar{\alpha}(x, y_1) + \bar{\beta}(x, y_2)$$
$$= \bar{\alpha}f_{y_1}(x) + \bar{\beta}f_{y_2}(x) = (\bar{\alpha}f_{y_1} + \bar{\beta}f_{y_2})(x).$$

因此 $f_{\alpha y_1 + \beta y_2} = \bar{\alpha}f_{y_1} + \bar{\beta}f_{y_2}$, 此即 $T(\alpha y_1 + \beta y_2) = \bar{\alpha}Ty_1 + \bar{\beta}Ty_2$. 此时我们称 T 是共轭线性的. 当 $y_1 \neq y_2$ 时,

$$\|Ty_1 - Ty_2\| = \|T(y_1 - y_2)\| = \|y_1 - y_2\| > 0.$$

于是 $Ty_2 \neq Ty_2$，因此 T 是单射．综上所述，$T:H \to H^*$ 是双射，共轭线性的，保持范数不变的．我们称 T 为 H 到 H^* 的复共轭等距同构映射．利用这个映射，我们可以把 H 中的元 y 与 H^* 中对应的元 f_y 等同起来，在这个意义下，可以把 H 和 H^* 看成是一样的．

3.4.2　伴随算子

在 2.8 节中，我们对赋范空间上的有界线性算子 A，定义了与 A 联系的一个算子，即 A 的共轭算子．对于 Hilbert 空间上的有界线性算子 A，我们可以用不同的方式定义一个与 A 联系的算子——A 的伴随算子．为定义伴随算子，先作一些准备工作．

定义 3.4.1　设 H 是内积空间，$\varphi:H \times H \to \mathbf{K}$ 是定义在 $H \times H$ 上的双线性泛函．若存在常数 $c > 0$ 使得

$$|\varphi(x,y)| \leqslant c\|x\|\|y\| \quad (x,y \in H),$$

则称 φ 是有界的．当 φ 有界时，称 $\|\varphi\| = \sup\limits_{\|x\| \leqslant 1, \|y\| \leqslant 1} |\varphi(x,y)|$ 为 φ 的范数．

容易证明，双线性泛函 φ 有界当且仅当 φ 关于两个变元是连续的，即当 $x_n \to x, y_n \to y$ 时，$\varphi(x_n,y_n) \to \varphi(x,y)$．这个结论的证明留作习题．

设 A 是 H 上的有界线性算子，容易知道 $\varphi(x,y) = (Ax,y)$ 是 H 上的有界双线性泛函．下面的定理 3.4.3 表明，当 H 是 Hilbert 空间时，H 上的有界双线性泛函都是这种形式．

定理 3.4.3　设 H 是 Hilbert 空间，φ 是 H 上的有界双线性泛函．则存在唯一的 $A \in B(H)$ 使得

$$\varphi(x,y) = (Ax,y) \quad (x,y \in H),$$

并且 $\|A\| = \|\varphi\|$．

证明　对任意 $x \in H$，令 $f(y) = \overline{\varphi(x,y)}$ $(y \in H)$，则 f 是 H 上的线性泛函．由于

$$|f(y)| = |\varphi(x,y)| \leqslant \|\varphi\|\|x\|\|y\| \quad (y \in H),$$

因此 f 是有界的并且 $\|f\| \leqslant \|\varphi\|\|x\|$．由 Riesz 表示定理，存在唯一的 $x' \in H$ 使得 $f(y) = (y,x')$ $(y \in H)$，并且 $\|x'\| = \|f\|$．定义算子 $A:H \to H, Ax = x'$．则有

$$\varphi(x,y) = \overline{f(y)} = (x',y) = (Ax,y) \quad (x,y \in H). \tag{3.4.2}$$

对任意 $x_1,x_2 \in H$ 和 $\alpha,\beta \in \mathbf{K}$，利用式(3.4.2)得到

$$\begin{aligned}
(A(\alpha x_1 + \beta x_2),y) &= \varphi(\alpha x_1 + \beta x_2, y) \\
&= \alpha\varphi(x_1,y) + \beta\varphi(x_2,y) \\
&= \alpha(Ax_1,y) + \beta(Ax_2,y) \\
&= (\alpha Ax_1 + \beta Ax_2, y).
\end{aligned}$$

上式对任意 $y \in H$ 都成立，因此 $A(\alpha x_1 + \beta x_2) = \alpha Ax_1 + \beta Ax_2$，即 A 是线性的．由于

$$\|Ax\| = \|x'\| = \|f\| \leqslant \|\varphi\|\|x\| \quad (x \in H),$$

因此 A 是有界的并且 $\|A\| \leqslant \|\varphi\|$．另一方面

$$|\varphi(x,y)| = |(Ax,y)| \leqslant \|Ax\|\|y\| \leqslant \|A\|\|x\|\|y\| \quad (x,y \in H).$$

因此 $\|\varphi\| \leqslant \|A\|$，从而 $\|A\| = \|\varphi\|$. 存在性得证. 若还存在 $A_1 \in B(H)$，使得对任意 $x, y \in H$，有 $\varphi(x, y) = (A_1 x, y)$，则对任意 $x, y \in H$，有 $(Ax, y) = (A_1 x, y)$. 由推论 3.1.6，这蕴含 $A = A_1$. 唯一性得证. ∎

推论 3.4.4　设 H 是 Hilbert 空间. 则对每个 $A \in B(H)$，存在唯一的 $B \in B(H)$，使得

$$(Ax, y) = (x, By) \quad (x, y \in H).$$

证明　令 $\varphi(y, x) = (y, Ax)(x, y \in H)$. 则 φ 是 H 上的有界双线性泛函. 根据定理 3.4.3，存在唯一的 $B \in B(H)$，使得 $\varphi(y, x) = (By, x)(x, y \in H)$. 于是

$$(Ax, y) = \overline{\varphi(y, x)} = \overline{(By, x)} = (x, By) \quad (x, y \in H). \quad ∎$$

定义 3.4.2　设 H 是 Hilbert 空间，$A \in B(H)$. 根据推论 3.4.4，存在唯一的有界线性算子，将其记为 A^*，使得

$$(Ax, y) = (x, A^* y) \quad (x, y \in H).$$

称 A^* 为 A 的伴随算子.

注 1　设 H 是 Hilbert 空间，$A \in B(H)$. 在 2.8 节中和这里分别定义了 A 的共轭算子和 A 的伴随算子. 虽然它们都用 A^* 表示，但它们的意义是不同的. 下面分析它们之间的关系. 这里将 2.8 节中定义的 A 的共轭算子暂记为 A'. 由 2.8 节中共轭算子的定义，A' 是 H^* 上的有界线性算子，使得

$$f(Ax) = A' f(x) \quad (x \in H, f \in H^*).$$

对任意 $y \in H$，令 $f_y(x) = (x, y)(x \in H)$. 则对任意 $x, y \in H$ 有

$$f_{A^* y}(x) = (x, A^* y) = (Ax, y) = f_y(Ax) = A' f_y(x).$$

设 T 是 H 到 H^* 的复共轭等距同构映射，即 $Ty = f_y$. 则上式可以写成

$$(TA^* y)(x) = (A' Ty)(x).$$

由 $x \in H$ 的任意性得到 $TA^* y = A' Ty(y \in H)$. 因此

$$TA^* = A' T, \quad 或 \quad A^* = T^{-1} A' T.$$

上式可以用如图 3.4.1 的交换图表示.

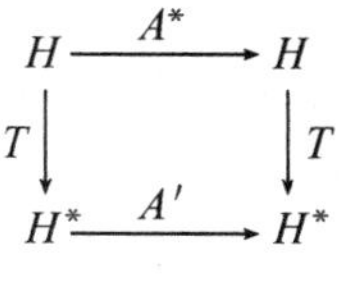

$$
\begin{array}{ccc}
H & \xrightarrow{A^*} & H \\
T \downarrow & & \downarrow T \\
H^* & \xrightarrow{A'} & H^*
\end{array}
$$

图 3.4.1

若 H 是实 Hilbert 空间，则 H 与 H^* 等距同构. 此时若将 H 与 H^* 不加区别，则也可以将 A^* 与 A' 不加区别.

今后在 Hilbert 空间中，A^* 总是表示 A 的伴随算子.

例 1　设 $e_1, e_2, \cdots, e_n$ 是 $\mathbf{K}^n$ 的标准基. $A : \mathbf{K}^n \rightarrow \mathbf{K}^n$ 是由矩阵 $(a_{ij})_{n \times n}$ 确定的线性算子.

设 T^* 相应的矩阵为 $(b_{ij})_{n\times n}$. 由于 $Ae_j = \sum_{k=1}^{n} a_{kj}e_k(j=1,2,\cdots,n)$，因此

$$(Ae_j,e_i) = \sum_{k=1}^{n} a_{kj}(e_k,e_i) = a_{ij} \quad (i,j=1,2,\cdots,n).$$

类似地，$(A^*e_j,e_i) = b_{ij}(i,j=1,2,\cdots,n)$，于是对 $i,j=1,2,\cdots,n$ 有

$$b_{ij} = (A^*e_j,e_i) = (e_j,Ae_i) = \overline{(Ae_i,e_j)} = \bar{a}_{ji},$$

这表明 A^* 是由矩阵 (a_{ij}) 的共轭转置矩阵确定的算子. 这与 2.8 节中例 1 的结果是不同的，在那里 A^* 是由矩阵 (a_{ij}) 的转置矩阵确定的算子.

例 2 设 $K(s,t)$ 是矩形 $[a,b]\times[a,b]$ 上的平方可积函数. 在 $L^2[a,b]$ 上定义算子如下：

$$(Ax)(s) = \int_a^b K(s,t)x(t)\mathrm{d}t \quad (x\in L^2[a,b]).$$

则 A 是 $L^2[a,b]$ 上的有界线性算子. 现在求 A^* 的表达式. 令

$$(A^*y)(s) = z(s) \quad (y\in L^2[a,b]).$$

由伴随算子的定义，对任意 $x\in L^2[a,b]$，有 $(x,A^*y) = (Ax,y)$. 因此

$$\int_a^b x(s)\overline{z(s)}\mathrm{d}s = \int_a^b \left(\int_a^b K(s,t)x(t)\mathrm{d}t\right)\overline{y(s)}\mathrm{d}s$$

利用 Fubini 定理得到

$$\int_a^b x(s)\overline{z(s)}\mathrm{d}s = \int_a^b x(t)\left(\int_a^b K(s,t)\overline{y(s)}\mathrm{d}s\right)\mathrm{d}t$$

$$= \int_a^b x(t)\overline{\int_a^b \overline{K(s,t)}y(s)\mathrm{d}s}\mathrm{d}t$$

$$= \int_a^b x(s)\overline{\int_a^b \overline{K(t,s)}y(t)\mathrm{d}t}\mathrm{d}s.$$

比较上式的两端得到 $z(s) = \int_a^b \overline{K(t,s)}y(t)\mathrm{d}t$. 于是得到 A^* 的表达式：

$$(A^*y)(s) = \int_a^b \overline{K(t,s)}y(t)\mathrm{d}t \quad (y\in L^2[a,b]).$$

读者可以将这里的结果与 2.8 节中例 3 的结果进行比较.

定理 3.4.5 设 H 是 Hilbert 空间，$A,B\in B(H)$. 则：

(1) $(A+B)^* = A^*+B^*$，$(\alpha A)^* = \bar{\alpha}A^*(\alpha\in\mathbf{K})$；

(2) $A^{**} = A$；

(3) $(AB)^* = B^*A^*$；

(4) $\|A^*\| = \|A\| = \|A^*A\|^{\frac{1}{2}}$.

证明 (1) 对任意 $x,y\in H$，有

$$(x,(A+B)^*y) = ((A+B)x,y) = (Ax,y)+(Bx,y)$$

$$= (x,A^*y)+(x,B^*y) = (x,(A^*+B^*)y),$$

$$(x,(\alpha A)^* y) = (\alpha Ax,y) = \alpha(x,A^* y) = (x,\bar{\alpha}A^* y),$$

由推论 3.1.6 得到 $(A+B)^* = A^* + B^*$，$(\alpha A)^* = \bar{\alpha}A^*$．

(2)，(3) 对任意 $x,y \in H$，有

$$(x,A^{**}y) = (A^* x,y) = \overline{(y,A^* x)} = \overline{(Ay,x)} = (x,Ay),$$

$$(x,(AB)^* y) = (ABx,y) = (Bx,A^* y) = (x,B^* A^* y).$$

因此 $A^{**} = A$，$(AB)^* = B^* A^*$．

(4) 对任意 $x \in H$，有

$$\|Ax\|^2 = (Ax,Ax) = (x,A^* Ax) \leqslant \|x\|\|A^*\|\|Ax\|.$$

因此 $\|Ax\| \leqslant \|A^*\|\|x\|$，从而 $\|A\| \leqslant \|A^*\|$．在这个不等式中用 A^* 代替 A，得到 $\|A^*\| \leqslant \|A^{**}\| = \|A\|$，从而 $\|A^*\| = \|A\|$．由于

$$\|Ax\|^2 = (Ax,Ax) = (x,A^* Ax) \leqslant \|A^* A\|\|x\|^2.$$

因此 $\|A\|^2 \leqslant \|A^* A\|$．另一方面，$\|A^* A\| \leqslant \|A^*\|\|A\| = \|A\|^2$，从而 $\|A\|^2 = \|A^* A\|$．∎

注意，根据定理 3.4.5(1)，对于 A 的伴随算子 A^*，有 $(\alpha A)^* = \bar{\alpha}A^* (\alpha \in \mathbf{K})$．这与 2.8 节中共轭算子的性质 $(\alpha A)^* = \alpha A^* (\alpha \in \mathbf{K})$ 是不同的．

定理 3.4.6　设 $A \in B(H)$．则

$$N(A) = R(A^*)^\perp,\quad \overline{R(A)} = N(A^*)^\perp.$$

证明　设 $x \in H$．由于对任意 $y \in H$，$(Ax,y) = (x,A^* y)$，因此

$$x \in N(A) \Leftrightarrow \forall\, y \in H, (Ax,y) = 0$$
$$\Leftrightarrow \forall\, y \in H, (x,A^* y) = 0$$
$$\Leftrightarrow x \in R(A^*)^\perp.$$

因此 $N(A) = R(A^*)^\perp$．利用第一式和定理 3.2.5 得到

$$N(A)^\perp = R(A^*)^{\perp\perp} = \overline{R(A^*)}. \tag{3.4.3}$$

由于 $A^{**} = A$，将式 (3.4.3) 中的 A 换为 A^*，得到 $N(A^*)^\perp = \overline{R(A^{**})} = \overline{R(A)}$．∎

3.4.3　自伴算子

定义 3.4.3　设 A 是 Hilbert 空间 H 上的有界线性算子．若 $A^* = A$，则称 A 是自伴的．

根据定义，A 是自伴的当且仅当

$$(Ax,y) = (x,Ay)\quad (x,y \in H).$$

这与 3.2 节中自伴算子的定义是一致的．

例 3　由例 1 知道，若 $A:\mathbf{K}^n \to \mathbf{K}^n$ 是由矩阵 $(a_{ij})_{n\times n}$ 确定的线性算子，则 A^* 是由矩阵 $(\bar{a}_{ji})_{n\times n}$ 确定的线性算子．因此 A 是自伴的当且仅当 $a_{ij} = \bar{a}_{ji}(i,j = 1,2,\cdots,n)$，即矩阵 $(a_{ij})_{n\times n}$ 是厄米特(Hermite)矩阵．又如，例 2 中的算子 A 是自伴的当且仅当

$$\overline{K(t,s)} = K(s,t)\quad (s,t \in [a,b]).$$

定理 3.4.7 设 A 是复 Hilbert 空间 H 上的有界线性算子. 则 A 是自伴的当且仅当对任意 $x \in H$,(Ax,x) 是实数.

证明 若 A 是自伴的,则对任意 $x \in H$,有 $(Ax,x) = (x,Ax) = \overline{(Ax,x)}$. 因此 (Ax,x) 是实数.

反过来,设对任意 $x \in H$,(Ax,x) 是实数. 根据推论 3.1.5,有极化恒等式

$$(Ax,y) = \frac{1}{4}\big[(A(x+y),\,x+y) - (A(x-y),\,x-y) +$$
$$\mathrm{i}(A(x+\mathrm{i}y),\,x+\mathrm{i}y) - \mathrm{i}(A(x-\mathrm{i}y),\,x-\mathrm{i}y)\big]. \tag{3.4.4}$$

在上式中交换 x 与 y 的位置得到

$$(Ay,x) = \frac{1}{4}\big[(A(y+x),\,y+x) - (A(y-x),\,y-x) +$$
$$\mathrm{i}(A(y+\mathrm{i}x),\,y+\mathrm{i}x) - \mathrm{i}(A(y-\mathrm{i}x),\,y-\mathrm{i}x)\big]. \tag{3.4.5}$$

由于对任意 $x \in H$,(Ax,x) 是实数,因此式(3.4.4)和(3.4.5)右边的内积都是实数. 从而 $\mathrm{Re}(Ax,y) = \mathrm{Re}(Ay,x)$. 另一方面

$$(A(x+\mathrm{i}y),\,x+\mathrm{i}y) = (\mathrm{i}A(y-\mathrm{i}x),\,\mathrm{i}(y-\mathrm{i}x)) = (A(y-\mathrm{i}x),\,(y-\mathrm{i}x)),$$
$$(A(x-\mathrm{i}y),\,x-\mathrm{i}y) = (-\mathrm{i}A(y+\mathrm{i}x),\,-\mathrm{i}(y+\mathrm{i}x)) = (A(y+\mathrm{i}x),\,(y+\mathrm{i}x)).$$

以上两式并结合式(3.4.4)和式(3.4.5)表明 $\mathrm{Im}(Ax,y) = -\mathrm{Im}(Ay,x)$. 因此

$$(Ax,y) = \overline{(Ay,x)} = (x,Ay) \quad (x,y \in H).$$

因此 A 是自伴的. ∎

定理 3.4.8 设 H 是复 Hilbert 空间,$P \in B(H)$. 则 P 是投影算子当且仅当对任意 $x \in H$,有 $\|Px\|^2 = (Px,x)$.

证明 若 P 是投影算子,根据定理 3.2.7,P 是幂等的和自伴的. 因此对任意 $x \in H$,

$$\|Px\|^2 = (Px,Px) = (P^2x,x) = (Px,x).$$

反过来,若对任意 $x \in H$ 有 $\|Px\|^2 = (Px,x)$,则 (Px,x) 是实数. 由定理 3.4.7 知道 P 是自伴的. 令 $A = P^2 - P$,则 A 是线性算子,并且对任意 $x \in H$ 有

$$(Ax,x) = (P^2x,x) - (Px,x) = (Px,Px) - \|Px\|^2 = 0.$$

由极化恒等式得到 $(Ax,y) = 0\,(x,y \in H)$,因此 $A = 0$,于是 $P^2 = P$. 因此 P 是幂等的和自伴的,从而 P 是投影算子. ∎

定理 3.4.9 设 H 是复 Hilbert 空间,$A \in B(H)$ 是自伴算子,则

$$\|A\| = \sup_{\|x\| \leqslant 1} |(Ax,x)| = \sup_{\|x\| = 1} |(Ax,x)|. \tag{3.4.6}$$

证明 记 $r = \sup\limits_{\|x\| \leqslant 1} |(Ax,x)|$. 对任意 $x \in H$,当 $\|x\| \leqslant 1$ 时,由 Schwarz 不等式得到

$$|(Ax,x)| \leqslant \|Ax\|\,\|x\| \leqslant \|A\|\,\|x\|^2 \leqslant \|A\|.$$

因此 $r \leqslant \|A\|$. 反过来,对任意 $x \in H$,当 $x \neq 0$ 时,$\left|\left(A\dfrac{x}{\|x\|},\,\dfrac{x}{\|x\|}\right)\right| \leqslant r$. 即

$$|(Ax,x)| \leqslant r\|x\|^2. \tag{3.4.7}$$

由于 A 是自伴的，对任意 $x,y \in H$ 有

$$
\begin{aligned}
(A(x+y),\ x+y) &- (A(x-y),\ x-y) \\
&= 2[(Ax,y) + (Ay,x)] \\
&= 2[(Ax,y) + (y,Ax)] \\
&= 4\mathrm{Re}(Ax,y).
\end{aligned} \tag{3.4.8}
$$

对任意 $x,y \in H$，利用式 (3.4.7) 和 (3.4.8) 得到

$$|\mathrm{Re}(Ax,y)| \leqslant \frac{r}{4}(\|x+y\|^2 + \|x-y\|^2) \leqslant \frac{r}{2}(\|x\|^2 + \|y\|^2).$$

当 $\|x\| \leqslant 1$，$Ax \neq 0$ 时，令 $y = \dfrac{Ax}{\|Ax\|}$，则 $\|y\| = 1$. 代入上式得到

$$\|Ax\| = (Ax,y) = \mathrm{Re}(Ax,y) \leqslant \frac{r}{2}(\|x\|^2 + \|y\|^2) \leqslant r.$$

因此 $\|A\| \leqslant r$，从而 $\|A\| = r$. 即式 (3.4.6) 的第一个等式成立. 由于

$$\sup_{\|x\| \leqslant 1} |(Ax,x)| \leqslant \sup_{x \neq 0, \|x\| \leqslant 1} \frac{|(Ax,x)|}{\|x\|^2} \leqslant \sup_{\|x\|=1} |(Ax,x)| \leqslant \sup_{\|x\| \leqslant 1} |(Ax,x)|.$$

因此式 (3.4.6) 的第二个等式成立. ∎

定义 3.4.4　设 H 是 Hilbert 空间，$A \in B(H)$.

(1) 若 $A^*A = AA^*$，则称 A 是正规算子；

(2) 若 $A^*A = AA^* = I$，则称 A 是酉算子. 其中 I 是单位算子.

显然，投影算子，自伴算子和酉算子都是正规算子.

例如，设 A 是上述例 1 中由矩阵 $(a_{ij})_{n \times n}$ 确定的线性算子. 则 A 是正规算子，酉算子分别相当于矩阵 $(a_{ij})_{n \times n}$ 是正规矩阵和酉矩阵.

定理 3.4.10　设 H 是复 Hilbert 空间，$A \in B(H)$. 则：

(1) A 是正规算子当且仅当对任意 $x \in H$，有 $\|Ax\| = \|A^*x\|$；

(2) A 是酉算子当且仅当 A 是等距同构算子.

证明　(1) 利用推论 3.1.6 知道

$$
\begin{aligned}
A^*A = AA^* &\Leftrightarrow \forall x \in H,\ (A^*Ax,x) = (AA^*x,x) \\
&\Leftrightarrow \forall x \in H,\ (Ax,Ax) = (A^*x,A^*x) \\
&\Leftrightarrow \forall x \in H,\ \|Ax\| = \|A^*x\|.
\end{aligned}
$$

因此 A 是正规算子当且仅当对任意 $x \in H$，有 $\|Ax\| = \|A^*x\|$.

(2) 若 A 是酉算子，则对任意 $x \in H$，$A(A^*x) = Ix = x$. 这表明 A 是满射. 并且对任意 $x \in H$ 有

$$\|Ax\|^2 = (Ax,Ax) = (A^*Ax,x) = (Ix,x) = \|x\|^2.$$

因此 A 是等距同构算子. 反过来，设 A 是等距同构算子. 则对任意 $x \in H$，有

$$(A^*Ax,x) = (Ax,Ax) = \|Ax\|^2 = \|x\|^2 = (Ix,x).$$

利用推论 3.1.6 得到 $A^*A = I$. 由于 A 是满射，对任意 $y \in H$，存在 $x \in H$，使得 $y = Ax$. 于是

$$AA^*y = AA^*(Ax) = A(A^*A)x = Ax = y.$$

因此 $AA^* = I$. 这就证明了 A 是酉算子. ∎

例 4 设 $\theta \in [0, 2\pi]$. 在 $L^2[a,b]$ 上定义算子 $Ax = e^{i\theta}x$. 则 A 是酉算子. 事实上，A 是双射，并且对任意 $x \in L^2[a,b]$，有

$$\|Ax\| = \|e^{i\theta}x\| = |e^{i\theta}|\|x\| = \|x\|.$$

因此 A 是等距同构算子. 根据定理 3.4.10，A 是酉算子.

也可以直接证明 A 是酉算子. 事实上，容易算出 $A^*x = e^{-i\theta}x$. 因此 $A^*A = AA^* = I$，故 A 是酉算子.

习 题 3

1. 证明当 $p \neq 2$ 时，l^p 和 $L^p[0,1]$ 上的范数不能由内积导出.

2. 设 $H_n(n = 1, 2, \cdots)$ 是一列内积空间. 令

$$H = \left\{ x = (x_i) : x_i \in H_i (i = 1, 2, \cdots), \sum_{i=1}^{\infty} \|x_i\|^2 < \infty \right\}.$$

在 H 上按坐标定义加法和数乘使之成为线性空间，并且定义

$$((x_i), (y_i)) = \sum_{i=1}^{\infty} (x_i, y_i).$$

证明 $(\cdot, \cdot)$ 是 H 上的内积，当每个 H_n 是 Hilbert 空间时，H 是 Hilbert 空间.

3. 称 Banach 空间 X 是一致凸的，若对任意 $0 < \varepsilon \leq 2$，存在 $\delta = \delta(\varepsilon) > 0$，使得当 $\|x\| = \|y\| = 1$，$\|x - y\| \geq \varepsilon$ 时，必有 $\left\|\dfrac{x+y}{2}\right\| \leq 1 - \delta$. 证明 Hilbert 空间是一致凸的.

4. 设 H 是实内积空间，$x, y \in H$. 证明若 $\|x + y\|^2 = \|x\|^2 + \|y\|^2$，则 $x \perp y$. 举例说明当 H 是复内积空间时，这个结论不成立.

5. 设 H 是内积空间，$x, y \in H$. 证明：$x \perp y$ 当且仅当对任意 $\lambda \in \mathbf{K}$ 有

$$\|x + \lambda y\| = \|x - \lambda y\|.$$

6. 设 $\varphi(x, y)$ 是内积空间 H 上的双线性泛函，并且 $|\varphi(x, x)| \leq c\|x\|^2$ $(x \in H)$. 证明对任意 $x, y \in H$，有 $|\varphi(x, y)| \leq 2c\|x\|\|y\|$.

提示：利用极化恒等式和平行四边形公式.

7. 设 H 是 Hilbert 空间，E_1, E_2 是 H 的闭子空间，并且 $E_1 \perp E_2$. 证明 $E_1 + E_2$ 也是 H 的闭子空间.

8. 设 H 为 Hilbert 空间，T 是 H 上的线性算子. 证明若对任意 $x, y \in H$ 成立 $(Tx, y) = (x, Ty)$，则 T 有界.

提示：利用闭图像定理.

9. 设 M 是内积空间 H 的非空子集. 证明：

(1) $M^{\perp}$ 是 H 的闭线性子空间.

(2) $M^{\perp} = (\overline{M})^{\perp} = \overline{\mathrm{span}(M)}^{\perp}$.

(3) 若 H 是 Hilbert 空间，则 $M^{\perp\perp} = \overline{\mathrm{span}(M)}$.

10. 设 H 是 Hilbert 空间，E 是 H 的线性子空间. 证明若 $H = E \oplus E^{\perp}$，则 E 是闭子空间.

11. 设 E 是 Hilbert 空间 H 的闭真子空间. 证明对任意 $x \in H$，有
$$d(x,E) = \sup\{|(x,y)| : y \in E^{\perp}, \|y\| = 1\}.$$
提示：存在 $x_0 \in E$，使得 $\|x - x_0\| = d(x,E)$.

12. 设 $M = \{x \in l^2 : x = (x_1, x_2, \cdots, x_n, 0, \cdots)\}$. 求 $M^{\perp}$，并且求 $P_M x$ 的表达式.

13. 设 $M = \{f \in L^2[-1,1] : f \text{ 是偶函数}\}$. 试求 $M^{\perp}$.

14. 设 $E = \left\{f \in L^2[0,1] : \text{在} \left[0, \frac{1}{2}\right] \text{上} f = 0 \text{ a.e.}\right\}$. 证明：

(1) E 是 $L^2[0,1]$ 的闭子空间；

(2) $(P_E f)(t) = f(t) \chi_{\left[\frac{1}{2}, 1\right]}(t) (f \in L^2[0,1])$.

15. 设 H 为 Hilbert 空间，E 是 H 的闭子空间，P 是 H 到 E 的投影算子，I 是 H 上的恒等算子. 证明
$$R(P) = N(I-P), \quad N(P) = R(I-P).$$

16. 设 P_1 和 P_2 是投影算子，证明 $P_1 P_2$ 是投影算子当且仅当 $P_1 P_2 = P_2 P_1$.

17. 设 $\{P_n\}$ 是 Hilbert 空间 H 上的一列投影算子，并且 $P_n \leqslant P_{n+1} (n = 1, 2, \cdots)$. 证明对任意 $x \in H$，极限 $\lim\limits_{n \to \infty} P_n x$ 存在，并且 $Px = \lim\limits_{n \to \infty} P_n x$ 是投影算子.

18. 设 a, b 是实数，满足 $b^2 = a(1-a)$，P 是由矩阵 $A = \begin{pmatrix} a & b \\ b & 1-a \end{pmatrix}$ 确定的 $\mathbf{R}^2$ 上的算子. 证明 P 是投影算子，并且求 P 的投影子空间.

19. 设 E 是内积空间 H 中的规范正交系. 证明对任意 $x \in H$，数集 $\{(x,e) : e \in E\}$ 中至多只有可列个不为零.

20. 证明可分的内积空间中的规范正交系至多是可列的.

21. 设 $\{e_n\}$ 是内积空间 H 中的规范正交系. 证明：

(1) 对任意 $x, y \in H$，有 $\left|\sum\limits_{i=1}^{\infty} (x, e_i) \overline{(y, e_i)}\right| \leqslant \|x\| \|y\|$.

(2) 若 $\{e_n\}$ 是 H 的规范正交基，则对任意 $x, y \in H$，有
$$(x, y) = \sum_{i=1}^{\infty} (x, e_i) \overline{(y, e_i)}.$$

22. 证明 $\{e_n : n = 1, 2, \cdots\}$ 是 l^2 中的完全的规范正交系，其中
$$e_n = (\underbrace{0, \cdots, 0, 1}_{n}, 0, \cdots) \quad (n = 1, 2, \cdots).$$

23. 证明 Legendre 多项式 $L_n(x) = \dfrac{1}{2^n n!} \sqrt{\dfrac{2n+1}{2}} \dfrac{\mathrm{d}^n}{\mathrm{d}x^n} (x^2 - 1)^n (n = 1, 2, \cdots)$ 是

$L^2[-1,1]$ 中的规范正交系.

以下设 H 是 Hilbert 空间.

24. 设 $\{e_n\}$ 是 H 中的规范正交系，$E = \overline{\mathrm{span}\{e_n\}}$. 证明对任意 $x \in H$，

$$P_E x = \sum_{i=1}^{\infty} (x, e_i) e_i.$$

25. 证明 $\{\sin nx, n = 1, 2, \cdots\}$ 是 $L^2[0, \pi]$ 中的完全的正交系.

提示：设 $f(x) \in L^2[0, \pi]$ 并且满足 $\int_0^{\pi} f(x) \sin nx \, dx = 0 (n = 1, 2, \cdots)$. 将 $f(x)$ 延拓为 $[-\pi, \pi]$ 上的奇函数，证明 $f = 0$ a.e.

26. 设 $\{e_n\}$ 和 $\{e_n'\}$ 都是 H 的规范正交系，并且 $\sum_{n=1}^{\infty} \|e_n - e_n'\|^2 < 1$. 证明若 $\{e_n\}$ 是完全的，则 $\{e_n'\}$ 也是完全的.

27. 设 $\{e_n\}$ 是 H 的规范正交基，$T \in B(H)$，并且 $\sum_{i=1}^{\infty} \sum_{j=1}^{\infty} |(Te_j, e_i)|^2 < \infty$，证明 T 是紧算子.

28. 设 $x_n, x \in H$. 证明 $x_n \to x$ 当且仅当 $x_n \xrightarrow{\mathrm{w}} x$ 并且 $\|x_n\| \to \|x\|$.

29. 设 $\{y_n\} \subset H$，对任意 $x \in H$，极限 $\lim_{n \to \infty} (x, y_n)$ 存在. 证明存在唯一的 $y \in H$，使得对任意 $x \in H$，有 $\lim_{n \to \infty} (x, y_n) = (x, y)$.

提示：对每个自然数 n，令 $f_n(x) = (x, y_n) (x \in H)$. 利用共鸣定理(推论 2.2.2).

30. 设 $\{y_n\}$ 是 H 中的正交系. 对每个 $x \in H$，级数 $\sum_{i=1}^{\infty} (x, y_i)$ 都收敛，证明

$$\sum_{i=1}^{\infty} \|y_i\|^2 < \infty.$$

提示：对每个自然数 n，令 $s_n = \sum_{i=1}^{n} y_i$，$f_n(x) = (x, s_n) (x \in H)$. 则 $f_n \in H^*$. 利用共鸣定理.

31. 设 φ 是 H 上的双线性泛函. 证明 φ 有界当且仅当 φ 关于两个变元是连续的，即当 $x_n \to x, y_n \to y$ 时，$\varphi(x_n, y_n) \to \varphi(x, y)$.

32. 设 $\{\lambda_n\}$ 是有界数列，$T : l^2 \to l^2$，$T(x_1, x_2, \cdots) = (\lambda_1 x_1, \lambda_2 x_2, \cdots)$.

(1) 求 T^* 的表达式.

(2) 证明 T 是自伴的当且仅当 $\{\lambda_n\}$ 是实数列.

33. 设 $T : L^2[a, b] \to L^2[a, b]$，$(Tx)(t) = tx(t)$. 证明 T 是自伴的.

34. 设 $A : L^2(-\infty, \infty) \to L^2(-\infty, \infty)$，$(Ax)(t) = x(t + h)$，其中 h 是常数. 求 A^* 的表达式.

35. 设 $\{e_n\}$ 是 H 的规范正交系，$\{\lambda_n\}$ 是有界数列. 在 H 上定义算子

$$Tx = \sum_{n=1}^{\infty} \lambda_n (x, e_n) e_n \quad (x \in H).$$

证明：(1) T 是有界线性算子. (2) T 是自伴算子当且仅当 $\{\lambda_n\}$ 是实数列.

36. 设 H 是复 Hilbert 空间，$A \in B(H)$. 证明 $A + A^* = 0$ 当且仅当

$$\mathrm{Re}(Ax,x) = 0 \quad (x \in H).$$

37. 设 $T \in B(H)$. 若存在 $c > 0$ 使得 $|(Tx,x)| \geqslant c\|x\|^2 (x \in H)$，则称 T 是正定的. 证明正定的算子存在有界逆算子.

提示：由所给条件可以得到 $\|Tx\| \geqslant c\|x\|(x \in H)$. 这蕴含 T 和 T^* 都是单射，利用定理 3.4.6 和逆算子定理.

38. 设 H 是复 Hilbert 空间. 证明对任意 $A \in B(H)$，A 可以唯一地分解为 $A = A_1 + \mathrm{i}A_2$，其中 A_1，A_2 都是自伴算子.

39. 设 J 是 H 上的自伴算子，并且存在 $c > 0$，使得 $(Jx,x) \geqslant c(x,x)(x \in H)$. 令

$$\langle x,y \rangle = (Jx,y) \quad (x,y \in H).$$

证明：(1) $\langle \cdot,\cdot \rangle$ 是 H 上的内积，H 按照新内积成为 Hilbert 空间.

(2) $(H,\langle \cdot,\cdot \rangle)$ 上的有界线性算子 A 是自伴的当且仅当 $JA = A^*J$，其中 A^* 是 A 在 $(H,(\cdot,\cdot))$ 上的伴随算子.

40. 设 $\{e_n\}$ 是 H 的规范正交基，$T \in B(H)$. 证明：T 是自伴的当且仅当对任意 m,n，成立有 $(Te_n,e_m) = (e_n,Te_m)$.

41. 设 $T \in B(H)$，$\alpha,\beta \in \mathbf{K}$，$|\alpha| = |\beta| = 1$. 证明 $\alpha T + \beta T^*$ 是正规算子.

42. 设 T 是正规算子. 证明对任意正整数 n，有 $\|T^n\| = \|T\|^n$.

提示：利用等式 $\|T\|^2 = \|T^*T\|$，先证明对任意正整数 k，有 $\|T^{2^k}\| = \|T\|^{2^k}$.

第 4 章　　有界线性算子的谱

在线性代数课程中，我们已经熟知有限维空间上的线性算子或矩阵的特征值理论. 本章讨论的有界线性算子的谱理论，是有限维空间上线性算子特征值理论在无穷维空间上的推广和深化，而且远比有限维空间的情形更复杂、更丰富. 有界线性算子的谱理论是算子理论的一个重要组成部分，也是泛函分析中最精彩的部分. 本章介绍有界线性算子的谱理论的基础知识.

4.1　有界线性算子的正则集与谱

以下设 X 是复 Banach 空间，并且 $X \neq \{0\}$.

4.1.1　可逆算子

用 $B(X)$ 表示 X 上的有界线性算子的全体. 根据定理 2.1.3, $B(X)$ 按算子范数成为一 Banach 空间. 对任意 $A, B \in B(X)$, 定义 A 和 B 的乘积算子如下：

$$(AB)x = A(Bx) \ (x \in X).$$

则 $AB \in B(X)$, 并且 $\|AB\| \leqslant \|A\| \|B\|$.

设 I 是 X 上的恒等映射，即 $Ix = x (x \in X)$, 则对任意 $A \in B(X)$, 有 $AI = IA = A$. 因此 I 也称为是 X 上的单位算子.

注意，对于 $A, B \in B(X)$, 一般不成立 $AB = BA$, 即算子的乘法不满足交换律，这是算子理论的一个显著特性. 若 $AB = BA$, 则称 A 与 B 可交换. 不过两算子可交换是十分罕见的.

定义 4.1.1　设 $A \in B(X)$. 若 A 是双射，并且 A^{-1} 有界，则称 A 是可逆的.

由于 X 是 Banach 空间，根据逆算子定理，若 $A \in B(X)$, 则 A 可逆的充要条件是 A 是双射.

定理 4.1.1　设 $A \in B(X)$, 则 A 可逆当且仅当存在 $B \in B(X)$, 使得 $AB = BA = I$, 这里 I 表示 X 上的单位算子.

证明　设 A 是可逆的. 令 $B = A^{-1}$, 则 $B \in B(X)$, 并且 $AB = BA = I$.

反过来，设存在 $B \in B(X)$, 使得 $AB = BA = I$. 若 $x_1, x_2 \in X$, $Ax_1 = Ax_2$, 则

$$x_1 = BAx_1 = BAx_2 = x_2.$$

因此 A 是单射. 对任意 $y \in X$, 令 $x = By$, 则 $Ax = ABy = Iy = y$. 这表明 A 是满射，因此 A^{-1} 存在. 对任意 $x \in X$,

$$A^{-1}x = A^{-1}(AB)x = (A^{-1}A)Bx = Bx.$$

因此 $A^{-1} = B$. 这表明 A^{-1} 是有界的, 从而 A 是可逆的. ∎

推论 4.1.2　设 $A, B \in B(X)$.

(1) 若 A 是可逆的, 则 A^{-1} 是可逆的, 并且 $(A^{-1})^{-1} = A$.

(2) 若 A 和 B 是可逆的, 则 AB 是可逆的, 并且 $(AB)^{-1} = B^{-1}A^{-1}$.

(3) 若 A 是可逆的, 则 A 的共轭算子 A^* 是可逆的, 并且 $(A^*)^{-1} = (A^{-1})^*$.

证明　(1) 显然.

(2) 设 A 和 B 是可逆的, 则 $A^{-1}, B^{-1} \in B(X)$. 于是 $B^{-1}A^{-1} \in B(X)$, 并且

$$(B^{-1}A^{-1})(AB) = B^{-1}(A^{-1}A)B = B^{-1}B = I,$$

$$(AB)(B^{-1}A^{-1}) = A^{-1}(B^{-1}B)A = A^{-1}A = I.$$

根据定理 4.1.1, AB 是可逆的, 并且 $(AB)^{-1} = B^{-1}A^{-1}$.

(3) 设 A 可逆. 则 $A^{-1} \in B(X)$. 在等式 $AA^{-1} = A^{-1}A = I$ 中两边取共轭, 得到

$$(A^{-1})^*A^* = A^*(A^{-1})^* = (I_X)^* = I_{X^*}.$$

根据定理 4.1.1, 这表明 A^* 可逆, 并且 $(A^*)^{-1} = (A^{-1})^*$. ∎

注 1　推论 4.1.2 的结论 (3) 对于 Hilbert 空间上的伴随算子也是成立的. 即若 A 是可逆的, 则 A 的伴随算子 A^* 也是可逆的, 并且 $(A^*)^{-1} = (A^{-1})^*$. 这是因为对于伴随算子等式 $(AB)^* = B^*A^*$ 仍然成立.

4.1.2　正则集与谱

在线性代数中, 我们已经熟悉了有限维空间上线性变换的特征值和特征向量. 在无穷维空间上一样可以定义线性算子的特征值和特征向量.

定义 4.1.2　设 $A: X \to X$ 是线性算子, λ 是一复数. 若存在 X 中的非零向量 x, 使得 $Ax = \lambda x$, 则称 λ 为 T 的特征值, 称 x 为 A 的 (相应于 λ 的) 特征向量.

例 1　设 $1 \leqslant p < \infty$, $A(x_1, x_2, \cdots) = (x_2, x_3, \cdots)$ 是 l^p 上的左移算子. 对任意复数 λ, 若 $Ax = \lambda x$, 即

$$(x_2, x_3, \cdots) = (\lambda x_1, \lambda x_2, \cdots), \tag{4.1.1}$$

则必须 $x_2 = \lambda x_1, x_3 = \lambda^2 x_1, \cdots, x_n = \lambda^{n-1} x_1, \cdots$. 因此方程 (4.1.1) 的解必须是形如 $x = (c, \lambda c, \lambda^2 c, \cdots)$ (c 是常数) 的向量. 当 $|\lambda| \geqslant 1$ 时, 若 $c \neq 0$, 则 $x = (c, \lambda c, \lambda^2 c, \cdots) \notin l^p$. 此时方程 (4.1.1) 只有零解 $x = 0$. 当 $|\lambda| < 1$ 时, 方程 (4.1.1) 有非零解 $x = (1, \lambda, \lambda^2, \cdots)$. 因此当 $|\lambda| < 1$ 时, λ 是 T 的特征值, $x = (1, \lambda, \lambda^2, \cdots)$ 是 A 的相应于 λ 的特征向量.

定义 4.1.3　设 $A \in B(X)$, λ 是一复数.

(1) 若 $\lambda I - A$ 是可逆的, 则称 λ 是 A 的正则点. A 的正则点的全体称为 A 的正则集, 记为 $\rho(A)$. 称 $R_\lambda(A) = (\lambda I - A)^{-1}$ 为 A 的豫解式.

(2) 若 λ 不是 A 的正则点, 则称 λ 为 A 的谱点. A 的谱点的全体称为 A 的谱集, 记为 $\sigma(A)$.

由定义知道 $\rho(A) \bigcap \sigma(A) = \varnothing$, $\rho(A) \bigcup \sigma(A) = \mathbf{C}$ (复数域).

根据逆算子定理，若 $\lambda I - A$ 是双射，则 $(\lambda I - A)^{-1}$ 是有界的. 此时 λ 是 A 的正则点. 因此若 λ 是 A 的谱点，则可能出现以下两种情况：

(1) $\lambda I - A$ 不是单射. 此时存在 $x \in X$，$x \neq 0$，使得 $(\lambda I - A)x = 0$，即 $Ax = \lambda x$. 此时 λ 为 A 的特征值. A 的特征值的全体称为 A 的点谱，记为 $\sigma_p(A)$.

(2) $\lambda I - A$ 是单射，但不是满射. 此时 λ 是 A 的谱点，但不是 A 的特征值. A 的不是特征值的谱点的全体称为 A 的连续谱，记为 $\sigma_c(A)$.

当 X 是有限维空间时，X 是完备的，并且由于

$$\dim N(\lambda I - A) + \dim R(\lambda I - A) = \dim X,$$

因此若 $\lambda I - A$ 是单射，则必定是满射. 并且其逆必定是有界的. 这说明当 X 是有限维空间时，上述第(2) 种情况不会出现. 因此有限维空间上的线性算子的谱点只能是特征值.

为简单计，以后将 X 上的单位算子 I 记为 1. 按照这样的记号，λ 有时表示算子 λI. 例如 $\lambda - A$ 表示 $\lambda I - A$.

设 $a_n \in \mathbf{C}(n \geqslant 0)$，$A \in B(X)$. 则称

$$p(A) = \sum_{i=0}^{n} a_n A^i = a_0 + a_1 A + a_2 A^2 + \cdots + a_n A^n$$

$(A^0 = 1)$ 为算子多项式. 称

$$\sum_{n=0}^{\infty} a_n A^n = a_0 + a_1 A + a_2 A^2 + \cdots + a_n A^n + \cdots \tag{4.1.2}$$

为算子幂级数. 因为 $B(X)$ 是完备的，根据定理 1.5.6，若

$$\sum_{n=0}^{\infty} \| a_n A^n \| < \infty,$$

则级数 (4.1.2) 在 $B(X)$ 中按算子范数收敛. 设其和为 S，则 $S \in B(X)$.

定理 4.1.3 设 $A \in B(X)$.

(1) 若 $\|A\| < 1$，则 $\lambda = 1$ 是 A 正则点，并且

$$(1 - A)^{-1} = \sum_{n=0}^{\infty} A^n = 1 + A + A^2 + \cdots. \tag{4.1.3}$$

(2) 若 $\lambda \in \mathbf{C}$，$|\lambda| > \|A\|$，则 λ 是 A 正则点. 并且

$$(\lambda - A)^{-1} = \sum_{n=0}^{\infty} \frac{A^n}{\lambda^{n+1}}. \tag{4.1.4}$$

证明 （1）由于 $\|A^n\| \leqslant \underbrace{\|A\| \|A\| \cdots \|A\|}_{n} = \|A\|^n (n \geqslant 1)$，因此当 $\|A\| < 1$ 时，

$\sum_{n=0}^{\infty} \|A^n\| \leqslant \sum_{n=0}^{\infty} \|A\|^n < \infty$. 于是级数 $\sum_{n=0}^{\infty} A^n$ 在 $B(X)$ 中收敛，设其和为 B. 我们有

$$(1 - A)(1 + A + A^2 + \cdots + A^n)$$
$$= 1 + A + A^2 + \cdots + A^n - (A + A^2 + \cdots + A^{n+1}) = 1 - A^{n+1}.$$

注意到由于 $\|A\| < 1$，$\|A^n\| \leqslant \|A\|^n \to 0(n \to \infty)$，在上式中令 $n \to \infty$，得到

$$(1 - A)(1 + A + A^2 + \cdots + A^n + \cdots) = 1.$$

即 $(1-A)B = 1$. 类似可证 $B(1-A) = 1$. 根据定理 4.1.1，$1-A$ 是可逆的，并且 $(1-A)^{-1} = B$. 这表明 $\lambda = 1$ 是 A 正则点，并且式 (4.1.3) 成立.

（2）若 $|\lambda| > \|A\|$，则 $\|\lambda^{-1}A\| < 1$. 由定理 4.1.3，$1-\lambda^{-1}A$ 是可逆的. 于是

$$(\lambda - A)^{-1} = [\lambda(1-\lambda^{-1}A)]^{-1} = \lambda^{-1}(1-\lambda^{-1}A)^{-1} \in B(X),$$

因而 $\lambda \in \rho(A)$. 并且由式 (4.1.3) 得到

$$(\lambda - A)^{-1} = \frac{1}{\lambda}\left(1 - \frac{A}{\lambda}\right)^{-1} = \sum_{n=0}^{\infty} \frac{A^n}{\lambda^{n+1}}. \quad \blacksquare$$

由定理 4.1.3 知道，对每个 $A \in B(X)$，总有

$$\sigma(A) \subset \{\lambda: |\lambda| \leqslant \|A\|\}.$$

因此 $\sigma(A)$ 是有界集. 这也表明对每个 $A \in B(X)$，$\rho(A)$ 非空.

定理 4.1.4　设 $A \in B(X)$. 则 $\rho(A)$ 是开集，$\sigma(A)$ 是紧集.

证明　由定理 4.1.3 知道 $\rho(A)$ 非空. 设 $\lambda_0 \in \rho(A)$，则 $\lambda_0 - A$ 存在有界逆 $(\lambda_0 - A)^{-1}$. 对任意复数 λ，我们有

$$\lambda - A = (\lambda_0 - A)[1 - (\lambda_0 - \lambda)(\lambda_0 - A)^{-1}]. \quad (4.1.5)$$

当 $|\lambda - \lambda_0| < \dfrac{1}{\|(\lambda_0 - A)^{-1}\|}$ 时，$\|(\lambda_0 - \lambda)(\lambda_0 - A)^{-1}\| < 1$. 由定理 4.1.3，此时算子 $B = 1 - (\lambda_0 - \lambda)(\lambda_0 - A)^{-1}$ 是可逆的. 于是由式 (4.1.5) 知道 $\lambda - A$ 是可逆的. 因此 $\lambda \in \rho(A)$. 这表明若 $\lambda_0 \in \rho(A)$，则 $U(\lambda_0, \delta) \subset \rho(A)$，其中 $\delta = \dfrac{1}{\|(\lambda_0 - A)^{-1}\|}$. 因此 $\rho(A)$ 是开集.

上面已经证明 $\rho(A)$ 是开集，因此 $\sigma(A) = \rho(A)^c$ 是闭集. 又根据定理 4.1.3(2)，$\sigma(A)$ 是有界集. 即 $\sigma(A)$ 是复平面 **C** 中的有界闭集，因而 $\sigma(A)$ 是紧集. $\blacksquare$

引理 4.1.5　设 $A \in B(X)$. 则对任意 $f \in B(X)^*$，$F(\lambda) = f((\lambda - A)^{-1})$ 是 $\rho(A)$ 上的解析函数.

证明　对任意 $\lambda_0 \in \rho(A)$，当 $|\lambda - \lambda_0| < \dfrac{1}{\|(\lambda_0 - A)^{-1}\|}$ 时，$\|(\lambda_0 - \lambda)(\lambda_0 - A)^{-1}\| < 1$. 利用式 (4.1.5)、式 (4.1.3) 得到

$$
\begin{aligned}
(\lambda - A)^{-1} &= [1 - (\lambda_0 - \lambda)(\lambda_0 - A)^{-1}]^{-1}(\lambda_0 - A)^{-1}\\
&= \sum_{i=0}^{\infty} [(\lambda_0 - \lambda)(\lambda_0 - A)^{-1}]^i (\lambda_0 - A)^{-1}\\
&= \sum_{i=0}^{\infty} (-1)^i (\lambda - \lambda_0)^i (\lambda_0 - A)^{-(i+1)}.
\end{aligned}
\quad (4.1.6)
$$

由上式和 f 的线性性和连续性得到，当 $|\lambda - \lambda_0| < \dfrac{1}{\|(\lambda_0 - A)^{-1}\|}$ 时

$$F(\lambda) = \sum_{i=0}^{\infty} (-1)^i f((\lambda_0 - A)^{-(i+1)})(\lambda - \lambda_0)^i.$$

这表明在 λ_0 的某邻域中，$F(\lambda)$ 可以展开为 $\lambda - \lambda_0$ 的幂级数. 因此 $F(\lambda)$ 是 $\rho(A)$ 上的解析函数. $\blacksquare$

定理 4.1.6(Gelfend) 设 $A \in B(X)$. 则 $\sigma(A) \neq \varnothing$.

证明 由于 $X \neq \{0\}$，故单位算子 1 是 $B(X)$ 中的非零元. 由 Hahn-Banach 定理，存在 $f \in B(X)^*$，使得 $f(1) \neq 0$. 令

$$F(\lambda) = f((\lambda - A)^{-1}) \quad (\lambda \in \rho(A)).$$

根据引理 4.1.5，$F(\lambda)$ 是 $\rho(A)$ 上的解析函数. 若 $\sigma(A) = \varnothing$，则 $F(\lambda)$ 在整个复平面上解析. 利用式(4.1.4)当 $|\lambda| > \|A\|$ 时，

$$f((\lambda - A)^{-1}) = \sum_{n=0}^{\infty} \frac{f(A^n)}{\lambda^{n+1}}. \tag{4.1.7}$$

因此当 $\lambda \geqslant \|A\| + 1$ 时，

$$|F(\lambda)| = |f((\lambda - A)^{-1})| \leqslant \sum_{n=0}^{\infty} \frac{\|f\| \|A\|^n}{\|\lambda\|^{n+1}} = \frac{\|f\|}{|\lambda| - \|A\|} \leqslant \|f\|.$$

故 $F(\lambda)$ 在复平面上有界. 根据 Liouville 定理，$F(\lambda)$ 在复平面上为常数. 但是在级数 (4.1.7) 中 $\frac{1}{\lambda}$ 的系数是 $f(1) \neq 0$. 这就产生了矛盾. 因此 $\sigma(A) \neq \varnothing$. ■

由于 $\sigma(A)$ 是紧集. 因此数集 $\{|\lambda| : \lambda \in \sigma(A)\}$ 存在最大值.

定义 4.1.4 设 $A \in B(X)$. 称 $r(A) = \max\{|\lambda| : \lambda \in \sigma(A)\}$ 为 A 的谱半径.

定理 4.1.7(Gelfend) 设 $A \in B(X)$. 则

$$r(A) = \lim_{n \to \infty} \|A^n\|^{\frac{1}{n}}. \tag{4.1.8}$$

特别地，$r(A) \leqslant \|A\|$. 称式(4.1.8)为谱半径公式.

证明 证明分以下几个步骤：

(1) 先证明极限 $\lim\limits_{n \to \infty} \|A^n\|^{\frac{1}{n}}$ 存在. 记 $a = \inf\limits_{n \geqslant 1} \|A^n\|^{\frac{1}{n}}$. 显然 $\varliminf\limits_{n \to \infty} \|A^n\|^{\frac{1}{n}} \geqslant a$. 只需再证明 $\varlimsup\limits_{n \to \infty} \|A^n\|^{\frac{1}{n}} \leqslant a$. 对任意 $\varepsilon > 0$，存在 $m \geqslant 1$ 使得 $\|A^m\|^{\frac{1}{m}} < a + \varepsilon$. 对任意自然数 n，存在自然数 k_n 和 s_n，$0 \leqslant s_n < m$，使得 $n = k_n m + s_n$. 我们有

$$\|A^n\|^{\frac{1}{n}} = \|A^{k_n m + s_n}\|^{\frac{1}{n}} \leqslant \|A^m\|^{\frac{k_n}{n}} \|A\|^{\frac{s_n}{n}} < (a + \varepsilon)^{\frac{m k_n}{n}} \|A\|^{\frac{s_n}{n}}. \tag{4.1.9}$$

由于当 $n \to \infty$ 时，$\frac{m k_n}{n} \to 1$，$\frac{s_n}{n} \to 0$，由式(4.1.9)得到 $\varlimsup\limits_{n \to \infty} \|A^n\|^{\frac{1}{n}} \leqslant a + \varepsilon$. 由于 $\varepsilon > 0$ 的任意性得到 $\varlimsup\limits_{n \to \infty} \|A^n\|^{\frac{1}{n}} \leqslant a$. 综上所证得到 $\lim\limits_{n \to \infty} \|A^n\|^{\frac{1}{n}} = a = \inf\limits_{n \geqslant 1} \|A^n\|^{\frac{1}{n}}$.

(2) 若 $\lambda \in \mathbf{C}$，$|\lambda| > a$. 则存在 $\varepsilon > 0$ 和 $n_0 > 0$，使得当 $n \geqslant n_0$ 时，$\|A^n\|^{\frac{1}{n}} < a + \varepsilon < |\lambda|$. 由于

$$\sum_{n=n_0+1}^{\infty} \left\| \frac{A^n}{\lambda^{n+1}} \right\| \leqslant \frac{1}{|\lambda|} \sum_{n=n_0+1}^{\infty} \frac{\|A^n\|}{|\lambda|^n} \leqslant \frac{1}{|\lambda|} \sum_{n=n_0+1}^{\infty} \frac{(a + \varepsilon)^n}{|\lambda|^n} < \infty,$$

因此级数 $\sum\limits_{n=0}^{\infty} \frac{A^n}{\lambda^{n+1}}$ 收敛. 记其和为 B，则 $B \in B(X)$. 与定理 4.1.3 的证明一样，可以验证 $(\lambda - A)B = B(\lambda - A) = 1$. 根据定理 4.1.1，$\lambda - A$ 是可逆的，从而 $\lambda \in \rho(A)$. 这表明

$$r(A) \leqslant a = \lim_{n \to \infty} \| A^n \|^{\frac{1}{n}}.$$

（3）根据步骤（2）中证明的结果，当 $|\lambda| > a$ 时，$(\lambda - A)^{-1} = \sum\limits_{n=0}^{\infty} \dfrac{A^n}{\lambda^{n+1}}$. 因此对任意 $f \in B(X)^*$，有

$$f((\lambda - A)^{-1}) = \sum_{n=0}^{\infty} \frac{f(A^n)}{\lambda^{n+1}} \quad (\ |\lambda| > a). \tag{4.1.10}$$

式（4.1.10）表明 $f((\lambda - A)^{-1})$ 在 $\{\lambda : |\lambda| > a\}$ 上是 λ 的解析函数. 根据引理 4.1.5，$f((\lambda - A)^{-1})$ 在 $\rho(A)$ 上解析. 而 $\{\lambda : |\lambda| > a\} \subset \{\lambda : |\lambda| > r(A)\} \subset \rho(A)$，根据 Laurent 级数的唯一性，式（4.1.10）在 $\{\lambda : |\lambda| > r(A)\}$ 上也成立. Laurent 级数在收敛圆环内是内闭绝对收敛的，因此对任意 $\varepsilon > 0$，有

$$\sum_{n=0}^{\infty} \frac{|f(A^n)|}{(r(A) + \varepsilon)^{n+1}} < \infty. \tag{4.1.11}$$

令 $B_n = \dfrac{A^n}{(r(A) + \varepsilon)^n} (n \geqslant 1)$，则 $B_n \in B(X)$. 式（4.1.11）表明对任意 $f \in B(X)^*$，$\sup\limits_{n \geqslant 1} f(B_n) < \infty$. 根据共鸣定理，存在 $M > 0$，使得 $\| B_n \| \leqslant M (n \geqslant 1)$. 于是 $\| A^n \| \leqslant (r(A) + \varepsilon)^n M$. 从而 $\lim\limits_{n \to \infty} \| A^n \|^{\frac{1}{n}} \leqslant r(A) + \varepsilon$. 由 $\varepsilon > 0$ 的任意性得到

$$\lim_{n \to \infty} \| A^n \|^{\frac{1}{n}} \leqslant r(A).$$

这就证明了式（4.1.8）成立. 由于 $\| A^n \| \leqslant \| A \|^n$，由式（4.1.8）立即得到 $r(A) \leqslant \| A \|$. ■

式（4.1.8）给出了谱半径的一个计算公式. 这种定量的结果在泛函分析中是不多见的.

定理 4.1.8（谱映射定理）　设 $A \in B(X)$，$p(t) = a_0 + a_1 t + a_2 t^2 + \cdots + a_n t^n$ 是一多项式. 则

$$\sigma(p(A)) = p(\sigma(A)),$$

其中 $p(\sigma(A)) = \{p(\lambda) : \lambda \in \sigma(A)\}$.

证明　先证明 $p(\sigma(A)) \subset \sigma(p(A))$. 记 $Q(\lambda, t) = \dfrac{p(\lambda) - p(t)}{\lambda - t}$，则 $Q(\lambda, t)$ 是 t 的多项式，并且

$$p(\lambda) - p(A) = (\lambda - A) Q(\lambda, A) = Q(\lambda, A)(\lambda - A). \tag{4.1.12}$$

设 $\lambda \in \sigma(A)$，我们证明 $p(\lambda) \in \sigma(p(A))$. 反设 $p(\lambda)$ 是 $p(A)$ 的正则点，则 $p(\lambda) - p(A)$ 存在有界逆 $(p(\lambda) - p(A))^{-1}$. 利用式（4.1.12）得到

$$\begin{aligned} 1 &= (\lambda - A) Q(\lambda, A)(p(\lambda) - p(A))^{-1} \\ &= (p(\lambda) - p(A))^{-1} Q(\lambda, A)(\lambda - A). \end{aligned} \tag{4.1.13}$$

由于 $p(\lambda) - p(A)$ 与 $Q(\lambda, A)$ 可交换，因此

$$\begin{aligned} Q(\lambda, A) &= Q(\lambda, A)(p(\lambda) - p(A))(p(\lambda) - p(A))^{-1} \\ &= (p(\lambda) - p(A)) Q(\lambda, A)(p(\lambda) - p(A))^{-1}, \end{aligned}$$

用 $(p(\lambda) - p(A))^{-1}$ 左乘上式两端得到

$$(p(\lambda) - p(A))^{-1} Q(\lambda, A) = Q(\lambda, A)(p(\lambda) - p(A))^{-1}.$$

因此由式(4.1.13)得到

$$\begin{aligned}
1 &= (\lambda - A) Q(\lambda, A)(p(\lambda) - p(A))^{-1} \\
&= Q(\lambda, A)(p(\lambda) - p(A))^{-1}(\lambda - A).
\end{aligned} \tag{4.1.14}$$

根据定理 4.1.1,式(4.1.14)表明 $\lambda - A$ 是可逆的. 这与 $\lambda \in \sigma(A)$ 矛盾,因此 $p(\lambda) \in \sigma(p(A))$. 从而 $p(\sigma(A)) \subset \sigma(p(A))$.

再证明 $\sigma(p(A)) \subset p(\sigma(A))$. 设 $\lambda \notin p(\sigma(A))$,并且

$$\lambda - p(t) = a(\lambda_1 - t)(\lambda_2 - t)\cdots(\lambda_n - t).$$

则当 $t \in \sigma(A)$ 时, $\lambda - p(t) \neq 0$(否则 $\lambda = p(t) \in p(\sigma(A))$,这与 $\lambda \notin p(\sigma(A))$ 矛盾). 于是 $\lambda_i - t \neq 0$. 这说明 $\lambda_i \notin \sigma(A)(i = 1, 2, \cdots, n)$. 即每个 $\lambda_i - A$ 是可逆的. 于是由推论 4.1. 2 知道

$$\lambda - p(A) = a(\lambda_1 - A)(\lambda_2 - A)\cdots(\lambda_n - A)$$

是可逆的. 所以 $\lambda \notin \sigma(p(A))$. 这就证明了 $\sigma(p(A)) \subset p(\sigma(A))$. ∎

4.1.3 若干例子

例 1(续) 设 A 是 $l^p(1 \leqslant p < \infty)$ 上的左移算子. 在例 1 中已经知道 $\sigma_p(A) = \{\lambda: |\lambda| < 1\}$. 容易算出 $\|A\| = 1$,根据定理 4.1.7, $r(A) = 1$. 因此

$$\{\lambda: |\lambda| < 1\} = \sigma_p(A) \subset \sigma(A) \subset \{\lambda: |\lambda| \leqslant 1\}.$$

根据定理 4.1.4, $\sigma(A)$ 是闭集. 在上式两端取闭包知道 $\sigma(A) = \{\lambda: |\lambda| \leqslant 1\}$.

例 2 考虑 $l^p(1 \leqslant p < \infty)$ 上的右移算子:

$$A(x_1, x_2, \cdots) = (0, x_1, x_2, \cdots) \quad (x = (x_1, x_2, \cdots) \in l^p).$$

容易算出 $\|A\| = 1$. 因此 $\sigma(A) \subset \{\lambda: |\lambda| \leqslant 1\}$. 对任意 $\lambda \in \mathbf{C}$,

$$(\lambda - A)(x_1, x_2, \cdots) = (\lambda x_1, \lambda x_2 - x_1, \lambda x_3 - x_2, \cdots).$$

若 $x = (x_1, x_2, \cdots)$ 是方程 $(\lambda - A)x = 0$ 的解,则必须 $\lambda x_1 = 0, \lambda x_2 - x_1 = 0, \lambda x_3 - x_2 = 0, \cdots$. 由此解得 $x_1 = x_2 = \cdots = 0$(可以分 $\lambda = 0$ 和 $\lambda \neq 0$ 两种情况讨论),即 $x = 0$. 故方程 $(\lambda - A)x = 0$ 没有非零解. 因此 A 没有特征值,即 $\sigma_p(A) = \varnothing$.

设 $a = (a_1, a_2, \cdots) \in l^p$. 若 $x = (x_1, x_2, \cdots)$ 是方程 $(\lambda I - A)x = a$ 的解,则必须

$$\lambda x_1 = a_1, \lambda x_2 - x_1 = a_2, \lambda x_3 - x_2 = a_3, \cdots,$$

取 $a = (1, 0, \cdots)$,则解得 $x = (\lambda^{-1}, \lambda^{-2}, \cdots)$. 但当 $|\lambda| \leqslant 1$ 时, $x = (\lambda^{-1}, \lambda^{-2}, \cdots) \notin l^p$. 故此时方程 $(\lambda - A)x = a$ 无解. 这表明此时算子 $\lambda - A$ 不是满射. 因此当 $|\lambda| \leqslant 1$ 时, $\lambda \in \sigma(A)$. 综上所证,

$$\sigma_p(A) = \varnothing, \quad \sigma(A) = \{\lambda: |\lambda| \leqslant 1\}.$$

例 3 考虑空间 $C[a, b]$. 定义算子 $A: C[a, b] \to C[a, b]$,

$$(Ax)(t) = tx(t)，x \in C[a,b].$$

易知 A 是 $C[a,b]$ 上的有界线性算子. 对任意 $\lambda \in \mathbf{C}$，若

$$(\lambda - A)x(t) = (\lambda - t)x(t) = 0，$$

则必须 $x(t) \equiv 0$. 这表明方程 $(\lambda - A)x = 0$ 没有非零解. 因此 $\sigma_p(A) = \varnothing$.

当 $\lambda \notin [a,b]$ 时，显然 $\lambda - A$ 是单射. 对任意 $a \in C[a,b]$，令 $x = (\lambda - t)^{-1}a(t)$，则 $x \in C[a,b]$，并且 $(\lambda - A)x = a$. 故此时 $\lambda - A$ 也是满射. 由逆算子定理知道，$\lambda - A$ 可逆，即 $\lambda \in \rho(A)$.

当 $\lambda \in [a,b]$ 时，显然 $(\lambda - A)x = 1$ 无解. 此时 $\lambda - A$ 不是满射，从而 $\lambda \in \sigma(A)$.

综上所证知道，$\sigma(A) = \sigma_c(A) = [a,b]$.

例 4　设 H 是复 Hilbert 空间，A 是 H 上的酉算子. 则

$$\sigma(A) \subset \{z \in \mathbf{C}：|z| = 1\}.$$

证明　由于 A 是酉算子，$\|Ax\| = \|x\|(x \in H)$，故 $\|A\| = 1$. 由定理 4.1.3 知道

$$\sigma(A) \subset \{z \in \mathbf{C}：|z| \leqslant 1\}.$$

另一方面，由于 $A^{-1} = A^* \in B(H)$，因此 A 是可逆的. 若 $|\lambda| < 1$，则

$$\|\lambda A^{-1}\| = |\lambda| \|A^{-1}\| = |\lambda| < 1.$$

根据定理 4.1.3，$1 - \lambda A^{-1}$ 是可逆的. 于是 $\lambda - A = -A(1 - \lambda A^{-1})$ 是可逆的. 因此 $\lambda \in \rho(A)$. 这就证明了 $\sigma(A) \subset \{z \in \mathbf{C}：|z| = 1\}$.

4.2　紧算子的谱

我们知道有限维空间上的线性算子是紧算子. 本节介绍的关于紧算子的谱的 Riesz-Shauder 理论表明，紧算子谱的分布很接近于有限维空间上线性算子的情形. 例如，紧算子的非零谱点都是特征值，每个非零特征值相应的特征向量空间是有限维的，等等.

以下设 X 是复 Banach 空间，并且 $X \neq \{0\}$.

引理 4.2.1　设 A 是 X 上的紧算子. 则对任意 $\lambda \in \mathbf{C}$，$\lambda \neq 0$，$R(\lambda - A)$ 是闭子空间.

证明　由于 $\lambda - A = \lambda(1 - \lambda^{-1}A)$，而 $\lambda^{-1}A$ 仍是紧算子，故不妨设 $\lambda = 1$. 记 $T = 1 - A$. 设 $Tx_n \in R(T)$，$Tx_n \to y$. 我们要证明 $y \in R(T)$. 分两种情形.

(1) 设 $\{x_n\}$ 有界. 由于 A 是紧算子，不妨设 $Ax_n \to y'$. 于是

$$x_n = (Tx_n + Ax_n) \to (y + y').$$

从而 $y = \lim\limits_{n \to \infty} Tx_n = T(y + y') \in R(T)$.

(2) 设 $\{x_n\}$ 无界. 若存在 $\{x_n\}$ 的子列 $\{x_{n_k}\}$ 使得 $\{x_{n_k}\} \subset N(T)$，则 $y = \lim\limits_{k \to \infty} Tx_{n_k} = 0 \in R(T)$. 因此不妨设 $x_n \notin N(T)(n \geqslant 1)$. 记 $d_n = d(x_n, N(T))$，则 $d_n > 0$. 对任意 n，取 $y_n \in N(T)$ 使得

$$d_n \leqslant \|x_n - y_n\| \leqslant \left(1 + \frac{1}{n}\right)d_n \quad (n \geqslant 1). \tag{4.2.1}$$

我们证明 $\{d_n\}$ 有界. 若不然, 不妨设 $d_n \to \infty$. 令 $z_n = \|x_n - y_n\|^{-1}(x_n - y_n)$. 由于 $T(x_n - y_n) = Tx_n \to y$, 结合式(4.2.1)知道 $Tz_n \to 0$. 由于 A 是紧算子, 不妨设 $Az_n \to z$. 于是

$$Tz = \lim_{n \to \infty} TAz_n = \lim_{n \to \infty} ATz_n = 0.$$

因此 $z \in N(T)$. 于是 $y_n + \|x_n - y_n\| z \in N(T)$. 结合式(4.2.1)得到

$$d_n \leqslant \|x_n - (y_n + \|x_n - y_n\| z)\| = \|x_n - y_n\| \|z_n - z\| \leqslant \left(1 + \frac{1}{n}\right) d_n \|z_n - z\|.$$

由上式得到 $1 \leqslant \left(1 + \dfrac{1}{n}\right) \|z_n - z\|$. 另一方面, $z_n = (T + A)z_n \to z$. 这就产生了矛盾. 因此 $\{d_n\}$ 必有界. 于是由式(4.2.1)知道 $\{x_n - y_n\}$ 有界. 令 $x'_n = x_n - y_n$, 则 $\{x'_n\}$ 有界, $Tx_n = Tx'_n$. 这就化为第(1)种情形. ∎

引理 4.2.2 设 A 是 X 上的紧算子, $\lambda \in \mathbf{C}$, $\lambda \neq 0$. 若 $\lambda - A$ 是单射, 则 $\lambda - A$ 是满射.

证明 记 $T = \lambda - A$. 对每个自然数 n, 我们有

$$T^n = (\lambda - A)^n = \lambda^n - C_n^1 \lambda^{n-1} A + \cdots + (-1)^n C_n^n A^n = \lambda^n - B,$$

其中 B 是 A 与一个有界线性算子的乘积. 根据定理 2.9.1, B 是紧算子. 由引理 4.2.1 知道, 每个 $R(T^n)$ 是 X 的闭子空间. 显然 $R(T^{n+1}) \subset R(T^n)$ $(n \geqslant 1)$. 若每个 $R(T^{n+1})$ 都是 $R(T^n)$ 的真子空间, 根据 1.6 节中的 Riesz 引理, 对每个 n, 存在 $y_n \in R(T^n)$, $\|y_n\| = 1$, 使得 $d(y_n, R(T^{n+1})) \geqslant \dfrac{1}{2}$. 当 $m > n$ 时,

$$T \frac{y_n}{\lambda} - y_m + T \frac{y_m}{\lambda} = \frac{1}{\lambda}(Ty_n - \lambda y_m + Ty_m) \in R(T^{n+1}),$$

因此

$$\|Ay_n - Ay_m\| = \|\lambda y_n - (Ty_n - \lambda y_m + Ty_m)\|$$
$$= |\lambda| \left\| y_n - \left(T \frac{y_n}{\lambda} - y_m + T \frac{y_m}{\lambda}\right) \right\| \geqslant \frac{|\lambda|}{2}.$$

由于 A 是紧算子, $\{y_n\}$ 是有界序列, $\{Ay_n\}$ 应该存在收敛子列, 但这与上式矛盾. 因此存在 n_0, 使得 $R(T^{n_0+1}) = R(T^{n_0})$. 现在设 $\lambda - A$ 是单射. 对任意 $y \in R(T^{n_0-1})$, 由于 $Ty \in R(T^{n_0}) = R(T^{n_0+1})$, 故存在 $x \in X$, 使得 $Ty = T^{n_0+1} x = T(T^{n_0} x)$. 由于 T 是单射, 因此 $y = T^{n_0} x \in R(T^{n_0})$. 故 $R(T^{n_0}) = R(T^{n_0-1})$. 依此进行, 最后得到 $R(T) = X$. ∎

引理 4.2.3 设 A 是 X 上的有界线性算子. 若 $\lambda_1, \lambda_2, \cdots, \lambda_n$ 是 A 的不同的特征值, $x_i (i = 1, 2, \cdots, n)$ 分别是相应于 λ_i 的特征向量. 则 $x_1, x_2, \cdots, x_n$ 是线性无关的.

证明 用数学归纳法证明. 由于 $x_1 \neq 0$, 因此当 $n = 1$ 时结论成立. 设 $x_1, x_2, \cdots, x_{n-1}$ 是线性无关的. 又设

$$a_1 x_1 + a_2 x_2 + \cdots + a_{n-1} x_{n-1} + a_n x_n = 0. \tag{4.2.2}$$

因为 $(\lambda_n - A)x_i = (\lambda_n - \lambda_i)x_i (i = 1, 2, \cdots, n)$, 用 $\lambda_n - A$ 作用于式(4.2.2)的两端, 得到

$$a_1(\lambda_n - \lambda_1)x_1 + a_2(\lambda_n - \lambda_2)x_2 + \cdots + a_{n-1}(\lambda_n - \lambda_{n-1})x_{n-1} = 0.$$

因为 $x_1, x_2, \cdots, x_{n-1}$ 是线性无关的, 并且 $\lambda_n \neq \lambda_i (i = 1, 2, \cdots, n-1)$, 因此 $a_1 = a_2 = \cdots = a_{n-1} = 0$. 代入式 (4.2.2) 得到 $a_n = 0$. 因此 $x_1, x_2, \cdots, x_n$ 是线性无关的. ∎

设 $A \in B(X)$, λ 是 A 的特征值. 称 $N(\lambda - A)$ 为 A 的相应于 λ 的特征子空间, 它是由 A 的相应于 λ 的特征向量加上零向量构成的线性子空间.

定理 4.2.4　设 A 是 X 上的紧算子. 则:

(1) 若 $\dim X = \infty$, 则 $0 \in \sigma(A)$;

(2) A 的非零谱点都是特征值;

(3) A 的每个非零特征值相应的特征向量空间是有限维的;

(4) $\sigma(A)$ 至多是可列集, 0 是 $\sigma(A)$ 唯一可能的聚点.

证明　(1) 设 $\dim X = \infty$. 若 0 是 A 的正则点, 则 $-A = 0 - A$ 是可逆的, 从而 A 是可逆的, 即 A 存在有界逆 A^{-1}. 由于 A 是紧算子, 于是 $I = AA^{-1}$ 也是紧算子. 这蕴涵 X 的闭单位球 S_X 是紧集. 这与 $\dim X = \infty$ 矛盾 (见定理 1.6.11). 因此 $0 \in \sigma(A)$.

(2) 设 $\lambda \in \sigma(A)$, $\lambda \neq 0$. 若 λ 不是 A 的特征值, 则 $\lambda - A$ 是单射. 根据引理 4.2.2, $\lambda - A$ 是满射. 根据逆算子定理, $\lambda - A$ 可逆从而 λ 是 A 的正则点. 矛盾.

(3) 设 λ 是 A 的非零特征值, $E_\lambda = N(\lambda - A)$ 是相应于 λ 的特征子空间. 则对任意 $x \in E_\lambda$, $Ax = \lambda x$. 设 $\{x_n\}$ 是 E_λ 的闭单位球中的任一序列. 由于 A 是紧算子, 因此 $Ax_n = \lambda x_n$ 存在收敛子列. 于是 $\{x_n\}$ 存在收敛子列. 这表明 E_λ 的闭单位球是列紧的. 根据定理 1.6.11, 这表明 E_λ 是有限维的.

(4) 先证明 $\sigma(A)$ 没有非零的聚点. 用反证法. 设 $\lambda \neq 0$ 是 $\sigma(A)$ 的聚点, 则存在 $\{\lambda_n\} \subset \sigma(A)$ 使得 $\lambda_n \to \lambda$. 不妨设 λ_n 互不相同, 并且 $|\lambda_n| \geqslant \frac{1}{2}|\lambda|$. 设 x_n 是相应于 λ_n 的特征向量. 根据引理 4.2.3, $\{x_n\}$ 是线性无关的. 令 $E_n = \operatorname{span}\{x_1, x_2, \cdots, x_n\}$ $(n \geqslant 1)$, 则 E_{n-1} 是 E_n 的真子空间. 根据 Riesz 引理, 对每个 n, 存在 $y_n \in E_n$ 使得 $\|y_n\| = 1$, 并且 $d(y_n, E_{n-1}) \geqslant \frac{1}{2}$.

设 $y_n = \sum\limits_{i=1}^{n} a_{ni} x_i$. 则

$$(\lambda_n - A) y_n = \sum_{i=1}^{n} a_{ni} (\lambda_n - A) x_i = \sum_{i=1}^{n-1} a_{ni} (\lambda_n - \lambda_i) x_i \in E_{n-1}.$$

令 $z = \lambda_n y_n - A y_n + A y_m$, 则当 $n > m$ 时

$$z = (\lambda_n - A) y_n + (A - \lambda_m) y_m + \lambda_m y_m \in E_{n-1}.$$

由于 $A y_n - A y_m = \lambda_n y_n - z$, 所以

$$\|A y_n - A y_m\| = \|\lambda_n y_n - z\| = |\lambda_n| \left\| y_n - \frac{z}{\lambda_n} \right\| \geqslant \frac{1}{2}|\lambda_n| \geqslant \frac{1}{4}|\lambda|.$$

这与 A 是紧算子矛盾. 因此 0 是 $\sigma(A)$ 唯一可能的聚点.

对任意自然数 n, 令 $A_n = \left\{ \lambda \in \sigma(A) : \frac{1}{n} \leqslant |\lambda| \leqslant n \right\}$. 由上述所证的结果推导出每个 A_n 是有限集. 于是 $\sigma(A) = \bigcup\limits_{n=1}^{\infty} A_n$ 至多是可列集. ∎

由定理 4.2.4 知道，若 $\dim X = \infty$，A 是 X 上的紧算子，则 A 的谱只有以下三种情况：

(1) $\sigma(A) = \{0\}$；

(2) $\sigma(A) = \{0, \lambda_1, \lambda_2, \cdots, \lambda_n\}$；

(3) $\sigma(A) = \{0, \lambda_1, \lambda_2, \cdots\}$，$\lim\limits_{n \to \infty} \lambda_n = 0$.

其中 λ_k 都是 A 的特征值.

定义 4.2.1 设 X^* 是 X 的共轭空间.

(1) 设 $x \in X$，$f \in X^*$. 若 $f(x) = 0$，则称 f 与 x 正交，记为 $x \perp f$；

(2) 设 $M \subset X$，$N \subset X^*$. 若对任意 $x \in M$，$f \in N$，有 $x \perp f$，则称 M 与 N 正交，记为 $M \perp N$. 特别地，当 $\{x\} \perp N$ 时，记为 $x \perp N$.

定理 4.2.5 设 A 是 X 上的紧算子，A^* 是 A 的共轭算子，$\lambda \in \mathbf{C}$，$\lambda \neq 0$.

(1) 设 $y \in X$，则方程 $(\lambda - A)x = y$ 可解的充要条件是 $y \perp N(\lambda - A^*)$.

(2) 设 $g \in X^*$，则方程 $(\lambda - A^*)f = g$ 可解的充要条件是 $g \perp N(\lambda - A)$.

证明 (1) 设存在 $x \in X$，使得 $(\lambda - A)x = y$. 则对任意 $f \in N(\lambda - A^*)$ 有

$$f(y) = ((\lambda - A)x, f) = (x, (\lambda - A)^* f) = (x, (\lambda - A^*)f) = 0.$$

因此 $y \perp N(\lambda - A^*)$.

反过来，设 $y \perp N(\lambda - A^*)$，我们证明方程 $(\lambda - A)x = y$ 可解，即证明 $y \in R(\lambda - A)$. 反设 $y \notin R(\lambda - A)$. 根据引理 4.2.1，$R(\lambda - A)$ 是 X 的闭子空间. 根据推论 2.4.7，存在 $f \in X^*$，$f(y) \neq 0$，使得 f 在 $R(\lambda - A)$ 上为 0. 对任意 $x \in X$，令 $y' = (\lambda - A)x$. 则一方面，由于 $y' \in R(\lambda - A)$，因此

$$(x, (\lambda - A^*)f) = ((\lambda - A)x, f) = f(y') = 0.$$

这说明 $(\lambda - A^*)f = 0$，因而 $f \in N(\lambda - A^*)$. 另一方面，$f(y) \neq 0$. 这与假设条件 $y \perp N(\lambda - A^*)$ 矛盾. 因此 $y \in R(\lambda - A)$.

(2) 设存在 $f \in X^*$，使得 $(\lambda - A^*)f = g$. 则对任意 $x \in N(\lambda - A)$ 有

$$g(x) = (x, (\lambda - A^*)f) = ((\lambda - A)x, f) = 0.$$

因此 $g \perp N(\lambda - A)$.

反过来，设 $g \perp N(\lambda - A)$. 为证明此时方程 $(\lambda - A^*)f = g$ 可解，在 $R(\lambda - A)$ 上定义泛函：$f(y) = g(x)$ $(y \in R(\lambda - A))$，其中 x 是任一满足 $y = (\lambda - A)x$ 的向量. 若另有 x_1 使得 $y = (\lambda - A)x_1$，则 $x - x_1 \in N(\lambda - A)$. 因为 $g \perp N(\lambda - A)$，所以 $g(x - x_1) = 0$，从而 $g(x) = g(x_1)$. 因此 $f(y)$ 的值由 y 唯一确定. 显然 f 是线性的.

现在证明 f 在 $R(\lambda - A)$ 上是连续的. 为此，只需证明若 $y_n \in R(\lambda - A)$，$y_n \to 0$，则 $f(y_n) \to 0$. 用反证法，若 $f(y_n) \to 0$ 不成立，则存在 $\varepsilon > 0$ 和 $\{y_n\}$ 的子列 $\{y_{n_k}\}$，使得 $|f(y_{n_k})| \geqslant \varepsilon$. 在引理 4.2.1 的证明中，我们已经证明只要 $\{y_n\}$ 收敛，就存在有界序列 $\{x_n\}$ 使得 $y_n = (\lambda - A)x_n$. 由于 A 是紧算子，不妨设 $Ax_{n_k} \to z$. 则

$$(\lambda - A)z = \lim_{n \to \infty}(\lambda - A)Ax_{n_k} = \lim_{n \to \infty}A(\lambda - A)x_{n_k} = \lim_{n \to \infty}Ay_{n_k} = 0.$$

故 $z \in N(\lambda - A)$，从而 $g(z) = 0$. 由于 $x_{n_k} = \lambda^{-1}(y_{n_k} + Ax_{n_k}) \to \lambda^{-1}z$，因此

$$\lim_{k \to \infty} f(y_{n_k}) = \lim_{k \to \infty} g(x_{n_k}) = \frac{1}{\lambda} g(z) = 0.$$

这与 $|f(y_{n_k})| \geqslant \varepsilon$ 矛盾. 这就证明了 f 在 $R(\lambda - A)$ 上是连续的.

根据 Hahn-Banach 定理, f 可以延拓成为 X 上的连续线性泛函. 对任意 $x \in X$,

$$(x, (\lambda - A^*)f) = ((\lambda - A)x, f) = g(x).$$

因此 $(\lambda - A^*)f = g$. 即 f 是方程 $(\lambda - A^*)f = g$ 的解. ∎

定理 4.2.6 设 A 是 X 上的紧算子, A^* 是 A 的共轭算子. 则:

(1) 设 $\lambda, \mu \in \sigma(A)$, x 是 A 的相应于 λ 的特征向量, f 是 A^* 的相应于 μ 的特征向量, $\lambda \neq \mu$, 则 $x \perp f$. 换言之, $N(\lambda - A) \perp N(\mu - A^*)$.

(2) 若 $\lambda \in \sigma(A)$, $\lambda \neq 0$, 则 $\dim N(\lambda - A) = \dim N(\lambda - A^*)$.

证明 (1) 设 $x \in N(\lambda I - A)$, $f \in N(\mu - A^*)$ 则 $Ax = \lambda x$, $A^* f = \mu f$. 于是

$$\lambda f(x) = (\lambda x, f) = (Ax, f) = (x, A^* f) = (x, \mu f) = \mu f(x).$$

于是 $(\lambda - \mu)f(x) = 0$. 由于 $\lambda \neq \mu$, 因此 $f(x) = 0$. 这表明 $x \perp f$.

(2) 由于 A 是紧算子, 根据定理 2.9.3, A^* 也是紧算子. 于是根据定理 4.2.4(3), $N(\lambda - A)$ 和 $N(\lambda - A^*)$ 都是有限维的. 设 $\dim N(\lambda - A) = n$, $\dim N(\lambda - A^*) = m$. 设 $x_1, x_2, \cdots, x_n$ 是 $N(\lambda - A)$ 的一组基, $g_1, g_2, \cdots, g_m$ 是 $N(\lambda - A^*)$ 的一组基. 利用 Hahn-Banach 定理不难证明, 存在 $f_1, f_2, \cdots, f_n \in X^*$, 使得 $f_i(x_j) = \delta_{ij}$ (参见习题 2 中第 25 题).

现在证明存在 $y_1, y_2, \cdots, y_m \in X$, 使得 $g_i(y_j) = \delta_{ij}$. 取 $y_1 \in X$, 使得 $g_1(y_1) = 1$. 假定 $y_1, y_2, \cdots, y_k (k < m)$ 已经取定, 使得 $g_i(y_j) = \delta_{ij} (1 \leqslant i, j \leqslant k)$. 任取 $x \in X$, 令 $\tilde{x} = x - \sum_{j=1}^{k} g_j(x) y_j$. 直接计算知道 $g_i(\tilde{x}) = 0 (i = 1, 2, \cdots, k)$. 若 $g_{k+1}(\tilde{x}) = 0$, 则

$$g_{k+1}(x) - \sum_{j=1}^{k} g_j(x) g_{k+1}(y_j) = g_{k+1}(\tilde{x}) = 0.$$

即 $g_{k+1}(x) = \sum_{j=1}^{k} g_{k+1}(y_j) g_j(x) (x \in X)$. 这说明 $g_{k+1} = \sum_{j=1}^{k} g_{k+1}(y_j) g_j$. 这与 $g_1, g_2, \cdots, g_m$ 线性无关矛盾. 因此 $g_{k+1}(\tilde{x}) = c \neq 0$. 令 $y_{k+1} = c^{-1} \tilde{x}$, 则

$$g_{k+1}(y_{k+1}) = 1, g_i(y_{k+1}) = 0 \ (i = 1, 2, \cdots, k).$$

这样就归纳地证明了存在 $y_1, y_2, \cdots, y_m \in X$, 使得 $g_i(y_j) = \delta_{ij}$.

先证明 $m \leqslant n$. 用反证法, 假设 $n < m$. 定义算子 $B: X \to X$,

$$Bx = Ax + \sum_{j=1}^{n} f_j(x) y_j \quad (x \in X).$$

则 B 是紧算子与有界的有限秩算子之和, 因而是紧算子. 我们证明 $\lambda - B$ 是单射. 设 $(\lambda - B)x = 0$. 则

$$(\lambda - A)x = (\lambda - B)x + Bx - Ax = \sum_{j=1}^{n} f_j(x) y_j. \tag{4.2.3}$$

由于 $g_i(y_j) = \delta_{ij}$, 并且 $g_i \in N(\lambda - A^*)$, 对每个 $i = 1, 2, \cdots, n$, 利用式 (4.2.3) 得到

$$f_i(x) = \Big(\sum_{j=1}^n f_j(x) y_j, g_i \Big) = ((\lambda - A)x, g_i) = (x, (\lambda - A^*)g_i) = 0. \quad (4.2.4)$$

代入式(4.2.3)得到$(\lambda - A)x = 0$, 即 $x \in N(\lambda - A)$. 既然 $x_1, x_2, \cdots, x_n$ 是$N(\lambda - A)$ 的一组基, 因此 $x = \sum_{i=1}^n a_i x_i$. 利用式(4.2.4)得

$$a_i = f_i \Big(\sum_{j=1}^n a_j x_j \Big) = f_i(x) = 0 \quad (i = 1, 2, \cdots, n),$$

因此 $x = 0$. 这就证明了$\lambda - B$是单射. 根据引理 4.2.2 知道$\lambda - B$是满射. 于是存在 $x \in X$, 使得$(\lambda - B)x = y_{n+1}$. 注意到 $N(\lambda - A^*)g_{n+1} = 0, g_{n+1}(y_i) = 0 (i = 1, 2, \cdots, n)$, 因此

$$1 = g_{n+1}(y_{n+1}) = ((\lambda - B)x, g_{n+1})$$
$$= ((\lambda - A)x, g_{n+1}) - \Big(\sum_{j=1}^n f_j(x) y_j, g_{n+1} \Big)$$
$$= (x, (\lambda - A^*)g_{n+1}) - 0 = 0.$$

这个矛盾说明$m \leqslant n$. 类似地可以证明$n \leqslant m$. 因此$n = m$. ∎

4.3 自伴算子的谱

本节总是设 H 是复 Hilbert 空间, 并且 $H \neq \{0\}$.

4.3.1 自伴算子的谱

定理 4.3.1 设 $A \in B(H)$, A^* 是 A 的伴随算子. 则:

(1) $\rho(A^*) = \{\bar\lambda : \lambda \in \rho(A)\}$, $\sigma(A^*) = \{\bar\lambda : \lambda \in \sigma(A)\}$;

(2) 若 x 是 A 的相应于 λ 的特征向量, y 是 A^* 的相应于 μ 的特征向量, 并且$\lambda \neq \bar\mu$, 则 $x \perp y$.

证明 (1) 设 $\lambda \in \mathbf{C}$, 则$(\lambda - A)^* = \bar\lambda - A^*$. 因此由推论 4.1.2 后面的注 1 知道, $\lambda - A$ 是可逆的当且仅当$\bar\lambda - A^*$是可逆的. 换言之, $\lambda \in \rho(A)$ 当且仅当$\bar\lambda \in \rho(A^*)$. 因此 $\rho(A^*) = \{\bar\lambda : \lambda \in \rho(A)\}$. 两端取余集即得 $\sigma(A^*) = \{\bar\lambda : \lambda \in \sigma(A)\}$.

(2) 由于 $Ax = \lambda x, A^* y = \mu y$, 因此

$$\lambda(x, y) = (Ax, y) = (x, A^* y) = (x, \mu y) = \bar\mu(x, y),$$

从而$(\lambda - \bar\mu)(x, y) = 0$. 由于$\lambda \neq \bar\mu$, 因此$(x, y) = 0$. ∎

引理 4.3.2 设 A 是 H 上的自伴算子.

(1) 若 $\lambda = \alpha + i\beta$, 则

$$\|(\lambda - A)x\| \geqslant |\beta| \|x\| \quad (x \in H). \tag{4.3.1}$$

(2) 设 $\lambda \in \mathbf{C}$. 若存在 $r > 0$ 使得

$$\|(\lambda - A)x\| \geqslant r \|x\| \quad (x \in H), \tag{4.3.2}$$

则 $\lambda \in \rho(A)$.

证明 （1）由于 $\alpha - A$ 也是自伴算子，对任意 $x \in H$，我们有

$$\|(\lambda - A)x\|^2 = ((\alpha - A)x + \mathrm{i}\beta x, (\alpha - A)x + \mathrm{i}\beta x)$$
$$= \|(\alpha - A)x\|^2 - \mathrm{i}\beta((\alpha - A)x, x) + \mathrm{i}\beta(x, (\alpha - A)x) + \beta^2\|x\|^2$$
$$= \|(\alpha - A)x\|^2 + \beta^2\|x\|^2 \geqslant \beta^2\|x\|^2.$$

（2）令 $T = \lambda - A$. 则由式（4.3.2）知道 $N(T) = \{0\}$. 利用式（4.3.1）得到

$$\|T^*x\| = \|(\bar{\lambda} - A)x\| \geqslant |-\beta|\|x\| = |\beta|\|x\| \quad (x \in H).$$

因此若 $\beta \neq 0$，则 $N(T^*) = \{0\}$. 若 $\beta = 0$，则 $T^* = T$，此时也有 $N(T^*) = \{0\}$. 根据定理 3.4.6，$\overline{R(T)} = N(T^*)^\perp = H$. 我们证明 $R(T)$ 是闭集. 设 $y_n = Tx_n \in R(T)$，$y_n \to y$. 由式（4.3.2）得到

$$r\|x_m - x_n\| \leqslant \|Tx_m - Tx_n\| \to 0 \quad (m, n \to \infty).$$

故 $\{x_n\}$ 是 Cauchy 序列. 既然 H 是完备的，设 $x_n \to x$. 则

$$y = \lim_{n \to \infty} y_n = \lim_{n \to \infty} Tx_n = Tx.$$

即 $y \in R(T)$. 这说明 $R(T)$ 是闭的，从而 $R(T) = \overline{R(T)} = H$. 综上所证，$T$ 是双射，由逆算子定理知道 T^{-1} 是有界的. 因此 $T = \lambda - A$ 是可逆的，从而 $\lambda \in \rho(A)$. ∎

定理 4.3.3 设 A 是 H 上的自伴算子. 则：

（1）$r(A) = \|A\|$；

（2）$\sigma(A) \subset \mathbf{R}$；

（3）若 x, y 是 A 的对应于不同特征值的特征向量，则 $x \perp y$.

证明 （1）由于 $A = A^*$，由定理 3.4.5 得到

$$\|A^2\| = \|A^*A\| = \|A\|^2. \tag{4.3.3}$$

当 A 是自伴算子时，A^2 也是自伴算子. 对 A^2 应用式（4.3.3）得到 $\|A^{2^2}\| = \|A\|^{2^2}$. 依此进行，得到对任意自然数 n，有 $\|A^{2^n}\| = \|A\|^{2^n}$. 于是根据谱半径公式（4.1.8）得到

$$r(A) = \lim_{n \to \infty} \|A^{2^n}\|^{\frac{1}{2^n}} = (\|A\|^{2^n})^{\frac{1}{2^n}} = A.$$

（2）设 $\lambda = \alpha + \mathrm{i}\beta$. 根据引理 4.3.2（1），有 $\|(\lambda - A)x\| \geqslant |\beta|\|x\| (x \in H)$. 若 $\beta \neq 0$，根据引理 4.3.2（2），此时 $\lambda \in \rho(A)$. 因此若 $\lambda = \alpha + \mathrm{i}\beta \in \sigma(A)$，则必有 $\beta = 0$. 这就证明了 $\sigma(A) \subset \mathbf{R}$.

（3）设 x 和 y 分别是 A 的相应于 λ 和 μ 的特征向量，并且 $\lambda \neq \mu$. 根据上述结论（2），λ 和 μ 是实数. 由于 $Ax = \lambda x, Ay = \mu y$，因此

$$\lambda(x, y) = (Ax, y) = (x, Ay) = (x, \mu y) = \mu(x, y).$$

从而 $(\lambda - \mu)(x, y) = 0$，于是 $(x, y) = 0$. ∎

定理 4.3.4 设 A 是 H 上的自伴算子. 令

$$m = \inf_{\|x\|=1}(Ax, x), \quad M = \sup_{\|x\|=1}(Ax, x). \tag{4.3.4}$$

则 $\sigma(A) \subset [m, M]$，并且 $m, M \in \sigma(A)$. 换言之 $[m, M]$ 是包含 $\sigma(A)$ 的最小区间.

证明 先证明 $\sigma(A) \subset [m, M]$. 设 $\lambda \in \mathbf{C}$, $\lambda \notin [m, M]$. 则 $d = \inf\limits_{m \leqslant t \leqslant M} |\lambda - t| > 0$. 若 $x \in H$, $\|x\| = 1$, 则 $(Ax, x) \in [m, M]$. 因此

$$d \leqslant |\lambda - (Ax, x)| = |\lambda(x, x) - (Ax, x)| = |((\lambda - A)x, x)| \leqslant \|(\lambda - A)x\|.$$

由此得到对任意 $x \in H$, 有 $d\|x\| \leqslant \|(\lambda - A)x\|$. 根据引理 4.3.2(2), 此时 $\lambda \in \rho(A)$. 这就证明了 $\sigma(A) \subset [m, M]$.

再证明 $m, M \in \sigma(A)$. 令 $B = A - m$. 由于当 $\|x\| = 1$ 时

$$(Bx, x) = (Ax, x) - (mx, x) = (Ax, x) - m,$$

因此若令

$$m_1 = \inf\limits_{\|x\|=1} (Bx, x), \quad M_1 = \sup\limits_{\|x\|=1} (Bx, x).$$

则 $m_1 = 0$, $M_1 = M - m$. 因为 B 是自伴的, 根据定理 3.4.9 和定理 4.3.3(1), $M_1 = \|B\| = r(B)$. 于是存在 $\lambda_n \in \sigma(B)$, 使得 $\lambda_n \to M_1$. 由于 $\sigma(B)$ 是闭集, 因此 $M_1 \in \sigma(B)$, 这相当于 $M \in \sigma(A)$. 若令 $B = M - A$, 用类似的方法可证 $m \in \sigma(A)$. ∎

4.3.2 正算子的正平方根

设 A 是 H 上的自伴算子. 若对任意 $x \in H$ 成立 $(Ax, x) \geqslant 0$, 则称 A 是正算子, 记为 $A \geqslant 0$.

定理 4.3.5 设 A 是 H 上的自伴算子并且 $A \geqslant 0$. 则:

(1) 若 $B \geqslant 0$, 则 $A + B \geqslant 0$;

(2) 若 $\alpha \geqslant 0$, 则 $\alpha A \geqslant 0$;

(3) 对任意自然数 n, $A^n \geqslant 0$.

(4) 对任意 $x, y \in H$, 有

$$|(Ax, y)|^2 \leqslant (Ax, x)(Ay, y). \tag{4.3.5}$$

(5) 若 $\{B_n\}$ 是一列单调增加的正算子, 并且存在 $M > 0$, 使得 $\|B_n\| \leqslant M (n \geqslant 1)$, 则存在正算子 B, 使得 $Bx = \lim\limits_{n \to \infty} B_n x \ (x \in H)$, 并且 $\|B\| \leqslant M$.

证明 (1)、(2) 显然.

(3) 对任意 $x \in H$, 若 $n = 2k$ 为偶数, 则

$$(A^n x, x) = (A^k x, A^k x) \geqslant 0.$$

若 n 为奇数, 则 $(A^n x, x) = (AA^k x, A^k x) \geqslant 0$. 因此 $A^n \geqslant 0$.

(4) 不妨设 $|(Ax, y)| > 0$. 由于 A 是自伴的, 故 $(Ax, y) = \overline{(Ay, x)}$. 对任意 $\lambda \in \mathbf{C}$, 我们有

$$
\begin{aligned}
0 &\leqslant (A(\lambda x + y), \lambda x + y) \\
&= \bar{\lambda}\lambda(Ax, x) + \lambda(Ax, y) + \bar{\lambda}(Ay, x) + (Ay, y) \\
&= |\lambda|^2(Ax, x) + 2\mathrm{Re}\,\bar{\lambda}(Ay, x) + (Ay, y).
\end{aligned}
$$

令 $\lambda = t(Ay, x)|(Ax, y)|^{-1}$, 其中 $t \in \mathbf{R}$. 代入上式得到 (注意到 $|(Ay, x)| = |(Ax, y)|$, 从而 $|\lambda|^2 = t^2$)

$$t^2(Ax,x)+2t\,|(Ax,y)|+(Ay,y)\geqslant 0.$$

上式对任意 $t\in\mathbf{R}$ 成立. 因此 $|(Ax,y)|^2\leqslant(Ax,x)(Ay,y)$.

（5）由于 $\{B_n\}$ 是单调增加的，因此对任意 $x\in H$，$\{(B_nx,x)\}$ 是单调增加的数列，并且 $(B_nx,x)\leqslant\|B_n\|\|x\|^2\leqslant M\|x\|^2$. 因此 $\{(B_nx,x)\}$ 收敛，从而是 Cauchy 数列. 对任意正整数 m 和 n，利用式（4.3.5）和 Schwarz 不等式得到

$$
\begin{aligned}
\|B_mx-B_nx\|^4 &= \big|((B_m-B_n)x,\,(B_m-B_n)x)\big|^2\\
&\leqslant \big|((B_m-B_n)x,x)\big|\,\big|((B_m-B_n)^2x,(B_m-B_n)x)\big|\\
&\leqslant \|B_m-B_n\|^3\,\|x\|^2\,\big|((B_m-B_n)x,x)\big|\\
&\leqslant (2M)^3\,\|x\|^2\,|(B_mx,x)-(B_nx,x)|.
\end{aligned}
$$

这表明 $\{B_nx\}$ 是 Cauchy 序列，从而 $\lim\limits_{n\to\infty}B_nx$ 存在. 令 $Bx=\lim\limits_{n\to\infty}B_nx(x\in H)$. 根据推论 2.2.2，$B\in B(H)$，并且 $\|B\|\leqslant\varliminf\limits_{n\to\infty}\|B_n\|\leqslant M$. 对任意 $x,y\in H$，我们有

$$(Bx,y)=\lim_{n\to\infty}(B_nx,y)=\lim_{n\to\infty}(x,B_ny)=(x,By),$$

$$(Bx,x)=\lim_{n\to\infty}(B_nx,x)\geqslant 0.$$

因此 B 是正算子. ∎

定理 4.3.6　设 A 是 H 上的正算子. 则存在唯一的正算子 T，使得 $T^2=A$. 并且对任意 $B\in B(H)$，若 $AB=BA$，则 $TB=BT$.

称上述的 T 为 A 的正平方根，记为 $A^{\frac12}$.

证明　不妨设 $\|A\|\leqslant 1$（否则选取 $\alpha>0$ 充分小，用 αA 代替 A）. 则 $0\leqslant 1-A\leqslant 1$，并且 $\|1-A\|\leqslant 1$. 令

$$S_1=\frac12(1-A),\quad S_{n+1}=\frac12(1-A+S_n^2),\quad n=1,2,\cdots.$$

直接看出每个 S_n 是 $1-A$ 的正系数多项式，由定理 4.3.5 知道每个 S_n 是正算子，并且 $S_nS_{n-1}=S_{n-1}S_n$. 显然 $\|S_1\|\leqslant 1$. 设 $\|S_n\|\leqslant 1$，则

$$\|S_{n+1}\|=\frac12\|1-A+S_n^2\|\leqslant\frac12(\|1-A\|+\|S_n\|^2)\leqslant 1.$$

这就归纳地证明了 $\|S_n\|\leqslant 1(n=1,2,\cdots)$. 显然 S_2-S_1 是 $1-A$ 的正系数多项式. 假设 S_n-S_{n-1} 是 $1-A$ 的正系数多项式. 由于

$$S_{n+1}-S_n=\frac12(S_n+S_{n-1})(S_n-S_{n-1}),$$

故 $S_{n+1}-S_n$ 仍然是 $1-A$ 的正系数多项式. 这就归纳地证明了 $S_{n+1}\geqslant S_n(n=1,2,\cdots)$. 根据定理 4.3.5，存在正算子 S，使得 $Sx=\lim\limits_{n\to\infty}S_nx(x\in H)$，并且 $\|S\|\leqslant 1$. 对任意 $x\in H$，由于 $(Sx,x)\leqslant\|S\|\|x\|^2\leqslant\|x\|^2=(x,x)$，因此 $S\leqslant 1$. 对任意 $x\in H$，由于

$$(S_n^2x,x)=(S_nx,S_nx)\to(Sx,Sx)=(S^2x,x).$$

因此 $S_n^2x\to Sx$. 在等式 $S_{n+1}x=\dfrac12(1-A+S_n^2)x$ 的两端令 $n\to\infty$ 得到

$$Sx = \frac{1}{2}(1 - A + S^2)x.$$

于是 $S = \frac{1}{2}(1 - A + S^2)$，从而 $A = (1 - S)^2$. 令 $T = 1 - S$，则 T 是正算子，并且 $T^2 = A$. 若 $B \in B(H)$，并且 $AB = BA$，则 $S_n B = BS_n (n \geq 1)$. 于是 $SB = BS$，从而 $TB = BT$. 存在性得证.

再证明唯一性. 设另有正算子 T_1，使得 $T_1^2 = A$. 则 $T_1 A = T_1 T_1^2 = T_1^2 T_1 = AT_1$. 从而 $TT_1 = T_1 T$. 对任意 $x \in H$，令 $y = (T - T_1)x$. 则

$$(Ty, y) + (T_1 y, y) = ((T + T_1)y, y) = ((T + T_1)(T - T_1)x, y)$$

$$= ((T^2 - T_1^2)x, y) = 0.$$

因为 $(Ty, y) \geq 0$，$(T_1 y, y) \geq 0$，故 $(Ty, y) = (T_1 y, y) = 0$. 于是

$$(T^{\frac{1}{2}} y, T^{\frac{1}{2}} y) = (Ty, y) = 0.$$

因此 $T^{\frac{1}{2}} y = 0$，从而 $Ty = T^{\frac{1}{2}}(T^{\frac{1}{2}} y) = 0$. 类似地，$T_1 y = 0$. 于是对任意 $x \in H$，

$$\| Tx - T_1 x \|^2 = ((T - T_1)^2 x, x) = ((T - T_1)y, x) = 0.$$

这表明 $T = T_1$. 唯一性得证. ∎

推论 4.3.7 设 A 和 B 是 H 上的正算子. 若 $AB = BA$，则 $AB \geq 0$.

证明 由于 $AB = BA$，根据定理 4.3.6，有 $A^{\frac{1}{2}} B = BA^{\frac{1}{2}}$. 于是对任意 $x \in H$，有

$$(ABx, x) = (A^{\frac{1}{2}} Bx, A^{\frac{1}{2}} x) = (BA^{\frac{1}{2}} x, A^{\frac{1}{2}} x) \geq 0.$$

因此 $AB \geq 0$. ∎

4.3.3 紧算子的谱分解

下面我们考虑紧自伴算子的谱分解定理. 先看看有限维空间的情形. 在线性代数中我们知道，若 H 是 n 维复欧氏空间，A 是 H 上的自伴算子，则必存在 H 的一组规范正交基 $e_1, e_2, \cdots, e_n$，使得每个 e_i 都是 A 的特征向量，即

$$Ae_i = \lambda e_i, \quad i = 1, 2, \cdots, n.$$

其中 λ_i 都是实数. 这相当于一个 Hermite 矩阵可以经过酉变换后成为对角矩阵.

利用自伴算子的上述性质，可以将自伴算子表示为一些投影算子的和. 设 P_i 是 H 到由 e_i 张成的一维子空间的投影算子，即

$$P_i x = x_i e_i, \quad x = \sum_{i=1}^{n} x_i e_i \in H.$$

则对任意 $x = \sum_{i=1}^{n} x_i e_i \in H$，我们有

$$Ax = \sum_{i=1}^{n} x_i A e_i = \sum_{i=1}^{n} \lambda_i x_i e_i = \sum_{i=1}^{n} \lambda_i P_i x.$$

这表明

$$A = \sum_{i=1}^{n} \lambda_i P_i. \tag{4.3.6}$$

以上讨论表明，在有限维空间中，每个自伴算子可以表示为式(4.3.6) 的形式. 下面我们证明对于无限维 Hilbert 空间的紧自伴算子，也可以作这样的分解. 为此，先证明两个引理.

引理 4.3.8 设 A 是 H 上的紧自伴算子. 则 $\|A\|$ 和 $-\|A\|$ 中至少有一个是 A 的特征值.

证明 若 $A=0$，结论显然成立. 设 $A\neq 0$，则 $\|A\|\neq 0$. 既然 A 是自伴的，根据定理 3.4.9，我们有

$$\|A\| = \sup_{\|x\|=1} |(Ax,x)| = \max\{|m|,|M|\},$$

其中 m 和 M 如式(4.3.4) 所定义. 因此 $\|A\|$ 和 $-\|A\|$ 中至少有一个是 m 或 M. 结合定理 4.3.4 知道，$\|A\|$ 和 $-\|A\|$ 中至少有一个是 A 的谱点. 由于 A 是紧算子，根据定理 4.2.4，A 的非零谱点都是特征值，因此 $\|A\|$ 和 $-\|A\|$ 中至少有一个是 A 的特征值. ∎

定义 4.3.1 设 $A\in B(H)$，E 是 H 的闭线性子空间. 若 $A(E)\subset E$（即对任意 $x\in E$，有 $Ax\in E$），则称 E 是 A 的不变子空间. 若 E 和 $E^\perp$ 都是 A 的不变子空间，则称 E 是 A 的可约化子空间.

若 E 是 A 的可约化子空间，则对任意 $x\in H$，x 可以分解为 $x=x_1+x_2(x_1\in E,$ $x_2\in E^\perp)$. 于是 $Ax=Ax_1+Ax_2$. 由于 $Ax_1\in E$，$Ax_2\in E^\perp$，若令 $A_1=A|_E$，$A_2=A|_{E^\perp}$，则 $A_1\in B(E)$，$A_2\in B(E^\perp)$，并且 $A=A_1+A_2$.

引理 4.3.9 设 A 是 H 上的自伴算子，λ 是实数. 则 $N(\lambda-A)$ 是 A 的可约化子空间.

证明 设 $x\in N(\lambda-A)$，则 $Ax=\lambda x\in N(\lambda-A)$. 因此 $N(\lambda-A)$ 是 A 的不变子空间. 设 $y\in N(\lambda-A)^\perp$，则对任意 $x\in N(\lambda-A)$，我们有

$$(x,Ay)=(Ax,y)=\lambda(x,y)=0.$$

因此 $Ay\in N(\lambda-A)^\perp$. 从而 $N(\lambda-A)^\perp$ 也是 A 的不变子空间. ∎

定理 4.3.10 设 A 是 H 上的紧自伴算子. $\{\lambda_n\}$ 是 A 的非零特征值的全体，$|\lambda_1|>|\lambda_2|>\cdots$，$P_n$ 是 H 到相应于 λ_n 的特征子空间 $N(\lambda_n-A)$ 的投影算子. 则 $\{P_n\}$ 是两两正交的，并且

$$A = \sum_n \lambda_n P_n. \tag{4.3.7}$$

其中级数是按算子范数收敛意义下收敛于 A.

证明 不妨设 $A\neq 0$. 由引理 4.3.8 知道，存在 A 的非零特征值 λ_1，使得 $|\lambda_1|=\|A\|$. 令 $E_1=N(\lambda_1-A)$.

令 $H_1=E_1^\perp$. 根据引理 4.3.9，H_1 是 A 的不变子空间. 令 $A_1=A|_{H_1}$，显然 A_1 是 H_1 上的紧自伴算子. 若 $A_1\neq 0$，由引理 4.3.8 知道，存在 A_1 的非零特征值 λ_2，使得 $|\lambda_2|=\|A_1\|\leqslant\|A\|=|\lambda_1|$. 若 $\lambda_1=\lambda_2$，则 $N(\lambda_2-A_1)\subset N(\lambda_1-A)$. 另一方面，

$$N(\lambda_2-A_1)\subset H_1=N(\lambda_1-A)^\perp.$$

于是 $N(\lambda_2-A_1)=\{0\}$. 这与 $N(\lambda_2-A_1)\neq\{0\}$ 矛盾. 因此 $\lambda_1\neq\lambda_2$. 从而 $|\lambda_1|>|\lambda_2|$. 显然 λ_2 也是 A 的特征值. 令 $E_2=N(\lambda_2-A)$.

令 $H_2=(E_1\oplus E_2)^\perp$，$A_2=A|_{H_2}$. 这样一直作下去. 若对任意 n，$A_n\neq 0$，则得到

A 的非零特征值的序列 $\{\lambda_n\}$，使得：

(1) $|\lambda_1| > |\lambda_2| > \cdots$；

(2) $E_n = N(\lambda_n - A)$，$|\lambda_{n+1}| = \|A_n\|$.

由于(1)，存在 $\alpha \geqslant 0$ 使得 $|\lambda_n| \to \alpha$. 我们证明 $\alpha = 0$. 对每个 n，取 $e_n \in E_n$ 使得 $\|e_n\| = 1$. 由于 A 是紧的，存在子列 $\{e_{n_k}\}$ 使得 $\{Ae_{n_k}\}$ 是 Cauchy 序列. 由于当 $n \neq m$ 时 $e_n \perp e_m$，因此

$$\|Ae_{n_k} - Ae_{n_j}\|^2 = \|\lambda_{n_k} e_{n_k} - \lambda_{n_j} e_{n_j}\|^2 = |\lambda_{n_k}|^2 + |\lambda_{n_j}|^2 \geqslant 2\alpha^2.$$

这说明 $\alpha = 0$. 现在证明式(4.3.7). 令 $P_n = P_{E_n}(n = 1, 2, \cdots)$. 由定理 4.3.3(3) 知道 E_1, $E_2, \cdots$ 彼此正交，因此 $P_1, P_2, \cdots$ 彼此正交. 于是当 $x \in E_k(k = 1, \cdots, n)$ 时

$$\left(A - \sum_{k=1}^{n} \lambda_k P_k\right)x = Ax - \lambda_k x = 0. \tag{4.3.8}$$

于是当 $x \in E_1 \oplus E_2 \oplus \cdots \oplus E_n$ 时，$\left(A - \sum_{k=1}^{n} \lambda_k P_k\right)x = 0$. 若 $x \in (E_1 \oplus E_2 \oplus \cdots \oplus E_n)^\perp$，则 $P_k x = 0(k = 1, 2, \cdots, n)$. 此时 $\left(A - \sum_{k=1}^{n} \lambda_k P_k\right)x = Ax$. 因为 $(E_1 \oplus E_2 \oplus \cdots \oplus E_n)^\perp$ 是 A 的可约化子空间，因此

$$\left\|A - \sum_{k=1}^{n} \lambda_k P_k\right\| = \|A|_{(E_1 \oplus E_2 \oplus \cdots \oplus E_n)^\perp}\| = \|A_n\| = |\lambda_{n+1}| \to 0.$$

故此时式(4.3.7)成立.

若存在某个 n 使得 $A_n = 0$，则当 $x \in (E_1 \oplus E_2 \oplus \cdots \oplus E_n)^\perp$ 时，$Ax = A_n x = 0$. 但式(4.3.8)表明当 $x \in E_1 \oplus E_2 \oplus \cdots \oplus E_n$ 时，$Ax = \sum_{k=1}^{n} \lambda_k P_k x$. 从而对任意 $x \in H$ 有 $Ax = \sum_{k=1}^{n} \lambda_k P_k x$. 这说明此时式(4.3.7)也成立. 至此定理证毕. ∎

推论 4.3.11 设 A 是 H 上的紧自伴算子. 则存在有限或无穷的非零实数序列 $\{\lambda_n\}$，$|\lambda_1| \geqslant |\lambda_2| \geqslant \cdots$，若 $\{\lambda_n\}$ 是无穷序列，则 $\lambda_n \to 0$，和相应的规范正交序列 $\{e_n\}$，使得对任意 $x \in H$ 有

$$Ax = \sum_{n=1}^{\infty} \lambda_n(x, e_n)e_n.$$

证明 沿用定理 4.3.10 中的记号. 由于 A 是自伴的，因此每个 λ_n 是实数. 在定理 4.3.10 的证明中已经证明，若 $\{\lambda_n\}$ 是无限集，则 $\lambda_n \to 0$. 由定理 4.2.4 知道，每个 λ_n 的特征向量空间是有限维的. 设 $e_1^{(n)}, e_2^{(n)}, \cdots, e_{k_n}^{(n)}$ 是 $N(\lambda_n - A)$ 的规范正交基，$\{e_n\}$ 是所有 $N(\lambda_n - A)$ 的规范正交基的全体. 对任意 $x \in H$，由 3.2 节中例 1 知道 $P_n x = \sum_{i=1}^{k_n} (x, e_i^{(n)})e_i^{(n)}$. 于是利用式(4.3.7)我们有

$$Ax = \sum_{n} \lambda_n P_n x = \sum_{n} \sum_{i=1}^{k_n} \lambda_n(x, e_i^{(n)})e_i^{(n)} = \sum_{n=1}^{\infty} \lambda_n(x, e_n)e_n. \quad ∎$$

注意，在推论 4.3.11 中的 $\{\lambda_n\}$ 可能有重复的. 每个 λ_n 的重复次数等于相应的特征子空间的维数.

4.4　自伴算子的谱分解

4.4.1　谱系与谱积分

本节总是设 H 是复 Hilbert 空间，并且 $H \neq \{0\}$.

在 4.3 节中我们已经提到，若 A 是 n 维复欧氏空间上的自伴算子，则存在彼此正交的投影 $P_1, P_2, \cdots, P_n$，使得

$$A = \sum_{i=1}^{n} \lambda_i P_i. \tag{4.4.1}$$

此外，还成立 $\sum_{i=1}^{n} P_i = 1$.

一般说来，在无限维空间中，情况要复杂得多. 虽然在 4.3 节中我们已经证明，对于 Hilbert 空间上的紧自伴算子，可以将其分解为一列投影算子的级数和. 但是我们不能指望一般的自伴算子也可以表示为投影算子的级数和. 因为若 A 能表示为 $A = \sum_{n=1}^{\infty} \lambda_n P_n$ 这种级数和的形式，则 A 有特征值（实际上每个 λ_n 都是 A 的特征值）. 但是确实有些自伴算子没有特征值（参见习题 4 中第 31 题）. 虽然如此，对于无限维空间上的自伴算子还是有一个类似的表达式. 不过形式上更复杂一些，就是级数和要用积分代替. 本节的主要结果是自伴算子的谱分解定理. 该定理表明每个自伴算子可以表示为关于一族投影算子的谱积分.

定义 4.4.1　设 $\{E_\lambda : \lambda \in (-\infty, \infty)\}$ 是 H 上的一族投影算子. 如果 $\{E_\lambda\}$ 满足：

(1) 单调性：当 $\lambda \leqslant \mu$ 时，$E_\lambda \leqslant E_\mu$；

(2) 右连续性：对任意 $\lambda_0 \in (-\infty, +\infty)$，$\lim\limits_{\lambda \to \lambda_0 + 0} E_\lambda x = E_{\lambda_0} x \ (x \in H)$；

(3) 存在区间 $[a, b]$，使得当 $\lambda < a$ 时，$E_\lambda = 0$，当 $\lambda \geqslant b$ 时，$E_\lambda = 1$，

则称 $\{E_\lambda\}$ 是 $[a, b]$ 上的谱系.

例 1　设 $\{P_i\}$ 是 H 上的一列两两正交的投影算子，$\sum_{i=1}^{\infty} P_i = 1$. 又设 $\{\lambda_i\}$ 是一列实数，$a \leqslant \lambda_i \leqslant b$. 令 $E_\lambda = \sum_{\lambda_i \leqslant \lambda} P_i$（当 $\{i : \lambda_i \leqslant \lambda\} = \varnothing$ 时，令 $E_\lambda = 0$）. 则 $\{E_\lambda\}$ 是 $[a, b]$ 上的谱系.

事实上，由于 E_λ 是有限个或一列两两正交的投影算子的和，根据定理 3.2.10，每个 E_λ 是投影算子. 我们验证 $\{E_\lambda\}$ 满足定义 4.4.1 中的条件.

(1) 当 $\lambda \geqslant \mu$ 时

$$E_\lambda = \sum_{\lambda_i \leqslant \lambda} P_i = \sum_{\lambda_i \leqslant \mu} P_i + \sum_{\mu < \lambda_i \leqslant \lambda} P_i. \tag{4.4.2}$$

由于 $\sum\limits_{\mu<\lambda_i\leqslant\lambda} P_i \geqslant 0$，故 $E_\lambda \geqslant E_\mu$.

（2）当 $\lambda > \lambda_0$ 时，对任意 $x \in H$，

$$\| E_\lambda x - E_{\lambda_0} x \|^2 = \left\| \sum_{\lambda_0<\lambda_i\leqslant\lambda} P_i x \right\|^2 = \sum_{\lambda_0<\lambda_i\leqslant\lambda} \| P_i x \|^2 \leqslant \sum_{i=m_\lambda}^\infty \| P_i x \|^2, \tag{4.4.3}$$

其中 $m_\lambda = \inf\{i: \lambda_0 < \lambda_i \leqslant \lambda\}$（约定 $\inf\varnothing = +\infty$）. 容易知道当 $\lambda \to \lambda_0 + 0$ 时，$m_\lambda \to +\infty$. 由于 $\{P_i\}$ 的正交性，我们有 $\sum\limits_{i=1}^\infty \| P_i x \|^2 \leqslant \| x \|^2 < \infty$（参见 3.2 节中的式 (3.2.5)）. 因此由式(4.4.3)得到

$$\lim_{\lambda\to\lambda_0+0} \| E_\lambda x - E_{\lambda_0} x \|^2 \leqslant \lim_{\lambda\to\lambda_0+0} \sum_{i=m_\lambda}^\infty \| P_i x \|^2 = 0.$$

即 $\lim\limits_{\lambda\to\lambda_0+0} E_\lambda x = E_{\lambda_0} x$.

（3）由 E_λ 的定义知道，当 $\lambda < a$ 时，$E_\lambda = 0$，当 $\lambda \geqslant b$ 时，$E_\lambda = 1$. 这就证明了 $\{E_\lambda\}$ 是 $[a,b]$ 上的谱系.

例 2　对每个实数 λ，在 $L^2[a,b]$ 上定义算子

$$(E_\lambda x)(t) = \chi_{(-\infty,\lambda]}(t) x(t) \quad (x \in L^2[a,b]),$$

其中 $\chi_{(-\infty,\lambda]}(t)$ 是区间 $(-\infty,\lambda]$ 的特征函数. 我们证明 $\{E_\lambda\}$ 是一个谱系. 显然 $E_\lambda^2 = E_\lambda$. 对任意 $x, y \in L^2[a,b]$，

$$(E_\lambda x, y) = \int_a^b \chi_{(-\infty,\lambda]}(t) x(t) \overline{y(t)} \mathrm{d}t = \int_a^b x(t) \overline{\chi_{(-\infty,\lambda]}(t) y(t)} \mathrm{d}t = (x, E_\lambda y).$$

故 E_λ 是自伴的，从而 E_λ 是投影算子.

（1）当 $\lambda \geqslant \mu$ 时，$E_\lambda E_\mu x = \chi_{(-\infty,\lambda]} \chi_{(-\infty,\mu)} x = \chi_{(-\infty,\mu)} x = E_\mu x$，故 $E_\lambda E_\mu = E_\mu$. 由定理 3.2.8 知道 $E_\lambda \geqslant E_\mu$.

（2）由积分的绝对连续性，我们有

$$\lim_{\lambda\to\lambda_0+0} \| E_\lambda x - E_{\lambda_0} x \|^2 = \lim_{\lambda\to\lambda_0+0} \int_a^b | \chi_{(-\infty,\lambda]}(t) - \chi_{(-\infty,\lambda_0]}(t)(t) |^2 | x(t) |^2 \mathrm{d}t$$

$$= \lim_{\lambda\to\lambda_0+0} \int_{\lambda_0}^\lambda | x(t) |^2 \mathrm{d}t = 0.$$

故 $\lim\limits_{\lambda\to\lambda_0+0} E_\lambda x = E_{\lambda_0} x$. 因此 $\{E_\lambda\}$ 是右连续的.

（3）由 E_λ 的定义知道，作为 $L^2[a,b]$ 上的算子，当 $\lambda < a$ 时，$E_\lambda = 0$，当 $\lambda \geqslant b$ 时，$E_\lambda = 1$. 因此条件(3)满足.

这样就证明了 $\{E_\lambda\}$ 是 $[a,b]$ 上的谱系.

定理 4.4.1　设 $\{E_\lambda\}$ 是 $[a,b]$ 上的谱系. 则：

（1）记 $\Delta = (\alpha,\beta]$，$E_\Delta = E_\beta - E_\alpha$，则 E_Δ 是投影算子；

（2）若 Δ_1，Δ_2 是如（1）中的半开区间，$\Delta_1 \cap \Delta_2 = \varnothing$，则 $E_{\Delta_1} E_{\Delta_2} = 0$；

（3）对任意 $x, y \in H$，令 $\alpha_{x,y}(\lambda) = (E_\lambda x, y)$，则 $\alpha_{x,y}(\lambda)$ 是 $[a,b]$ 上的（复值）有界变

差函数. 并且 $\overset{b}{\underset{a}{V}}(\alpha_{x,y}) \leqslant \|x\|\|y\|$.

证明　由于 $\{E_\lambda\}$ 是单调递增的，当 $\alpha \leqslant \beta$ 时，$E_\alpha E_\beta = E_\beta E_\alpha = E_\alpha$. 利用这个等式容易验证(1)和(2)成立. 下面证明(3). 设 $a = \lambda_0 < \lambda_1 < \cdots < \lambda_n = b$ 是 $[a,b]$ 的一个分割. 记 $\Delta_k = (\lambda_{k-1}, \lambda_k](k = 1, 2, \cdots)$. 根据(1)和(2)的结论，每个 E_{Δ_k} 是投影算子，并且 $E_{\Delta_i} E_{\Delta_j} = 0(i \neq j)$. 于是

$$\sum_{k=1}^{n} \|E_{\Delta_k} x\|^2 = \left\| \sum_{k=1}^{n} E_{\Delta_k} x \right\|^2 = \|x\|^2.$$

因此

$$\begin{aligned}
\sum_{k=1}^{n} |\alpha_{x,y}(\lambda_k) - \alpha_{x,y}(\lambda_{k-1})| &= \sum_{k=1}^{n} |(E_{\Delta_k} x, y)| = \sum_{k=1}^{n} |(E_{\Delta_k} x, E_{\Delta_k} y)| \\
&\leqslant \sum_{k=1}^{n} \|E_{\Delta_k} x\| \|E_{\Delta_k} y\| \\
&\leqslant \left(\sum_{k=1}^{n} \|E_{\Delta_k} x\|^2 \right)^{\frac{1}{2}} \left(\sum_{k=1}^{n} \|E_{\Delta_k} y\|^2 \right)^{\frac{1}{2}} \\
&= \|x\|\|y\|.
\end{aligned}$$

这表明 $\alpha_{x,y}(\lambda)$ 是 $[a,b]$ 上的有界变差函数. 并且 $\overset{b}{\underset{a}{V}}(\alpha_{x,y}) \leqslant \|x\|\|y\|$. ■

定理 4.4.2　设 $\{E_\lambda\}$ 是 $[a,b]$ 上的谱系，$f \in C[a,b]$. 则存在唯一的 $T \in B(H)$，使得

$$(Tx, y) = \int_a^b f(\lambda) \mathrm{d}(E_\lambda x, y) \quad (x, y \in H), \tag{4.4.4}$$

并且 $\|T\| \leqslant \|f\|$，其中 $\int_a^b f(\lambda) \mathrm{d}(E_\lambda x, y)$ 是 $f(\lambda)$ 关于 $\alpha_{x,y}(\lambda)$ 的 Riemann-Stieljes 积分.

证明　根据定理 4.4.1，$\alpha_{x,y}(\lambda) = (E_\lambda x, y)$ 是 $[a,b]$ 上的有界变差函数，并且 $\overset{b}{\underset{a}{V}}(\alpha_{x,y}) \leqslant \|x\|\|y\|$. 因此 $f(\lambda)$ 关于 $\alpha_{x,y}(\lambda)$ 是 Riemann-Stieljes 可积的，从而式(4.4.4)右端的积分是有意义的. 令

$$\varphi(x, y) = \int_a^b f(\lambda) \mathrm{d}\alpha_{x,y}(\lambda) \quad (x, y \in H).$$

则 $\varphi(x, y)$ 是 H 上的双线性泛函. 根据引理 2.6.6(该引理对复值函数也成立)，对任意 $x, y \in H$，有

$$|\varphi(x, y)| = \left| \int_a^b f(\lambda) \mathrm{d}\alpha_{x,y}(\lambda) \right| \leqslant \max_{a \leqslant \lambda \leqslant b} |f(\lambda)| \overset{b}{\underset{a}{V}}(\alpha_{x,y}) \leqslant \|f\|\|x\|\|y\|. \tag{4.4.5}$$

这表明 $\varphi(x, y)$ 是有界的，并且 $\|\varphi\| \leqslant \|f\|$. 由定理 3.4.3，存在唯一的 $T \in B(H)$，$\|T\| = \|\varphi\| \leqslant \|f\|$，使得 $\varphi(x, y) = (Tx, y)(x, y \in H)$，即式(4.4.4)成立. ■

定义 4.4.2　定理 4.4.2 中的 T 称为 $f(\lambda)$ 关于谱系 $\{E_\lambda\}$ 的谱积分，记为

$$T = \int_a^b f(\lambda) \mathrm{d}E_\lambda.$$

定理 4.4.3　设 $\{E_\lambda\}$ 是 $[a,b]$ 上的谱系，$f, g \in C[a,b]$. 则：

（1）线性性：若 $\alpha,\beta\in\mathbf{K}$，则

$$\int_a^b(\alpha f+\beta g)\mathrm{d}E_\lambda = \alpha\int_a^b f\mathrm{d}E_\lambda + \beta\int_a^b g\,\mathrm{d}E_\lambda.$$

（2）压缩性：$\left\|\int_a^b f\mathrm{d}E_\lambda\right\| \leqslant \|f\|.$

（3）Hermite 性：$\left(\int_a^b f\mathrm{d}E_\lambda\right)^* = \int_a^b \overline{f}\,\mathrm{d}E_\lambda.$

特别地，若 f 是实值的，则 $\int_a^b f\mathrm{d}E_\lambda$ 是自伴算子.

（4）连续性：若 $\{f_n\}\subset C[a,b]$，$\|f_n-f\|\to 0$，则

$$\left\|\int_a^b f_n\mathrm{d}E_\lambda - \int_a^b f\mathrm{d}E_\lambda\right\| \to 0 \quad (n\to\infty).$$

（5）可交换性：$\int_a^b f\mathrm{d}E_\lambda$ 与 $\int_a^b g\,\mathrm{d}E_\lambda$ 可交换，并且

$$\int_a^b fg\,\mathrm{d}E_\lambda = \int_a^b f\mathrm{d}E_\lambda \int_a^b g\,\mathrm{d}E_\lambda.$$

证明 （1）由谱积分的定义直接得到.

（2）由式（4.4.5）知道 $\|\varphi\|\leqslant\|f\|$. 因此 $\|T\|=\|\varphi\|\leqslant\|f\|$. 此即 $\left\|\int_a^b f\mathrm{d}E_\lambda\right\|\leqslant\|f\|.$

（3）记 $T=\int_a^b f\mathrm{d}E_\lambda$，$S=\int_a^b \overline{f}\,\mathrm{d}E_\lambda$. 则对任意 $x,y\in H$，我们有

$$(T^*x,y) = \overline{(Ty,x)} = \overline{\int_a^b f(\lambda)\mathrm{d}(E_\lambda y,x)}$$

$$= \int_a^b \overline{f(\lambda)}\mathrm{d}\,\overline{(E_\lambda y,x)} = \int_a^b \overline{f(\lambda)}\mathrm{d}(E_\lambda x,y) = (Sx,y).$$

这表明 $T^*=S$，即 $\left(\int_a^b f\mathrm{d}E_\lambda\right)^* = \int_a^b \overline{f}\,\mathrm{d}E_\lambda.$

（4）利用结论（1）和（2）得到

$$\left\|\int_a^b f_n\mathrm{d}E_\lambda - \int_a^b f\mathrm{d}E_\lambda\right\| = \left\|\int_a^b(f_n-f)\mathrm{d}E_\lambda\right\| \leqslant \|f_n-f\|\to 0(n\to\infty).$$

（5）先设 f 和 g 都是阶梯函数. 不妨设

$$f(\lambda) = \sum_{i=1}^n a_i\chi_{(\alpha_{i-1},\alpha_i]}(\lambda), \quad g(\lambda) = \sum_{i=1}^n b_i\chi_{(\alpha_{i-1},\alpha_i]}(\lambda),$$

其中 $a=\alpha_0<\alpha_1<\cdots<\alpha_n=b$ 是 $[a,b]$ 的一个分割. 由于对任意 $x,y\in H$，

$$\left(\left(\int_{\alpha_i}^{\beta_i}\mathrm{d}E_\lambda\right)x,y\right) = \int_{\alpha_{i-1}}^{\alpha_i}\mathrm{d}(E_\lambda x,y) = (E_{\alpha_i}x,y) - (E_{\alpha_{i-1}}x,y)$$

$$= ((E_{\alpha_i}-E_{\alpha_{i-1}})x,y),$$

因此 $\int_{\alpha_{i-1}}^{\alpha_i}\mathrm{d}E_\lambda = E_{\alpha_i}-E_{\alpha_{i-1}}$. 利用上述性质（1）得到

$$\int_a^b f\,\mathrm{d}E_\lambda = \sum_{i=1}^n \int_{\alpha_{i-1}}^{\alpha_i} a_i\,\mathrm{d}E_\lambda = \sum_{i=1}^n a_i E_{(\alpha_{i-1},\alpha_i]}, \tag{4.4.6}$$

$$\int_a^b g\,\mathrm{d}E_\lambda = \sum_{i=1}^n \int_{\alpha_{i-1}}^{\alpha_i} b_i\,\mathrm{d}E_\lambda = \sum_{i=1}^n b_i E_{(\alpha_{i-1},\alpha_i]}, \tag{4.4.7}$$

其中 $E_{(\alpha_{i-1},\alpha_i]} = E_{\alpha_i} - E_{\alpha_{i-1}}$. 由定理 4.4.1, $E_{(\alpha_{i-1},\alpha_i]}$ 是投影算子,并且

$$E_{(\alpha_{i-1},\alpha_i]} \bigcap E_{(\alpha_{j-1},\alpha_j]} = 0 \quad (i \neq j).$$

利用式(4.4.6)、式(4.4.7)两式得到

$$\int_a^b fg\,\mathrm{d}E_\lambda = \sum_{i=1}^n \int_{\alpha_{i-1}}^{\alpha_i} a_i b_i\,\mathrm{d}E_\lambda = \sum_{i=1}^n a_i b_i E_{(\alpha_{i-1},\alpha_i]}$$
$$= \left(\sum_{i=1}^n a_i E_{(\alpha_{i-1},\alpha_i]} \right)\left(\sum_{i=1}^n b_i E_{(\alpha_{i-1},\alpha_i]} \right) = \int_a^b f\,\mathrm{d}E_\lambda \int_a^b g\,\mathrm{d}E_\lambda.$$

这表明当 f 和 g 都是阶梯函数时,结论成立. 对任意 $f,g \in C[a,b]$,存在阶梯函数列 $\{f_n\}$ 和 $\{g_n\}$,使得 $\|f_n - f\| \to 0$,$\|g_n - g\| \to 0$. 则 $\|f_n g_n - fg\| \to 0$. 由上述结论(4)得到

$$\int_a^b fg\,\mathrm{d}E_\lambda = \lim_{n\to\infty} \int_a^b f_n g_n\,\mathrm{d}E_\lambda = \lim_{n\to\infty} \left(\int_a^b f_n\,\mathrm{d}E_\lambda \int_a^b g_n\,\mathrm{d}E_\lambda \right)$$
$$= \lim_{n\to\infty} \int_a^b f_n\,\mathrm{d}E_\lambda \lim_{n\to\infty} \int_a^b g_n\,\mathrm{d}E_\lambda = \int_a^b f\,\mathrm{d}E_\lambda \int_a^b g\,\mathrm{d}E_\lambda.$$

由于 f 与 g 可交换,故 $\int_a^b f\,\mathrm{d}E_\lambda$ 与 $\int_a^b g\,\mathrm{d}E_\lambda$ 可交换. ∎

注　设 $\{E_\lambda\}$ 是 $[a,b]$ 上的谱系. 如果对任意 $x \in H$,记 $\alpha_x(\lambda) = (E_\lambda x, x)$. 则 $\alpha_x(\lambda)$ 是 $[a,b]$ 上的单调增加的右连续的实值函数. 因此 $\alpha_x(\lambda)$ 可以在 Borel 可测空间 $([a,b], \mathscr{B}([a,b]))$ 上导出一个有限的测度(Lebesgue-Stieljes测度),记为 μ_x. 由极化恒等式,我们有

$$(E_\lambda x, y) = \frac{1}{4}[(E_\lambda(x+y),\ x+y) - (E_\lambda(x-y),\ x-y) +$$
$$\mathrm{i}(E_\lambda(x+\mathrm{i}y),\ x+\mathrm{i}y) - \mathrm{i}(E_\lambda(x-\mathrm{i}y),\ x-\mathrm{i}y)]$$
$$= \frac{1}{4}[\alpha_{x+y}(\lambda) - \alpha_{x-y}(\lambda) + \mathrm{i}\alpha_{x+\mathrm{i}y}(\lambda) - \mathrm{i}\alpha_{x-\mathrm{i}y}(\lambda)].$$

令

$$\mu_{x,y} = \frac{1}{4}(\mu_{x+y} - \mu_{x-y} + \mathrm{i}\mu_{x+\mathrm{i}y} - \mathrm{i}\mu_{x-\mathrm{i}y}),$$

则 $\mu_{x,y}$ 是 $([a,b], \mathscr{B}([a,b]))$ 上的复值广义测度,称为由 $\alpha_{x,y}(\lambda)$ 导出的测度. 若 $f(\lambda)$ 是 $[a,b]$ 上的有界 Borel 可测函数,则 $f(\lambda)$ 在 $[a,b]$ 上关于 $\mu_{x,y}$ 是可积的,$f(\lambda)$ 在 $[a,b]$ 上关于 $\mu_{x,y}$ 的积分记为 $\int_a^b f(\lambda)\,\mathrm{d}(E_\lambda x, y)$,该积分称为 Lebesgue-Stieljes 积分. 若在定理 4.4.2 和定理 4.4.3 中将 f 换为 $[a,b]$ 上的有界 Borel 可测函数,将 $\|f\|$ 换为 $\|f\|_\infty$,则相应的结论仍然成立.

4.4.2 自伴算子的谱分解

设 A 是 H 上的自伴算子,则 A^2 是正算子. 记 $|A| = (A^2)^{\frac{1}{2}}$. 显然若 $A \geqslant 0$,则 $|A| = A$. 若 $A \leqslant 0$,则 $|A| = -A$. 再令

$$A^+ = \frac{1}{2}(|A| + A), \quad A^- = \frac{1}{2}(|A| - A).$$

则 $A = A^+ - A^-$,$|A| = A^+ + A^-$.

定理 4.4.4 设 A 是 H 上的自伴算子. P^+ 和 P^- 分别是 H 到 $N(A^+)$ 和 $N(A^-)$ 的投影算子.

(1) 若 A 与 $T \in B(H)$ 可交换,则 $|A|$,A^+,A^- 都与 T 可交换.

(2) 若 A 与自伴算子 S 可交换,则 P^+,P^- 都与 S 可交换.

(3) 以下等式成立:

$$A^+ A^- = A^- A^+ = 0. \tag{4.4.8}$$

$$A^+ P^+ = A^- P^- = 0. \tag{4.4.9}$$

$$A^+ P^- = A^+, \quad A^- P^+ = A^-. \tag{4.4.10}$$

$$A P^+ = -A^-, \quad A P^- = A^+. \tag{4.4.11}$$

(4) $|A|$,A^+,A^- 都是正算子,并且 $A^+ \geqslant A$,$A^- \geqslant -A$.

证明 (1) 由于 $AT = TA$,故 $A^2 T = TA^2$. 根据定理 4.3.6,$|A|$ 与 T 可交换,从而 A^+,A^- 都与 T 可交换.

(2) 由于 $AS = SA$,由上述(1)的结果有 $A^+ S = SA^+$. 对任意 $x \in H$,由于 $P^+ x \in N(A^+)$,故 $A^+ SP^+ x = SA^+ P^+ x = 0$,从而 $SP^+ x \in N(A^+) = R(P^+)$. 这表明 $R(SP^+) \subset R(P^+)$,因而 $P^+ SP^+ = SP^+$. 于是

$$P^+ S = (SP^+)^* = (P^+ SP^+)^* = P^+ SP^+ = SP^+.$$

这就证明了 P^+ 与 S 可交换. 类似地可以证明 P^- 与 S 可交换.

(3) 由结论(1)知道 $|A|$ 与 A 可交换. 直接计算知道 $A^+ A^- = A^- A^+ = 0$. 因此式(4.4.8)成立.

对任意 $x \in H$,$P^+ x \in N(A^+)$,因此 $A^+ P^+ x = 0$,这表明 $A^+ P^+ = 0$. 类似地可以证明 $A^- P^- = 0$. 因此式(4.4.9)成立.

对任意 $x \in H$,由式(4.4.8),$A^- A^+ x = 0$. 因此 $A^+ x \in N(A^-) = R(P^-)$,因而 $P^- A^+ x = A^+ x$. 这表明 $P^- A^+ = A^+$. 于是

$$A^+ P^- = (P^- A^+)^* = (A^+)^* = A^+.$$

类似地可以证明 $A^- P^+ = A^-$. 因此式(4.4.9)得证. 再利用式(4.4.9)和式(4.4.10)得到

$$A P^+ = (A^+ - A^-) P^+ = -A^- P^+ = -A^-,$$

$$A P^- = (A^+ - A^-) P^- = A^+ P^- = A^+.$$

(4) 由定义即知 $|A| \geqslant 0$. 由于 A 与 $|A|$ 可交换,由结论(2)知道 P^- 与 $|A|$ 可交换. 利

用推论 4.3.7 知道 $|A|P^- \geqslant 0$. 利用式(4.4.9)和式(4.4.10)，得到

$$A^+ = A^+ P^- = (A^+ + A^-)P^- = |A|P^- \geqslant 0.$$

类似地可以证明 $A^- \geqslant 0$. 最后

$$A^+ - A = A^- \geqslant 0, \quad A^- = (-A)^+ \geqslant -A. \quad \blacksquare$$

下面的定理是本节的主要结果，自伴算子的谱分解定理.

定理 4.4.5(谱分解定理)　设 T 是 H 上的自伴算子，m 和 M 如式(4.3.3)所定义. 则存在 $[m, M]$ 上的谱系 $\{E_\lambda\}$，使得

$$T = \int_{m-0}^{M} \lambda \, \mathrm{d}E_\lambda, \tag{4.4.12}$$

其中 $\displaystyle\int_{m-0}^{M} \lambda \, \mathrm{d}E_\lambda$ 表示 $\displaystyle\int_{m-\varepsilon}^{M} \lambda \, \mathrm{d}E_\lambda (\varepsilon > 0)$.

证明　若 $m = M$，则由 m 和 M 的定义容易推出 $T = mI$. 此时令

$$E_\lambda = \begin{cases} 0, & \lambda < m, \\ 1, & \lambda \geqslant m. \end{cases}$$

容易验证 $\{E_\lambda\}$ 是谱系，并且式(4.4.12)成立.

现在设 $m < M$. 对任意 $\lambda \in \mathbf{R}^1$，记 $A_\lambda = T - \lambda$，P_λ^+ 是 H 到 $N(A_\lambda^+)$ 的投影算子. 令

$$E_\lambda = \begin{cases} 0, & \lambda < m, \\ P_\lambda^+, & m \leqslant \lambda < M, \\ 1, & \lambda \geqslant m. \end{cases}$$

我们验证 $\{E_\lambda\}$ 是 $[m, M]$ 上的谱系. 先验证 $\{E_\lambda\}$ 是单调增加的. 为此只需证明当 $\lambda, \mu \in [m, M)$，$\lambda \leqslant \mu$ 时，$E_\lambda \leqslant E_\mu$. 利用定理 4.4.4 中的(3)和(4)得到

$$\begin{aligned} A_\mu^+ A_\lambda^+ - A_\mu^+ A_\mu^+ &= A_\mu^+ (A_\lambda^+ - A_\mu^+) = A_\mu^+ (A_\lambda^+ - A_\mu^+ + A_\mu^-) \\ &= A_\mu^+ (A_\lambda^+ - A_\mu) \geqslant A_\mu^+ (A_\lambda - A_\mu) \\ &= (\mu - \lambda) A_\mu^+ \geqslant 0. \end{aligned}$$

因此对任意 $x \in H$，

$$(A_\mu^+ A_\lambda^+ x, x) \geqslant (A_\mu^+ A_\mu^+ x, x) = \|A_\mu^+ x\|^2.$$

这推出若 $A_\lambda^+ x = 0$，则 $A_\mu^+ x = 0$，从而 $N(A_\lambda^+) \subset N(A_\mu^+)$. 此即 $R(E_\lambda) \subset R(E_\mu)$. 因此 $E_\lambda \leqslant E_\mu$.

再证明右连续性. 只需证明当 $\lambda \in [m, M)$，$\lambda_n \downarrow \lambda$ 时，$E_{\lambda_n} x \to E_\lambda x (x \in H)$. 记 $B_n = E_{\lambda_n} - E_\lambda$，则 $\{B_n\}$ 是单调下降的正算子. 与单调上升的情形类似(参见定理 4.3.5(5)的证明)，可以证明对任意 $x \in H$，$Bx = \lim_{n \to \infty} B_n x$ 存在，并且 $B \in B(H)$. 我们证明 $B = 0$.

由于 $E_\lambda \leqslant E_{\lambda_n}$，因此 $E_\lambda E_{\lambda_n} = E_{\lambda_n} E_\lambda = E_\lambda$. 于是

$$E_{\lambda_n} B_n = E_{\lambda_n} (E_{\lambda_n} - E_\lambda) = E_{\lambda_n} - E_\lambda = B_n. \tag{4.4.13}$$

由于 A_{λ_n} 与 A_λ 可交换，由定理 $4.4.4(2)$ 知道 E_{λ_n} 与 A_λ 可交换．再由定理 $4.4.4(1)$ 知道 E_{λ_n} 与 A_λ^+ 可交换．由推论 $4.3.7$ 知道 $A_\lambda^+ E_{\lambda_n} \geqslant 0$．类似地，$A_{\lambda_n}^-(1-E_\lambda) \geqslant 0$．利用式$(4.4.13)$ 和式$(4.4.11)$ 得到

$$A_\lambda B_n = A_\lambda E_{\lambda_n}(E_{\lambda_n}-E_\lambda) = A_\lambda E_{\lambda_n} - A_\lambda E_\lambda E_{\lambda_n}$$
$$= (A_\lambda + A_\lambda^-)E_{\lambda_n} = A_\lambda^+ E_{\lambda_n} \geqslant 0, \tag{4.4.14}$$

$$A_{\lambda_n}B_n = A_{\lambda_n}E_{\lambda_n}(E_{\lambda_n}-E_\lambda) = A_{\lambda_n}E_{\lambda_n}(1-E_\lambda)$$
$$= -A_{\lambda_n}^-(1-E_\lambda) \leqslant 0. \tag{4.4.15}$$

综合式$(4.4.14)$ 和式$(4.4.15)$ 得到

$$\lambda B_n \leqslant TB_n \leqslant \lambda_n B_n. \tag{4.4.16}$$

令 $n \to \infty$，得到 $TB = \lambda B$．因此 $A_\lambda B = (T-\lambda)B = 0$．在式$(4.4.13)$ 中令 $n \to \infty$，得到 $E_\lambda B = 0$．于是利用式$(4.4.11)$ 得到

$$A_\lambda^+ B = (A_\lambda + A_\lambda^-)B = A_\lambda B = -A_\lambda E_\lambda B = 0.$$

这表明 $R(B) \subset N(A_\lambda^+) = R(E_\lambda)$．从而 $B = E_\lambda B = 0$．这就证明了 $\{E_\lambda\}$ 是右连续的，从而 $\{E_\lambda\}$ 是$[m,M]$ 上的谱系．

再证明式$(4.4.12)$ 成立．设 $\varepsilon > 0$．对于区间$[m-\varepsilon, M]$ 的任一分割

$$m-\varepsilon = \lambda_0 < \lambda_1 < \cdots < \lambda_n = M,$$

由式$(4.4.16)$ 知道成立

$$\lambda_{k-1}(E_{\lambda_k}-E_{\lambda_{k-1}}) \leqslant T(E_{\lambda_k}-E_{\lambda_{k-1}}) \leqslant \lambda_k(E_{\lambda_k}-E_{\lambda_{k-1}}).$$

将上式求和，注意到 $\sum_{k=1}^n (E_{\lambda_k}-E_{\lambda_{k-1}}) = E_M - E_{m-\varepsilon} = 1$，得到

$$\sum_{k=1}^n \lambda_{k-1}(E_{\lambda_k}-E_{\lambda_{k-1}}) \leqslant T \leqslant \sum_{k=1}^n \lambda_k(E_{\lambda_k}-E_{\lambda_{k-1}}).$$

因此对任意 $x \in H$，

$$\sum_{k=1}^n \lambda_{k-1}((E_{\lambda_k}x,x)-(E_{\lambda_{k-1}}x,x)) \leqslant (Tx,x) \leqslant \sum_{k=1}^n \lambda_k((E_{\lambda_k}x,x)-(E_{\lambda_{k-1}}x,x)).$$

在上式中令 $|\Delta| = \max_{1\leqslant k\leqslant n}(\lambda_k - \lambda_{k-1}) \to 0$，其两端的极限都是 $\int_{m-\varepsilon}^M \lambda\,\mathrm{d}(E_\lambda x,x)$．因此

$$(Tx,x) = \int_{m-\varepsilon}^M \lambda\,\mathrm{d}(E_\lambda x,x), \ x \in H.$$

由算子的极化恒等式，这蕴含对任意 $x,y \in H$，成立有 $(Tx,y) = \int_{m-\varepsilon}^M \lambda\,\mathrm{d}(E_\lambda x,y)$．因此 $T = \int_{m-\varepsilon}^M \lambda\,\mathrm{d}E_\lambda$．这就证明了式$(4.4.12)$ 成立．∎

定理 $4.4.5$ 中的式$(4.4.12)$ 称为 T 的谱分解，其中的 $\{E_\lambda\}$ 称为 T 的谱系．

若 $p(t)$ 是一多项式，$T \in B(H)$，在 4.1 节中我们已经定义了 $p(T)$．若 T 是自伴算子，利用自伴算子的谱分解，我们可以对连续函数 f，定义有界线性算子 $f(T)$．

定义 4.4.3　设 T 是 H 上的自伴算子，m 和 M 如式(4.3.3)所定义，$T = \int_{m-0}^{M} \lambda \mathrm{d}E_\lambda$ 是 T 的谱分解. 对任意 $f \in C[m,M]$，定义

$$f(T) = \int_{m-0}^{M} f(\lambda) \mathrm{d}E_\lambda.$$

称映射 $f \to f(T)$ 为关于 T 的算子演算.

由定理 4.4.3 所述的谱积分的性质，立即得到算子演算有如下性质：

定理 4.4.6　设 T 是 H 上的自伴算子，m 和 M 如式(4.3.3)所定义，$f,g \in C[m,M]$. 则：

(1) 线性性：若 $\alpha,\beta \in \mathbf{K}$，则

$$(\alpha f + \beta g)(T) = \alpha f(T) + \beta g(T).$$

(2) 压缩性：$\|f(T)\| \leqslant \|f\|$.

(3) Hermite 性：$(f(T))^* = \bar{f}(T)$.

特别地，若 f 是实值的，则 $f(T)$ 是自伴算子.

(4) 连续性：若 $\{f_n\} \subset C[a,b]$，$\|f_n - f\| \to 0$，则

$$\|f_n(T) - f(T)\| \to 0 \quad (n \to \infty).$$

(5) 可交换性：$f(T)$ 与 $g(T)$ 可交换，并且 $(fg)(T) = f(T)g(T)$.

(6) 若 $f(\lambda) \equiv 1$，则 $f(T) = 1$. 若 $f(\lambda) = \lambda$，则 $f(T) = T$.

证明　结论(1)~(5)就是定理 4.4.3 中的(1)~(5)、结论(6)是显然的. ∎

特别地，若 $f(t) = a_0 + a_1 t + \cdots + a_n t^n$ 是一多项式，由定理 4.4.6 的结论(1)，(5)和(6)得到 $f(T) = a_0 + a_1 T + \cdots + a_n T^n$. 这与 4.1 节中定义的 $p(T)$ 是一致的.

利用算子演算，可以从给定的自伴算子 T 构造一些具有特定性质的算子.

例 3　设 T 是 H 上的自伴算子. 则 T 是正算子当且仅当 $\sigma(T) \subset [0, \infty)$.

证明　设 T 是正算子. 则

$$m = \inf\{(Ax,x) : \|x\| = 1\} \geqslant 0.$$

根据定理 4.3.4，$\sigma(T) \subset [m,M] \subset [0, \infty)$. 反过来，设 $\sigma(T) \subset [0, \infty)$. 则 $f(\lambda) = \sqrt{\lambda} \in C[0, \infty)$. 令 $S = f(T)$. 根据定理 4.4.6(3)，S 是自伴算子. 由于 $(f(\lambda))^2 = \lambda$，由定理 4.4.6 的结论(5)和(6)，得到

$$S^2 = f(T)f(T) = (f^2)(T) = T.$$

于是对任意 $x \in H$，$(Tx,x) = (S^2 x, x) = (Sx, Sx) \geqslant 0$. 因而 T 是正算子. ∎

例 4　设 T 是 H 上的自伴算子. 令 $f(\lambda) = \mathrm{e}^\lambda$. 将 $f(T)$ 记为 e^T. 另一方面，由于

$$\sum_{n=0}^{\infty} \frac{\|T^n\|}{n!} \leqslant \sum_{n=0}^{\infty} \frac{\|T\|^n}{n!} < \infty,$$

因此算子幂级数 $\sum_{n=0}^{\infty} \frac{T^n}{n!}$ 定义了一个有界线性算子. 我们证明 $\mathrm{e}^T = \sum_{n=0}^{\infty} \frac{T^n}{n!}$. 对每个正整数 n，令 $f_n(\lambda) = \sum_{k=0}^{n} \frac{\lambda^k}{k!}$. 则 $f_n(\lambda)$ 在 $[m,M]$ 上一致收敛于 $f(\lambda)$，即 $\|f_n - f\| \to 0$. 根据定理

4.4.6 的结论(4)，$\|f_n(T) - f(T)\| \to 0$. 即

$$\mathrm{e}^T = \lim_{n \to \infty} f_n(T) = \lim_{n \to \infty} \sum_{k=0}^{n} \frac{T^k}{k!} = 1 + T + \frac{T^2}{2!} + \cdots + \frac{T^n}{n!} + \cdots.$$

习　题　4

以下设 X 是复 Banach 空间，并且 $X \neq \{0\}$.

1. 设 $A, B \in B(X)$. 证明：

(1) $1 - AB$ 可逆当且仅当 $1 - BA$ 可逆；

(2) 若 $\lambda \neq 0$，则 $\lambda \in \sigma(AB)$ 当且仅当 $\lambda \in \sigma(BA)$.

提示：若 $1 - AB$ 的逆为 C，则 $1 + BCA$ 为 $1 - BA$ 的逆.

2. E 是 X 的线性子空间，$A \in B(E)$，$\widetilde{A} \in B(X)$，并且 $\widetilde{A}$ 是 A 的延拓. 证明：

(1) $\sigma_p(A) \subset \sigma_p(\widetilde{A})$；

(2) 对任意 $\lambda \in \sigma_p(A)$，有 $N(\lambda - A) \subset N(\lambda - \widetilde{A})$.

3. 设 $A \in B(X)$，λ 是 A^n 的特征值，证明 λ 的 n 次方根中至少有一个是 A 的特征值.

4. 设 $a(t)$ 是 $[a, b]$ 上的有界可测函数. 定义

$$A: L^2[a, b] \to L^2[a, b], \quad (Ax)(t) = a(t)x(t).$$

证明 $\lambda \in \sigma_p(A)$ 当且仅当 $mE(a(t) = \lambda) > 0$.

5. 设 $A \in B(X)$，$\lambda, \mu \in \rho(A)$. 证明

$$R_\lambda(A) - R_\mu(A) = (\mu - \lambda)R_\lambda(A)R_\mu(A).$$

6. 设 $A \in B(X)$. 证明 $\lim_{|\lambda| \to \infty} \|(\lambda - A)^{-1}\| = 0$.

7. 设 $A \in B(X)$ 是可逆算子，证明 $\sigma(A^{-1}) = \{\lambda^{-1} : \lambda \in \sigma(A)\}$.

提示：若 $\lambda \in \rho(A)$，直接验证知道 $-\lambda A(\lambda - A^{-1})$ 是 $\lambda^{-1} - A^{-1}$ 的逆. 这表明

$$\{\lambda^{-1} : \lambda \in \sigma(A)\} \supset \sigma(A^{-1}).$$

8. 设 $A \in B(X)$. 证明 $\sigma(A) = \sigma(A^*)$.

提示：用 T 代替 $\lambda - A$，只需证明 T 可逆当且仅当 T^* 可逆. 利用逆算子定理和习题 2 中第 55 题的结论.

9. 设 $A \in B(X)$，$A^2 = A$. 证明 $\sigma(A) \subset \{0, 1\}$. 若进一步 $A \neq 0$ 或 1，则 $\sigma(A) = \{0, 1\}$.

10. 设 $A, B \in B(X)$. 证明 $r(AB) = r(BA)$.

11. 设 $A, B \in B(X)$，并且 $AB = BA$. 证明 $r(AB) \leqslant r(A)r(B)$.

12. 设 $A \in B(X)$，$\alpha \in \mathbf{C}$，k 是正整数. 证明

$$r(\alpha A) = |\alpha| r(A), \quad r(A^k) = r(A)^k.$$

13. 设 $A \in B(X)$，幂级数 $\sum_{n=1}^{\infty} a_n \lambda_n$ 的收敛半径为 R. 证明：

(1) 若 $r(A) < R$，则级数 $\sum_{n=1}^{\infty} a_n A^n$ 绝对收敛；

(2) 若 $r(A) > R$, 则级数 $\sum\limits_{n=1}^{\infty} a_n A^n$ 发散.

提示: $R^{-1} = \varlimsup\limits_{n \to \infty} |a_n|^{\frac{1}{n}}$.

14. 设 $\{\lambda_n\}$ 是有界数列, $1 \leqslant p \leqslant \infty$. 定义算子

$$A: l^p \to l^p, \quad A(x_1, x_2, \cdots) = (\lambda_1 x_1, \lambda_2 x_2, \cdots).$$

证明: (1) $\sigma_p(A) = \{\lambda_n\}$; (2) $\sigma(A) = \overline{\{\lambda_n\}}$.

15. 设 $A: C[a,b] \to C[a,b]$, $(Ax)(t) = a(t)x(t)$, 其中 $a(t) \in C[a,b]$. 证明

$$\sigma(A) = \{a(t) : t \in [a,b]\}.$$

16. 设 $A: C[0, 2\pi] \to C[0, 2\pi]$, $(Ax)(t) = e^{it}x(t)$. 证明 $\sigma(A) = \{\lambda : |\lambda| = 1\}$.

17. 设 $A: C[0,1] \to C[0,1]$, $(Ax)(t) = \int_0^t x(s)\mathrm{d}s$. 证明 $\sigma_p(A) = \varnothing$, $\sigma(A) = \{0\}$.

18. 设 $A: l^2 \to l^2$, $A(x_1, x_2, \cdots) = \left(0, x_1, \dfrac{x_2}{2}, \dfrac{x_3}{3}, \cdots\right)$. 证明 A 是紧算子, 并且 $\sigma_p(A) = \varnothing$, $\sigma(A) = \{0\}$.

19. 设 $A \in B(X)$, 并且存在正整数 n, 使得 A^n 是紧算子. 证明 $\sigma(A)$ 至多是可列集, 0 是 $\sigma(A)$ 唯一可能的聚点.

20. 举出例子 $A \in B(X)$, 使得 $A \neq 0$, 但 $\|A^n\|^{\frac{1}{n}} \to 0$.

21. 设 K 是 $\mathbf{C}$ 中的非空紧集. 证明存在 $A \in B(l^1)$, 使得 $\sigma(A) = K$.

提示: 设 $\{a_i\}$ 是 K 的可列稠密子集. 作出一个 $A \in B(l^1)$, 使得 $\{a_i\} \subset \sigma(A)$.

以下设 H 是复 Hilbert 空间, 并且 $H \neq \{0\}$.

22. 设 A 是 H 上的正规算子. 证明 $r(A) = \|A\|$.

23. 设 $A \in B(H)$, $A^* = -A$. 证明 $\sigma(A) \subset i\mathbf{R}$.

24. 设 A 是 H 上的正算子. 证明 $1 + A$ 可逆.

25. 设 A 是 H 上的自伴算子. 证明 $1 \pm iA$ 可逆.

26. 设 $A \in B(H)$. 证明 $A \geqslant 0$ 当且仅当存在 $T \in B(H)$, 使得 $A = T^*T$.

27. 设 $A, B \in B(H)$, $0 \leqslant A \leqslant B$. 证明 $A^{\frac{1}{2}} \leqslant B^{\frac{1}{2}}$.

28. 设 A 是 H 上的正算子. 证明 $\|A^{\frac{1}{2}}\| = \|A\|^{\frac{1}{2}}$.

29. 设 A 是 H 上的紧自伴算子, 其谱分解为

$$Ax = \sum_{n=1}^{\infty} \lambda_n(x, e_n)e_n,$$

其中 $\{\lambda_n\}$ 是 A 的非零特征值, $|\lambda_1| \geqslant |\lambda_2| \geqslant \cdots$, $\{e_n\}$ 是相应的特征向量组成的规范正交序列. 证明 $|\lambda_1| = \|A\|$, 并且

$$|\lambda_{n+1}| = \sup\{\|Ax\| : x \perp e_i (i = 1, 2, \cdots, n), \|x\| = 1\} \quad (n = 1, 2, \cdots).$$

30. 设 $\{\lambda_n\}$ 是有界实数列, $a \leqslant \lambda_n \leqslant b$. 在 l^2 上定义 $A(x_1, x_2, \cdots) = (\lambda_1 x_1, \lambda_2 x_2, \cdots)$. 对每个 $\lambda \in \mathbf{R}^1$, 令

$$E_\lambda(x_1,x_2,\cdots) = (x_1,x_2,\cdots,x_k,0,\cdots),$$

其中 $k = \max\{i:\lambda_i \leqslant \lambda\}$（当 $\{i:\lambda_i \leqslant \lambda\} = \varnothing$ 时令 $E_\lambda = 0$）. 证明 $\{E_\lambda\}$ 是 $[a,b]$ 上的谱系.
并且 $A = \displaystyle\int_a^b \lambda \, \mathrm{d}E_\lambda$.

31. 设 $A:L^2[a,b] \to L^2[a,b]$, $(Ax)(t) = tx(t)$. 证明：

(1) A 是自伴的，并且 $\sigma_p(T) = \varnothing$, $\sigma(T) = [a,b]$；

(2) 设 $\{E_\lambda\}$ 是 4.4 节例 2 中定义的谱系. 证明 $A = \displaystyle\int_a^b \lambda \, \mathrm{d}E_\lambda$.

32. 设 A 是 H 上的自伴算子，$\sigma(A) \subset (0,\infty)$. 证明存在 $T \in B(H)$，使得 $A = \mathrm{e}^T$.

33. 设 A 是 H 上的自伴算子，$f \in C(-\infty,\infty)$，并且 $f(\lambda) \geqslant 0 (\lambda \in (-\infty,\infty))$. 证明 $f(A)$ 是正算子.

第 5 章 *　　拓扑线性空间

拓扑线性空间是比赋范空间更一般的空间. 与赋范空间一样, 在拓扑线性空间中既有线性结构, 又有拓扑结构, 而且这两种结构有内在的联系. 与赋范空间不同, 拓扑线性空间上的拓扑不一定可以由一个范数导出. 研究拓扑线性空间的意义在于, 一方面赋范空间中的许多结果可以推广到拓扑线性空间中. 另一方面确实有这样一些空间, 在这些空间上自然的拓扑不能由一个范数导出, 这些空间不能纳入赋范空间的理论框架内. 因此有必要研究更一般的拓扑线性空间的理论.

在这一章中我们简要介绍拓扑线性空间的一些基础知识. 当然在介绍拓扑线性空间时, 需要一些点集拓扑的基础知识. 我们在 5.1 节中列出了一些基本概念. 读者可以在拓扑学的专门教材中找到更详细的介绍.

5.1　拓扑线性空间的基本概念

5.1.1　拓扑空间的基本概念

定义拓扑有各种等价的方法. 在距离空间中, 我们是先定义邻域, 再定义开集, 定义拓扑空间也可以采用这种方法. 但是也可以直接定义开集, 然后定义邻域.

定义 5.1.1　设 X 是一非空集. 如果 τ 是 X 的子集构成的集族, 满足以下条件:

(1) $\varnothing$, $X \in \tau$;

(2) τ 中的任意个集的并集仍属于 τ;

(3) τ 中的有限个集的交集仍属于 τ,

则称 τ 是 X 上的拓扑. 称二元组合 (X, τ) 为拓扑空间. 称 τ 中的集为开集.

在不引起混淆的情况下, 拓扑空间 (X, τ) 可以简写为 X.

定义 5.1.2　设 X 是拓扑空间, $x \in X$.

(1) 若 U 是包含 x 的开集, 则称 U 为 x 的邻域;

(2) x 的邻域的全体称为 x 的邻域系, 记为 $\mathscr{U}(x)$;

(3) 若 $\mathscr{B}(x)$ 是 $\mathscr{U}(x)$ 的一个子族, 并且对每个 $U \in \mathscr{U}(x)$, 存在 $V \in \mathscr{B}(x)$, 使得 $V \subset U$, 则称 $\mathscr{B}(x)$ 为 x 的邻域基.

例 1　设 (X, d) 是距离空间, τ 是按照定义 1.4.1 中的方式定义的开集的全体, 则 τ 满足定义 5.1.1 中的 (1)~(3), 这个拓扑称为由距离导出的拓扑. 因此距离空间是拓扑空间. 如果按照这里的方式定义邻域, 则 $U(x, \varepsilon) = \{y : d(y, x) < \varepsilon\}$ 也是 x 的邻域. 这种邻域也称为球形邻域. 显然 $\mathscr{B}(x) = \{U(x, \varepsilon) : \varepsilon > 0\}$ 是 x 的邻域基. 此外 $\left\{U\left(x, \dfrac{1}{n}\right) : n = 1, 2, \cdots\right\}$ 也是 x 的

一个邻域基. 由这个例子知道赋范空间也是拓扑空间.

定义 5.1.3 设 X 是拓扑空间, $A \subset X$.

(1) 若 A^c 是开集, 则称 A 是闭集.

(2) 包含在 A 里面的最大的开集称为 A 的内部, 记为 A°.

(3) 包含 A 的最小闭集称为 A 的闭包, 记为 $\overline{A}$.

(4) 若 A 的任一开覆盖, 存在有限的子覆盖, 则称 A 是紧的.

定理 1.4.5 在拓扑空间中仍然成立.

定义 5.1.4 设 X 是拓扑空间. 若对任意 $x, y \in X$, $x \neq y$, 存在 x 的邻域 U_x 和 y 的邻域 U_y, 使得 $U_x \bigcap U_y = \varnothing$. 则称 X 是 Hausdorff 空间.

设 I 是一半序集. 若对任意 $\alpha, \beta \in I$, 存在 $\gamma \in I$, 使得 $\alpha \leqslant \gamma$, $\beta \leqslant \gamma$. 则称 I 为定向集. 设 I 是一定向集, X 为一拓扑空间. 从 I 到 X 的映射 $\alpha \mapsto x_\alpha$ 称为 X 中的一个网, 记为 $\{x_\alpha\}_{\alpha \in I}$.

定义 5.1.5 设 $\{x_\alpha\}_{\alpha \in I}$ 是拓扑空间 X 中的网, $x \in X$. 若对 x 的任一邻域 V, 存在 $\beta \in I$, 使得当 $\alpha \geqslant \beta$ 时 $x_\alpha \in V$, 则称 $\{x_\alpha\}$ 收敛于 x, 记为 $x_\alpha \to x$ 或 $\lim_\alpha x_\alpha = x$.

显然序列 $\{x_n\}$ 是网的特殊情形. 在一般的拓扑空间中, 收敛的网的极限不一定是唯一的. 但是在 Hausdorff 空间中, 收敛的网的极限是唯一的.

我们知道在距离空间中, 由邻域描述的拓扑概念与定理可以利用序列给予等价的刻画. 但在一般的拓扑空间中, 序列要用网来代替. 详细的讨论这里从略.

定义 5.1.6 设 X, Y 是拓扑空间, $T: X \to Y$ 是 X 到 Y 的映射.

(1) 设 $x \in X$. 若对于 Tx 的任一邻域 V, 存在 x 的邻域 U, 使得 $T(U) \subset V$, 则称 T 在 x 处连续.

(2) 若 T 在 X 上的每一点处连续, 则称 T 在 X 上连续.

下面的定理 5.1.1 可以与在距离空间中一样地证明.

定理 5.1.1 设 X, Y 是拓扑空间, T 是 X 到 Y 的映射. 则 T 在 X 上连续的充要条件是, 对于 Y 中的任一开集 A, $T^{-1}(A)$ 是 X 中的开集.

定义 5.1.7 设 X, Y 是拓扑空间. 若存在一个映射 $T: X \to Y$, 使得 T 是双射, 并且 T 和 T^{-1} 都是连续的, 则称 X 与 Y 是同胚的. 此时称 T 是 X 到 Y 的同胚映射.

5.1.2 拓扑线性空间的定义

在本章中将频繁地使用下面的记号(实际上在第 1 章 1.2 节中已经引入). 设 X 是一线性空间, 其标量域为 **K**. 设 $A, B \subset X$, $\lambda \in \mathbf{K}$, 记

$$A + B = \{x + y : x \in A, y \in B\}, \quad \lambda A = \{\lambda x : x \in A\}.$$

特别地, 若 $a \in X$, 记

$$a + A = \{a + x : x \in A\}, \quad a - A = \{a - x : x \in A\}.$$

定义 5.1.8 设 X 是线性空间, τ 是 X 上的拓扑. 若按照拓扑 τ:

(1) X 上的每个单点集 $\{x\}$ 是闭集;

(2) X 上的加法和数乘运算是连续的,

则称 τ 为 X 上的线性拓扑. 称 X 为拓扑线性空间,记为 (X,τ) 或简记为 X.

注 1　在拓扑线性空间的定义中,有的不要求上述条件(1). 但在拓扑线性空间理论中,许多定理需要这个条件,并且在绝大多数的应用场合这个条件是满足的. 因此加上这个条件是合适的.

现在给出定义 1.5.1 中的条件(2)更详细的描述. 所谓 X 上的加法运算连续是指,$X \times X$ 到 X 映射 $(x,y) \mapsto x+y$ 是连续的:即对任意 $x,y \in X$,对 $x+y$ 的任意邻域 V,存在 x 的邻域 V_1 和 y 的邻域 V_2,使得

$$V_1 + V_2 \subset V.$$

所谓 X 上的数乘运算连续,是指 $\mathbf{K} \times X$ 到 X 映射 $(\alpha,x) \to \alpha x$ 是连续的:对任意 $\alpha \in \mathbf{K}$,$x \in X$,对 αx 的任意邻域 V,存在 $\delta > 0$ 和 x 的邻域 U,使得当 $|\beta - \alpha| < \delta$ 时

$$\beta U \subset V.$$

设 X 是线性空间,X 上的距离 d 称为是平移不变的,若对任意 $x,y,z \in X$ 有

$$d(x+z, y+z) = d(x,y).$$

定义 5.1.9　设 (X,τ) 是拓扑线性空间.

(1) 称 (X,τ) 是可距离化的,若拓扑 τ 可以由 X 上的一个距离 d 导出. 此时称 τ 与 d 是相容的;

(2) 称 (X,τ) 是 F- 空间,若拓扑 τ 可以由 X 上的一个平移不变距离 d 导出,并且 X 关于距离 d 是完备的;

(3) 称 (X,τ) 是可赋范的,若拓扑 τ 可以由 X 上的一个范数 $\|\cdot\|$ 导出. 此时称 τ 与 $\|\cdot\|$ 是相容的.

注 2　若线性空间 X 上的拓扑是由一个距离导出的,则加法和数乘的连续等价于当 $x_n \to x, y_n \to y$ 和标量序列 $\alpha_n \to \alpha$ 时,$x_n + y_n \to x+y$,$\alpha_n x_n \to \alpha x$.

例 2　设 X 是赋范空间. 根据定理 1.2.1,当 $x_n \to x, y_n \to y$ 和标量序列 $\alpha_n \to \alpha$ 时,

$$x_n + y_n \to x+y, \quad \alpha_n x_n \to \alpha x.$$

这表明 X 上的加法和数乘按照由范数导出的拓扑 τ 是连续的. 从而 (X,τ) 成为拓扑线性空间. 因此赋范空间是拓扑线性空间的特例.

例 3　空间 $L^p[0,1](0 < p < 1)$. 设 $0 < p < 1$,$L^p[0,1]$ 是在 $[0,1]$ 上 p 次方可积函数的全体. 由于 $0 < p < 1$,当 $a, b \geqslant 0$ 时

$$(a+b)^p = a(a+b)^{p-1} + b(a+b)^{p-1} \leqslant a^p + b^p. \tag{5.1.1}$$

由此知道 $L^p[0,1]$ 关于加法和数乘运算是封闭的,因而是线性空间. 将 $L^p[0,1]$ 中两个几乎处处相等的函数等同起来. 令

$$d(f,g) = \int_0^1 |f(x) - g(x)|^p \mathrm{d}x \quad (f,g \in L^p[0,1]).$$

利用式(5.1.1)推导出

$$d(f,g) \leqslant d(f,h) + d(h,g) \quad (f,g,h \in L^p[0,1]).$$

因此 d 是 $L^p[0,1]$ 上的距离. 显然 d 是平移不变的. 于是 $L^p[0,1]$ 成为距离空间. 设 $f_n \to f, g_n \to g$. 则当 $n \to \infty$ 时,

$$d(f_n + g_n, f + g) = \int_0^1 |f_n + g_n - f - g|^p \mathrm{d}x$$

$$\leqslant \int_0^1 |f_n - f|^p \mathrm{d}x + \int_0^1 |g_n - g|^p \mathrm{d}x \to 0.$$

于是 $f_n + g_n \to f + g$. 根据上述注 2, 这说明加法运算关于由 d 导出的拓扑 τ 是连续的. 类似地可以证明数乘运算也是连续的. 因此 $L^p[0,1]$ 成为拓扑线性空间. 与 $p \geqslant 1$ 的情形一样可以证明 $L^p[0,1]$ 是完备的. 因此 $L^p[0,1]$ 是 F- 空间.

例 4 设 $C(\mathbf{R})$ 是实数集 $\mathbf{R}$ 上的连续函数的全体所成的线性空间. 令

$$d(x, y) = \sup_{t \in \mathbf{R}} \frac{|x(t) - y(t)|}{1 + |x(t) - y(t)|} \quad (x, y \in C(\mathbf{R})).$$

容易证明 d 是 $C(\mathbf{R})$ 上的平移不变距离. 但 $C(\mathbf{R})$ 关于由 d 导出的拓扑 τ 不是拓扑线性空间. 事实上, 令 $x(t) = t, \alpha_n = \dfrac{1}{n}$, 则 $\alpha_n \to 0$. 若数乘运算是连续的, 则应有 $\alpha_n x \to 0 \cdot x = 0$. 但是当 $n \to \infty$ 时

$$d(\alpha_n x, 0) = \sup_{t \in \mathbf{R}} \frac{|\alpha_n x(t)|}{1 + |\alpha_n x(t)|} = \sup_{t \in \mathbf{R}} \frac{\frac{1}{n}|t|}{1 + \frac{1}{n}|t|} \geqslant \frac{\frac{1}{n} \cdot n}{1 + \frac{1}{n} \cdot n} = \frac{1}{2} \nrightarrow 0.$$

这说明数乘运算不是连续的. 因此 $C(\mathbf{R})$ 关于拓扑 τ 不是拓扑线性空间.

在 5.2 节中将给出更多的拓扑线性空间的例子.

设 X 是拓扑线性空间. 对每个 $a \in X$ 和标量 $\lambda \neq 0$, 平移算子 T_a 和数乘算子 M_λ 分别定义为

$$T_a(x) = a + x, \quad M_\lambda(x) = \lambda x \quad (x \in X).$$

定理 5.1.2 T_a 和 M_λ 是 X 到 X 的同胚映射.

证明 显然 $T_a : X \to X$ 是双射. 由拓扑线性空间的定义, 加法运算是连续的. 于是对固定的 a, 映射 $T_a : x \to a + x$ 关于 x 也是连续的. 由于 $T_a^{-1} = T_{-a}$, 故 T_a^{-1} 也是连续的. 这就证明了 T_a 是同胚映射. 类似地可以证明 M_λ 是同胚映射. ∎

因为同胚映射将开集映射为开集, 因此得到如下推论.

推论 5.1.3 设 (X, τ) 是拓扑线性空间, $A \subset X$. 则:

(1) 对任意 $a \in X$, A 是开集当且仅当 $a + A$ 是开集(此时称 τ 是平移不变的);

(2) 若 $\lambda \in \mathbf{K}, \lambda \neq 0$, 则 A 是开集当且仅当 λA 是开集.

在(1)和(2)中将开集换为闭集, 相应的结论同样成立. ∎

利用推论 5.1.3 立即知道, 在拓扑线性空间中, V 是 0 点的邻域当且仅当 $x + V$ 是 x 的邻域. 因此若 $\mathscr{U}$ 和 $\mathscr{B}$ 分别是 0 点的邻域系和邻域基, 则对任意 $x \in X$, x 的邻域系和邻域基分别是

$$\mathscr{U}(x) = \{x + U : U \in \mathscr{U}\}, \quad \mathscr{B}(x) = \{x + V : V \in \mathscr{B}\}.$$

因此，0 点的邻域基确定了任意一点的邻域基. 若 A 是 X 中的开集，则对任意 $x \in A$，A 是 x 的邻域. 因此存在 $V_x \in \mathscr{B}$ 使得 $x + V_x \subset A$. 于是 $A = \bigcup_{x \in A}(x + V_x)$. 这说明 X 中的开集恰好是 $\mathscr{B}$ 中的元经过平移后的并. 于是 X 上的拓扑由 0 点的邻域基 $\mathscr{B}$ 确定. 因此我们有下面的定义.

定义 5.1.10　设 X 是拓扑线性空间. 称 0 点的邻域基为 X 的局部基.

回顾凸集的定义，若对任意 $x, y \in A$，当 $0 \leqslant t \leqslant 1$ 时，总有 $tx + (1-t)y \in A$，则称 A 是凸集. 换言之，若当 $0 \leqslant t \leqslant 1$ 时，总有 $tA + (1-t)A \subset A$，则称 A 是凸集.

以下定理列入了拓扑线性空间中关于闭包和内部的一些事实.

定理 5.1.4　设 X 是拓扑线性空间，$A, B, C \subset X$. 则：

(1) 对任意 $\lambda \in \mathbf{K}$，有 $\lambda \overline{A} = \overline{\lambda A}$；

(2) 对任意 $\lambda \in \mathbf{K}$，$\lambda \neq 0$，有 $\lambda A^\circ = (\lambda A)^\circ$；

(3) $\overline{A} + B \subset \overline{A + B}$；

(4) 若 C 是 X 的凸子集，则 $\overline{C}$ 和 C° 也是.

证明　(1) 若 $\lambda = 0$，则 $\lambda \overline{A} = \overline{\lambda A}$ 显然成立. 若 $\lambda \neq 0$，根据推论 5.1.3 知道 $\lambda \overline{A}$ 是闭集. 又由于 $\lambda A \subset \lambda \overline{A}$，故 $\overline{\lambda A} \subset \lambda \overline{A}$. 将这个包含关系应用到 λ^{-1} 和 λA 得到

$$\overline{A} = \overline{\lambda^{-1} \lambda A} \subset \lambda^{-1} \overline{\lambda A}.$$

于是 $\lambda \overline{A} \subset \overline{\lambda A}$. 这就证明了 $\lambda \overline{A} = \overline{\lambda A}$.

(2) 由于 $\lambda \neq 0$，由推论 5.1.3 知道 λA° 是开集. 又 $\lambda A^\circ \subset \lambda A$，故 $\lambda A^\circ \subset (\lambda A)^\circ$. 将这个包含关系应用到 λ^{-1} 和 λA 得到

$$\lambda^{-1}(\lambda A)^\circ \subset (\lambda^{-1} \lambda A)^\circ = (A)^\circ.$$

于是 $(\lambda A)^\circ \subset \lambda A^\circ$. 这就证明了 $\lambda A^\circ = (\lambda A)^\circ$.

(3) 设 $x \in \overline{A}$，$y \in B$. 由于加法的连续性，对 $x + y$ 的任意邻域 V，存在 x 的邻域 V_x 和 y 的邻域 V_y，使得 $V_x + V_y \subset V$. 由于 $x \in \overline{A}$，$y \in B$，故 $V_x \bigcap A \neq \varnothing$，设 $x' \in V_x \bigcap A$，$y' \in V_y \bigcap B$，则 $x' + y' \in V_x + V_y \subset V$. 这表明 $V \bigcap (A + B) \neq \varnothing$. 因此 $x + y \in \overline{A + B}$. 从而 $\overline{A} + B \subset \overline{A + B}$.

(4) 设 C 是 X 的凸子集. 则当 $t \in [0,1]$ 时，$tC + (1-t)C \subset C$. 利用结论 (1) 和 (3) 得到

$$t\overline{C} + (1-t)\overline{C} = \overline{tC} + \overline{(1-t)C} \subset \overline{tC + (1-t)C} \subset \overline{C}.$$

因此 $\overline{C}$ 是凸集. 因为 $C^\circ \subset C$，当 $t \in [0,1]$ 时，

$$tC^\circ + (1-t)C^\circ \subset tC + (1-t)C \subset C. \tag{5.1.2}$$

由于 tC° 和 $(1-t)C^\circ$ 都是开集，故 $tC^\circ + (1-t)C^\circ$ 是开集. 既然 C° 是包含在 C 中的最大开集，由式 (5.1.2) 知道 $tC^\circ + (1-t)C^\circ \subset C^\circ$. 这表明 C° 是凸集. ■

5.1.3　分离定理

引理 5.1.5　设 X 是拓扑线性空间. 则对 0 点的任意邻域 V，存在 0 点的一个邻域 U，

使得 U 是对称的(即 $-U = U$),并且 $U + U \subset V$.

证明　由于 $0 + 0 = 0$,根据加法的连续性,存在 0 点的邻域 V_1 和 V_2,使得 $V_1 + V_2 \subset V$. 令

$$U = V_1 \bigcap V_2 \bigcap (-V_1) \bigcap (-V_2),$$

则 U 是 0 点的邻域. 显然 U 是对称的,并且 $U + U \subset V_1 + V_2 \subset V$. ∎

定理 5.1.6(分离定理)　设 X 是拓扑线性空间,$A, B \subset X$. 若 A 是紧的,B 是闭的,并且 $A \bigcap B = \varnothing$,则存在 0 点的邻域 V,使得

$$(A + V) \bigcap (B + V) = \varnothing.$$

证明　若 $A = \varnothing$,则 $A + V = \varnothing$,此时定理的结论显然. 现在设 $A \neq \varnothing$. 设 $x \in A$. 由于 B 是闭集,并且 $x \notin B$,故存在 0 点的邻域 W,使得 $(x + W) \bigcap B = \varnothing$. 根据引理 5.1.5, 存在 0 点的对称邻域 U,使得 $U + U \subset W$. 再对 U 利用引理 5.1.5,存在 0 点的对称邻域 V_x,使得 $V_x + V_x \subset U$. 于是

$$V_x + V_x + V_x \subset (V_x + V_x) + (V_x + V_x) \subset U + U \subset W.$$

于是 $x + V_x + V_x + V_x \subset x + W$,从而

$$(x + V_x + V_x + V_x) \bigcap B = \varnothing. \tag{5.1.3}$$

这导致

$$(x + V_x + V_x) \bigcap (B + V_x) = \varnothing. \tag{5.1.4}$$

事实上,若存在 $y \in (x + V_x + V_x) \bigcap (B + V_x)$,则

$$y = x + v_1 + v_2 = z + v_3,$$

其中 $v_1, v_2, v_3 \in V_x, z \in B$. 由于 V_x 是对称的,故 $-v_3 \in V_x$. 于是

$$y - v_3 = x + v_1 + v_2 + (-v_3) \in x + V_x + V_x + V_x.$$

同时 $y - v_3 = z \in B$. 这与式(5.1.3)矛盾. 故式(5.1.4)成立.

所有形如 $x + V_x$ 的开集构成 A 的一个开覆盖. 既然 A 是紧的,存在 $x_1, x_2, \cdots, x_n \in A$,使得

$$A \subset (x_1 + V_{x_1}) \bigcup (x_2 + V_{x_2}) \bigcup \cdots \bigcup (x_n + V_{x_n}).$$

令 $V = V_{x_1} \bigcap V_{x_2} \bigcap \cdots \bigcap V_{x_n}$,则

$$A + V \subset \bigcup_{i=1}^{n} (x_i + V_{x_i}) + V = \bigcup_{i=1}^{n} (x_i + V_{x_i} + V) \subset \bigcup_{i=1}^{n} (x_i + V_{x_i} + V_{x_i}). \tag{5.1.5}$$

由于式(5.1.4),并且由于 $V \subset V_{x_i}$,有

$$(x + V_{x_i} + V_{x_i}) \bigcap (B + V) = \varnothing, \quad i = 1, 2, \cdots, n.$$

于是

$$\left(\bigcup_{i=1}^{n} (x_i + V_{x_i} + V_{x_i}) \right) \bigcap (B + V) = \varnothing.$$

由于式(5.1.5),更加有 $(A + V) \bigcap (B + V) = \varnothing$. ∎

注意到定理 5.1.6 中的 $A + V$ 是包含 A 的开集,事实上,由于 $A + V = \bigcup_{x \in A} (x + V)$,因此

$A+V$ 是开集. 又 $A=A+0\subset A+V$. 同理 $B+V$ 是包含 B 的开集. 因此定理 5.1.6 表明 A 和 B 可以用不相交的开集分离.

推论 5.1.7 (1) 拓扑线性空间是 Hausdorff 空间.

(2) 设 $\mathscr{B}$ 是拓扑线性空间 X 的局部基. 则对每个 $U\in\mathscr{B}$, 存在 $V\in\mathscr{B}$, 使得 $\overline{V}\subset U$.

证明 (1) 设 $x,y\in X,x\neq y$. 对 $A=\{x\}$ 和 $B=\{y\}$ 应用定理 5.1.6, 存在 0 点的邻域 V, 使得 $(x+V)\bigcap(y+V)=\varnothing$. 注意到 $x+V$ 和 $y+V$ 分别是 x 和 y 的邻域, 故结论(1)成立.

(2) 设 $U\in\mathscr{B}$. 令 $A=\{0\}$, $B=U^c$, 则 A 是紧的, B 是闭的, 并且 $A\bigcap B=\varnothing$. 根据定理 5.1.5, 存在 0 点的邻域 V, 不妨设 $V\in\mathscr{B}$, 使得

$$V\bigcap(B+V)=(A+V)\bigcap(B+V)=\varnothing.$$

这表明 $V\subset(B+V)^c$. 因为 $B+V$ 是开集, 故 $(B+V)^c$ 是闭集. 从而

$$\overline{V}\subset(B+V)^c\subset B^c=U.\ \blacksquare$$

5.1.4 平衡集、吸收集

定义 5.1.11 设 A 是线性空间 X 的子集.

(1) 若当 $\alpha\in\mathbf{K}$, $|\alpha|\leqslant 1$ 时, $\alpha A\subset A$, 则称 A 是平衡的;

(2) 若对每个 $x\in X$, 存在某个 $t>0$, 使得 $x\in tA$, 则称 A 是吸收的.

例如, 在一维复线性空间 $\mathbf{C}$ 中, 全空间 $\mathbf{C}$ 和以 0 点为中心的圆盘(开的或闭的)是平衡的, 并且只有这些集是平衡的. 在 $\mathbf{R}^2$ (将其视为二维实线性空间) 中, 每个以 $(0,0)$ 为中心的线段都是平衡的(但这些集作为复空间 $\mathbf{C}$ 的子集不是平衡的).

注 3 (1) 以后会经常用到平衡集的一个简单性质: 若 E 是平衡的, 则当 α, $\beta>0$ 并且 $\alpha<\beta$ 时, $\alpha E\subset\beta E$. 事实上, 由于 $0<\alpha\beta^{-1}<1$, 故 $\alpha\beta^{-1}E\subset E$. 因此 $\alpha E\subset\beta E$.

(2) 显然每个吸收集必须包含 0, 否则对任意 $t>0$, $0\notin tA$.

定理 5.1.8 设 X 是拓扑线性空间.

(1) 若 A 是 X 的平衡子集, 则 $\overline{A}$ 也是. 若还有 $0\in A^\circ$, 则 A° 也是.

(2) 0 点的每个邻域是吸收的.

证明 (1) 由于 A 是 X 的平衡子集, 因此当 $\alpha\in\mathbf{K}$, $|\alpha|\leqslant 1$ 时, $\alpha A\subset A$. 于是 $\alpha\overline{A}=\overline{\alpha A}\subset\overline{A}$. 这表明 $\overline{A}$ 是平衡的. 现在设 $0\in A^\circ$. 则当 $\alpha=0$ 时, $\alpha A^\circ=\{0\}\subset A^\circ$. 当 $0<|\alpha|\leqslant 1$ 时, $\alpha A^\circ\subset\alpha A\subset A$. 因为 αA° 是开集, 故 $\alpha A^\circ\subset A^\circ$. 这说明 A° 是平衡的.

(2) 设 V 是 0 点的邻域. 对任意固定的 $x\in X$, 由于数乘运算的连续性, 当 $\alpha\to 0$ 时, $\alpha x\to 0$. 于是存在 $\delta>0$, 使得当 $|\alpha|<\delta$ 时 $\alpha x\in V$. 于是当 $t>0$, $t^{-1}<\delta$ 时, $t^{-1}x\in V$, 此时 $x\in tV$. 因此 V 是吸收的. $\blacksquare$

定理 5.1.9 在拓扑线性空间 X 中,

(1) 0 点的每个邻域包含一个平衡的邻域;

(2) 0 点的每个凸邻域包含一个平衡的凸邻域.

证明 (1) 设 U 是 0 点的邻域. 由于 $0\cdot 0=0$, 并且数乘运算是连续的, 存在 $\delta>0$

和 0 点的邻域 V, 使得当 $|\alpha| < \delta$ 时, $\alpha V \subset U$. 令 $W = \bigcup\limits_{|\alpha| < \delta} \alpha V$ 是所有这样的 αV 的并, 则 W 是 0 点的邻域, 并且 $W \subset U$. 对任意 $\lambda \in \mathbf{K}$, $|\lambda| \leqslant 1$, 因为 $|\lambda \alpha| \leqslant |\alpha| < \delta$, 因此

$$\lambda W = \bigcup\limits_{|\alpha| < \delta} \lambda \alpha V \subset \bigcup\limits_{|\alpha| < \delta} \alpha V = W.$$

这表明 W 是平衡的.

(2) 设 U 是 0 点的凸邻域. 令 $A = \bigcap\limits_{|\alpha| = 1} \alpha U$. 仍像 (1) 中选取 W. 因为 W 是平衡的, 当 $|\alpha| = 1$ 时, $\alpha W \subset W$, $\alpha^{-1} W \subset W$. 故 $\alpha^{-1} W = W \subset U$. 于是 $W \subset \alpha U$, 从而 $W \subset A$. 因为 W 是开集, 故 $W \subset A^{\circ}$, 从而 A° 是 0 点的邻域. 由于 $A \subset U$, 故 $A^{\circ} \subset U$. 由于 A 是一些凸集的交, 故 A 是凸集. 根据定理 5.1.4, A° 也是凸的. 下面证明 A° 是平衡的. 对任意 $\lambda \in \mathbf{K}$, $|\lambda| \leqslant 1$, λ 可以表为 $\lambda = r\beta$, 其中 $0 \leqslant r \leqslant 1$, $|\beta| = 1$. 我们有

$$\lambda A = r\beta A = \bigcap\limits_{|\alpha| = 1} r\beta\alpha U = \bigcap\limits_{|\alpha| = 1} r\alpha U. \tag{5.1.6}$$

由于 αU 是凸集并且 $0 \in \alpha U$, 对任意 $\alpha x \in \alpha U$,

$$r\alpha x = r\alpha x + (1 - r) \cdot 0 \in \alpha U.$$

这表明 $r\alpha U \subset \alpha U$. 由式 (5.1.6) 得到 $\lambda A \subset \bigcap\limits_{|\alpha| = 1} \alpha U = A$. 这表明 A 是平衡的. 根据定理 5.1.8, A° 也是平衡的. 综上所证, A° 是 0 点的平衡的凸邻域, 并且 $A^{\circ} \subset U$. ■

设 $\mathscr{B}$ 是拓扑线性空间 X 的局部基. 若 $\mathscr{B}$ 中的每个元都是平衡的, 则称 $\mathscr{B}$ 是平衡的. 由定理 5.1.9 立即得到如下推论:

推论 5.1.10 每个拓扑线性空间具有平衡的局部基.

5.1.5 有界集

定义 5.1.12 设 A 是拓扑线性空间 X 的子集. 若对于 X 的 0 点的任意邻域 V, 存在 $s > 0$, 使得当 $t > s$ 时, $A \subset tV$, 则称 A 是有界的.

设 (X, τ) 是可距离化的拓扑线性空间, 则 X 上可以有两种不同意义下的有界集. 第一种是第 1 章 1.1 节中定义的按距离有界集. 第二种就是定义 5.1.12 意义下的有界集. 一般情况下这两种意义下的有界集是不同的 (参见习题 5 中第 16 题). 今后在说到拓扑线性空间的子集有界时, 总是指在定义 5.1.12 意义下的有界.

定理 5.1.11 设 X 是拓扑线性空间. 则:

(1) 若 A 是 X 的有界子集, 则 $\bar{A}$ 也是;

(2) X 中的每个紧集是有界的;

(3) 收敛序列是有界的.

证明 (1) 设 V 是 0 点的邻域. 由推论 5.1.7, 存在 0 点的一个邻域 W, 使得 $\bar{W} \subset V$. 因为 A 有界, 存在 $s > 0$, 使得当 $t > s$ 时, $A \subset tW$. 于是当 $t > t_0$ 时, $\bar{A} \subset \overline{tW} = t\bar{W} \subset tV$. 因此 $\bar{A}$ 是有界的.

(2) 设 K 是紧集, V 是 0 点的邻域. 根据定理 5.1.9, 存在 0 点的平衡邻域 W, 使得 $W \subset V$. 根据定理 5.1.8(2), W 是吸收的. 因此对任意 $x \in X$, 存在 $t > 0$, 使得 $x \in tW$. 由于 W 是平衡的, 当 $r > t$ 时 $x \in rW$. 因此若 $0 < r_1 < r_2 < \cdots$, 并且 $r_n \to \infty$, 则

$$X = \bigcup_{n=1}^{\infty} r_n W. \tag{5.1.7}$$

于是 $K \subset X = \bigcup_{n=1}^{\infty} nW$. 因为 K 是紧的，存在 $n_1 < n_2 < \cdots < n_k$，使得

$$K \subset n_1 W \bigcup n_2 W \bigcup \cdots \bigcup n_k W \subset n_k W. \tag{5.1.8}$$

由式(5.1.8)知道当 $t > n_k$ 时，$K \subset n_k W \subset tW \subset tV$. 这表明 K 是有界的.

（3）设 $\{x_n\}$ 是 X 中的序列，$x_n \to x (n \to \infty)$. 设 V 是 0 点的邻域，不妨设 V 是平衡的. 根据引理 5.1.5，存在 0 点的邻域 U，仍不妨设 U 是平衡的，使得 $U + U \subset V$. 由于 $x_n \to x$，存在 $N > 0$ 使得当 $n > N$ 时，$x_n \in x + U$. 由式(5.1.7)知道存在 $s_1 > 1$，使得 $x \in s_1 U$. 于是当 $n > N$ 时，

$$x_n \in s_1 U + U \subset s_1 U + s_1 U \subset s_1 V.$$

由于 $\{x_1, x_2, \cdots, x_N\}$ 是紧集，因而是有界集，于是存在 $s_2 > 0$，使得 $x_i \in s_2 V (i = 1, 2, \cdots, N)$. 令 $s = \max\{s_1, s_2\}$，则当 $t > s$ 时，

$$x_n \in s_1 V \bigcup s_2 V \subset sV \subset tV \quad (n = 1, 2, \cdots).$$

这就证明了 $\{x_n\}$ 是有界的. ∎

例 5　无界集的例子. 若 $x \neq 0$，则 $E = \{nx : n = 1, 2, \cdots\}$ 不是有界的. 这是因为 $\{x\}$ 是闭集，存在 0 点的平衡的邻域 V，使得 $x \notin V$. 于是 $nx \notin nV$，从而 nV 不能包含 E. 这蕴涵不管 t 多么大，tV 都不能包含 E. 因此 E 不是有界的. 从这个例子知道，X 的非零线性子空间不是有界的.

定理 5.1.12　设 X 是拓扑线性空间，$A \subset X$. 则以下两项是等价的：

（1）A 是有界集；

（2）对任意 $\{x_n\} \subset A$，当标量序列 $\alpha_n \to 0$ 时，$\alpha_n x_n \to 0$.

证明　(1)$\Rightarrow$(2). 由于 A 是有界集，对于 0 点的任一平衡的邻域 V，存在 $t > 0$ 使得 $A \subset tV$. 由于 $\alpha_n \to 0$，存在 $N > 0$ 使得当 $n > N$ 时，$|\alpha_n| t < 1$. 由于 V 是平衡的，并且 $t^{-1} x_n \in t^{-1} A \subset V$，因此当 $n > N$ 时，$\alpha_n x_n = \alpha_n t \cdot t^{-1} x_n \in V$. 这说明 $\alpha_n x_n \to 0$.

（2）$\Rightarrow$(1). 若 A 不是有界集，则存在 0 点的某一邻域 V，使得对任意 $t > 0, A \not\subset tV$. 于是存在正数列 $t_n \to +\infty$ 和 $x_n \in A$，使得 $x_n \notin t_n V$. 于是对每个 $n, t_n^{-1} x_n \notin V$，从而 $t_n^{-1} x_n \nrightarrow 0$. 这与假设条件矛盾. 故 A 必有界. ∎

定理 5.1.13　设 X 是拓扑线性空间，V 是 0 点的有界邻域，$\varepsilon_1 > \varepsilon_2 > \cdots$，并且 $\varepsilon_n \to 0$，则集族

$$\{\varepsilon_n V : n = 1, 2, \cdots\}$$

是 X 的局部基.

证明　设 U 是 0 的邻域. 由于 V 有界，故存在 $s > 0$，使得当 $t > s$ 时 $V \subset tU$. 因为 $\varepsilon_n \to 0$，故存在足够大的 n 使得 $\frac{1}{\varepsilon_n} > s$. 于是 $V \subset \frac{1}{\varepsilon_n} U$，从而 $\varepsilon_n V \subset U$. 这表明集族 $\{\varepsilon_n V : n = 1, 2, \cdots\}$ 是 X 的局部基. ∎

定理 5.1.14　设 X 是一个拓扑线性空间，并且其拓扑可以由一个平移不变的距离导出. 则当 $\{x_n\} \subset X, x_n \to 0$ 时，存在正数的数列 $\{r_n\}$，使得 $r_n \to +\infty$，并且 $r_n x_n \to 0$.

证明　设 d 是与 X 的拓扑相容的平移不变的距离. 则对任意 $x \in X$ 和正整数 k,

$$d(kx, 0) \leqslant d(kx, (k-1)x) + d((k-1)x, (k-2)x) + \cdots + d(x, 0)$$
$$= kd(x, 0).$$

既然 $d(x_n, 0) \to 0$, 存在自然数的子列 $\{n_k\}$, 使得当 $n \geqslant n_k$ 时, $d(x_n, 0) < k^{-2}$. 令

$$r_n = \begin{cases} 1, & n < n_1, \\ k, & n_k \leqslant n < n_{k+1}. \end{cases}$$

则 $r_n \to +\infty$. 当 $n_k \leqslant n < n_{k+1}$ 时

$$d(r_n x_n, 0) = d(kx_n, 0) \leqslant kd(x_n, 0) < k \cdot \frac{1}{k^2} = \frac{1}{k}.$$

因此 $r_n x_n \to 0$. ∎

5.2　局部凸空间

局部凸空间是一类最重要的拓扑线性空间. 这一节我们要证明, 局部凸空间上的拓扑可以由一族可分点的半范数导出, 讨论拓扑线性空间可距离化和可赋范的充要条件, 然后给出几个局部凸空间的例子.

5.2.1　半范数与局部凸空间

定义 5.2.1　设 X 是拓扑线性空间. 若 X 具有一个由凸邻域构成的局部基, 则称 X 是局部凸的.

设 $\mathscr{B}$ 是拓扑线性空间 X 的局部基. 若 $\mathscr{B}$ 中的每个元都是平衡的凸的, 则称 $\mathscr{B}$ 是平衡的凸的. 由定理 5.1.9 立即得到如下结论:

定理 5.2.1　每个局部凸空间具有平衡的凸的局部基.

设 X 是线性空间, A 是 X 的非空子集. 回顾在 2.5 节中我们定义了 A 的 Minkowski 泛函为

$$\mu_A(x) = \inf\{t > 0 : x \in tA\} \quad (x \in X),$$

其中规定 $\inf \varnothing = +\infty$. 由定义知道 $\mu_A(x) \geqslant 0 (x \in X)$. 若 A 是吸收的, 则对每个 $x \in X$, 存在 $t > 0$ 使得 $x \in tA$. 于是此时 $\mu_A(x) < +\infty$.

引理 5.2.2　设 X 是线性空间.

(1) 若 A 是 X 中的平衡的子集, 则对任意 $x \in X$, 当 $\mu_A(x) < t$ 时, $x \in tA$;

(2) 设 p 是线性空间 X 上的半范数. 则对任意 $c > 0, B = \{x : p(x) < c\}$ 和 $C = \{x : p(x) \leqslant c\}$ 是平衡的吸收的凸集.

证明　(1) 设 $\mu_A(x) < t$, 则存在 $0 < s < t$ 使得 $x \in sA$. 由于 A 是平衡的, 故 $\dfrac{x}{t} = \dfrac{s}{t} \cdot \dfrac{x}{s} \in A$. 从而 $x \in tA$.

(2) 设 $x \in B$, $|\alpha| \leqslant 1$. 则 $p(\alpha x) = |\alpha| p(x) < c$, 于是 $\alpha x \in B$. 因此 B 是平衡的. 若

$x, y \in B, 0 \leqslant t \leqslant 1$，则

$$p(tx + (1-t)y) \leqslant tp(x) + (1-t)p(y) < c.$$

于是 $tx + (1-t)y \in B$．因此 B 是凸的．对任意 $x \in X$，当 $t > p(x)$ 时，

$$p\left(\frac{x}{t}\right) = \frac{1}{t}p(x) < c,$$

故 $x \in tB$，这表明 B 是吸收的．同样地可以证明 C 也是平衡的吸收的凸集． ∎

定理 5.2.3　设 X 是线性空间，A 是 X 中的平衡的吸收的凸集，则：

(1) μ_A 是 X 上的半范数；

(2) 若 $B = \{x : \mu_A(x) < 1\}$，$C = \{x : \mu_A(x) \leqslant 1\}$，则 $B \subset A \subset C$，并且

$$\mu_A = \mu_B = \mu_C.$$

证明　(1) 在定理 2.5.3 中我们已经证明 μ_A 是次可加正齐性的．下面证明 μ 是绝对齐性的．设 $\alpha = r \mathrm{e}^{\mathrm{i}\theta} \in \mathbf{K}$．由于 A 是平衡的，故 $x \in A$ 当且仅当 $\mathrm{e}^{-\mathrm{i}\theta}x \in A$．由于 μ_A 是正齐性的，$r = \alpha \mathrm{e}^{-\mathrm{i}\theta} > 0$，我们有

$$\begin{aligned}
\mu_A(\alpha x) &= \inf\{t > 0 : \alpha x \in tA\} = \inf\{t > 0 : \alpha \mathrm{e}^{-\mathrm{i}\theta}x \in tA\} \\
&= \inf\{t > 0 : rx \in tA\} = \mu_A(rx) = r\mu_A(x) \\
&= |\alpha|\, \mu_A(x).
\end{aligned}$$

这就证明了 μ_A 是 X 上的半范数．

(2) 根据引理 5.2.2(1)，若 $\mu_A(x) < 1$，则 $x \in A$，从而 $B \subset A$．又 $A \subset C$ 是显然的．包含关系 $B \subset A \subset C$ 蕴涵 $\mu_C \leqslant \mu_A \leqslant \mu_B$．另一方面，对任意固定的 $x \in X$，若 $\mu_B(x) > \mu_C(x)$，选取 t 和 s 使得 $\mu_C(x) < s < t < \mu_B(x)$．由结论(1)，$\mu_A$ 是 X 上的半范数．于是根据引理 5.2.2(2)，C 是平衡的．由引理 5.2.2(1) 知道当 $\mu_C(x) < s$ 时，$x \in sC$，从而 $\frac{x}{s} \in C$．由 C 的定义，$\mu_A\left(\frac{x}{s}\right) \leqslant 1$．于是

$$\mu_A\left(\frac{x}{t}\right) = \mu_A\left(\frac{s}{t} \cdot \frac{x}{s}\right) = \frac{s}{t}\mu_A\left(\frac{x}{s}\right) \leqslant \frac{s}{t} < 1.$$

因此 $\frac{x}{t} \in B$，从而 $\mu_B(x) \leqslant t$．但这与 $t < \mu_B(x)$ 矛盾，因此 $\mu_B(x) \leqslant \mu_C(x)$．这就证明了 $\mu_A = \mu_B = \mu_C$． ∎

设 $\mathscr{P}$ 是线性空间 X 上的一族半范数．称 $\mathscr{P}$ 是可分点的，若对每个 $x \neq 0$，存在 $p \in \mathscr{P}$ 使得 $p(x) \neq 0$．

定理 5.2.4　设 X 是拓扑线性空间，$\mathscr{B}$ 是 X 中的平衡的凸的局部基．则：

(1) 对任意 $V \in \mathscr{B}$，$V = \{x : \mu_V(x) < 1\}$；

(2) $\{\mu_V : V \in \mathscr{B}\}$ 是 X 上的可分点的连续半范数族．

证明　(1) 由引理 5.2.2(1)，若 $\mu_V(x) < 1$，则 $x \in V$．因此 $\{x : \mu_V(x) < 1\} \subset V$．另一方面，设 $x \in V$．由于 $\mathbf{K}$ 到 X 的映射 $\lambda \mapsto \lambda x$ 是连续的，并且 $1 \cdot x = x$，故存在 $\varepsilon > 0$，使得当 $|\lambda - 1| < \varepsilon$ 时，$\lambda x \in V$．于是 $\left(1 + \frac{\varepsilon}{2}\right)x \in V$．从而 $\mu_V(x) \leqslant \left(1 + \frac{\varepsilon}{2}\right)^{-1} < 1$．这表明

$V \subset \{x : \mu_V(x) < 1\}$. 这就证明了结论 (1).

(2) 设 $V \in \mathscr{B}$. 根据定理 5.1.8, V 是吸收的. 于是由定理 5.2.3 知道 μ_V 是半范数. 对任意 $r > 0$, 当 $x - y \in rV$ 时, 由结论 (1) 知道 $\mu_V(r^{-1}(x-y)) < 1$. 利用 2.4 节中注 1 所述的半范数的性质得到

$$|\mu_V(x) - \mu_V(y)| \leqslant \mu_V(x-y) = \mu_V(rr^{-1}(x-y)) = r\mu_V(r^{-1}(x-y)) < r.$$

这就证明了 μ_V 是连续的.

若 $x \in X$, $x \neq 0$, 则存在 $V \in \mathscr{B}$ 使得 $x \notin V$ (因为 $\{x\}$ 是闭集). 由上述结论 (1) 知道对于这个 V, 有 $\mu_V(x) \geqslant 1$. 因此 $\{\mu_V : V \in \mathscr{B}\}$ 是可分点的. ■

根据定理 5.2.1, 每个局部凸空间具有平衡的凸的局部基. 结合定理 5.2.4 知道, 每个局部凸空间存在可分点的连续半范数族. 反过来, 下面的定理表明, 若 $\mathscr{P}$ 是线性空间 X 上的可分点的半范数族, 则在 X 上存在一个拓扑 τ, 使得 (X, τ) 成为局部凸空间, 并且每个 $p \in \mathscr{P}$ 是连续的.

定理 5.2.5 设 $\mathscr{P}$ 是线性空间 X 上的可分点的半范数族. 对每个正整数 k 和 $p_1, p_2, \cdots, p_k \in \mathscr{P}$, $\varepsilon > 0$, 令

$$V(p_1, p_2, \cdots, p_k; \varepsilon) = \{x : p_1(x) < \varepsilon, p_2(x) < \varepsilon, \cdots, p_k(x) < \varepsilon\}.$$

再令 $\mathscr{B}$ 是形如 $V(p_1, p_2, \cdots, p_k; \varepsilon)$ 的集的全体, 即

$$\mathscr{B} = \{V(p_1, p_2, \cdots, p_k; \varepsilon) : p_1, p_2, \cdots, p_k \in \mathscr{P}, \varepsilon > 0, k = 1, 2, \cdots\}. \quad (5.2.1)$$

则在 X 上存在一个拓扑 τ, 使得 (X, τ) 成为局部凸的拓扑线性空间, 并且:

(1) $\mathscr{B}$ 是关于 τ 的平衡的凸的局部基;

(2) 每个 $p \in \mathscr{P}$ 是连续的.

证明 令 τ 是如下定义的 X 的子集所成的族:

$$\tau = \{A : A \text{ 是 } \mathscr{B} \text{ 中的集经过平移后的并}, \text{ 或 } A = \varnothing\}.$$

容易验证这样定义的 τ 满足拓扑空间的定义 5.1.1 中的 (1)~(3). 因此 τ 确定 X 上的一个拓扑. 显然 τ 是平移不变的.

设 $V \in \mathscr{B}$. 显然 $0 \in V$. 设

$$V = V(p_1, p_2, \cdots, p_k; \varepsilon), \quad p_1, p_2, \cdots, p_k \in \mathscr{P}, \varepsilon > 0.$$

若 $x \in V$, 则 $p_i(x) < \varepsilon (i = 1, 2, \cdots, k)$. 选取 δ 使得 $0 < \delta < \varepsilon - p_i(x) (i = 1, 2, \cdots, k)$. 再令 $V_1 = V(p_1, p_2, \cdots, p_k; \delta)$, 则 $V_1 \in \mathscr{B}$ 并且 $x + V_1 \subset V$. 这表明 V 是开集, 因而 V 是 0 点的邻域. 根据引理 5.2.2(2), 每个 $V(p_i; \varepsilon_i)$ 是凸的平衡的, 于是

$$V = V(p_1; \varepsilon) \bigcap V(p_2; \varepsilon) \bigcap \cdots \bigcap V(p_k; \varepsilon)$$

也是平衡的凸的. 若 W 是 0 点的邻域, 则 W 是包含 0 点的开集. 因此存在 $V \in \mathscr{B}$, 使得 $0 + V \subset W$, 即 $V \subset W$. 因此 $\mathscr{B}$ 是 τ 的平衡的凸的局部基.

设 $x \in X$. 由于 $\mathscr{P}$ 是可分点的, 对任意 $y \neq x$, 存在 $p \in \mathscr{P}$, 使得 $p(x-y) > 0$. 选取 $\varepsilon > 0$ 使得 $p(x-y) > \varepsilon$. 则 $x - y \notin V(p, \varepsilon)$, 这蕴涵 $x \notin y + V(p, \varepsilon)$. 而 τ 是平移不变的, 故 $y + V(p, \varepsilon)$ 是 y 的邻域. 这表明单点集 $\{x\}$ 是闭集.

下面证明加法和数乘是连续的. 设 U 是 0 点的邻域. 既然 $\mathscr{B}$ 是 τ 的局部基, 存在 $p_1, p_2, \cdots, p_k \in \mathscr{P}$ 和 $\varepsilon > 0$, 使得 $V(p_1, p_2, \cdots, p_k; \varepsilon) \subset U$. 令 $V = V\left(p_1, p_2, \cdots, p_k; \dfrac{\varepsilon}{2}\right)$. 则当 $x, y \in V$ 时, 对每个 $i = 1, 2, \cdots, k$, 我们有

$$p_i(x + y) \leqslant p_i(x) + p_i(y) < \frac{\varepsilon}{2} + \frac{\varepsilon}{2} = \varepsilon.$$

故 $x + y \in V(p_1, p_2, \cdots, p_k; \varepsilon) \subset U$. 这表明 $V + V \subset U$. 于是

$$(x + V) + (y + V) \subset x + y + U.$$

由于 τ 是平移不变的, 上式表明加法运算是连续的.

现在设 $x \in X$, $\alpha \in \mathbf{K}$. 设 U 和 V 如上面一样. 因为 V 是吸收的, 存在 $s > 0$ 使得 $x \in sV$. 令 $t = \dfrac{s}{1 + |\alpha| s}$. 则当 $|\beta - \alpha| < \dfrac{1}{s}$, $y \in x + tV$ 时, 由于

$$|\beta| t \leqslant \left(|\alpha| + \frac{1}{s}\right) t = \frac{|\alpha| s + 1}{s} \cdot t = 1,$$

以及 $|\beta - \alpha| s < 1$, 并且注意到 V 是平衡的, 因此

$$\beta y - \alpha x = \beta(y - x) + (\beta - \alpha) x \in \beta t V + (\beta - \alpha) s V$$
$$\subset |\beta| t V + |\beta - \alpha| s V \subset V + V \subset U.$$

即 $\beta y \in \alpha x + U$. 这表明数乘是连续的. 因此 (X, τ) 成为局部凸的拓扑线性空间. 上述结论 (1) 得证.

最后证明 (2). 设 $p \in \mathscr{P}$, $x \in X$. 对任意 $\varepsilon > 0$, $x + V(p, \varepsilon)$ 是 x 的一个邻域. 当 $y \in x + V(p; \varepsilon)$ 时, $|p(y) - p(x)| \leqslant p(y - x) < \varepsilon$. 这表明 p 在 x 处连续. 从而 p 在 X 上连续. ∎

根据定理 5.2.5, 若 $\mathscr{P}$ 是线性空间 X 上的一个可分点的半范数族, 则可以确定 X 上的一个拓扑 τ, 使得 (X, τ) 成为局部凸空间. 称 τ 为由 $\mathscr{P}$ 生成的拓扑. 反过来, 我们证明每个局部凸空间上的拓扑都可以这样生成.

定理 5.2.6　设 (X, τ) 是局部凸空间. 则 X 的拓扑必可以由 X 上的一个可分点的连续半范数族生成.

证明　设 (X, τ) 是局部凸空间, $\mathscr{B}$ 是关于 τ 的平衡的凸的局部基. 根据定理 5.2.4, 由 $\mathscr{B}$ 确定一个可分的连续半范数族 $\mathscr{P} = \{\mu_V : V \in \mathscr{B}\}$. 而按照定理 5.2.5 的方法, 由这个半范数族 $\mathscr{P}$ 又可以生成 X 上的一个拓扑, 记其为 τ_1. 我们证明 $\tau = \tau_1$. 既然每个 $p \in \mathscr{P}$ 是 τ- 连续的, 因此

$$V(p, \varepsilon) = \{x : p(x) < \varepsilon\} = p^{-1}(-\infty, \varepsilon)$$

是 τ- 开集, 即 $V(p, \varepsilon) \in \tau$. 于是对任意 $V = V(p_1, p_2, \cdots, p_k; \varepsilon)$,

$$V = V(p_1; \varepsilon) \bigcap V(p_2; \varepsilon) \bigcap \cdots \bigcap V(p_k; \varepsilon) \in \tau.$$

而每个 τ_1- 开集都是形如 $V = V(p_1, p_2, \cdots, p_k; \varepsilon)$ 的集经过平移后的并, 从而 $\tau_1 \subset \tau$. 反过来, 设 $W \in \mathscr{B}$, $p = \mu_W$. 根据定理 5.2.4(1), $W = \{x : \mu_W(x) < 1\} = V(p, 1)$. 而 $V(p, 1)$ 是 τ_1- 开集. 这表明对每个 $W \in \mathscr{B}$, $W \in \tau_1$. 这蕴涵 $\tau \subset \tau_1$. 因此 $\tau = \tau_1$. ∎

定理 5.2.7 设 X 是局部凸空间，其拓扑是由可分点的半范数族 $\mathscr{P}$ 生成.

(1) 若 $\{x_\alpha\}_{\alpha\in I}$ 是 X 中的网，$x\in X$. 则 $x_\alpha\to x$ 当且仅当对每个 $p\in\mathscr{P}$ 有 $p(x_\alpha-x)\to 0$;

(2) 若 $A\subset X$，则 A 有界当且仅当每个 $p\in\mathscr{P}$，数集 $\{p(x):x\in A\}$ 是有界的.

证明 (1) 设 $x_\alpha\to x$. 则对任意 $p\in\mathscr{P}$ 和 $\varepsilon>0$，由于 $V(p,\varepsilon)$ 是 0 点的邻域，因此存在 $\beta\in I$，使得当 $\alpha\geqslant\beta$ 时，$x_\alpha-x\in V(p,\varepsilon)$. 于是 $p(x_\alpha-x)<\varepsilon$. 这表明

$$p(x_\alpha-x)\to 0.$$

反过来，设对每个 $p\in\mathscr{P}$ 有 $p(x_\alpha-x)\to 0$. 设 U 是 0 点的任一邻域. 则存在 $V=V(p_1,p_2,\cdots,p_k;\varepsilon)\subset U$. 由于 $p_i(x_\alpha-x)\to 0(i=1,2,\cdots,k)$，因此存在 $\beta\in I$ 使得当 $\alpha\geqslant\beta$ 时

$$p_i(x_\alpha-x)<\varepsilon\quad(i=1,2,\cdots,k).$$

于是当 $\alpha\geqslant\beta$ 时，$x_\alpha-x\in V\subset U$. 这就证明了 $x_\alpha\to x$.

(2) 设 $A\subset X$ 是有界的. 对任意 $p\in\mathscr{P}$，由于 $V(p,1)$ 是 0 点的邻域，存在充分大的 $k>0$，使得 $A\subset kV(p,1)$. 于是对任意 $x\in A$，存在 $y\in V(p,1)$ 使得 $x=ky$. 因而

$$p(x)=p(ky)=kp(y)<k.$$

因此数集 $\{p(x):x\in A\}$ 是有界的.

反过来，设对每个 $p\in\mathscr{P}$，数集 $\{p(x):x\in A\}$ 是有界的. 设 U 是 0 点的邻域，则存在 $V=V(p_1,p_2,\cdots,p_k;\varepsilon)\subset U$. 令 $M=\max\limits_{1\leqslant i\leqslant k}\sup\{p_i(x):x\in A\}$. 则 $M<\infty$. 选取 t 使得 $t>\dfrac{2M}{\varepsilon}$. 则对任意 $x\in A$ 和 $i=1,2,\cdots,k$

$$p_i\left(\frac{x}{t}\right)=\frac{1}{t}p_i(x)\leqslant\frac{1}{t}\cdot M<\frac{\varepsilon}{2M}\cdot M=\varepsilon.$$

这说明 $\dfrac{x}{t}\in V\subset U$，亦即 $x\in tU$，从而 $A\subset tU$. 这就证明了 A 是有界的. ∎

5.2.2 可距离化与可赋范

下面考虑拓扑线性空间在什么情况下是可距离化的和可赋范的.

定理 5.2.8 设 (X,τ) 是局部凸空间. 则 (X,τ) 是可距离化的当且仅当 X 上的拓扑 τ 可以由 X 上的可列的可分点的连续半范数族生成.

证明 必要性. 设 (X,τ) 是可距离化的，d 与 τ 是相容的距离. 则

$$\mathscr{B}=\{V_n:n=1,2,\cdots\}$$

构成 X 的局部基，其中 $V_n=\left\{x:d(0,x)<\dfrac{1}{n}\right\}$（参见 5.1 节中例 1）. 根据定理 5.2.4，由 $\mathscr{B}$ 确定一列可分点的连续半范数 $\{\mu_{V_n}:V_n\in\mathscr{B}\}$. 由定理 5.2.6 的证明知道，$X$ 上的拓扑 τ 可以由 $\{\mu_{V_n}:V_n\in\mathscr{B}\}$ 生成.

充分性. 设 X 上的拓扑 τ 可以由 X 上的一列可分点的连续半范数族 $\{p_n,n=1,2,\cdots\}$ 生成. 定义

$$d(x,y) = \sum_{i=1}^{\infty} \frac{1}{2^i} \frac{p_i(x-y)}{1+p_i(x-y)} \quad (x,y \in X). \tag{5.2.2}$$

容易验证 d 是 X 上的距离，实际上 d 还是平移不变的. 我们证明 d 与 τ 是相容的. 为此只需证明 $\{U(0,r): r > 0\}$ 构成 τ 的一个局部基，其中 $U(0,r) = \{x: d(x,0) < r\}$.

由于每个 p_n 是连续的，并且式 (5.2.2) 右端的级数关于 x 和 y 是一致收敛的，因此 $d(x,y)$ 是 x,y 的连续函数. 特别地，$\varphi(x) = d(x,0)$ 是 (X,τ) 到 $\mathbf{R}^1$ 的连续函数. 于是 $U(0,r) = \varphi^{-1}(-\infty, r)$ 是关于拓扑 τ 的开集，从而 $U(0,r)$ 是 0 点的邻域. 设 W 是 0 点的任一邻域，则存在正整数 k 和 $\varepsilon > 0$ 使得 $V = V(p_1, p_2, \cdots, p_k; \varepsilon) \subset W$. 令 $r = \frac{1}{2^k} \frac{\varepsilon}{1+\varepsilon}$. 则当 $x \in U(0,r)$ 时，对每个 $i = 1,2,\cdots,k$，

$$\frac{p_i(x)}{1+p_i(x)} < 2^i r \leqslant 2^k r = \frac{\varepsilon}{1+\varepsilon}.$$

因此 $p_i(x) < \varepsilon (i = 1,2,\cdots,k)$，从而 $x \in V(p_1, p_2, \cdots, p_k; \varepsilon)$. 这表明 $U(0,r) \subset V \subset W$. 这就证明了 $\{U(0,r): r > 0\}$ 构成 τ 的一个局部基. ∎

定义 5.2.2 局部凸空间 (X,τ) 称为 Frechet 空间，若拓扑 τ 可以由 X 上的一个平移不变的距离 d 导出，并且 X 关于距离 d 是完备的.

定理 5.2.9 拓扑线性空间 (X,τ) 是可赋范的当且仅当 X 的 0 点存在有界凸邻域.

证明 必要性. 若 X 是可赋范的，并且 $\|\cdot\|$ 是与 τ 相容的范数. 则 $\{x: \|x\| < 1\}$ 是 0 点的有界凸邻域.

充分性. 设 V 是 0 点的有界凸邻域. 由定理 5.1.9，存在 0 点的平衡的凸邻域 $U \subset V$. U 当然也是有界的. 根据定理 5.2.4(2)，U 的 Minkowski 泛函 μ_U 是 X 上的半范数. 由定理 5.1.13，$\{rU: r > 0\}$ 是 X 的局部基. 若 $x \neq 0$，则存在 $r > 0$ 使得 $x \notin rU$（因为单点集 $\{x\}$ 是闭集），因此 $\mu_U(x) > 0$. 这表明 μ_U 是范数. 令

$$\|x\| = \mu_U(x) \quad (x \in X).$$

则 $\|\cdot\|$ 是 X 上的范数，并且 $\{x: \|x\| < r\}(r > 0)$ 是由范数导出的拓扑的局部基. 由定理 5.2.4(1)，$\{x: \|x\| < 1\} = U$，故 $\{x: \|x\| < r\} = rU(r > 0)$. 这说明由范数 $\|\cdot\|$ 导出的拓扑与原拓扑 τ 具有相同的局部基，因此由范数 $\|\cdot\|$ 导出的拓扑与 τ 相容. ∎

5.2.3　若干例子

例 1 空间 $C(\Omega)$. 设 Ω 是 $\mathbf{R}^n$ 中的非空开集，$C(\Omega)$ 是 Ω 上的复值连续函数的线性空间. 对每个 $n = 1,2,\cdots$，若 $\Omega = \mathbf{R}^n$，令 $K_n = S(0,n)$（其中 $S(0,n) = \{x \in \mathbf{R}^n: d(x,0) \leqslant n\}$），若 $\Omega \neq \mathbf{R}^n$，令

$$K_n = \left\{ x \in \Omega: d(x, \Omega^c) \geqslant \frac{1}{n} \right\} \bigcap S(0,n).$$

则每个 K_n 是紧集，$K_n \subset K_{n+1}^{\circ} (n = 1,2,\cdots)$，并且 $\Omega = \bigcup_{n \geqslant 1} K_n$. 对每个 $n = 1,2,\cdots$，令

$$p_n(f) = \sup_{x \in K_n} |f(x)|, \quad f \in C(\Omega).$$

则容易验证 $\{p_n\}$ 是 $C(\Omega)$ 上的可分点的半范数族. 根据定理 5.2.5, 半范数族 $\{p_n\}$ 可以生成 $C(\Omega)$ 上的一个拓扑 τ, 使得 $C(\Omega)$ 成为局部凸空间. 由于 $p_1 \leqslant p_2 \leqslant \cdots$, 因此

$$V\left(p_1, p_2, \cdots, p_n; \frac{1}{n}\right) = V\left(p_n; \frac{1}{n}\right).$$

因此

$$V_n = V\left(p_n; \frac{1}{n}\right) = \left\{f \in C(\Omega): p_n(f) < \frac{1}{n}\right\} \quad (n = 1, 2, \cdots)$$

构成 $C(\Omega)$ 的凸局部基. 由定理 5.2.8 的证明过程看出, $C(\Omega)$ 上的拓扑 τ 与距离

$$d(f, g) = \sum_{n=1}^{\infty} \frac{1}{2^n} \frac{p_n(f-g)}{1 + p_n(f-g)} \quad (f, g \in C(\Omega))$$

是相容的. 显然这个距离是平移不变的. 若 $\{f_i\}$ 是关于距离 d 的 Cauchy 序列, 则对每个 $n = 1, 2, \cdots$,

$$\sup_{x \in K_n} |f_i(x) - f_j(x)| = p_n(f_i - f_j) \to 0 \quad (i, j \to \infty).$$

故 $\{f_i\}$ 在 K_n 上一致收敛于一个函数 $f \in C(\Omega)$. 简单的计算表明 $d(f_i, f) \to 0 (i \to \infty)$. 因此 $C(\Omega)$ 是完备的. 综上所述, $C(\Omega)$ 是一个局部凸空间, 其拓扑 τ 可以由一个平移不变的距离导出, 并且 $C(\Omega)$ 关于这个距离是完备的, 因此 $C(\Omega)$ 是 Fréchet 空间.

由定理 5.2.7(2), 若 $E \subset C(\Omega)$, 则 E 有界当且仅当存在序列 $\{M_n\}$, 使得对每个 $f \in E$, $p_n(f) \leqslant M_n (\forall n)$. 换言之, 若 $f \in E$, 则

$$\sup_{x \in K_n} |f(x)| \leqslant M_n \quad (n = 1, 2, \cdots).$$

由于每个 V_n 包含 f 使得 $p_{n+1}(f)$ 大于任意给定的正数, 因此每个 V_n 都不是有界的. 这表明 $C(\Omega)$ 的 0 点不存在有界邻域. 根据定理 5.2.9, $C(\Omega)$ 不是可赋范的.

设 $\{f_k\} \subset C(\Omega)$, $f \in C(\Omega)$. 根据定理 5.2.7(1), $f_k \to f$ 当且仅当对每个 n,

$$p_n(f_k - f) = \sup_{x \in K_n} |f_k(x) - f(x)| \to 0.$$

这表明 $f_k \to f$ 当且仅当 $\{f_k\}$ 在每个 K_n 上一致收敛于 f.

例 2 空间 $H(\Omega)$, 设 Ω 是复平面 $\mathbf{C}$ 上的非空开集, $H(\Omega)$ 是 Ω 上的解析函数的线性空间. 则 $H(\Omega)$ 是 $C(\Omega)$ 的子空间. 因此将 $C(\Omega)$ 上的拓扑 τ 限制在 $H(\Omega)$ 上, $H(\Omega)$ 成为局部凸空间. 若 $\{f_k\}$ 是 $H(\Omega)$ 中的序列, 并且 $f_n \to f$, 则 $\{f_n\}$ 在每个 K_n 上一致收敛于 f, 因此 f 也是解析的, 即 $f \in H(\Omega)$. 这表明 $H(\Omega)$ 是 $C(\Omega)$ 的闭子空间. 因此是完备的, 从而 $H(\Omega)$ 是 Fréchet 空间.

例 3 空间 $C^{\infty}(\Omega)$, 设 Ω 是 $\mathbf{R}^n$ 中的非空开集, $C^{\infty}(\Omega)$ 是 Ω 上具有任意阶连续导数的函数的线性空间. 设 $\{K_n\}$ 是一列非空紧集, 使得 $K_n \subset K_{n+1}^{\circ} (n = 1, 2, \cdots)$, 并且 $\Omega = \bigcup_{n \geqslant 1} K_n$. 对每个 $n = 1, 2, \cdots$, 令

$$p_n(f) = \max_{|\alpha| \leqslant n} \max_{x \in K_n} |D^{\alpha} f(x)| \quad (f \in C^{\infty}(\Omega)),$$

其中 $\alpha = (\alpha_1, \alpha_2, \cdots, \alpha_n)$ 是 n 重指标(参见 1.2 节中例 8). 容易验证 $\{p_n\}$ 是 $C^{\infty}(\Omega)$ 上的一列可分点的半范数. 根据定理 5.2.5, 半范数族 $\{p_n\}$ 可以生成 $C^{\infty}(\Omega)$ 上的一个拓扑 τ, 使得

$C^\infty(\Omega)$ 成为局部凸空间. 根据定理 5.2.8, $(C^\infty(\Omega), \tau)$ 是可距离化的. 容易证明 $C^\infty(\Omega)$ 是完备的. 因此 $C^\infty(\Omega)$ 是 Fréchet 空间.

例 4　$L^p[0,1](0 < p < 1)$ 不是局部凸的.

在 5.1 节例 3 中我们已经知道 $L^p[0,1](0 < p < 1)$ 是 F- 空间. 我们证明在 $L^p[0,1]$ $(0 < p < 1)$ 中, 除了 $\varnothing$ 和 $L^p[0,1]$ 这两个平凡的凸开集外不存在其他的凸开集. 设 V 是 $L^p[0,1]$ 中的非空凸开集. 由于凸开集经过平移后仍是凸开集, 故不妨设 $0 \in V$. 于是存在 $r > 0$, 使得 $U(0,r) \subset V$. 任取 $f \in L^p[0,1]$. 由于 $0 < p < 1$, 存在正整数 n 使得

$$n^{p-1} \int_0^1 |f(x)|^p \mathrm{d}x < r.$$

由于不定积分 $I(t) = \int_0^t |f(x)|^p \mathrm{d}x$ 的连续性, 存在区间 $[0,1]$ 的一个分割

$$0 = t_0 < t_1 < \cdots < t_n = 1$$

使得

$$\int_{t_{i-1}}^{t_i} |f(x)|^p \mathrm{d}x = \frac{1}{n} \int_0^1 |f(x)|^p \mathrm{d}x \quad (i = 1, 2, \cdots, n). \tag{5.2.3}$$

对每个 $i = 1, 2, \cdots, n$, 令 $g_i(x) = nf(x)\chi_{[t_{i-1}, t_i]}(x)$. 则式 (5.2.3) 表明对每个 $i = 1, 2, \cdots, n$,

$$d(g_i, 0) = \int_0^1 |g_i(x)|^p \mathrm{d}x = n^p \int_{t_{i-1}}^{t_i} |f(x)|^p \mathrm{d}x = n^{p-1} \int_0^1 |f(x)|^p \mathrm{d}x < r.$$

因此 $g_i \in U(0,r) \subset V(i = 1, 2, \cdots, n)$. 因为 V 是凸的, 故

$$f = \frac{1}{n}(g_1 + g_2 + \cdots + g_n) \in V.$$

这表明 $V = L^p[0,1]$. 因此在 $L^p[0,1]$ 中只有 $\varnothing$ 和 $L^p[0,1]$ 是凸开集.

由于在 $L^p[0,1]$ 中只有 $\varnothing$ 和 $L^p[0,1]$ 是凸开集, 因此在 $L^p[0,1]$ 上不存在由凸邻域构成的局部基, 从而 $L^p[0,1](0 < p < 1)$ 不是局部凸的.

5.3　有界线性算子

5.3.1　有界线性算子与泛函

定义 5.3.1　设 X 和 Y 是拓扑线性空间, $T:X \to Y$ 是线性算子. 若 T 将 X 中的每个有界集都映射为 Y 中的有界集, 则称 T 是有界的.

定理 5.3.1　设 X 和 Y 是拓扑线性空间, $T:X \to Y$ 是线性映射. 则对以下三个命题, 有 (1)$\Leftrightarrow$(2)$\Rightarrow$(3). 若 X 是可距离化的, 并且其距离是平移不变的, 则 (1)$\Leftrightarrow$(2)$\Leftrightarrow$(3):

(1) T 在 0 点处连续;

(2) T 在 X 上连续;

(3) T 是有界的.

证明　(1)$\Rightarrow$(2). 设 U 是 Y 中 0 点的邻域. 由于 T 在 0 点处连续, 存在 X 中 0 点的

邻域 V，使得 $T(V) \subset U$. 因此当 $x' - x \in V$ 时，$Tx' - Tx = T(x' - x) \in U$. 于是对任意 $x \in X$，当 $x' \in x + V$ 时，$Tx' \in Tx + U$. 这表明 T 在 x 点处是连续的.

(2) $\Rightarrow$ (1). 显然.

(2) $\Rightarrow$ (3). 由于 T 在 X 上连续，并且 $T(0) = 0$，因此对于 Y 中 0 点的任意邻域 U，存在 X 中 0 点的邻域 V，使得 $T(V) \subset U$. 若 A 是 X 中的有界集，则存在 $s > 0$ 使得当 $t > s$ 时，$A \subset tV$. 于是当 $t > s$ 时

$$T(A) \subset T(tV) = tT(V) \subset tU.$$

这说明 $T(A)$ 是 Y 中的有界集. 这就证明了 T 是有界的.

现在设 X 是可距离化的，并且其距离 d 是平移不变的.

(3) $\Rightarrow$ (1). 由于 X 是可距离化的，为了证 T 在 0 点处连续，只需证明当 $x_n \to 0$ 时，$Tx_n \to 0$. 设 $x_n \to 0$，根据定理 5.1.14，存在正数数列 $\{r_n\}$，使得 $r_n \to +\infty$，并且 $r_n x_n \to 0$. 从而 $\{r_n x_n\}$ 是有界集. 既然 T 是有界的，于是 $\{T(r_n x_n)\}$ 也是有界集. 由于 $\frac{1}{r_n} \to 0$，根据定理 5.1.12，$Tx_n = \frac{1}{r_n} T(r_n x_n) \to 0$. ∎

定理 5.3.2 设 X 是拓扑线性空间，f 是 X 上的线性泛函. 若 $f \neq 0$，则以下 4 条是等价的：

(1) f 是连续的；

(2) 存在一个连续的半范数 $p(x)$，使得 $|f(x)| \leqslant p(x) (x \in X)$；

(3) f 在 0 点的某个邻域 V 上是有界的. 即存在 $M > 0$，使得当 $x \in V$ 时 $|f(x)| < M$；

(4) f 的零空间 $N(f)$ 是闭的；

(5) $\overline{N(f)} \neq X$.

证明 (1) $\Rightarrow$ (2). 令 $p(x) = |f(x)|$ 即可.

(2) $\Rightarrow$ (3). 因为 $p(x)$ 连续，故存在 0 点的一个邻域 V，使得当 $x \in V$ 时 $|p(x)| < 1$. 于是当 $x \in V$ 时，$|f(x)| \leqslant p(x) < 1$.

(3) $\Rightarrow$ (1). 设 f 在 0 点的某个邻域 V 上是有界的，$|f(x)| < M(x \in V)$. 对任意 $\varepsilon > 0$，令 $W = \frac{\varepsilon}{M} V$. 则对每个 $x \in W$，$|f(x)| < \varepsilon$. 这表明 f 在 0 点处连续. 由定理 5.3.1，这蕴涵 f 是连续的.

(1) $\Rightarrow$ (4). 由于 f 是连续的，$\{0\}$ 是标量域 $\mathbf{K}$ 中的闭集，故 $N(f) = f^{-1}(\{0\})$ 是 X 中的闭集.

(4) $\Rightarrow$ (5). 因为 f 在 X 上不恒为零，故 $N(f) \neq X$. 既然 $N(f)$ 是闭的，故 $\overline{N(f)} = N(f) \neq X$.

(5) $\Rightarrow$ (3). 设 $\overline{N(f)} \neq X$，则 $(N(f)^c)^\circ = (\overline{N(f)})^c \neq \varnothing$. 设 $x \in (N(f)^c)^\circ$，则存在 0 点的某个邻域 V，不妨设 V 是平衡的，使得 $x + V \subset N(f)^c$. 于是

$$(x + V) \bigcap N(f) = \varnothing. \tag{5.3.1}$$

我们证明 f 在 V 上是有界的. 若不然，则对任意 $\alpha \in \mathbf{K}$，存在 $x_0 \in V$，使得 $|f(x_0)| > |\alpha|$.

由于 V 是平衡的，故 $\dfrac{\alpha}{f(x_0)}x_0 \in V$. 而 $f\left(\dfrac{\alpha}{f(x_0)}x_0\right) = \alpha$，这说明 $f(V) = \mathbf{K}$. 因此存在 $y \in V$，使得 $f(y) = -f(x)$. 于是 $f(x+y) = 0$，因而 $x+y \in (x+V) \bigcap N(f)$. 这与式 (5.3.1) 矛盾. 故 f 在 V 上是有界的. ∎

定理 5.3.3 设 X 和 Y 是局部凸空间，$\mathscr{P}$ 和 $\mathscr{Q}$ 分别是生成 X 和 Y 上的拓扑的半范数族，$T:X \to Y$ 是线性算子. 则 T 是连续的当且仅当对于每个 $q \in \mathscr{Q}$，存在 $c > 0$ 和 $p_1, p_2, \cdots, p_n \in \mathscr{P}$，使得

$$q(Tx) \leqslant c \max_{1 \leqslant i \leqslant n} p_i(x) \quad (x \in X). \tag{5.3.2}$$

证明 必要性. 设 T 连续，$q \in \mathscr{Q}$. 由于 q 是连续的，故 $U = \{y : q(y) < 1\}$ 是 Y 中的包含 0 点的开集，从而 U 是 Y 中的 0 点的邻域. 既然 T 是连续的，存在 X 中的 0 点的邻域 V，使得 $T(V) \subset U$. 根据定理 5.2.5，形如式 (5.2.1) 中的集构成 X 的局部基，因此存在 $p_1, p_2, \cdots, p_n \in \mathscr{P}$ 和 $\varepsilon > 0$，使得 $V(p_1, p_2, \cdots, p_n; \varepsilon) \subset V$. 令 $c = \dfrac{2}{\varepsilon}$. 对任意 $x \in X$，由于

$$p_i\left(\frac{x}{c \max\limits_{1 \leqslant i \leqslant n} p_i(x)}\right) \leqslant \frac{1}{c} = \frac{\varepsilon}{2} < \varepsilon \quad (i = 1, 2, \cdots, n),$$

因此

$$\frac{x}{c \max\limits_{1 \leqslant i \leqslant n} p_i(x)} \in V(p_1, p_2, \cdots, p_n; \varepsilon) \subset V,$$

从而 $q\left(\dfrac{Tx}{c \max\limits_{1 \leqslant i \leqslant n} p_i(x)}\right) < 1$. 即式 (5.3.2) 成立.

充分性. 设 U 是 Y 中的 0 点的邻域，则存在 $q_1, q_2, \cdots, q_k \in \mathscr{Q}$ 和 $\varepsilon > 0$，使得 $V(q_1, q_2, \cdots, q_k, \varepsilon) \subset U$. 由假设条件，对每个 q_i 存在 $p_{i1}, p_{i2}, \cdots, p_{in_i} \in \mathscr{P}$，使得

$$q_i(Tx) \leqslant c_i \max_{1 \leqslant j \leqslant n_i} p_{ij}(x) \quad (x \in X).$$

令 $c = \max\{c_1, c_2, \cdots, c_k\}$，以及

$$V = \left\{x \in X : p_{ij}(x) < \frac{\varepsilon}{c}, \; 1 \leqslant i \leqslant k, \; 1 \leqslant j \leqslant n_i\right\}.$$

则 V 是 X 中的 0 点的邻域. 当 $x \in V$ 时

$$q_i(Tx) \leqslant c_i \max_{1 \leqslant j \leqslant n_i} p_{ij}(x) < c \cdot \frac{\varepsilon}{c} = \varepsilon,$$

从而 $Tx \in U$. 这说明 $T(V) \subset U$. 这表明 T 在 0 点处连续，从而 T 在 X 上连续. ∎

定理 5.3.4 设 X 是局部凸空间，$\mathscr{P}$ 是生成 X 上的拓扑的半范数族，f 是 X 上的线性泛函. 则 f 连续当且仅当存在 $c > 0$ 和 $p_1, p_2, \cdots, p_n \in \mathscr{P}$，使得

$$|f(x)| \leqslant c \max_{1 \leqslant i \leqslant n} p_i(x) \quad (x \in X). \tag{5.3.3}$$

证明 必要性的证明与定理 5.3.3 的证明是类似的. 只要将 $q(\cdot)$ 改为 $|\cdot|$ 即可. 反过来，对任意 $\varepsilon > 0$，令 $V = \left\{x \in X : p_i(x) < \dfrac{\varepsilon}{c}\right\}$，则 V 是 X 中的 0 点的邻域. 由式

(5.3.3) 得到，当 $x \in V$ 时，$|f(x)| \leqslant c \max\limits_{1 \leqslant i \leqslant n} p_i(x) < \varepsilon$. 这表明 f 在 0 点处连续，从而 f 在 X 上连续. ∎

5.3.2　泛函延拓定理与凸集的分离定理

定理 5.3.5　设 E 是局部凸空间 X 的线性子空间，f 是 E 上的连续线性泛函. 则 f 可以延拓为 X 上的连续线性泛函.

证明　由于 f 在 E 上连续，$f(0) = 0$，故存在 0 点的某一邻域 V，使得当 $x \in E \cap V$ 时 $|f(x)| < 1$. 由于 X 是局部凸的，由定理 5.2.1，我们可以设 V 是平衡的凸的. 根据定理 5.2.4，V 的 Minkowski 泛函 $p = \mu_V$ 是 X 上的连续半范数. 并且 $V = \{x : p(x) < 1\}$. 因此当 $x \in E$ 并且 $p(x) < 1$ 时，$|f(x)| < 1$. 任取 $x \in E$. 对任意 $\varepsilon > 0$，由于 $(p(x) + \varepsilon)^{-1} x \in E$ 并且 $p((p(x) + \varepsilon)^{-1} x) < 1$，因此

$$(p(x) + \varepsilon)^{-1} x \in E \cap V,$$

从而 $|f((p(x) + \varepsilon)^{-1} x)| < 1$. 于是 $|f(x)| < p(x) + \varepsilon$. 由 ε 的任意性得到

$$|f(x)| \leqslant p(x) \quad (x \in E).$$

根据 Hahn-Bnanch 延拓定理，$f(x)$ 可以延拓为 X 上的连续线性泛函，并且 $|f(x)| \leqslant p(x)(x \in E)$. 由定理 5.3.2 知道 f 在 X 上连续. ∎

设 X 是拓扑线性空间，X 上的连续线性泛函的全体记为 X^*，称之为 X 的共轭空间.

推论 5.3.6　设 E 是局部凸空间 X 的闭线性子空间，$x_0 \notin E$. 则存在 $f \in X^*$ 使得 $f(x_0) = 1, f(x) = 0(x \in E)$.

证明　令 $M = \{x' = x + \alpha x_0 : x \in E, \alpha \in \mathbf{K}\}$. 在 M 上定义

$$f_0(x + \alpha x_0) = \alpha d \quad (x \in E, \alpha \in \mathbf{K}).$$

则 f_0 是 M 上的线性泛函，$f_0(x) = 0(x \in E)$. 由于 $N(f_0) = E$ 是 M 中的闭集，根据定理 5.3.2，f_0 在 M 上连续. 由定理 5.3.5，f_0 可以延拓为 X 上的连续线性泛函，延拓后的泛函记为 f. 则 f 具有定理所述的性质. ∎

推论 5.3.7　设 X 是局部凸空间，$x_0 \in X, x_0 \neq 0$. 则存在 $f \in X^*$ 使得 $f(x_0) = 1$.

证明　令 $E = \{0\}$，则 E 是 X 的闭子空间，$x_0 \notin E$. 应用推论 5.3.6 即知推论的结论成立. ∎

推论 5.3.7 表明，若 X 是局部凸空间，$X \neq \{0\}$，则 $X^* \neq \{0\}$，即在 X 上存在非零的连续线性泛函. 下面的例子说明，若 X 不是局部凸空间，则在 X 上可能不存在非零的连续线性泛函.

例 1　在 5.1 节例 3 中我们知道 $L^p[0,1](0 < p < 1)$ 是 F- 空间，在 5.2 节例 4 中我们已经证明在 $L^p[0,1]$ 中只有 $\varnothing$ 和 $L^p[0,1]$ 是凸开集，因此 $L^p[0,1](0 < p < 1)$ 不是局部凸的. 现在我们证明在 $L^p[0,1](0 < p < 1)$ 上不存在非零的连续线性泛函.

设 F 是 $L^p[0,1]$ 上的连续的线性泛函，则对任意 $\varepsilon > 0$，$F^{-1}(-\varepsilon, \varepsilon)$ 是 $L^p[0,1]$ 中的开集. 由于 F 是线性的，容易知道 $F^{-1}(-\varepsilon, \varepsilon)$ 是凸集. 既然在 $L^p[0,1]$ 中只有 $\varnothing$ 和 $L^p[0,1]$ 是凸开集，而 $F^{-1}(-\varepsilon, \varepsilon) \neq \varnothing$（因为 $F(0) = 0$，故 $0 \in F^{-1}(-\varepsilon, \varepsilon)$），故必有 $F^{-1}(-\varepsilon, \varepsilon) =$

$L^p[0,1]$. 换言之，对任意 $f\in L^p[0,1]$ 有 $|F(f)|<\varepsilon$. 由于 $\varepsilon>0$ 是任意的，故 $F(f)=0$. 这表明 F 在 $L^p[0,1]$ 上恒为零.

现在将 2.5 节中凸集的分离定理推广到拓扑线性空间的情形.

定理 5.3.8　设 X 是实拓扑线性空间，A,B 是 X 中的非空凸集.

(1) 若 $A^\circ\neq\varnothing$，$A^\circ\bigcap B=\varnothing$. 则存在 $f\in X^*$ 和实数 r 使得

$$f(x)<r\leqslant f(y)\ (x\in A^\circ,\ y\in B);$$
$$f(x)\leqslant r\leqslant f(y)\ (x\in A,\ y\in B).$$

(2) 若 X 是局部凸的，A 是紧集，B 是闭集，并且 $A\bigcap B=\varnothing$，则存在 $f\in X^*$ 和实数 r 使得

$$f(x)<r<f(y)\ (x\in A,\ y\in B).$$

证明　(1) 结论(1)的证明与定理 2.5.5(1) 的证明基本上是一样的，只是在证明 f 连续时，注意到根据定理 5.3.2，若 f 在 0 的某个邻域 V 上是有界的，则 f 在 X 上连续.

(2) 根据定理 5.1.6，存在 0 点的邻域 V 使得 $(A+V)\bigcap B=\varnothing$. 由于 X 是局部凸的，可以设 V 是凸的，于是 $A+V$ 是凸的开集. 根据(1)的结论，存在 $f\in X^*$ 和实数 r_2 使得

$$f(x)<r_2\leqslant f(y)\ (x\in A+V,\ y\in B).$$

由于 A 是紧集，f 连续，故 f 在 A 上存在最大值. 令 $r_1=\max\limits_{x\in A}f(x)$，则 $r_1<r_2$. 取 r 使得 $r_1<r<r_2$，则结论(2)成立. ∎

5.3.3　弱拓扑与弱* 拓扑

给定一非空集 X，在 X 上可能有不同的拓扑. 为避免混淆，关于 X 上的某一拓扑 τ 的开集、闭集、收敛和连续等分别记为 τ-开集、τ-闭集、τ-收敛和 τ-连续等.

设 τ_1 和 τ_2 是 X 上的两个拓扑. 若 τ_1-开集都是 τ_2-开集，则称 τ_1 弱于 τ_2.

设 (X,τ) 是局部凸空间. 对每个 $f\in X^*$，令

$$p_f(x)=|f(x)|\ (x\in X).$$

则 p_f 是 X 上的半范数. 若 $x_0\in X$，$x_0\neq 0$，根据推论 5.3.7，存在 $f\in X^*$ 使得 $f(x_0)=1$. 于是 $p_f(x_0)=|f(x_0)|\neq 0$. 这说明半范数族 $\{p_f:f\in X^*\}$ 是可分点的. 根据定理 5.2.5，半范数族 $\{p_f:f\in X^*\}$ 在 X 上生成一个拓扑，将其记为 τ_w，使得 X 关于拓扑 τ_w 成为局部凸空间. 称拓扑 τ_w 为 X 上的弱拓扑. 关于弱拓扑的开集、闭集、有界、收敛和连续等分别记为 w 开集、w 闭集、w 有界、w 收敛和 w 连续等. X 中的网 $\{x_a\}$ 关于弱拓扑收敛于 x 记为 $x_a\xrightarrow{\ w\ }x$.

定理 5.3.9　设 (X,τ) 是局部凸空间. 则：

(1) τ_w 是 X 上的使得所有 $f\in X^*$ 都连续的最弱的线性拓扑.

(2) 若 $\{x_a\}_{a\in I}$ 是 X 中的网，$x\in X$. 则 $x_a\xrightarrow{\ w\ }x$ 当且仅当对任意 $f\in X^*$，有 $f(x_a)\to f(x)$.

(3) 设 $A\subset X$. 则 A 是 w 有界当且仅当每个 $f\in X^*$，数集 $\{f(x):x\in A\}$ 是有界的.

证明　(1) 设 $f\in X^*$. 由定理 5.2.5 知道，半范数 p_f 是 w 连续的. 而 $|f(x)|=$

$p_f(x)$,于是由定理 5.3.2 知道 f 是 w 连续的. 另一方面,设 τ' 是 X 上的另一拓扑,使得所有 $f \in X^*$ 都是 τ' 连续的. 则对任意 $f \in X^*$ 和 $\varepsilon > 0$, $\{x: |f(x)| < \varepsilon\}$ 是 τ' 开集. 于是形如

$$V(p_{f_1}, p_{f_2}, \cdots, p_{f_n}; \varepsilon) = \{x: |f_1(x)| < \varepsilon, \cdots, |f_n(x)| < \varepsilon\}$$
$$= \bigcap_{i=1}^{n} \{x: |f_i(x)| < \varepsilon\}$$

的集是 τ' 开集. 但形如 $V(p_{f_1}, p_{f_2}, \cdots, p_{f_n}; \varepsilon)$ 的集的全体构成拓扑 τ_w 的局部基,每个 w 开集都是形如 $V(p_{f_1}, p_{f_2}, \cdots, p_{f_n}; \varepsilon)$ 的集经过平移后的并,因此每个 w 开集都是 τ' 开集. 这说明 τ_w 弱于 τ'. 这就证明了结论(1).

(2) 由定理 5.2.7(1),$x_a \xrightarrow{w} x$ 当且仅当对任意 $f \in X^*$,$p_f(x_a - x) \to 0$. 即

$$|f(x_a) - f(x)| = |f(x_a - x)| \to 0.$$

故 $x_a \xrightarrow{w} x$ 当且仅当对任意 $f \in X^*$,$f(x_a) \to f(x)$.

(3) 由定理 5.2.7(1),A 是 w 有界当且仅当对每个 $f \in X^*$,数集 $\{p_f(x): x \in A\}$ 是有界的,即 $\{f(x): x \in A\}$ 是有界的. ∎

设 (X, τ) 是局部凸空间. 根据定理 5.3.9,τ_w 是 X 上的使得所有 $f \in X^*$ 都连续的最弱的线性拓扑,而每个 $f \in X^*$ 都是 τ 连续的,因此 τ_w 弱于 τ. 这正是将拓扑 τ_w 称为弱拓扑的原因. 由于 τ_w 弱于 τ,因此每个 w 闭集是 τ 闭集. 反过来 τ 闭集未必是 w 闭集. 但对于凸集,我们有如下定理.

定理 5.3.10(Mazur) 设 A 是局部凸空间 (X, τ) 中的凸集. 则 A 是 w 闭集当且仅当 A 是 τ 闭集.

证明 只需证明若 A 是 τ 闭集,则 A 是 w 闭集. 设 A 是 τ 闭集,$x_0 \notin A$. 把 X 视为实空间,根据定理 5.3.8(2),存在 X 上的连续的实线性泛函和实数 r 使得

$$f_1(x_0) < r < f_1(x) \quad (x \in A).$$

令 $f(x) = f_1(x) - \mathrm{i}f_1(\mathrm{i}x)$,则 f 是 X 上的连续线性泛函,满足 $\mathrm{Re}f = f_1$,并且

$$\mathrm{Re}f(x_0) < r < \mathrm{Re}f(x) \quad (x \in A)$$

于是对于 A 中的任意网 $\{x_a\}$,$f(x_a) \nrightarrow f(x_0)$. 根据定理 5.3.9,这表明 A 中的任意网 $\{x_a\}$,$x_a \nrightarrow x_0$. 因而 $x_0 \notin \overline{A}^w$(这里 $\overline{A}^w$ 表示 A 的 w 闭包),从而 $\overline{A}^w \subset A$. 另一方面总有 $A \subset \overline{A}^w$,因而 $A = \overline{A}^w$. 这说明 A 是 w 闭的. ∎

设 (X, τ) 是局部凸空间,$X \neq \{0\}$. 根据推论 5.3.7,$X^* \neq \{0\}$. 按照函数的加法和数乘运算,X^* 成为线性空间. 对每个 $x \in X$,令

$$p_x(f) = |f(x)| \quad (f \in X^*).$$

则 $\{p_x: x \in X\}$ 构成 X^* 上的可分点的半范数族. 根据定理 5.2.5,半范数族 $\{p_x: x \in X\}$ 在 X^* 上生成一个拓扑,将其记为 τ_{w^*},使得 X^* 关于拓扑 τ_{w^*} 成为局部凸空间. 称拓扑 τ_{w^*} 为 X^* 上的弱*拓扑. X^* 中的网 $\{f_a\}$ 关于弱*拓扑收敛于 f 记为 $f_a \xrightarrow{w^*} f$.

定理 5.3.11 设 (X, τ) 是局部凸空间,X^* 是 X 的共轭空间. 则:

（1）弱 * 拓扑是 X^* 上的使得对所有 $x\in X$，X^* 上的泛函

$$F_x(f) = f(x)\,(f\in X^*)$$

都连续的最弱的线性拓扑.

（2）若 $\{f_a\}$ 是 X^* 中的网，则 $f_a \xrightarrow{\ w^*\ } f$ 当且仅当对每个 $x\in X$，有 $f_a(x) \to f(x)$.（因此 X^* 上的弱 * 拓扑是逐点收敛拓扑.）

证明　　与定理 5.3.9 的证明是类似的，详细过程从略. ∎

习　　题　　5

1. 设 X 是线性空间，$A,B\subset X$. 证明：

（1）A 是凸集当且仅当对任意 $s,t>0$，有 $(s+t)A = sA + tA$；

（2）一族凸集的交仍是凸集；

（3）若 A 和 B 是凸集，则 $A+B$ 也是凸集；

（4）一族平衡集的交仍是平衡集；

（5）若 A 和 B 是平衡集，则 $A+B$ 也是平衡集.

2. 令 $A = \{(z_1,z_2)\in \mathbf{C}^2 : |z_1|\leqslant |z_2|\}$. 证明 A 是平衡的，但是 A° 不是平衡的.（与定理 5.1.8(1) 比较.）

3. 设 X 是线性空间，$X\neq\{0\}$，d 是 X 上的离散距离（参见第 1 章 1.1 节中例 5）. 证明 X 关于由 d 导出的拓扑不成为拓扑线性空间.

4. 设 X 是拓扑线性空间. 证明：

（1）若 A 是开集，则 A 的凸包 $\mathrm{co}(A)$ 也是开集；

（2）若 X 是局部凸的，A 是有界的，则 $\mathrm{co}(A)$ 也是有界的.

5. 设 X 是拓扑线性空间，$A\subset X$. 证明 $\overline{A} = \bigcap\limits_{V\in \mathscr{U}(0)} (A+V)$，其中 $\mathscr{U}(0)$ 是 0 点的邻域系.

6. 设 X 是拓扑线性空间. 证明：

（1）X 中的有限集是有界的；

（2）若 A,B 是 X 的有界子集，则 $A\cup B$，$A+B$ 也是 X 的有界子集.

7. 设 X 是拓扑线性空间，$A\subset X$. 证明 A 是有界的当且仅当 A 的每个可列子集是有界的.

8. 设 A 是拓扑线性空间的子集. 证明 A 有界当且仅当对于 X 的 0 点的任意邻域 V，存在 $t>0$，使得 $A\subset tV$.

9. 证明在赋范空间中，按距离有界和按定义 5.1.12 意义下的有界是一样的.

10. 设 A 是拓扑线性空间 X 的子集. 称 A 是完全有界的，若对于 0 点的任意邻域，存在有限集 F 使得 $A\subset F+V$. 证明：

（1）紧集是完全有界的；

（2）完全有界集是有界集.

11. 设 X 是拓扑线性空间，p 是 X 上的半范数. 证明以下几项是等价的：

（1）p 是连续的；

（2）$0 \in \{x : p(x) < 1\}^{\circ}$；

（3）p 在 0 点处是连续的.

12. 设 X 是局部凸空间，$\{x_n\} \subset X$，$x \in X$. 证明若 $x_n \to x$，则

$$\frac{x_1 + x_2 + \cdots + x_n}{n} \to x.$$

13. 设 $\mathcal{P}_1$ 和 $\mathcal{P}_2$ 是线性空间 X 上的两个可分点的半范数族. $\mathcal{P}_1$ 和 $\mathcal{P}_2$ 生成的拓扑分别记为 τ_1 和 τ_2. 证明 τ_1 弱于 τ_2（即 τ_1 - 开集都是 τ_2 - 开集）的充要条件是对每个 $p \in \mathcal{P}_1$，存在 $c_1, c_2, \cdots, c_n > 0$ 和 $p_1, p_2, \cdots, p_n \in \mathcal{P}_2$，使得

$$p(x) \leqslant c_1 p_1(x) + c_2 p_2(x) + \cdots + c_n p_n(x) \quad (x \in X).$$

14. 设 $\mathcal{P}$ 是线性空间 X 上的可分点的半范数族. 对 $\mathcal{P}$ 的每个有限子集 $F = \{p_1, p_2, \cdots, p_n\}$，令

$$q_F(x) = \max\{p_1(x), p_2(x), \cdots, p_n(x)\} \quad (x \in X).$$

证明 $\mathcal{Q} = \{q_F : F$ 是 $\mathcal{P}$ 的有限子集$\}$ 是可分点的半范数族，由 $\mathcal{Q}$ 生成的拓扑与 $\mathcal{P}$ 生成的拓扑是一致的，并且 $\mathcal{B}_1 = \{V(q; \varepsilon) : q \in \mathcal{Q}, \varepsilon > 0\}$ 构成这个拓扑的局部基，其中

$$V(q; \varepsilon) = \{x : q(x) < \varepsilon\}.$$

15. 设 X 是 $[0, 1]$ 上的（实或复值）函数的全体的线性空间. 对每个 $t \in [0, 1]$，令 $p_t(x) = |x(t)| \, (x \in X)$，则 $\{p_t : t \in [0, 1]\}$ 在 X 生成一个局部凸拓扑. 这个拓扑称为点态收敛拓扑. 验证这个术语的合理性.

进一步，证明存在 $\{x_n\} \subset X$，使得 $x_n \to 0$，但对于任意满足 $r_n \to +\infty$ 的实数列 $\{r_n\}$，$r_n x_n \nrightarrow 0$.（根据定理 5.1.14，这说明 X 上的拓扑不能由一个平移不变的距离导出）.

提示：设 c_0 是收敛于 0 的实数列的全体，则 c_0 与 $[0, 1]$ 具有相同的基数. 设 φ 是 $[0, 1]$ 到 c_0 的双射. 令 $x_n(t) = a_n (n = 1, 2, \cdots)$，其中 $\{a_n\} = \varphi(t)$.

16. 设 s 是（实或复）数列的全体所成的线性空间. 在 s 上定义距离

$$d(x, y) = \sum_{i=1}^{\infty} \frac{1}{2^i} \frac{|x_i - y_i|}{1 + |x_i - y_i|} \quad (x = (x_i), y = (y_i) \in s).$$

（1）证明 s 关于由 d 导出的拓扑 τ 成为局部凸空间.

（2）证明 $\{V_n, n \in \mathbf{N}\}$ 是拓扑 τ 的平衡的凸局部基，其中

$$V_n = \left\{x = (x_i) : \max_{1 \leqslant i \leqslant n} |x_i| < \frac{1}{n}\right\} \quad (n = 1, 2, \cdots).$$

（3）证明全空间 s 是按距离有界的，但是在定义 5.1.12 意义下不是有界的.（结合第 9 题知道 s 不是可赋范的.）

17. 设 $l^p (0 < p < 1)$ 是满足 $\sum_{i=1}^{\infty} |x_i|^p < \infty$ 的数列 $x = (x_i)$ 的全体所成的线性空间. 令

$$d(x, y) = \sum_{i=1}^{\infty} |x_i - y_i|^p \quad (x = (x_i), y = (y_i) \in l^p).$$

则 d 是 l^p 上的平移不变距离. 证明 l^p 上的加法和数乘是连续的. 因此 l^p 关于由 d 导出的拓扑成为线性空间.

18. 证明上一题中的空间 $l^p(0 < p < 1)$ 不是局部凸的.

提示：若 $l^p(0 < p < 1)$ 是局部凸的，则存在 0 点的一个凸邻域 V 和 $r > 0$，使得 $U(0, r) \subset V \subset U(0, 1)$. 选取 $\alpha > 0$ 使得 $\alpha^p < r$. 则对任意正整数 n,

$$x_n = \frac{1}{n}(\alpha e_1 + \alpha e_2 + \cdots + \alpha e_n) \in \mathrm{co}(U(0, r)) \subset V,$$

其中 e_n 是第 n 个坐标为 1, 其余的坐标为 0 的元. 这将导致矛盾.

19. 设 $\Omega \subset \mathbf{R}^n$, $L^p_{\mathrm{loc}}(\Omega)$ 是 Ω 上的 p 方局部可积函数的全体，即

$$L^p_{\mathrm{loc}}(\Omega) = \left\{ f: \text{对于任意紧集 } K \subset \Omega, \int_K |f|^p \mathrm{d}x < \infty \right\}.$$

对于任意紧集 $K \subset \Omega$，令

$$p_K(f) = \left(\int_K |f|^p \mathrm{d}x \right)^{\frac{1}{p}} \quad (f \in L^p_{\mathrm{loc}}(\Omega)).$$

证明 $L^p_{\mathrm{loc}}(\Omega)$ 关于由半范数族 $\{p_K\}$ 生成的拓扑成为 Frechet 空间.

20. 设 X 是拓扑线性空间，f 是 X 上的连续线性泛函. 证明对任意 $c > 0$, $\{x : f(x) = c\}^C$ 包含 0 点的一个平衡的凸邻域.

21. 设 X 是实拓扑线性空间，f 是 X 上的线性泛函，c 是实数. 证明 f 是连续的当且仅当 $\{x : f(x) \geqslant c\}$ 和 $\{x : f(x) \leqslant c\}$ 是闭集.

22. 设 X 是拓扑线性空间，$X \neq \{0\}$. 证明 X 上存在非零的连续线性泛函的充要条件是 X 中存在非空的开的凸真子集.

23. 设 $M([a, b])$ 是 $[a, b]$ 上的可测函数的空间（见第 1 章 1.1 节中例 4）. 证明：

(1) $M([a, b])$ 按照由距离导出的拓扑是拓扑线性空间；

(2) 证明在 $M([a, b])$ 上不存在非零的连续线性泛函，从而 $M([a, b])$ 不是局部凸的.

提示：若 f 是 $M([a, b])$ 上的非零的连续线性泛函，则存在 $x_0 \in M([a, b])$，使得 $f(x_0) \neq 0$. 进而存在 $x_1 \in M([a, b])$，使得 $f(x_1) \neq 0$，并且 $m(x_1 \neq 0) < 2^{-1}$. 一般地，对任意正整数 n，存在 $x_n \in M([a, b])$，使得 $\alpha_n = f(x_n) \neq 0$，并且 $m(x_n \neq 0) < 2^{-n}$. 令 $y_n = \alpha_n^{-1} x_n (n \geqslant 1)$. 进而推导出与 f 的连续性矛盾.

24. 设 X 是局部凸空间，A 是非空的平衡的闭凸集，$x_0 \notin A$. 证明存在 $f \in X^*$，使得 $\sup\limits_{x \in A} |f(x)| < |f(x_0)|$.

25. 设 E 是拓扑线性空间 X 的稠密的线性子空间，Y 是 F- 空间，$T : E \to Y$ 是连续线性算子. 证明存在连续线性算子 $\widetilde{T} : X \to Y$，使得 $\widetilde{T}|_E = T$.

提示：先证明 X 中的 0 点存在一列平衡的邻域 $\{U_n\}$，使得 $U_{n+1} + U_{n+1} \subset U_n$，并且当 $x \in E \bigcap U_n$ 时，$d(Tx, 0) < 2^{-n}$. 设 $x \in X$. 对每个 $n \geqslant 1$，取 $x_n \in (x + U_n) \bigcap E$. 证明 $\{Tx_n\}$ 是 Y 中的 Cauchy 序列. 定义 $\widetilde{T}x = \lim\limits_{n \to \infty} Tx_n$. 证明 $\widetilde{T}$ 的定义是确定的，$\widetilde{T}x = Tx (x \in E)$，并且 $\widetilde{T}$ 是连续的线性的.

26. 设 $\mathscr{P}$ 是线性空间 X 上的可分点的半范数族, τ 是由 $\mathscr{P}$ 生成的拓扑. 证明 τ 是 X 上的使得所有 $p\in\mathscr{P}$ 都连续的最弱的线性拓扑.

27. 设 (X,τ) 是可距离化的局部凸空间, $\{x_n\}\subset x, x_n \xrightarrow{\ \mathrm{w}\ } x$. 则存在由 $\{x_n\}$ 中的元的凸组合的序列 $\{y_n\}$, 使得 y_n 按拓扑 τ 收敛于 x.

附录 1　Weierstrass 逼近定理

在 1.4 节中我们引用了 Weierstrass 逼近定理，下面给出该定理的证明.

定理（Weierstrass 逼近定理）　设 $f(x)$ 是区间 $[a,b]$ 上的复值连续函数，则存在一列多项式 $P_n(x)$，使得 $P_n(x)$ 在 $[a,b]$ 上一致收敛于 $f(x)$. 如果 $f(x)$ 是实值的，则 $P_n(x)$ 也可以取为是实值的.

证明　不失一般性，我们可以设 $[a,b] = [0,1]$. 我们也可以设 $f(x)$ 满足 $f(0) = f(1) = 0$. 这是因为若令

$$g(x) = f(x) - f(0) - [f(1) - f(0)]x \quad (0 \leqslant x \leqslant 1),$$

则 $g(0) = g(1) = 0$. 由于 $f(x)$ 与 $g(x)$ 仅相差一个多项式. 若 $g(x)$ 是一列多项式的一致收敛的极限，则 $f(x)$ 亦然.

补充定义 $f(x)$ 在 $[0,1]$ 的外面等于 0，则 $f(x)$ 在全直线上是一致连续的. 令

$$Q_n(x) = c_n (1 - x^2)^n \quad (n = 1, 2, \cdots),$$

其中选取 c_n 使得

$$\int_{-1}^{1} Q_n(x)\mathrm{d}x = 1 \quad (n = 1, 2, \cdots). \tag{1}$$

考虑函数 $\varphi(x) = (1 - x^2)^n - (1 - nx^2)$. 由于 $\varphi(0) = 0$，并且 $\varphi'(x) > 0 (0 < x < 1)$，因此当 $0 < x < 1$ 时，$(1 - x^2)^n > (1 - nx^2)$. 于是我们有

$$\int_{-1}^{1} (1 - x^2)^n \mathrm{d}x = 2 \int_{0}^{1} (1 - x^2)^n \mathrm{d}x$$

$$\geqslant 2 \int_{0}^{\frac{1}{\sqrt{n}}} (1 - x^2)^n \mathrm{d}x$$

$$\geqslant 2 \int_{0}^{\frac{1}{\sqrt{n}}} (1 - nx^2) \mathrm{d}x$$

$$= \frac{4}{3\sqrt{n}} > \frac{1}{\sqrt{n}},$$

从而 $c_n = \left(\int_{-1}^{1} (1 - x^2)^n \mathrm{d}x \right)^{-1} < \sqrt{n}\, (n = 1, 2, \cdots)$. 于是对任意 $\delta > 0$，我们有

$$Q_n(x) \leqslant \sqrt{n}\, (1 - \delta^2)^n \quad (\delta \leqslant |x| \leqslant 1). \tag{2}$$

现在对每个 $n = 1, 2, \cdots$，令

$$P_n(x) = \int_{-1}^{1} f(x + t) Q_n(t) \mathrm{d}t \quad (0 \leqslant x \leqslant 1).$$

注意到 $f(x)$ 在 $[0,1]$ 的外面等于 0，通过一个简单的变量代换，我们有

$$P_n(x) = \int_{-x}^{1-x} f(x+t) Q_n(t) \mathrm{d}t = \int_0^1 f(t) Q_n(t-x) \mathrm{d}t.$$

上式的最后一个积分显然是关于 x 的多项式. 因此 $\{P_n(x)\}$ 是一列多项式, 并且当 $f(x)$ 是实值时, $P_n(x)$ 也是实值的. 对任意 $\varepsilon > 0$, 选取 $\delta > 0$, 使得当 $|x-y| < \delta$ 时,

$$|f(x) - f(y)| < \frac{\varepsilon}{2}.$$

令 $M = \sup\limits_{x \in \mathbf{R}^1} |f(x)|$. 利用式(1) 和式(2), 并且注意到 $Q_n(x) \geqslant 0$, 我们有

$$
\begin{aligned}
|P_n(x) - f(x)| &= \left| \int_{-1}^1 \left[f(x+t) - f(x) \right] Q_n(t) \mathrm{d}t \right| \\
&\leqslant \int_{-1}^1 |f(x+t) - f(x)| Q_n(t) \mathrm{d}t \\
&\leqslant 2M \int_{-1}^{\delta} Q_n(t) \mathrm{d}t + \frac{\varepsilon}{2} \int_{-\delta}^{\delta} Q_n(t) \mathrm{d}t + 2M \int_{\delta}^1 Q_n(t) \mathrm{d}t \\
&\leqslant 2M \int_{-1}^{-\delta} \sqrt{n} (1-\delta^2)^n \mathrm{d}t + \frac{\varepsilon}{2} \int_{-1}^1 Q_n(t) \mathrm{d}t + 2M \int_{\delta}^1 \sqrt{n} (1-\delta^2)^n \mathrm{d}t \\
&\leqslant 4M \sqrt{n} (1-\delta^2)^n + \frac{\varepsilon}{2}.
\end{aligned}
$$

由于当 $n \to \infty$ 时 $\sqrt{n} (1-\delta^2)^n \to 0$, 存在 $N > 0$ 使得当 $n > N$ 时,

$$4M \sqrt{n} (1-\delta^2)^n < \frac{\varepsilon}{2}.$$

因此当 $n > N$ 时, 对所有 $x \in [0,1]$ 有 $|P_n(x) - f(x)| < \varepsilon$. 这就证明了 $P_n(x)$ 在 $[a,b]$ 上一致收敛于 $f(x)$. 定理证毕. ∎

　　Weierstrass 逼近定理可以推广到更一般的情形, 即区间 $[a,b]$ 可以换成一般的紧 Hausdorff 空间, 多项式可以换为连续函数的满足某些条件的子代数中的元, 这就是 Stone-Weierstrass 定理. 详情这里不再赘述.

附录 2　完备化空间的存在性定理

关于完备化空间的定义见 1.5 节我们曾经指出，若将两个等距同构的距离空间不加区别，则每个距离空间都存在唯一的完备化空间. 这里给出这个结论的证明. 证明的方法与从有理数集出发构造实数集的方法是类似的.

定理　设 (X,d) 是距离空间，则 (X,d) 的完备化空间是存在的. 即：存在一个完备的距离空间 $(\widetilde{X},\widetilde{d})$，使得 X 与 $\widetilde{X}$ 的一个稠密子空间等距同构. 若将两个等距同构的距离空间不加区别，则 (X,d) 的完备化空间是唯一的.

证明　证明分几个步骤.

(1) 将 X 中的 Cauchy 序列的全体记为 $\widetilde{X}$. 对于 X 中的两个 Cauchy 序列 $\{x_n\}$ 和 $\{y_n\}$，若 $\lim\limits_{n\to\infty}d(x_n,y_n)=0$，则将 $\{x_n\}$ 和 $\{y_n\}$ 不加区别，视为 $\widetilde{X}$ 中的同一元. 对 $\widetilde{X}$ 于中的任意两个元 $\widetilde{x}=\{x_n\}$ 和 $\widetilde{y}=\{y_n\}$，定义

$$\widetilde{d}(\widetilde{x},\widetilde{y})=\lim_{n\to\infty}d(x_n,y_n).\tag{1}$$

我们证明 $\widetilde{d}$ 是 $\widetilde{X}$ 上的距离. 由于 $\{x_n\}$ 和 $\{y_n\}$ 是 Cauchy 序列，对任意 $\varepsilon>0$，存在 $N>0$ 使得当 $m,n>N$ 时，$d(x_m,x_n)<\dfrac{\varepsilon}{2},d(y_m,y_n)<\dfrac{\varepsilon}{2}$. 于是当 $m,n>N$ 时，

$$|d(x_m,y_m)-d(x_n,y_n)|\leqslant d(x_m,x_n)+d(y_m,y_n)<\frac{\varepsilon}{2}+\frac{\varepsilon}{2}=\varepsilon.$$

这说明 $\{d(x_n,y_n)\}$ 是 Cauchy 数列，从而式 (1) 右端的极限存在. 若 $\{x_n'\}=\{x_n\},\{y_n'\}=\{y_n\}$，则

$$|d(x_n,y_n)-d(x_n',y_n')|\leqslant d(x_n,x_n')+d(y_n,y_n')\to 0(n\to\infty).$$

因此 $\lim\limits_{n\to\infty}d(x_n,y_n)=\lim\limits_{n\to\infty}d(x_n',y_n')$. 这说明 $\widetilde{d}(\widetilde{x},\widetilde{y})$ 与用来表示 $\widetilde{x}$ 和 $\widetilde{y}$ 的 Cauchy 序列 $\{x_n\}$ 和 $\{y_n\}$ 选取无关. 因此 $\widetilde{d}(\widetilde{x},\widetilde{y})$ 的定义是确定的.

显然 $\widetilde{d}(\widetilde{x},\widetilde{y})\geqslant 0$，并且 $\widetilde{d}(\widetilde{x},\widetilde{y})=0$ 当且仅当 $\lim\limits_{n\to\infty}d(x_n,y_n)=0$，即 $\widetilde{x}=\widetilde{y}$. 显然 $\widetilde{d}(\widetilde{x},\widetilde{y})=\widetilde{d}(\widetilde{y},\widetilde{x})$. 对于 $\widetilde{X}$ 中的任意三个元 $\widetilde{x}=\{x_n\},\widetilde{y}=\{y_n\}$ 和 $\widetilde{z}=\{z_n\}$，我们有

$$\widetilde{d}(\widetilde{x},\widetilde{y})=\lim_{n\to\infty}d(x_n,y_n)\leqslant\lim_{n\to\infty}d(x_n,z_n)+\lim_{n\to\infty}d(z_n,y_n)=\widetilde{d}(\widetilde{x},\widetilde{z})+\widetilde{d}(\widetilde{z},\widetilde{y}).$$

这就证明了 $\widetilde{d}$ 是 $\widetilde{X}$ 上的距离. $\widetilde{X}$ 按照距离 $\widetilde{d}$ 成为一个距离空间.

(2) 我们证明 X 与 $\widetilde{X}$ 的一个稠密子空间等距同构. 对任意 $x\in X$，令

$$\widetilde{X}_0=\{\widetilde{x}=\{x,x,\cdots\}:x\in X\}.$$

则 $\widetilde{X}_0$ 是 $\widetilde{X}$ 的子空间. 作映射 $T:X\to\widetilde{X}_0,Tx=\widetilde{x}$. 由距离 $\widetilde{d}$ 的定义知道，当 $x,y\in X$ 时，

$\tilde{d}(\tilde{x}, \tilde{y}) = d(x, y)$，从而

$$\tilde{d}(Tx, Ty) = \tilde{d}(\tilde{x}, \tilde{y}) = d(x, y).$$

因此 X 与 $\tilde{X}_0$ 等距同构. 设 $\tilde{x} = \{x_n\} \in \tilde{X}$. 对每个 x_n，令 $\tilde{x}_n = \{x_n, x_n, \cdots\}$，则 $\{\tilde{x}_n\}$ 是 $\tilde{X}_0$ 中的序列. 由于 $\{x_n\}$ 是 Cauchy 序列，对任意 $\varepsilon > 0$，存在 $N > 0$ 使得当 $m, n > N$ 时，$d(x_m, x_n) < \varepsilon$. 于是当 $m > N$ 时，$\tilde{d}(\tilde{x}_m, \tilde{x}) = \lim\limits_{n \to \infty} d(x_m, x_n) \leqslant \varepsilon$. 所以

$$\lim\limits_{m \to \infty} \tilde{d}(\tilde{x}_m, \tilde{x}) = 0. \tag{2}$$

这就证明了 $\tilde{X}_0$ 在 $\tilde{X}$ 中是稠密的.

(3) 再证明 $\tilde{X}$ 是完备的. 设 $\{\tilde{x}_n\}$ 是 $\tilde{X}$ 中的 Cauchy 序列. 由于 $\tilde{X}_0$ 在 $\tilde{X}$ 中是稠密的，对每个 $\tilde{x}_n$，存在 $\tilde{y}_n = \{y_n, y_n, \cdots\} \in \tilde{X}_0$，使得 $\tilde{d}(\tilde{x}_n, \tilde{y}_n) < \dfrac{1}{n}(n = 1, 2, \cdots)$. 于是

$$d(y_m, y_n) = \tilde{d}(\tilde{y}_m, \tilde{y}_n) \leqslant \tilde{d}(\tilde{y}_m, \tilde{x}_m) + \tilde{d}(\tilde{x}_m, \tilde{x}_n) + \tilde{d}(\tilde{x}_n, \tilde{y}_n)$$

$$< \frac{1}{m} + \tilde{d}(\tilde{x}_m, \tilde{x}_n) + \frac{1}{n} \to 0 \quad (m, n \to \infty).$$

所以 $\{y_n\}$ 是 X 中的 Cauchy 序列，从而 $\tilde{y} = \{y_n\} \in \tilde{X}$. 由式 (2) 知道 $\lim\limits_{n \to \infty} \tilde{d}(\tilde{y}_n, \tilde{y}) = 0$. 因此当 $n \to \infty$ 时，

$$\tilde{d}(\tilde{x}_n, \tilde{y}) \leqslant \tilde{d}(\tilde{x}_n, \tilde{y}_n) + \tilde{d}(\tilde{y}_n, \tilde{y}) < \frac{1}{n} + \tilde{d}(\tilde{y}_n, \tilde{y}) \to 0.$$

即 $\tilde{x}_n \to \tilde{y}(n \to \infty)$. 这就证明了 $\tilde{X}$ 是完备的.

(4) 最后证明唯一性. 设 $\tilde{Y}$ 也是 X 的完备化空间. 则 X 与 $\tilde{Y}$ 的一个稠密子空间 $\tilde{Y}_0$ 等距同构. 由于 X 与 $\tilde{X}$ 的稠密子空间 $\tilde{X}_0$ 等距同构，易见 $\tilde{X}_0$ 与 $\tilde{Y}_0$ 也是等距同构的. 设 S 是 $\tilde{X}_0$ 到 $\tilde{Y}_0$ 的等距同构映射. 对任意 $\tilde{x} \in \tilde{X}$，存在 $\tilde{X}_0$ 中的序列 $\{\tilde{x}_n\}$ 使得 $\tilde{x}_n \to \tilde{x}$，则 $\{S(\tilde{x}_n)\}$ 是 $\tilde{Y}$ 中的 Cauchy 序列. 因此存在 $\tilde{y} \in \tilde{Y}$，使得 $S(\tilde{x}_n) \to \tilde{y}$. 作映射

$$\tilde{S} : \tilde{X} \to \tilde{Y},$$

$$\tilde{x} \mapsto \tilde{y}.$$

容易验证映射 $\tilde{S}$ 的定义是确定的，并且是等距同构映射. 因此 $\tilde{X}$ 和 $\tilde{Y}$ 是等距同构的. 定理证毕. ∎

用类似的方法可以证明，若 X 是一个赋范空间，则存在一个完备的赋范空间 $\tilde{X}$，使得 X 与 $\tilde{X}$ 的一个稠密子空间等距同构. 称 $\tilde{X}$ 为 X 的完备化空间. 并且在等距同构的意义下，X 的完备化空间是唯一的. 关于赋范空间的完备化空间的存在性，在 2.7 节我们用另一方法给出了一个很简短的证明.

附录 3   等价关系 半序集与 Zorn 引理

在 2.4 节中证明 Hahn-Banach 定理时，我们用到了半序集与 Zorn 引理. 关于等价关系、半序集与 Zorn 引理的相关概念在泛函分析和其他数学分支中经常用到. 这里将这方面的内容作一简要介绍.

定义 1   设 X 是一非空集合. 在 X 上规定了元素之间的一种关系"$\sim$". 若这种关系 $\sim$ 满足如下条件：

(1) 自反性：对任意 $x \in X$, $x \sim x$；

(2) 对称性：若 $x \sim y$, 则 $y \sim x$；

(3) 传递性：若 $x \sim y$, $y \sim z$, 则 $x \sim z$,

则称 $\sim$ 是 X 上的等价关系. 当 $x \sim y$ 时，称 x 与 y 等价.

例如，实数的相等，两个可测函数的几乎处处相等，三角形的相似，线性空间的同构等关系都是等价关系.

设 $\sim$ 是 X 上的等价关系. 对任意 $x \in X$, 令 $\tilde{x} = \{y : y \sim x\}$, 则 $\tilde{x}$ 是由所有与 x 等价的元所成的集. 称 $\tilde{x}$ 是 X 中的一个等价类. 容易验证，对 X 中的任意两个等价类 $\tilde{x}$ 和 $\tilde{y}$, 若 $x \sim y$, 则 $\tilde{x} = \tilde{y}$. 若不成立 $x \sim y$, 则 $\tilde{x} \bigcap \tilde{y} = \varnothing$. 因此这些等价类是互不相交的，$X$ 等于这些等价类的不相交并.

定义 2   设在 X 上给定了一个等价关系 $\sim$. 由 X 的等价类的全体所成的集称为 X 关于等价关系 $\sim$ 的商集，记为 $X / \sim$.

商集常常用来定义商空间.

例 1   设 E 是 $\mathbf{R}^n$ 中的可测集，$\mathscr{L}^p(E)(1 \leqslant p < \infty)$ 是 E 上的 p 次方可积函数的全体. 规定 $f \sim g$ 当且仅当 $f = g$ a.e. 则 $\sim$ 是 $\mathscr{L}^p(E)$ 上的等价关系. 此时 $\mathscr{L}^p(E)$ 关于等价关系 $\sim$ 的商集 $\mathscr{L}^p(E) / \sim$ 就是 1.3 节中的 $L^p(E)$.

定义 3   设 X 是一非空集合. 在 X 上规定了元素之间的一种关系"$\prec$". 若这种关系 $\prec$ 满足如下条件：

(1) 自反性：对任意 $x \in X$, $x \prec x$；

(2) 反对称性：若 $x \prec y$, $y \prec x$, 则 $x = y$；

(3) 传递性：若 $x \prec y$, $y \prec z$, 则 $x \prec z$,

则称 $\prec$ 是 X 上的一个半序. 此时称 X 按半序关系 $\prec$ 成为一个半序集. 若 $\prec$ 进一步还满足：

(4) 对任意 $x, y \in X$, $x \prec y$ 或者 $y \prec x$ 必有一个成立，则称 X 是一个全序集.

例 2   实数集按小于或等于关系 $\leqslant$ 是一个全序集.

例 3   设 X 是一非空集，$\mathscr{P}(X)$ 是由 X 的全体子集所成的集类. 则包含关系 $\subset$ 是 $\mathscr{P}$

(X) 上的一个半序. $\mathscr{P}(X)$ 按包含关系 $\subset$ 成为一个半序集.

定义 4　设 X 是一个半序集. $A \subset X$. 若存在 $a \in X$, 使得对每个 $x \in A$, 成立 $x \prec a$, 则称 a 是 A 的一个上界.

定义 5　设 X 是一个半序集. $A \subset X$. 若存在 $a \in A$, 具有如下的性质: 对任意 $x \in A$, 若 $a \prec x$, 则必有 $x = a$, 则称 a 为集 A 的极大元.

类似地可以定义 A 的下界和极小元.

一般情况下, 给定半序集 X 的一个子集 A, A 的上界和极大元不一定存在, 在存在的时候, 也不一定唯一.

Zorn 引理　设 X 是一个半序集. 若 X 的每个全序子集都有上界, 则 X 必有极大元.

Zorn 引理习惯上称为引理, 但实际上 Zorn 引理是一个公理. Zorn 引理与下面的 Zermelo 选取公理是等价的.

Zermelo 选取公理　若 $\{A_\alpha\}_{\alpha \in I}$ 是一族互不相交的非空的集, 则存在一个集 $E \subset \bigcup_{\alpha \in I} A_\alpha$, 使得对每个 $\alpha \in I$, $E \bigcap A_\alpha$ 是单点集. 换言之, 存在一个集 E, 它是由每个 A_α 中选取一个元构成.

部分习题的提示与解答要点

习　题　1

2. 充分性：取 m 足够大使得 $\sum\limits_{i=m+1}^{\infty}\dfrac{1}{2^i}<\dfrac{\varepsilon}{2}$. 则

$$d(x^{(n)},x)<\sum_{i=1}^{m}\frac{1}{2^i}\frac{|x_i^{(n)}-x_i|}{1+|x_i^{(n)}-x_i|}+\frac{\varepsilon}{2}.$$

4. (1) 由于 $\dfrac{1}{p}+\dfrac{1}{q}=\dfrac{1}{r}$，故 $\left(\dfrac{p}{r}\right)^{-1}+\left(\dfrac{q}{r}\right)^{-1}=1$. 对指标 $\dfrac{p}{r}$ 和 $\dfrac{q}{r}$ 利用 Hölder 不等式.

(2) 令 $\dfrac{1}{s}=\dfrac{1}{q}+\dfrac{1}{r}$，则 $\dfrac{1}{p}+\dfrac{1}{s}=1$. 于是 $\|fgh\|_1\leqslant\|f\|_p\|gh\|_s$，再利用(1)的结论.

5. 把 $|f|^p$ 分解为 $|f|=|f|^{\lambda p}|f|^{(1-\lambda)p}$. 令 $p_1=\dfrac{r}{\lambda p}$，$q_1=\dfrac{s}{(1-\lambda)p}$. 对指标 p_1 和 q_1 利用 Hölder 不等式.

6. (2) 注意 $\displaystyle\int_E|f|^{p_1}\mathrm{d}x=\int_{E(|f|\leqslant1)}|f|^{p_1}\mathrm{d}x+\int_{E(|f|>1)}|f|^{p_1}\mathrm{d}x$.

7. 记 $a=\inf\limits_{E_0\subset E,\,m(E_0)=0}\sup\limits_{x\in E-E_0}|f(x)|$. 则 $|f|\leqslant\|f\|_\infty$ a.e. 蕴涵 $a\leqslant\|f\|_\infty$. 反过来，对任意 $\varepsilon>0$，存在 $E_1\subset E$，$m(E_1)=0$，使得 $\sup\limits_{x\in E-E_1}|f(x)|<a+\varepsilon$. 这表明 $\|f\|_\infty<a+\varepsilon$.

10. 令 A 是 $C[-1,1]$ 中的偶函数之集. 容易证明 A 是闭集. 设 $x\in A$. 对任意 $\varepsilon>0$，令 $y(t)=x(t)+\dfrac{\varepsilon}{2}$，则 $y\in U(x,\varepsilon)$，但 $y\notin A$.

11. 令 $B=\{x\in C[a,b]:x(t)>0(t\in[a,b])\}$. 设 $x\in B$，令 $\varepsilon=\min\limits_{t\in[a,b]}x(t)$. 则 $U(x,\varepsilon)\subset A$. 另一方面，若 $x\notin B$，则存在 $t_0\in[a,b]$ 使得 $x(t_0)\leqslant0$. 于是可以证明对任意 $\varepsilon>0$，$U(x,\varepsilon)\not\subset A$，从而 $x\notin A^0$.

12. 设 E 是赋范空间 X 的真子空间. 则存在 $x_0\in X\backslash E$，使得 $\|x_0\|=1$. 对于任意 $x\in E$ 和 $\varepsilon>0$，作出适当的 y，使得 $y\in U(x,\varepsilon)$，但是 $y\notin E$. 这说明 x 不是 E 的内点.

13. 注意 $x\in\bar{E}$ 当且仅当存在 $\{x_n\}\subset E$，使得 $x_n\rightarrow x$.

14. 先证明 $\|Tx_1-Tx_2\|\leqslant\|x_1-x_2\|$.

15. (2) 先证明对任意 $x,y\in X$，有 $|d(x,A)-d(y,A)|\leqslant d(x,y)$.

16. 对每个自然数 n，令 $G_n=\left\{x:d(x,F)<\dfrac{1}{n}\right\}$. 证明每个 G_n 是开集，并且

$F = \bigcap\limits_{n=1}^{\infty} G_n$.

17. 对任意 $x \in A$ 和 $y \in B$，令 $r_x = d(x, B)$，$r_y = d(y, A)$. 再令

$$U = \bigcup_{x \in A} U\left(x, \frac{r_x}{3}\right), \quad V = \bigcup_{y \in B} U\left(y, \frac{r_y}{3}\right).$$

18. 注意 A 在 X 中稠密当且仅当对任意 $x \in X$，存在 $\{x_n\} \subset A$，使得 $x_n \to x$.

20. 不妨设对每个自然数 n，$x_1, x_2, \cdots, x_n$ 是线性无关的. 令

$$A = \left\{ x : x = \sum_{i=1}^{n} r_i x_i, \ r_i \in \mathbf{Q}, \ n = 1, 2, \cdots \right\}.$$

则 A 是可列集，并且 A 在 E 中稠密.

21. (1) 令 $A = \left\{ \sum\limits_{i=1}^{n} r_i e_i : r_i \in \mathbf{Q}, \ n = 1, 2, \cdots \right\}$. 则 A 是可列集，并且 A 在 X 中稠密.

24. $L^{\infty}(E)$ 的情形. 设 $\{f_n\}$ 是 $L^{\infty}(E)$ 中的 Cauchy 序列. 则对任意 $\varepsilon > 0$，存在 $N > 0$，使得当 $m, n > N$ 时，$\| f_m - f_n \|_{\infty} < \varepsilon$. 于是存在 E 的零测度子集 E_0，使得当 $m, n > N$ 时，

$$\left| f_m(x) - f_n(x) \right| \leqslant \| f_m - f_n \|_{\infty} < \varepsilon \ (x \in E \backslash E_0).$$

令 $f(x) = \lim\limits_{n \to \infty} f_n(x) (x \in E \backslash E_0)$. 证明 $f \in l^{\infty}$ 并且 $\lim\limits_{n \to \infty} \| f_n - f \|_{\infty} = 0$.

25. 设 $\{s_n\}$ 是 X 中的 Cauchy 序列，则存在 $\{s_n\}$ 的子列 $\{s_{n_k}\}$，使得 $\| s_{n_k} - s_{n_{k-1}} \| < \dfrac{1}{2^k}$ $(k \geqslant 1)$. 令 $x_1 = s_{n_1}$，$x_k = s_{n_k} - s_{n_{k-1}} (k \geqslant 2)$，则 $\sum\limits_{k=1}^{\infty} \| x_k \| < \infty$. 由假设条件，级数 $\sum\limits_{k=1}^{\infty} x_k$ 收敛，这推出 $\{s_n\}$ 收敛.

27. 设 $\{x_n\}$ 是 $AC[a, b]$ 中的 Cauchy 序列. 则 $\{x_n(a)\}$ 是 Cauchy 数列，$\{x_n'(t)\}_{n \geqslant 1}$ 是 $L^1[a, b]$ 中的 Cauchy 序列. 设 $x_n(a) \to c$，$x_n'(t) \xrightarrow{L^1} y(t)$. 令 $x(t) = c + \int_a^t y(s) \mathrm{d}s$. 证明 $x \in AC[a, b]$，并且在 $AC[a, b]$ 中，$x_n \to x$.

28. 设 $\{x_n\}$ 是 X 中的 Cauchy 序列. 则存在 $\{x_n\}$ 的子列 $\{x_{n_k}\}$，使得 $d(x_{n_k}, x_{n_{k+1}}) < \dfrac{1}{2^k}$. 考虑 $B_k = \left\{ x : d(x_{n_k}, x) \leqslant \dfrac{1}{2^{k-1}} \right\} (k = 1, 2, \cdots)$.

29. 令 $f(x) = d(x, Tx) (x \in K)$，则 f 在 K 上是连续的. 设 $f(x_0) = \min\limits_{x \in K} f(x)$. 证明 x_0 是 T 的唯一不动点.

30. 考虑 $C[0, 1]$ 上的算子 $(Tx)(t) = \dfrac{1}{2} \sin x(t) + a(t)$.

31. 考虑 $C[a, b]$ 上的算子 $(Tx)(t) = \lambda \int_a^t K(s, t) x(s) \mathrm{d}s + \varphi(t)$.

32. 考虑 $L^2[a, b]$ 上的算子 $(Tx)(t) = \int_a^b K(s, t) x(s) \mathrm{d}s + a(t)$.

33. 考虑 c_{00} 中的序列 $x^{(n)} = \left(1, \dfrac{1}{2}, \cdots, \dfrac{1}{n}, 0, \cdots\right) (n = 1, 2, \cdots)$.

34. 显然 $(C[0,1],\|\cdot\|_1)$ 是 $L^1[0,1]$ 的子空间. 对每个正整数 n, 令

$$x_n(t)=-1\chi_{\left[0,\frac{1}{2}-\frac{1}{n}\right]}+n\left(t-\frac{1}{2}\right)\chi_{\left(\frac{1}{2}-\frac{1}{n},\frac{1}{2}+\frac{1}{n}\right)}+1\chi_{\left[\frac{1}{2}+\frac{1}{n},1\right]}.$$

再令 $x(t)=-\chi_{[0,1/2]}(t)+\chi_{(1/2,1]}(t)$. 则在 $L^1[0,1]$ 中, $x_n\rightarrow x$. 但 $x\notin C[0,1]$. 因此 $\{x_n\}$ 在 $(C[0,1],\|\cdot\|_1)$ 中不收敛. 利用 Lusin 定理, 可以证明 $C[0,1]$ 在 $L^1[0,1]$ 中稠密. 所以 $(C[0,1],\|\cdot\|_1)$ 的完备化空间是 $L^1[0,1]$.

36. 设 $x=(x_i)\in l^\infty$, 作 $(0,1]$ 上的连续函数 $\tilde{x}=\tilde{x}(t)$, 使得

$$\tilde{x}\left(\frac{1}{n}\right)=x_n\ (n=1,2,\cdots),$$

其他地方用折线连接. 定义映射 $T:l^\infty\rightarrow C(0,1]$, 使得 $T(x)=\tilde{x}$. 则 $\|Tx\|=\|x\|$. 令 $E=T(l^\infty)$, 则 l^∞ 与 E 等距同构.

37. 令 $E=\mathrm{span}(1,t,t^2,\cdots,t^k)$, 则 E 是 $C[a,b]$ 的有限维子空间, 因而是闭子空间.

38. 对每个正整数 n, 令 $E_n=\mathrm{span}(1,t,t^2,\cdots,t^n)$. 则每个 E_n 是闭子空间, 并且 $P[a,b]=\bigcup_{n=1}^{\infty}E_n$. 利用第 12 题的结论.

40. 不妨设 K_1 是紧集. 对每个 $n=1,2,\cdots$, 取 $x_n\in K_n$.

41. 先说明 X 中的 Cauchy 序列是完全有界集.

42. 设 $z_n=x_n+y_n\in A+B$, $z_n\rightarrow z$. 存在 x_n 的子列 $x_{n_k}\rightarrow x\in A$. 则 $\{y_{n_k}\}$ 也收敛, 设 $y_{n_k}\rightarrow y$, 则 $z=x+y$.

43. (2) 例如, 考虑 $\mathbf{R}^2$ 的子集:

$$A=\{(x,y):x\in\mathbf{R}^1,y=0\},\ B=\left\{(x,y):x>0,y=\frac{1}{x}\right\}.$$

44. (1) 不妨设 $x\notin E$. 任取 $y_0\in E$, 记 $r=\|x-y_0\|$. 令

$$A=\{y:d(x,y)\leqslant r\}\bigcap E.$$

则 $d(x,E)=d(x,A)$. 注意 A 是紧集.

(2) 例如, 考虑 l^∞ 的子空间 $E=c_{00}$. 令 $x=\left(1,\frac{1}{2},\cdots,\frac{1}{n},\cdots\right)$.

45. 若 T 在 A 上不一致连续, 则存在 $\varepsilon_0>0$ 和 x_n, $x_n'\in X$, 使得 $d(x_n,x_n')<\frac{1}{n}$, 但 $d(Tx_n,Tx_n')\geqslant\varepsilon_0$. 利用 A 的紧性导出矛盾.

46. (1) 是. (2) 否. (3) 否. 事实上, 对于 $\varepsilon=\frac{1}{2}$ 和任意 $\delta>0$, 取 n 足够大使得 $\frac{1}{n}<\delta$. 令 $t=1$, $t'=1-\frac{1}{n}$. 则 $|t-t'|=\frac{1}{n}<\delta$. 但是当 n 充分大时, $|t^n-t'^n|>\frac{1}{2}$. 因此函数族 $\{t^n:n=1,2,\cdots\}$ 不是等度连续的.

47. 设 A 是无限维赋范空间 X 中的紧集. 若 A 存在内点, 则存在一个闭球 $S(x,r)\subset A$. 由于 A 是紧集, 故 $S(x,r)$ 是紧集. 这与定理 1.6.11 矛盾! 因此 A 无内点, 从而 A 是疏朗集. 再利用 Baire 纲定理.

48. 只需证明 A 是完全有界的闭集. 易证 A 是闭集. 对任意 $\varepsilon > 0$, 取 m 足够大使得 $\dfrac{1}{m} < \dfrac{\varepsilon}{2}$. 令

$$E = \left\{ x = \left(\frac{k_1}{m}, \frac{k_2}{m}, \cdots, \frac{k_m}{m}, 0, \cdots \right) : k_1, k_2, \cdots, k_m = 0, \pm 1, \cdots, \pm m \right\}.$$

则 E 是 A 的有限 ε- 网. 从而 A 是完全有界的.

49. 充分性: 只需证明 A 是完全有界的. 设 $\varepsilon > 0$, n 是正整数使得 $\displaystyle\sum_{i=n+1}^{\infty} |x_i|^p < \varepsilon$. 令

$$\widetilde{A} = \{ \widetilde{x} = (x_1, x_2, \cdots, x_n) : x = (x_1, x_2, \cdots) \in A \}.$$

则 $\widetilde{A}$ 是 $\mathbf{K}^n$ 中的有界集. 因而是完全有界的. 于是存在 $x^{(1)}, x^{(2)}, \cdots, x^{(m)} \in A$ 使得

$$\widetilde{x}^{(1)} = (x_1^{(1)}, x^{(2)}, \cdots, x_n^{(1)}), \cdots, \widetilde{x}^{(m)} = (x_1^{(m)}, x_2^{(m)}, \cdots, x_n^{(m)})$$

构成 $\widetilde{A}$ 的 ε- 网. 则 $E = \{ x^{(1)}, x^{(2)}, \cdots, x^{(m)} \}$ 是 A 的 ε'- 网.

习　题　2

1. 注意若 $x_n \to x$, 则 $u_n = x_n - x + x_0 \to x_0$.

2. 充分性: 若 T 无界, 则存在有界序列 $\{x_n\}$, 不妨设 $\|x_n\| \leqslant 1 (n \geqslant 1)$, 使得 $\|Tx_n\| \geqslant n$. 令 $z_n = \dfrac{x_n}{\sqrt{n}}$. 则 $A = \{z_1, z_2, \cdots\}$ 是完全有界集. 但 $T(A) = \{Tz_1, Tz_2, \cdots\}$ 不是完全有界集.

3. 充分性: 设 $N(f)$ 是 X 中的闭集. 若 f 不是有界的, 则存在 $\{x_n\} \subset X$ 使得 $\|x_n\| \leqslant 1$, 并且 $|f(x_n)| > n$. 任取 $y \notin N(f)$, 令 $y_n = y - \dfrac{f(y)}{f(x_n)} x_n (n \geqslant 1)$. 则 $\{y_n\} \subset N(f)$, 并且 $y_n \to y$. 这与 $N(f)$ 是闭集矛盾!

4. $\|T\| = \|a\|_\infty$.

5. (1) $\|f\| = 1$. (2) 设 $x = x(t) \in C[0,1]$, 要使 $\|x\| \leqslant 1$ 并且 $f(x) = 1$, 则必须在 $\left[0, \dfrac{1}{2}\right]$ 上 $x(t) \equiv 1$, 在 $\left[\dfrac{1}{2}, 1\right]$ 上 $x(t) \equiv -1$.

6. (1) $\|T\| = \dfrac{1}{\sqrt{3}}$. (2) 易知 $\|T\| \leqslant 1$. 另一方面, 对任意 $\varepsilon > 0$, 令 $x_\varepsilon = \dfrac{1}{\sqrt{\varepsilon}} \chi_{[1-\varepsilon, 1]}(t)$, 得到 $\|T\| \geqslant 1 - \varepsilon$.

7. 易知 $\|T\| \leqslant \|\alpha\|_\infty$. 另一方面, 对任意 $\varepsilon > 0$, 令 $A = \{t : |\alpha(t)| > \|\alpha\|_\infty - \varepsilon\}$. 则 $m(A) > 0$. 考虑 $x = (m(A))^{-1/p} \chi_A(t)$, 得到 $\|T\| \geqslant \|\alpha\|_\infty - \varepsilon$.

8. 令 $x_0(t) \equiv 1$. 若 $x \in C[a, b]$, $\|x\| \leqslant 1$, 则 $x_0(t) \pm x(t) \geqslant 0$. 故 $f(x_0(t) \pm x(t)) \geqslant 0$, 于是 $|f(x)| \leqslant f(x_0)$. 从而 $\|f\| \leqslant f(x_0) = f(1)$.

9. 利用 Hölder 不等式.

10. 仿照 2.2 节中例 1, 利用共鸣定理.

12. 对每个自然数 n，令 $T_n : X \to l^1$，$T_n(x) = (f_1(x), \cdots, f_n(x), 0, \cdots)$. 利用共鸣定理得到，存在 $M > 0$ 使得 $\|T_n\| \leqslant M (n \geqslant 1)$. 则对每个 $x \in X$，有

$$\sum_{i=1}^{n} |f_i(x)| = \|T_n x\| \leqslant M \|x\| \quad (n \geqslant 1).$$

13. 设 $x_n \to x$，$y_n \to y$. 令 $A_n(y) = T(x_n, y)$. 则 $A_n \in B(Y, Z)$，并且对每个 $y \in Y$，$\lim\limits_{n \to \infty} A_n(y) = T(x, y)$. 根据共鸣定理，存在常数 $M > 0$ 使得 $\|A_n\| \leqslant M (n \geqslant 1)$. 于是 $\|T(x_n, y)\| \leqslant M \|y\| (n \geqslant 1)$. 由此推导出 $T(x_n, y_n) \to T(x, y)$. 为证后一结论，只需证明在常数 $c > 0$，使得当 $\|x\| \leqslant 1$，$\|y\| \leqslant 1$ 时，$\|T(x, y)\| \leqslant c$. 这可仿照定理 2.1.1 的证明.

14. 证明 f 是满射. 再利用开映射定理.

15. 研究映射 $f : \mathbf{R}^2 \to \mathbf{R}^1$，$f(x, y) = x$. 考虑集 $A = \left\{ (x, y) \in \mathbf{R}^2 : y = \dfrac{1}{x}, \ x > 0 \right\}$.

16. 作映射 $P_1 : X \to E_1$，$P_1 x = x_1 (x = x_1 + x_2)$. 证明 T 是闭算子. 根据闭图像定理，P_1 是有界的. 因此 $\|x_1\| = \|P_1 x\| \leqslant \|P_1\| \|x\|$. 类似地，考虑映射

$$P_2 : X \to E_2, \quad P_2 x = x_2 \quad (x = x_1 + x_2).$$

18. （2）注意有界线性算子是闭算子. 利用（1）的结论.

19. 设 I 是 X 上的恒等映射. 将 I 视为 $(X, \|\cdot\|_1)$ 到 $(X, \|\cdot\|_2)$ 的映射，利用逆算子定理.

21. 设 I 是 $C[a, b]$ 上的恒等算子. 将 I 视为 $(C[a, b], \|\cdot\|_1)$ 到 $(C[a, b], \|\cdot\|)$ 的算子，利用闭图像定理.

22. 充分性：利用逆算子定理. 必要性：设 $T^{-1} : R(T) \to X$ 有界. 若 $y_n = T x_n \in R(T)$，$y_n \to y$. 则当 $m > n$ 时

$$\|x_m - x_n\| = \|T^{-1} y_m - T^{-1} y_n\| \leqslant \|T^{-1}\| \|y_m - y_n\|.$$

这说明 $\{x_n\}$ 是 Cauchy 序列.

23. 令 $p(x) = \overline{\lim\limits_{n \to \infty}} x_n (x \in l^\infty)$，则 $p(x)$ 是 l^∞ 上的次可加正齐性的泛函. 在子空间 c 上定义泛函 $f(x) = \lim\limits_{n \to \infty} x_n$. 利用 Hahn-Banach 定理（定理 2.4.1）.

24. （1）令 $E = \mathrm{span}\{x_1, x_2, \cdots, x_n\}$. 在 E 上定义泛函

$$f_0(x) = \sum_{i=1}^{n} \lambda_i a_i \quad \left(x = \sum_{i=1}^{n} \lambda_i x_i \in E \right).$$

利用 2.1 节例 3 的结论和 Hahn-Banach 定理.

25. 令 $E = \mathrm{span}(x_1, x_2, \cdots, x_n)$. 对每个 $i = 1, 2, \cdots, n$，令

$$f_i(x) = a_i, \quad x = a_1 x_1 + a_2 x_2 + \cdots + a_n x_n \in E.$$

对 $f_1, f_2, \cdots, f_n$ 利用 Hahn-Banach 定理.

26. 对任意正整数 n，在 X 中存在 n 个线性无关的向量 $x_1, x_2, \cdots, x_n$. 由上一题的结论，存在 $f_1, f_2, \cdots, f_n \in X^*$，使得 $f_i(x_j) = \delta_{ij}$. 则 $f_1, f_2, \cdots, f_n$ 是 X^* 中的线性无关的向量组.

27. 设 $\{x_n\}$ 是 X 的稠密子集. 由 Hahn-Banach 定理的推论, 对每个 n, 存在 $f_n \in X^*$ 使得 $\|f_n\| = 1$, 并且 $f_n(x_n) = \|x_n\|$. 设 $x \in X$. 显然 $\sup\limits_{n \geqslant 1} |f_n(x)| \leqslant \|x\|$. 另一方面, 既然 $\{x_n\}$ 是稠密的, 不妨设 $x_n \to x$. 易证 $|f_n(x - x_n)| \to 0 (n \to \infty)$. 于是

$$\lim_{n \to \infty} |f_n(x)| = \lim_{n \to \infty} |f_n(x_n)| = \lim_{n \to \infty} \|x_n\| = \|x\|.$$

因此对任意 $\varepsilon > 0$, 存在 n_0 使得 $\|f_{n_0}(x)\| \geqslant \|x\| - \varepsilon$. 从而 $\sup\limits_{n \geqslant 1} |f_n(x)| \geqslant \|x\| - \varepsilon$.

28. 设 $x_n \to x$, $Tx_n \to y$, 对每个 $f \in Y^*$, 一方面 $\lim\limits_{n \to \infty}(f \circ T)(x_n) = f(Tx)$. 另一方面, $\lim\limits_{n \to \infty}(f \circ T)(x_n) = f(y)$. 这蕴含 $y = Tx$.

29. 任取 $x_0 \in X$, $x_0 \neq 0$. 存在 $f \in X^*$, 使得 $\|f\| = 1$ 并且 $f(x_0) = \|x_0\| \neq 0$. 设 $\{y_n\}$ 是 Y 中的 Cauchy 序列. 令 $T_n(x) = f(x)y_n (x \in X)$. 则 $\{T_n\}$ 是 $B(X,Y)$ 中的 Cauchy 序列. 设 $T_n \to T$. 则

$$Tx_0 = \lim_{n \to \infty} T_n(x_0) = f(x_0) \lim_{n \to \infty} y_n.$$

于是 $y_n \to f(x_0)^{-1} Tx_0$.

30. 设 $y_n = \alpha_n x_0 + x_n \in E_1$, $y_n \to y$. 根据 Hahn-Banach 定理的推论, 存在 $f \in X^*$, 使得 $f(x) = 0 (x \in E)$, $f(x_0) \neq 0$. 则 $f(y_n) = \alpha_n f(x_0) \to f(y)$. 因此 $\alpha_n \to f(y) f(x_0)^{-1} \triangleq \alpha$. 由此推导出 $x_n \to y - \alpha x_0 \in E$. 从而 $y \in E_1$.

31. 利用推论 2.4.7.

32. 若 $d(x_0, E) = 0$, 易证结论成立. 设 $d(x_0, E) > 0$. 由 Hahn-Banach 定理的推论, 存在 $f \in X^*$, 使得 $\|f\| = 1$, 当 $x \in E$ 时 $f(x) = 0$, 并且 $f(x_0) = d(x_0, E)$. 因此

$$d(x_0, E) \leqslant \sup\{|f(x_0)| : f \in X^*, \|f\| \leqslant 1, f(x) = 0 (x \in E)\}.$$

33. (1) 因为对每个 n, 有 $|f_n(x)| \leqslant \|Tx\|_\infty \leqslant \|T\|\|x\|$, 故 $\|f_n\| \leqslant \|T\|$.

(2) 对每个 f_n 利用 Hahn-Banach 定理.

34. 对任意 $x_0 \notin A$, 存在 E 中的序列 $\{x_n\}$, 使得 $x_n \to x$. 则 $\{Tx_n\}$ 是 Y 中的 Cauchy 序列. 令 $\widetilde{T}x = \lim\limits_{n \to \infty} Tx_n (x \in X)$. 这样定义的 $\widetilde{T}$ 不依赖于 $\{x_n\}$ 的选取. 可以证明 $\widetilde{T}$ 是 T 的唯一的线性延拓, 并且 $\|\widetilde{T}\| = \|T\|$.

35. 注意 $\{0\}$ 是紧凸集, 利用凸集的分离定理.

36. 对任意 $x \notin A$, 根据凸集的分离定理, 存在 $f \in X^*$ 和实数 r, 使得 $f(x) < r$, $f(y) > r (y \in A)$. 令 $H_x = \{y : f(y) \geqslant r\}$, 则 $A = \bigcap\limits_{x \notin A} H_x$.

37. 根据凸集的分离定理, 存在 $f \in X^*$ 和实数 r, 使得

$$f(x) > r \geqslant f(y) \quad (x \in A, y \in E).$$

由于 $0 \in E$, 故 $r \geqslant f(0) = 0 (x \in A)$. 由于 E 是线性子空间, 可证 $f(x) = 0 (x \in E)$.

40. 令 $e_0 = (1, 1, \cdots)$, $e_1, e_2, \cdots$ 是 c_0 的标准基. 对任意 $x = (x_i) \in c$, 设 $\lim\limits_{n \to \infty} x_n = s$. 则 $x = se_0 + \sum\limits_{i=1}^\infty (x_i - s)e_i$. 对任意 $f \in c^*$, 令 $b = f(e_0)$, $a_i = f(e_i)$, 则

$$f(x) = sf(e_0) + \sum_{i=1}^\infty (x_i - s)f(e_i) = bs + \sum_{i=1}^\infty a_i(x_i - s).$$

易证 $\sum_{i=1}^{\infty}|a_i|\leqslant\|f\|$. 令 $a_0=b-\sum_{i=1}^{\infty}a_i$，则上式可以改写为

$$f(x)=a_0s+\sum_{i=1}^{\infty}a_ix_i=a_0\lim_{n\to\infty}x_n+\sum_{i=1}^{\infty}a_ix_i.$$

这是 c 上的连续线性泛函的一般表达式. 对每个 $n=1,2,\cdots$，令

$$x^{(n)}=(\operatorname{sgn}a_1,\operatorname{sgn}a_2,\cdots,\operatorname{sgn}a_n,\operatorname{sgn}a_0,\operatorname{sgn}a_0,\cdots),$$

则 $|a_0|+\sum_{i=1}^{n}|a_i|=f(x^{(n)})\leqslant\|f\|\|x^{(n)}\|\leqslant\|f\|$. 令 $n\to\infty$ 得到 $|a_0|+\sum_{i=1}^{\infty}|a_i|\leqslant\|f\|$. 这表明 $a=(a_0,a_1,a_2,\cdots)\in l^1$ 并且 $\|a\|_1\leqslant\|f\|$.

41. $\|f\|=\sqrt[3]{2}$.

42. 考虑 $1<p<\infty$ 的情形. 对每个正整数 n，令 $\alpha_n(t)=\alpha(t)\chi_{\{|\alpha(t)|\leqslant n\}}(t)$，则 $\alpha_n(t)\in L^q[a,b]$. 令 $f_n(x)=\int_a^b x(t)\alpha_n(t)\mathrm{d}t$. 则 $f_n\in L^p[a,b]^*$，并且 $\|f_n\|=\|\alpha_n\|_q$. 对任意 $x\in L^p[a,b]$，利用控制收敛定理，有

$$\lim_{n\to\infty}f_n(x)=\lim_{n\to\infty}\int_a^b x(t)\alpha_n(t)\mathrm{d}t=\int_a^b x(t)\alpha(t)\mathrm{d}t.$$

根据共鸣定理，存在常 $M>0$，使得 $\|\alpha_n\|_q=\|f_n\|\leqslant M$. 利用单调收敛定理得到

$$\int_a^b|\alpha(t)|^q\mathrm{d}t=\lim_{n\to\infty}\int_a^b|\alpha_n(t)|^q\mathrm{d}t\leqslant M^q<\infty.$$

43. 利用 $L^p[a,b]$ 的共轭空间的表示定理和 Hahn-Banach 定理的推论（推论 2.4.6）.

44. 利用 $L^p[0,1]$ 的共轭空间的表示定理.

46. 先说明若 $\{f_n\}$ 弱*收敛，则 $\{\|f_n\|\}$ 是有界的.

47. 利用推论 2.4.4，或利用推论 2.4.6，可以得到两种不同的证明.

48. 必要性：注意对任意 $f\in Y^*$，$f\circ T\in X^*$. 充分性：利用闭图像定理.

49. 利用 Hahn-Banach 定理的推论（推论 2.4.7）.

50. 利用凸集的分离定理.

51. 题设条件蕴含 $\{x_n\}$ 是有界的. 令 $\varphi(f)=\lim_{n\to\infty}f(x_n)(f\in X^*)$，则 $\varphi\in X^{**}$. 因为 X 是自反的，存在 $x\in X$ 使得 $Jx=\varphi$. 则 $x_n\xrightarrow{\text{w}}x$.

53. $T^*(x_1,x_2,\cdots)=(\alpha_1x_1,\alpha_2x_2,\cdots)$.

54. $(T^*x)(t)=\dfrac{1}{\alpha}t^{\frac{1}{\alpha}-1}x(t^{\frac{1}{\alpha}})$.

55. 充分性：设 $g\in Y^*$ 使得 $T^*g=0$. 则 g 在 $R(T)$ 上为零. 进一步可推出 g 在 Y 上为零. 必要性：设 $N(T^*)=0$. 若 $\overline{R(T)}\neq Y$，任取 $y_0\in Y\backslash\overline{R(T)}$，则 $d=d(y_0,\overline{R(T)})>0$. 根据 Hahn-Banach 定理的推论，存在 $g\in Y^*$ 使得当 $y\in\overline{R(T)}$ 时，$g(y)=0$ 并且 $g(y_0)=d$. 对任意 $x\in X$ 有 $(x,T^*g)=(Tx,g)=0$，因此 $T^*g=0$. 但是 $g\neq0$. 这与 $N(T^*)=0$ 矛盾.

57. 考虑算子序列 $T_n:l^p\to l^p$，$T_n(x_1,x_2,x_3,\cdots)=\left(x_1,\dfrac{1}{2}x_2,\cdots,\dfrac{1}{n}x_n,0,\cdots\right)$.

58. 设 A 是 $C[0,1]$ 中的有界集，$\|x\| \leqslant M(x \in A)$. 则 $T(A)$ 是有界集. 易知函数族 $\{(Tx)(t): x \in A\}$ 满足 Lipschitz 条件，因而是等度连续的. 根据 Arzela-Ascoli 定理，$T(A)$ 是 $C[0,1]$ 中的列紧集.

59. 考虑集 $A = \{t^n: n = 1, 2, \cdots\}$. 利用习题 1 中第 46 题的结果.

60. 设 A 是 $C^1[a,b]$ 中的有界集，$\|x\|_1 \leqslant M(x \in A)$. 则对任意 $x \in A$，有
$$\max_{a \leqslant t \leqslant b} |x(t)| \leqslant M, \quad \max_{a \leqslant t \leqslant b} |x'(t)| \leqslant M.$$
由第一个不等式知道函数族 $J(A) = A$ 是一致有界的. 由第二个不等式容易推导出函数族 A 是等度连续的. 根据 Arzela-Ascoli 定理，$J(A) = A$ 是 $C[a,b]$ 中的列紧集.

61. 设 $x_n \xrightarrow{w} x$. 若 $Tx_n \longrightarrow Tx$，则存在 $\varepsilon_0 > 0$ 和 $\{x_n\}$ 的子列 $\{x_{n_k}\}$，使得 $\|Tx_{n_k} - Tx\| \geqslant \varepsilon_0$. 由于 $\{x_n\}$ 弱收敛，故 $\{x_n\}$ 有界. 而 T 是紧算子，故存在 $\{x_{n_k}\}$ 的子列，不妨设就是 $\{x_{n_k}\}$，使得 $Tx_{n_k} \to y$. 这蕴含对任意 $f \in Y^*$，有 $f(y) = f(Tx)$. 这导致矛盾.

62. 设 T 存在有界逆 T^{-1}. 若 T 是紧算子，则 $I = TT^{-1}$ 也是紧算子. 这蕴涵 X 的闭单位球 B_X 是紧集. 这与 $\dim X = \infty$ 矛盾(见定理 1.6.11).

63. 若 $T(X) = Y$，根据开映射定理，T 是开映射. 于是 $TU_X(0,1)$ 是 Y 中的开集. 由于 $0 \in TU_X(0,1)$，故存在 $r > 0$ 使得 $U_Y(0,r) \subset TU_X(0,1)$. 由 T 是紧算子推导出 $U_Y(0,r)$ 是列紧集. 这与 $\dim Y = \infty$ 矛盾.

64. 设 T^* 是紧算子，则 T^{**} 是紧算子. 设 $\{x_n\}$ 是 X 中的有界序列. 记 $x_n^{**} = Jx_n(n \geqslant 1)$，其中 J 是 X 到 X^{**} 的标准嵌入，则 $\{x_n^{**}\}$ 是 X^{**} 中的有界序列. 由于 T^{**} 是紧算子，存在 $\{x_n^{**}\}$ 的子序列 $\{x_{n_k}^{**}\}$ 使得 $T^{**} x_{n_k}^{**}$ 收敛. 由定理 2.8.3，有
$$\|Tx_{n_k} - Tx_{n_l}\| = \|(Tx_{n_k})^{**} - (Tx_{n_l})^{**}\| = \|T^{**} x_{n_k}^{**} - T^{**} x_{n_l}^{**}\|,$$
因此 $\{Tx_{n_k}\}$ 是 Y 中的 Cauchy 序列.

习 题 3

1. 只需举例说明当 $p \neq 2$ 时，在 l^p 和 $L^p[0,1]$ 上平行四边形公式不成立.

2. 直接验证可知 $(\cdot, \cdot)$ 是 H 上的内积. 仿照 l^2 空间的情形，可以证明 H 的完备性.

3. 利用平行四边形公式.

4. 注意当 H 是实内积空间时，对任意 $x, y \in H$ 有 $(x, y) = (y, x)$.

5. 充分性：从 $\|x + \lambda y\| = \|x - \lambda y\|$ 可以推导出 $\mathrm{Re}\lambda(x, y) = 0$.

6. 利用极化恒等式和平行四边形公式可以得到 $|\varphi(x, y)| \leqslant c(\|x\|^2 + \|y\|^2)$. 于是对任意实数 $t \neq 0$，有
$$|\varphi(x, y)| = |\varphi(tx, t^{-1}y)| \leqslant c(t^2 \|x\|^2 + t^{-2} \|y\|^2).$$
当 $x \neq 0, y \neq 0$ 时，令 $t^2 = \dfrac{\|y\|}{\|x\|}$，得到 $|\varphi(x, x)| \leqslant 2c \|x\| \|y\|$.

7. 设 $x_n = a_n + b_n$ 是 $E_1 + E_2$ 中的序列，并且 $x_n \to x$. 利用勾股公式可证 $\{a_n\}$ 和 $\{b_n\}$ 都是 Canchy 序列.

8. 由题设条件可以证明 T 是闭算子.

9.（1）利用内积的连续性.

（2）只需证明 $M^\perp = \overline{\text{span}(M)}^\perp$. 设 $x \in M^\perp$. 对任意 $y \in \overline{\text{span}(M)}$，存在 $\{y_n\} \subset \text{span}(M)$ 使得 $y_n \to y$. 由此得到 $(x, y) = 0$，从而 $M^\perp \subset \overline{\text{span}(M)}^\perp$. 反过来的包含关系是显然的.

（3）根据（2）的结论，$M^\perp = \overline{\text{span}(M)}^\perp$. 注意 $\overline{\text{span}(M)}$ 是闭线性子空间，利用定理 3.2.5(1) 即得所要证明的等式.

10. 设 $\{x_n\} \subset E, x_n \to x$. 设 x 的分解为 $x = y + z$. 由题设条件易证 $z = 0$.

11. 不妨设 $x \notin E$. 根据定理 2.2.2，存在唯一的 $x_0 \in E$，使得 $d(x, E) = \|x - x_0\|$. 由引理 2.2.3，$x - x_0 \in E^\perp$. 令 $y_0 = \|x - x_0\|^{-1}(x - x_0)$，则 $y_0 \in E^\perp$，$\|y_0\| = 1$，并且

$$|(x, y_0)| = |(x - x_0, y_0)| = \|x - x_0\|.$$

于是 $\sup\{|(x, y)| : y \in E^\perp, \|y\| = 1\} \geqslant \|x - x_0\|$.

12. $M^\perp = \{x \in l^2 : x = (0, \cdots, 0, x_{n+1}, x_{n+2}, \cdots)\}$.

13. 不妨只考虑 $L^2[-1, 1]$ 是实空间的情形，复空间的情形是类似的. 令

$$A = \{f \in L^2[-1, 1] : f \text{ 是奇函数}\}.$$

显然 $A \subset M^\perp$. 反过来，设 $g \in M^\perp$. 我们有

$$\int_{-1}^1 (g(t) + g(-t))^2 \mathrm{d}t = \int_{-1}^1 (g(t) + g(-t))g(t)\mathrm{d}t + \int_{-1}^1 (g(t) + g(-t))g(-t)\mathrm{d}t$$
$$= 2\int_{-1}^1 (g(t) + g(-t))g(t)\mathrm{d}t.$$

由于 $g(t) + g(-t) \in M$，上式右端的积分为零. 因此 g 是奇函数，即 $g \in A$. 这表明 $M^\perp \subset A$. 从而 $M^\perp = A$.

17. 先证明若 P_1, P_2 是投影算子，并且 $P_1 \leqslant P_2$，则 $P_2 - P_1$ 是投影算子. 令 $Q_1 = P_1, Q_n = P_n - P_{n-1}(n \geqslant 2)$. 则 $\{Q_n\}$ 是一列两两正交的投影算子. 利用定理 3.2.10.

18. 容易验证 $A^2 = A, A^* = A$，所以 P 是幂等的、自伴的. 注意 P 的投影子空间 $E = \{x \in \mathbf{R}^2 : Px = x\}$. 经计算知道，当 $a = 0$ 时，$E = \{(x_1, x_2) \in \mathbf{R}^2 : x_1 = 0\}$. 当 $a \neq 0$ 时，$E = \left\{(x_1, x_2) \in \mathbf{R}^2 : x_2 = \dfrac{b}{a}x_1\right\}$.

19. 只需证明 $\widetilde{E} = \{e \in E : (x, e) \neq 0\}$ 至多是可列集. 对每个 $k = 1, 2, \cdots$，令 $E_k = \{e \in E : |(x, e)| > k^{-1}\}$. 利用 Bessel 不等式可证每个 E_k 是有限集.

20. 设 $\{e_\alpha\}_{\alpha \in I}$ 是 H 中的规范正交系. 则当 $e_\alpha \neq e_\beta$ 时，$\|e_\alpha - e_\beta\| = \sqrt{2}$. 设 $\{x_n\}$ 是 H 的可列的稠密子集. 若 $\{e_\alpha\}_{\alpha \in I}$ 不是有限集或可列集，则至少存在某一个 $U\left(x_n, \dfrac{1}{2}\right)$ 包含 $\{e_\alpha\}_{\alpha \in I}$ 中的两个不同的元 e_α 和 e_β. 这导致 $\|e_\alpha - e_\beta\| < 1$. 矛盾！

23. 令 $W_n(x) = \dfrac{\mathrm{d}^n}{\mathrm{d}x^n}(x^2 - 1)^n(n = 1, 2, \cdots)$. 当 $0 \leqslant m \leqslant n$ 时，利用分部积分法得到

$$(W_n, W_m) = \int_{-1}^1 \frac{\mathrm{d}^n}{\mathrm{d}x^n}(x^2 - 1)^n \frac{\mathrm{d}^m}{\mathrm{d}x^m}(x^2 - 1)^m \mathrm{d}x$$

$$= -\int_{-1}^{1} \frac{\mathrm{d}^{n-1}}{\mathrm{d}x^{n-1}}(x^2-1)^n \frac{\mathrm{d}^{m+1}}{\mathrm{d}x^{m+1}}(x^2-1)^m \mathrm{d}x$$

$$= \cdots = (-1)^n \int_{-1}^{1}(x^2-1)^n \frac{\mathrm{d}^{m+n}}{\mathrm{d}x^{m+n}}(x^2-1)^m \mathrm{d}x.$$

当 $m < n$ 时，$\dfrac{\mathrm{d}^{m+n}}{\mathrm{d}x^{m+n}}(x^2-1)^m = 0$，此时 $(W_n,W_m) = 0$. 当 $m = n$ 时，$\dfrac{\mathrm{d}^{m+n}}{\mathrm{d}x^{m+n}}(x^2-1)^m$ $= (2n)!$. 此时

$$(W_n,W_n) = (-1)^n(2n)!\int_{-1}^{1}(x^2-1)^n \mathrm{d}x = \frac{(n!)^2}{2n+1}2^{2n+1}.$$

因此 $\{L_n(x)\}$ 是 $L^2[-1,1]$ 中的规范正交系.

24. 仿照 3.2 节中例 2 的方法.

25. 设 $f(x) \in L^2[0,\pi]$ 并且满足 $\int_0^\pi f(x)\sin nx\,\mathrm{d}x = 0(n=1,2,\cdots)$. 将 $f(x)$ 延拓为 $[-\pi,\pi]$ 上的奇函数，延拓后的函数记为 $\tilde{f}$. 计算表明 $\tilde{f}$ 与 $\{\varphi_n\} = \{1,\cos x,\sin x,\cos 2x,\sin 2x,\cdots\}$ 中的所有元都正交. 这蕴涵着在 $[-\pi,\pi]$ 上 $\tilde{f} = 0$ a.e.，从而在 $[0,\pi]$ 上 $f = 0$ a.e.

26. 若 $x \in H$，$(x,e_n') = 0(n=1,2,\cdots)$，则对每个 n，有 $(x,e_n) = (x,e_n-e_n')$. 利用 Parseval 等式证明此时必有 $x = 0$.

27. 由于 $\{e_n\}$ 是完全的，对任意 $x \in H$ 有，$Tx = \displaystyle\sum_{i=1}^{\infty}(Tx,e_i)e_i$. 对每个正整数 n，令 $T_nx = \displaystyle\sum_{i=1}^{n}(Tx,e_i)e_i$. 易证 T_n 是有界的有限秩算子. 注意到由于 $x = \displaystyle\sum_{j=1}^{\infty}(x,e_j)e_j$. 因此 $(Tx,e_i) = \displaystyle\sum_{j=1}^{\infty}(x,e_j)(Te_j,e_i)$. 于是

$$(T-T_n)x = \sum_{i=n+1}^{\infty}(Tx,e_i)e_i = \sum_{i=n+1}^{\infty}\left(\sum_{j=1}^{\infty}(x,e_j)(Te_j,e_i)\right)e_i.$$

利用上式可以计算出 $\|T-T_n\| \leqslant \left(\displaystyle\sum_{i=n+1}^{\infty}\sum_{j=1}^{\infty}|(Te_j,e_i)|^2\right)^{\frac{1}{2}} \to 0 \ (n \to \infty)$.

28. 根据引理 3.4.1 和 Riesz 表示定理，$x_n \overset{\mathrm{w}}{\longrightarrow} x$ 等价于对任意 $y \in H$，$(x_n,y) \to (x,y)$.

29. 对每个自然数 n，令 $f_n(x) = (x,y_n)(x \in H)$. 利用共鸣定理和 Riesz 表示定理.

30. 对每个自然数 n，令 $s_n = \displaystyle\sum_{i=1}^{n}y_i$. 再令 $f_n(x) = (x,s_n)(x \in H)$. 则 $f_n \in H^*$，并且 $\|f_n\| = \|s_n\|$. 题设条件说明对每个 $x \in H$，极限 $\displaystyle\lim_{n\to\infty}f_n(x)$ 存在. 根据共鸣定理，存在 $M > 0$ 使得 $\|f_n\| \leqslant M(n \geqslant 1)$. 这蕴含 $\displaystyle\sum_{i=1}^{\infty}\|y_i\|^2 \leqslant M$.

31. 当 φ 有界时，容易证明 φ 关于两个变元是连续的. 反过来，只需证明存在常数 $c > 0$，使得当 $\|x\| \leqslant 1$，$\|y\| \leqslant 1$ 时，$|\varphi(x,y)| \leqslant c$. 若不然，则存在序列 $\{x_n\}$ 和 $\{y_n\}$ 使得 $\|x_n\| \leqslant 1$，$\|y_n\| \leqslant 1$，并且 $|\varphi(x_n,y_n)| > n^2$. 令 $x_n' = \dfrac{x_n}{\sqrt{n}}$，$y_n' = \dfrac{y_n}{\sqrt{n}}$. 利用 φ 的连续性导出矛盾.

35. (1) 先利用 Riesz-Fischer 定理，说明级数 $\sum\limits_{n=1}^{\infty}\lambda_n(x,e_n)e_n$ 收敛，从而 Tx 的定义有意义.

(2) 注意 $\lambda_i=(Te_i,e_i)(i\geqslant 1)$.

36. 指明 $((A+A^*)x,x)=2\mathrm{Re}(Ax,x)$.

37. 由题设条件得到 $\|Tx\|\geqslant c\|x\|(x\in H)$. 这表明 T 是单射. 由于 $(Tx,x)=(x,T^*x)$, 于是 $c\|x\|^2\leqslant|(x,T^*x)|$, 因此同样有 $N(T^*)=\{0\}$. 根据定理 3.4.6,

$$\overline{R(T)}=N(T^*)^{\perp}=H.$$

可以证明 $R(T)$ 是闭集. 从而 $R(T)=\overline{R(T)}=H$. 由逆算子定理知道 T^{-1} 是有界的.

38. $A=A_1+\mathrm{i}A_2$，其中 $A_1=\dfrac{1}{2}(A+A^*)$，$A_2=\dfrac{1}{2\mathrm{i}}(A-A^*)$.

39. (1) 将由 $\langle\cdot,\cdot\rangle$ 导出的范数记为 $\|\cdot\|_1$，则 $\|\cdot\|_1$ 与 $\|\cdot\|$ 等价. 利用这两个范数的等价性知道，由于 $(H,(\cdot,\cdot))$ 是完备的，故 $(H,\langle\cdot,\cdot\rangle)$ 也是完备的.

40. 必要性显然. 充分性:对任意 $x\in H$，有 $x=\sum\limits_{i=1}^{\infty}(x,e_i)e_i$. 于是 $Tx=\sum\limits_{i=1}^{\infty}(x,e_i)Te_i$. 再利用内积的连续性可证 T 是自伴的.

42. 显然 $\|T^n\|\leqslant\|T\|^n$. 根据定理 3.4.5, $\|T\|^2=\|T^*T\|$, 因此

$$\|T\|^4=\|T^*T\|^2=\|(T^*T)(T^*T)^*\|=\|T^*TT^*T\|$$
$$=\|(T^2)^*T^2\|=\|T^2\|^2.$$

于是 $\|T^2\|=\|T\|^2$. 用数学归纳法可以证明 $\|T^{2^k}\|=\|T\|^{2^k}$. 对任意正整数 n，设 $m=2^k>n$，则

$$\|T\|^m=\|T\|^n\|T\|^{m-n}=\|T^m\|\leqslant\|T^n\|\|T\|^{m-n}\leqslant\|T\|^m.$$

从而 $\|T^n\|=\|T\|^n$.

习 题 4

1. (1) 设 $1-AB$ 可逆，其逆为 C. 可以验证 $1-BA$ 的逆为 $1+BCA$.

(2) 设 $\lambda\neq 0$. 由于 $\lambda-AB=\lambda(1-\lambda^{-1}AB)$. 利用(1)的结论.

2. 注意当 $x\in E$ 时，$\widetilde{A}x=Ax$. 直接用定义证明.

3. 设 $\lambda_1,\lambda_2,\cdots,\lambda_n$ 是 λ 的 n 次方根，则 $(\lambda_1-t)(\lambda_2-t)\cdots(\lambda_n-t)=\lambda-t^n$. 设 $x_0\neq 0$ 使得 $(\lambda-A^n)x_0=0$. 则 $(\lambda_1-A)(\lambda_2-A)\cdots(\lambda_n-A)x_0=0$.

4. 设 $\lambda\in\mathbf{C}$，则

$$(\lambda-A)x(t)=(\lambda-a(t))x(t).$$

若 $mE(a(t)=\lambda)>0$. 令 $x=\chi_{E(a(t)=\lambda)}(t)$，则 x 是方程 $(\lambda-A)x=0$ 的非零解. 故 $\lambda\in\sigma_p(A)$. 反过来，若 $mE(a(t)=\lambda)=0$，可证 $\lambda\notin\sigma_p(A)$.

5. 直接计算，有

$$R_{\lambda}(A)-R_{\mu}(A)=(\lambda-A)^{-1}-(\mu-A)^{-1}$$

$$= (\lambda - A)^{-1}(\mu - A)(\mu - A)^{-1} - (\lambda - A)^{-1}(\lambda - A)(\mu - A)^{-1}$$
$$= (\lambda - A)^{-1}[(\mu - A) - (\lambda - A)](\mu - A)^{-1}$$
$$= (\mu - \lambda)R_\lambda(A)R_\mu(A).$$

6. 根据定理 4.1.3，当 $|\lambda| > \|A\|$ 时，λ 是 A 正则点，并且

$$(\lambda - A)^{-1} = \sum_{n=0}^{\infty} \frac{A^n}{\lambda^{n+1}}.$$

利用 $(\lambda - A)^{-1}$ 的这个级数表达式，可以得到 $\|(\lambda - A)^{-1}\| \leqslant (\lambda - \|A\|)^{-1}$.

7. 可以设 $\lambda \neq 0$. 若 $\lambda \in \rho(A)$，则 $(\lambda - A)^{-1} \in B(X)$. 直接验证知道 $-\lambda A (\lambda - A)^{-1}$ 是 $\lambda^{-1} - A^{-1}$ 的逆. 从而 $\lambda^{-1} \in \rho(A^{-1})$. 因此 $\{\lambda^{-1} : \lambda \in \rho(A)\} \subset \rho(A^{-1})$. 从而

$$\{\lambda^{-1} : \lambda \in \sigma(A)\} \supset \sigma(A^{-1}).$$

将 A 换为 A^{-1} 得到 $\{\lambda^{-1} : \lambda \in \sigma(A^{-1})\} \supset \sigma(A)$. 由此可证 $\{\lambda^{-1} : \lambda \in \sigma(A)\} \subset \sigma(A^{-1})$.

8. 只需证明 $\rho(A) = \rho(A^*)$. 由于 $\lambda - A^* = (\lambda - A)^*$，用 T 代替 $\lambda - A$，只需证明 T 可逆当且仅当 T^* 可逆. 根据推论 4.1.2，若 T 可逆，则 T^* 可逆.

反过来，设 T^* 可逆，则 T^{**} 可逆. 根据定理 2.8.3，对任意 $x \in X$，有 $Tx = T^{**}x$（这里将 x 与 x^{**} 不加区别），因此 $N(T) = N(T^{**}) = \{0\}$. 另一方面，因为 $N(T^*) = \{0\}$，利用习题 2 中第 55 题的结果知道，$\overline{R(T)} = X$. 设 $y_n = Tx_n \in R(T)$，$y_n \to y$. 则

$$x_n = (T^{**})^{-1}Tx_n = (T^{**})^{-1}y_n \to (T^{**})^{-1}y.$$

于是 $y_n = Tx_n \to T(T^{**})^{-1}y$. 从而 $y = T(T^{**})^{-1}y \in R(T)$. 因此 $R(T)$ 是闭集. 于是 $R(T) = \overline{R(T)} = X$. 由逆算子定理，$T$ 是可逆的.

9. 由于 $A^2 - A = 0$，根据谱映射定理，当 $\lambda \in \sigma(A)$ 时，

$$\lambda^2 - \lambda \in \sigma(A^2 - A) = \sigma(0) = \{0\}.$$

因此 $\lambda = 0$ 或 1. 这说明 $\sigma(A) \subset \{0, 1\}$. 若 $A \neq 0$，则存在 $x \neq 0$ 使得 $Ax \neq 0$. 但

$$(1 - A)Ax = (A - A^2)x = 0,$$

从而 $1 \in \sigma(A)$. 类似地，若 $A \neq 1$，可以推导出 $0 \in \sigma(A)$.

10. 不妨设 $A \neq 0$，$B \neq 0$. 否则结论平凡地成立. 由于 $(AB)^n = A(BA)^{n-1}B$，因此 $\|(AB)^n\| \leqslant \|A\| \|(BA)^{n-1}\| \|B\|$. 于是

$$r(AB) = \lim_{n \to \infty} \|(AB)^n\|^{\frac{1}{n}} \leqslant \lim_{n \to \infty} \|A\|^{\frac{1}{n}} \left(\|(BA)^{n-1}\|^{\frac{1}{n-1}}\right)^{\frac{n-1}{n}} \|B\|^{\frac{1}{n}}$$
$$= \lim_{n \to \infty} \left(\|(BA)^{n-1}\|^{\frac{1}{n-1}}\right)^{\frac{n-1}{n}} = \lim e^{\frac{n-1}{n}\ln\left(\|(BA)^{n-1}\|^{\frac{1}{n-1}}\right)}$$
$$= e^{\ln r(BA)} = r(BA).$$

11. 由于 $AB = BA$，因此 $(AB)^n = A^n B^n$. 利用谱半径公式.

12. 利用谱半径公式易证 $r(A^k) \leqslant r(A)^k$. 反过来，对任意 $\varepsilon > 0$，存在 $\lambda \in \sigma(A)$，使得 $|\lambda| > r(A) - \varepsilon$. 由谱映射定理，$\lambda^k \in \sigma(A^k)$，于是 $r(A^k) \geqslant |\lambda|^k \geqslant (r(A) - \varepsilon)^k$.

13. (1) 由于 $R^{-1} = \overline{\lim} |a_n|^{1/n}$，因此当 $r(A) < R$ 时，$\overline{\lim_{n \to \infty}} \|a_n A^n\|^{1/n} < 1$. 由正向级数的根值判别法知道级数 $\sum_{n=1}^{\infty} \|a_n A^n\|$ 收敛.

(2) 设 $r(A) > R$. 若级数 $\sum\limits_{n=1}^{\infty} a_n A^n$ 收敛，则 $\lim\limits_{n\to\infty} \| a_n A^n \| = \lim\limits_{n\to\infty} \| s_n - s_{n-1} \| = 0$

$\left(s_n \text{ 是级数 } \sum\limits_{n=1}^{\infty} a_n A^n \text{ 的部分和}\right)$. 于是存在 $M \geqslant 0$ 使得 $\| a_n A^n \| \leqslant M(n \geqslant 1)$. 因此

$$\frac{r(A)}{R} = \overline{\lim_{n\to\infty}} \| a_n A^n \|^{1/n} \leqslant \overline{\lim_{n\to\infty}} M^{1/n} \leqslant 1.$$

于是 $r(A) \leqslant R$，这与假设条件矛盾.

14. (2) 由 (1) 的结果知道 $\{\lambda_n\} = \sigma_p(A) \subset \sigma(A)$. 于是 $\overline{\{\lambda_n\}} \subset \sigma(A)$. 另一方面，若 $\lambda \notin \overline{\{\lambda_n\}}$，则 $c = \inf\limits_{n\geqslant 1} |\lambda - \lambda_n| > 0$. 此时易证 $\lambda - A$ 是满射. 显然此时 $\lambda - A$ 也是单射. 由逆算子定理知道，$\lambda \notin \sigma(A)$. 这说明 $\sigma(A) \subset \overline{\{\lambda_n\}}$.

15. 若 $\lambda \notin \{a(t) : t \in [a,b]\}$，易知此时 $\lambda - A$ 是双射. 根据逆算子定理，$(\lambda - A)^{-1}$ 有界，从而 $\lambda \notin \sigma(A)$. 这说明

$$\sigma(A) \subset \{a(t) : t \in [a,b]\}.$$

反过来，若 $\lambda \in \{a(t) : t \in [a,b]\}$，则方程 $(\lambda - a(t))x(t) = 1$ 无解. 此时 $\lambda - A$ 不是满射，从而 $\lambda \in \sigma(A)$. 因而 $\{a(t) : t \in [a,b]\} \subset \sigma(A)$.

16. 利用上一题的结果得到 $\sigma(A) = \{e^{it} : t \in [0,2\pi]\} = \{\lambda : |\lambda| = 1\}$.

17. 因为方程 $(\lambda - A)x(t) = \lambda x(t) - \int_0^t x(s)\mathrm{d}s$，所以方程 $(\lambda - A)x = 0$ 的解即微分方程 $x(t) = \lambda x'(t)$，$x(0) = 0$ 的解. 其通解为 $x = C e^{t/\lambda}$. 满足 $x(0) = 0$ 的唯一解为 $x = 0$. 因此 $\sigma_p(A) = \varnothing$.

根据习题 2 中第 58 题的结论，A 是紧算子. 利用定理 4.2.4 可知 $\sigma(A) = \{0\}$.

或者：用归纳法容易证明 $\|A^n\| \leqslant \dfrac{(b-a)^n}{n!}$. 因此 $r(A) = 0$. 从而 $\sigma(A) = \{0\}$.

18. 容易证明 A 是紧算子，并且 $\sigma_p(A) = \varnothing$. 利用定理 4.2.4 可知 $\sigma(A) = \{0\}$.

19. 根据谱映射定理，$\sigma(A^n) = \{\lambda^n : \lambda \in \sigma(A)\}$. 于是

$$\sigma(A) = \{\lambda^{1/n} : \lambda \in \sigma(A^n)\}.$$

再利用定理 4.2.4.

20. 例如，令 $A : \mathbf{C}^n \to \mathbf{C}^n$，$A(x_1, x_2, \cdots, x_n) = (0, x_1, x_2, \cdots, x_{n-1})$，则 $A \neq 0$. 当 $k \geqslant n$ 时 $A^k = 0$. 因此 $\|A^k\|^{\frac{1}{k}} \to 0$.

21. 当 K 是无限集时，设 $\{a_i\}$ 是 K 的可列稠密子集. 定义算子

$$A : l^1 \to l^1, \quad A(x_1, x_2, \cdots) = (a_1 x_1, a_2 x_2, \cdots).$$

由第 14 题的结果知道，$\sigma(A) = \overline{\{a_n\}} = K$.

22. 由于 A 是正规算子，有 $AA^* = A^* A$. 由定理 3.4.5 得到

$$\|A\|^4 = \|A^* A\|^2 = \|(A^* A)(A^* A)^*\|$$
$$= \|A^* A A^* A\| = \|(A^2)^* A^2\| = \|A^2\|^2.$$

于是 $\|A^2\| = \|A\|^2$. 用数学归纳法可以证明 $\|A^{2^n}\| = \|A\|^{2^n}$. 再利用谱半径公式.

23. 若 $A^* = -A$，则 $(\mathrm{i}A)^* = -\mathrm{i}A^* = \mathrm{i}A$，即 $\mathrm{i}A$ 是自伴的. 因此 $\mathrm{i}\sigma(A) = \sigma(\mathrm{i}A) \subset \mathbf{R}$. 于

是 $\sigma(A) \subset \mathrm{i}\mathbf{R}$.

24. 由于 A 是正算子，由 4.4 节中例 3 知道 $\sigma(A) \subset [0,\infty)$. 因此 $-1 \in \rho(A)$.

25. 根据谱映射定理，$\sigma(1 \pm \mathrm{i}A) = 1 \pm \mathrm{i}\sigma(A)$. 由于 A 是自伴算子，故 $\sigma(A) \subset \mathbf{R}^1$. 因此 $0 \notin \sigma(1 \pm \mathrm{i}A)$. 这表明 $-(1 \pm \mathrm{i}A)$ 存在有界逆，从而 $1 \pm \mathrm{i}A$ 存在有界逆.

26. 设 $A \geqslant 0$. 令 $T = A^{1/2}$，则 $A = A^{1/2}A^{1/2} = T^*T$.

27. 设 $\{S_n\}$ 和 $\{T_n\}$ 分别是定理 4.3.6 的证明中相应于 A 和 B 的迭代序列. 即

$$S_1 = \frac{1}{2}(1-A),\quad S_{n+1} = \frac{1}{2}(1-A+S_n^2)\ (n=1,2,\cdots),$$

$$T_1 = \frac{1}{2}(1-B),\quad T_{n+1} = \frac{1}{2}(1-B+T_n^2)\ (n=1,2,\cdots).$$

由于 $A \leqslant B$，并且 $AB = BA$，可以归纳地证明 $S_nT_n = T_nS_n (n=1,2,\cdots)$. 由推论 4.3.7 知道 $(S_n + T_n)(S_n - T_n) \geqslant 0$. 于是可以归纳地证明 $S_n \geqslant T_n (n=1,2,\cdots)$.

28. 由于 $\|A\| = \|(A^{1/2})^2\| \leqslant \|A^{1/2}\|^2$，因此 $\|A\|^{1/2} \leqslant \|A^{1/2}\|$. 反过来，对任意 $x \in H$，

$$\|A^{1/2}x\|^2 = (A^{1/2}x, A^{1/2}x) = (Ax, x) \leqslant \|A\|\|x\|^2.$$

29. 由于 A 是自伴的，根据定理 4.3.3，有

$$\|A\| = r(A) = \max\{|\lambda| : \lambda \in \sigma(A)\} = |\lambda_1|.$$

若 $x \perp e_i (i=1,2,\cdots,n)$，$\|x\| = 1$，则 $\|Ax\|^2 \leqslant |\lambda_{n+1}|^2$. 另一方面，取 $x_0 = e_{n+1}$，则 $x_0 \perp e_i (i=1,2,\cdots,n)$，$\|x_0\| = 1$，并且 $\|Ax_0\| = |\lambda_{n+1}|$.

30. 类似于第 14 题容易证明 $\sigma_p(A) = \{\lambda_n : n = 1,2,\cdots\}$. 显然每个 E_λ 是投影算子. 对每个正整数 n，令

$$P_n(x_1, x_2, \cdots) = (0,0,\cdots,0,x_n,0,0,\cdots).$$

则 $E_\lambda = \sum_{\lambda_n \leqslant \lambda} P_n$. 由 4.4 节中例 1 知道 $\{E_\lambda : \lambda \in (-\infty, \infty)\}$ 是 $[a,b]$ 上的谱系. 令 $\varphi_x(\lambda) = (E_\lambda x, x)$，则 $\varphi_x(\lambda) = \sum_{\lambda_n \leqslant \lambda} |x_n|^2$. 由于 $\varphi_x(\lambda)$ 在 $\lambda = \lambda_n$ 有第一类间断点，因此由 $\varphi_x(\lambda)$ 导出的 L-S 测度 μ_x 在 $\lambda = \lambda_n$ 有测度 $\mu_x(\{\lambda_n\}) = |x_n|^2$. 于是对任意 $x \in H$，

$$\int_a^b \lambda \mathrm{d}(E_\lambda x, x) = \int_a^b \lambda \mathrm{d}\varphi_x(\lambda) = \sum_{n=1}^\infty \lambda_n \mu_x(\{\lambda_n\}) = \sum_{n=1}^\infty \lambda_n |x_n|^2 = (Ax, x).$$

31. (2) 令 $\varphi_x(\lambda) = (E_\lambda x, x)$，则

$$\varphi_x(\lambda) = \int_a^b (E_\lambda x)(t)\overline{x(t)}\mathrm{d}t = \int_a^\lambda |x(t)|^2 \mathrm{d}t = \begin{cases} 0, & \lambda < a, \\ \int_a^\lambda |x(t)|^2 \mathrm{d}t, & a \leqslant \lambda < b, \\ \|x\|^2, & \lambda \geqslant b. \end{cases}$$

注意到在 $[a,b]$ 上 $\mathrm{d}\varphi_x(\lambda) = |x(\lambda)|^2 \mathrm{d}\lambda$ a.e.，因此

$$\int_a^b \lambda \mathrm{d}(E_\lambda x, x) = \int_a^b \lambda \mathrm{d}\varphi_x(\lambda) = \int_a^b \lambda |x(\lambda)|^2 \mathrm{d}\lambda = \int_a^b tx(\lambda)\overline{x(\lambda)}\mathrm{d}\lambda = (Ax, x).$$

32. 设 m 和 M 如式 (4.3.3) 所定义. 则 $[m,M] \subset \sigma(T) \subset [0,\infty)$. 于是 $\ln\lambda \in C[m,M]$. 设 $A = \int_{m-}^M \lambda \mathrm{d}E_\lambda$ 是 A 的谱分解. 令

$$f_n(\lambda) = 1 + \ln\lambda + \frac{(\ln\lambda)^2}{2!} + \cdots + \frac{(\ln\lambda)^n}{n!} \quad (n = 1,2,\cdots).$$

则

$$f_n(A) = \int_{m-}^{M}\left(1 + \ln\lambda + \frac{(\ln\lambda)^2}{2!} + \cdots + \frac{(\ln\lambda)^n}{n!}\right)\mathrm{d}E_\lambda = 1 + T + \frac{T^2}{2!} + \cdots + \frac{T^n}{n!}.$$

其中 $T = \int_{m-}^{M}\ln\lambda\,\mathrm{d}E_\lambda$. 由于 $f_n(\lambda)$ 在 $[m,M]$ 上一致收敛于 $\mathrm{e}^{\ln\lambda} = \lambda$. 根据定理 4.4.3(4), $\lim\limits_{n\to\infty}f_n(A) = A$. 另一方面根据 4.4 节中例 4, $\lim\limits_{n\to\infty}f_n(A) = \mathrm{e}^T$. 从而 $A = \mathrm{e}^T$.

33. 由于 $f(\lambda)$ 是实值的，故 $f(A)$ 是自伴算子. 设 $A = \int_{m-}^{M}\lambda\,\mathrm{d}E_\lambda$ 是 A 的谱分解. 对任意 $x \in H$，由于 $f(\lambda) \geqslant 0$，因此

$$(f(A)x,x) = \int_{m-}^{M}f(\lambda)\mathrm{d}(E_\lambda x,x) \geqslant 0.$$

习 题 5

2. 易知 $A^\circ = \{(z_1,z_2): |z_1| < |z_2|\}$. 由于 $0 = (0,0) \notin A^\circ$，因此 A° 不是平衡的.

3. 证明数乘运算不是连续的. 设 $x \in X, x \neq 0$，考虑 $\alpha_n = \dfrac{1}{n}$.

5. 注意若 V 是 0 点的邻域，则 $-V$ 也是. 又 $x \in \overline{A}$ 当且仅当对于 0 点的每个邻域 $V,(x+V)\bigcap A \neq \varnothing$.

7. 充分性. 设 $\{x_n\}$ 是 A 中的序列，则 $A_1 = \{x_n, n = 1,2,\cdots\}$ 有界. 于是对 0 点的任意邻域 V，不妨设 V 是平衡的，存在 $t > 0$ 使得 $x_n \in tV(n \geqslant 1)$. 证明对任意标量序列 $\{\alpha_n\}$，当 $\alpha_n \to 0$ 时，$\alpha_n x_n \to 0$. 利用定理 5.1.12.

9. 若 X 是赋范空间，则 $\mathscr{B} = \{U(0,\varepsilon), \varepsilon > 0\}$ 是 X 的局部基. 注意 X 的子集 A 按距离有界当且仅当存在 $r > 0$，使得 $A \subset U(0,r)$.

10.(2) 注意对 0 点的任何邻域 V，存在 0 点的平衡的邻域 U，使得 $U+U \subset V$.

11.(2)$\Rightarrow$(3). 存在 0 点的一个邻域 V，使得 $V \subset \{x: p(x) < 1\}^\circ$. 于是对任意 $\varepsilon > 0$，

$$\varepsilon V \subset \varepsilon\{x: p(x) < 1\}^\circ = (\varepsilon\{x: p(x) < 1\})^\circ = \{x: p(x) < \varepsilon\}^\circ,$$

这表明当 $x \in \varepsilon V$ 时，$p(x) < \varepsilon$. 因此 p 在 0 点处是连续的.

(3)$\Rightarrow$(1). 由于 p 在 0 点处是连续的，对任意 $\varepsilon > 0$，存在 0 点的一个邻域 V，使得当 $x \in V$ 时，$p(x) < \varepsilon$. 设 $x_0 \in X$. 当 $x \in x_0 + V$ 时，由于 $x - x_0 \in V$，

$$|p(x) - p(x_0)| \leqslant p(x - x_0) < \varepsilon.$$

12. 不妨设 $x_n \to 0$. 设 V 是 0 点的一个邻域. 存在 0 点的邻域 U，使得 $U+U \subset V$. 可以设 U 是凸的. 由于 $x_n \to 0$，存在 $N > 0$ 使得当 $n > N$ 时，$x_n \in U$. 我们有

$$\frac{x_1 + x_2 + \cdots + x_n}{n} = \frac{x_1 + x_2 + \cdots + x_N}{n} + \frac{x_{N+1} + x_{N+2} + \cdots + x_n}{n} \triangleq y_n + z_n.$$

注意 $y_n \to 0$，而 z_n 是 U 中的元的凸组合，因而 $z_n \in U$.

13. 充分性. 设 $\mathcal{B}_1$ 和 $\mathcal{B}_2$ 分别是相应于 $\mathcal{P}_1$ 和 $\mathcal{P}_2$ 按照式 (5.2.1) 定义的集族. 证明每个 $\mathcal{B}_1$ 中的集包含 $\mathcal{B}_2$ 中的某个集. 这蕴涵每个 τ_1- 开集都是 τ_2- 开集.

反过来，设 τ_1 弱于 τ_2. 对任意 $p \in \mathcal{P}_1$，由于 $\{x : p(x) < 1\}$ 是 0 点的 τ_1- 邻域，因此也是 τ_2- 邻域. 于是存在 $V(p_1, p_2, \cdots, p_n; \varepsilon) \in \mathcal{B}_2$，使得
$$V(p_1, p_2, \cdots, p_n; \varepsilon) \subset \{x : p(x) < 1\}.$$

这蕴涵
$$p(x) \leqslant \frac{2}{\varepsilon} (c_1 p_1(x) + c_2 p_2(x) + \cdots + c_n p_n(x)) \quad (x \in X).$$

14. 将 $\mathcal{P}$ 和 $\mathcal{Q}$ 生成的拓扑分别记为 τ_1 和 τ_2. 利用上一题的结论容易证明 $\tau_1 = \tau_2$. 由 $\mathcal{P}$ 生成的拓扑的局部基是
$$\mathcal{B} = \{V(p_1, p_2, \cdots, p_k; \varepsilon) : p_1, p_2, \cdots, p_k \in \mathcal{P}, \varepsilon > 0, k \in \mathbf{N}\},$$
由于 $V(p_1, p_2, \cdots, p_k; \varepsilon) = V(q; \varepsilon)$，其中 $q = \max\{p_1, p_2, \cdots, p_k\}$，因此 $\mathcal{B} = \mathcal{B}_1$.

15. 设 $x_n, x \in X$. 利用定理 5.2.7 可知，$x_n \to x$ 当且仅当 $x_n(t) \to x(t) (t \in [0,1])$.

设 c_0 是收敛于 0 的数列的全体，则 c_0 与 $[0,1]$ 具有相同的基数. 设 φ 是 $[0,1]$ 到 c_0 的双射. 令 $x_n(t) = a_n (n = 1, 2, \cdots)$，其中 $\{a_n\} = \varphi(t)$. 设 $\{r_n\}$ 是一实数列，$r_n \to +\infty$. 则 $r_n^{-1} \to 0$. 于是存在 $t_0 \in [0,1]$，使得 $\varphi(t_0) = \{r_n^{-1}\}$. 于是 $r_n x_n(t_0) = r_n r_n^{-1} \equiv 1$，从而 $r_n x_n \not\longrightarrow 0$.

16. (1) 对每个 $i = 1, 2, \cdots$，令 $p_i(x) = |x_i| (x = (x_i) \in s)$. 则 $\{p_i\}$ 在 s 上生成的局部凸拓扑与按照式 (5.2.2) 定义的距离 d 生成的拓扑是一致的.

(2) 容易证明每个 V_n 是平衡的凸集. 设 $x \in V_n$，令 $h = \frac{1}{n} - \max\limits_{1 \leqslant i \leqslant n} |x_i|$，则 $h > 0$. 选取 $0 < s < 1$ 使得 $s(1-s)^{-1} < h$. 再令 $r = 2^{-n} s$. 证明 $U(x, r) \subset V_n$，从而 V_n 是开集. 显然 $0 \in V_n$，因此每个 V_n 是 0 点的邻域. 设 V 是 0 点的任意一个邻域，则存在 $r > 0$ 使得 $U(0, r) \subset V$. 选取 n_0 使得 $\frac{1}{n_0} < \frac{r}{2}$，并且 $\sum\limits_{i = n_0 + 1}^{\infty} \frac{1}{2^i} < \frac{r}{2}$. 证明 $V_{n_0} \subset U(0, r)$. 从而 $\{V_n, n \in \mathbf{N}\}$ 是拓扑 τ 的凸局部基.

(3) 注意根据 5.1 节中例 5，拓扑线性空间的非零线性子空间不是有界的.

17. 只需证明当 $x_n \to x, y_n \to y, \alpha_n \to \alpha$ 时，$x_n + y_n \to x + y, \alpha_n x_n \to \alpha x$.

18. 若 $l^p (0 < p < 1)$ 是局部凸的，则 l^p 存在一个由凸邻域构成的局部基，设为 $\mathcal{B}$. 因为 $\mathcal{B}_1 = \{U(0, \varepsilon) : \varepsilon > 0\}$ 也是 l^p 的一个局部基，存在 0 点的一个凸邻域 V 和 $r > 0$，使得 $U(0, r) \subset V \subset U(0, 1)$. 选取 $\alpha > 0$ 使得 $\alpha^p < r$. 则对任意正整数 n，$\alpha e_n \in U(0, r)$，其中 e_n 是第 n 个坐标为 1、其余的坐标为 0 的元. 于是
$$x_n = \frac{1}{n}(\alpha e_1 + \alpha e_2 + \cdots + \alpha e_n) \in co(U(0, r)) \subset V \subset U(0, 1) \quad (n = 1, 2, \cdots).$$

但 $0 < p < 1$，因此 $d(x_n, 0) = m \cdot \left(\frac{\alpha}{m}\right)^p = \alpha^p m^{1-p} \to \infty$. 这与 $\{x_n\} \subset U(0, 1)$ 矛盾!

20. 不妨设 $\{x : f(x) = c\} \neq \varnothing$. 令 $U = \{x : |f(x)| < c\}$，则 $U \subset \{x : f(x) = c\}^c$.

容易证明 U 是 0 点的一个平衡的凸邻域.

21. 根据定理 5.1.1,必要性是显然的. 充分性:不妨设 $f \neq 0$. 任取 x_0 使得 $f(x_0) = c$. 则 $N(f) = \{x: f(x) = c\} - x_0$ 是闭集. 根据定理 8.3.2, f 是连续的.

22. 若 f 是 X 上的连续线性泛函, $f \neq 0$. 则 $\{x: |f(x)| < 1\}$ 是 X 的一个非空的开的凸真子集.

反过来,设 A 是 X 的一个非空的开的凸真子集. 不妨设 $0 \in A$. 根据定理 5.1.9,可以设 A 是平衡的. 设 $p = \mu_A$ 是 A 的 Minkowski 泛函. 则 p 是 X 上的连续的半范数. 设 $x_0 \notin A$,根据定理 5.2.4, $p(x_0) \geqslant 1$. 令 $M = \mathrm{span}\{x_0\}$. 在 M 上定义泛函 $f(\alpha x_0) = \alpha$,利用 Hahn-Banach 延拓定理.

23. (1) 注意到在 $M([a,b])$ 上按距离收敛等价于依测度收敛,容易证明 $M([a,b])$ 上的加法和数乘运算是连续的.

(2) 用反证法. 不失一般性,不妨只考虑 $M[0,1]$ 的情形. 若 f 是 $M([0,1])$ 上的非零的连续线性泛函,则存在 $x_0 \in M([0,1])$ 使得 $f(x_0) \neq 0$. 因为 $x_0 = \chi_{[0,1/2]} x_0 + \chi_{[1/2,1]} x_0$,因此或者 $f(\chi_{[0,\frac{1}{2}]} x_0) \neq 0$,或者 $f(\chi_{[\frac{1}{2},1]} x_0) \neq 0$. 于是存在 $x_1 \in M([0,1])$,使得 $f(x_1) \neq 0$,并且 $mE(x_1 \neq 0) \leqslant \frac{1}{2}$. 一般地,对任意正整数 n,存在 $x_n \in M([0,1])$,使得 $f(x_n) \neq 0$,并且 $mE(x_n \neq 0) \leqslant \frac{1}{2^n}$. 令 $y_n = \frac{x_n}{f(x_n)} (n \geqslant 1)$,则 $\{y_n\}$ 依测度收敛于 0,因而 $\{y_n\}$ 按距离收敛于 0. 但是 $f(y_n) \equiv 1$,这与 f 的连续性矛盾!

24. 利用定理 5.3.8 容易证明,存在 $f \in X^*$ 和实数 r 使得
$$\mathrm{Re} f(x) < r < \mathrm{Re} f(x_0) \quad (x \in A).$$
对任意 $x \in A$,设 $f(x) = e^{i\theta} |f(x)|$. 由于 A 是平衡的, $e^{-i\theta} x \in A$,因此
$$|f(x)| = e^{-i\theta} f(x) = f(e^{-i\theta} x) = \mathrm{Re} f(e^{-i\theta} x) \leqslant r.$$

26. 根据定理 5.2.5,按照拓扑 τ,每个 $p \in \mathscr{P}$ 是连续的. 另一方面,设 τ_1 是 X 上的一个线性拓扑,并且按照拓扑 τ_1,每个 $p \in \mathscr{P}$ 是连续的. 则对任意 $p \in \mathscr{P}$ 和 $\varepsilon > 0$, $\{x: p(x) < \varepsilon\}$ 是 τ_1 开集. 于是形如
$$V(p_1, \cdots, p_k; \varepsilon) = \{x: p_1(x) < \varepsilon, \cdots, p_k(x) < \varepsilon\} = \bigcap_{i=1}^{n} \{x: p_i(x) < \varepsilon\}$$
的集是 τ_1 开集. 但形如 $V(p_1, p_2, \cdots, p_k; \varepsilon)$ 的集的全体构成拓扑 τ 的局部基,每个 τ 开集都是形如 $V(p_1, p_2, \cdots, p_k; \varepsilon)$ 的集经过平移后的并,因此每个 τ 开集都是 τ' 开集.

27. 令 $A = \mathrm{co}\{x_n, n \geqslant 1\}$,则 A 是凸集. 由定理 5.3.10 知道 $\overline{A}^w = \overline{A}$. 由于 $x_n \xrightarrow{w} x$,故 $x \in \overline{A}^w$,从而 $x \in \overline{A}$. 因为 (X, τ) 是可距离化的,于是存在 $\{y_n\} \subset A$,使得 y_n 按拓扑 τ 收敛于 x.

参 考 文 献

［1］夏道行，等. 实变函数与泛函分析. 第 2 版. 北京：高等教育出版社，1987.

［2］张恭庆，林源渠. 泛函分析讲义. 北京：北京大学出版社，1987.

［3］刘培德. 泛函分析基础. 北京：科学出版社，2006.

［4］胡适耕. 泛函分析. 北京：高等教育出版社，施普林格出版社，2001.

［5］侯友良. 实变函数论. 武汉：武汉大学出版社，2016.

［6］Conway J B. A Course in Functional Analysis. Second edition. New York，Berlin，Heidelberg，Springer-Vaerlag，1990.

［7］Rudin W. Functional Analysis. Second edition. New York，McGraw-Hill，Inc，1991.

［8］Taylor A E，Lay D C. Introduction to Functional Analysis. New York，John Wiley & Sons，Inc，1980.